Fietkau

Mathematik heute 6

Mittelschule Sachsen

Herausgegeben von
Heinz Griesel, Helmut Postel

Schroedel

Mathematik heute 6
Mittelschule Sachsen

Herausgegeben und bearbeitet von

Professor Dr. Heinz Griesel
Professor Helmut Postel

Heiko Cassens, Dr. Rudolf vom Hofe, Swantje Huntemann, Dirk Kehrig, Wolfgang Krippner, Manfred Popken, Dieter Wolny

An dieser Ausgabe für Sachsen wirkten mit:
Joachim Baum, Ilona Fäthe, Dagmar Jantsch, Gisela Scheffler

Zum Schülerband erscheint:
Lösungen
Best.-Nr. 83872

ISBN 3-507-**83852**-4

© 2001 Schroedel Verlag GmbH, Hannover

Alle Rechte vorbehalten. Dieses Werk sowie einzelne Teile desselben sind urheberrechtlich geschützt. Jede Verwertung in anderen als den gesetzlich zugelassenen Fällen ist ohne vorherige schriftliche Zustimmung des Verlages nicht zulässig.

Druck A ^{54321} / Jahr 05 04 03 02 2001

Alle Drucke der Serie A sind im Unterricht parallel verwendbar. Die letzte Zahl bezeichnet das Jahr dieses Druckes.

Titel- und Innenlayout: Helke Brandt & Partner
Illustrationen: Dietmar Griese; Zeichnungen: Günter Schlierf
Satz: Konrad Triltsch, Print und digitale Medien GmbH, 97199 Ochsenfurt
Druck: Stürtz AG, 97080 Würzburg

Gedruckt auf Papier, das nicht mit Chlor gebleicht wurde. Bei der Produktion entstehen keine chlorkohlenwasserstoffhaltigen Abwässer.

Inhaltsverzeichnis

5   Zum Aufbau des Buches

Kapitel 1

6   **Teiler und Vielfache natürlicher Zahlen**
7   Teiler und Vielfache
11   Teilbarkeitsregeln
18   Primzahlen und Primfaktorzerlegung
21   Gemeinsame Teiler, gemeinsame Vielfache
30   Vermischte Übungen
31   Bist du fit?
32   Im Blickpunkt: Wir kombinieren

Kapitel 2

34   **Darstellen und Ordnen gebrochener Zahlen**
35   Gemeine Brüche
39   Gleichwertige Brüche – Erweitern und Kürzen
43   Dezimalbrüche und gemeine Brüche
46   Umformen von gemeinen Brüchen in Dezimalbrüche durch Erweitern und Kürzen
48   Zahlenstrahl – Gebrochene Zahlen
50   Vergleichen und Ordnen von gebrochenen Zahlen
56   Vermischte Übungen
57   Bist du fit?

Kapitel 3

58   **Rechnen mit gebrochenen Zahlen**
59   Addieren und Subtrahieren von gebrochenen Zahlen
64   Addieren und Subtrahieren bei gemischter Schreibweise
66   Addieren und Subtrahieren von Dezimalbrüchen
69   Bruchteile von beliebigen Größen – Drei Grundaufgaben
77   Vervielfachen und Teilen von gebrochenen Zahlen
84   Multiplizieren von gebrochenen Zahlen
91   Multiplizieren von Dezimalbrüchen
95   Dividieren von gebrochenen Zahlen
102   Dividieren von Dezimalbrüchen
108   Mittelwert
111   Berechnungen von Flächen
113   Umformen von gemeinen Brüchen in endliche oder periodische Dezimalbrüche durch Division
116   Im Blickpunkt: Messen – ganz genau oder doch nur ungefähr?
118   Grafische Darstellung von Anteilen
120   Verbindung mehrerer Rechenoperationen
126   Vorteilhaft rechnen mit gebrochenen Zahlen – Rechengesetze
129 ▲ Gleichungen mit gebrochenen Zahlen
130   Vermischte Übungen
132   Bist du fit?
134   Im Blickpunkt: Plus- und Minuszahlen

Kapitel 4

136 Zuordnungen
137 Tabellen und Zuordnungen
140 Darstellung einer Zuordnung im Koordinatensystem
144 Proportionale Zuordnungen – Regeln und Graph
149 Dreisatz bei proportionalen Zuordnungen – Berechnen von Größen mit einem Zwischenschritt
153 Quotientengleichheit – Proportionalitätsfaktor
156 Indirekt proportionale Zuordnungen – Regeln und Graph
160 Dreisatz bei indirekt proportionalen Zuordnungen
163 Vermischte Übungen
165 Bist du fit?

Kapitel 5

166 Spiegelung, Verschiebung, Drehung
167 Geradenspiegelung – Achsensymmetrie
173 Verschiebung
178 Drehung
185 ▲ Nacheinanderausführung von Spiegelung, Verschiebung und Drehung
186 Winkel an Geradenkreuzungen – Sätze über Winkelbeziehungen
191 Vermischte Übungen
193 Bist du fit?

Kapitel 6

194 Dreiecke – Kongruenz von Figuren
195 Winkelsätze am Dreieck – Einteilung der Dreiecke nach Winkeln
200 Einteilung der Dreiecke nach Seiten – gleichschenklige Dreiecke
204 Seiten-Winkel-Beziehung im Dreieck
206 Grundkonstruktionen mit Zirkel und Lineal
211 Besondere Linien beim Dreieck – Umkreis und Inkreis
217 Kongruente Figuren
221 Dreieckskonstruktionen – Kongruenzsätze
233 Anwenden der Kongruenzsätze beim Begründen
235 Vermischte Übungen
237 Bist du fit?

Kapitel 7

238 Körper
239 Flächen, Kanten, Ecken, Schrägbilder
241 Berechnungen an Quadern
243 Prismen und Pyramiden
249 Zylinder, Kegel und Kugel
252 Bist du fit?

253 Lösungen zu „Bist du fit?"
256 Stichwortverzeichnis

Zum Aufbau des Buches

Zum methodischen Aufbau der einzelnen Lerneinheiten

Die einzelnen Lerneinheiten sind mit einer Überschrift versehen. Sie bestehen aus:

1. *Einstiegsaufgabe mit vollständiger Lösung*
   Die Einstiegsaufgabe soll beim Schüler eine Aktivität in Gang setzen, die zum Kern der Lerneinheit führt. Die Lösung sollte im Unterricht erarbeitet werden.

2. *Zum Festigen und Weiterarbeiten*
   Dieser Teil der Lerneinheit dient der ersten Festigung der neuen Inhalte sowie ihrer Durcharbeitung, indem diese Inhalte durch Variation des ursprünglichen Lösungsweges sowie Zielumkehraufgaben, benachbarte Aufgaben und Anschlussaufgaben zu den bisherigen Inhalten in Beziehung gesetzt werden. Die Lösungen sollten im Unterricht erarbeitet werden.

3. *Informationen und Ergänzungen*
   Informationen und Ergänzungen werden gegeben, wenn dies günstiger als erarbeitendes Vorgehen ist.

4. *Zusammenfassung des Gelernten*
   In einem roten Rahmen werden die Ergebnisse zusammengefasst und übersichtlich herausgestellt. Musterbeispiele als Vorbild für Schreibweisen und Lösungswege werden in blauem Rahmen angegeben.

5. *Übungen*
   Übungen sind als Abschluss jeder Lerneinheit zusammengefasst.
   Aufgaben mit Lernkontrollen sind an geeigneten Stellen eingefügt.
   Die methodische Freiheit des Lehrers wird dadurch gewahrt, dass die große Zahl der Aufgaben auch eigene Wege gestattet.
   Grundsätzlich lassen sich viele Übungsaufgaben auch im Team bearbeiten. In einigen besonderen Fällen werden Anregungen zur *Teamarbeit* gegeben.

6. *Vermischte Übungen*
   In fast allen Kapiteln findet sich am Ende ein Abschnitt mit der Überschrift *Vermischte Übungen*, in welchem die erworbenen Qualifikationen in vermischter Form angewandt werden müssen. Weitere vermischte Übungen sind auch in die übrigen Abschnitte eingestreut.

7. *Bist du fit?*
   Am Ende eines jeden Kapitels gibt es einen Abschnitt mit der Überschrift: *Bist du fit?* Hier werden in besonderer Weise Grundqualifikationen, die im Kapitel erworben worden sind, getestet. Die Lösungen dieser Aufgaben sind im Buch auf den Seiten 253 bis 255 abgedruckt.

8. *Im Blickpunkt*
   Unter dieser Überschrift werden Sachverhalte, bei denen das systematische Lernen zugunsten einer komplexeren Gesamtsicht oder einer Gesamtaktivität der Klasse zurücktritt, behandelt.

Zur Differenzierung

Der Aufbau und insbesondere das Übungsmaterial sind dem Schwierigkeitsgrad nach gestuft. Dem Lehrer sei daher empfohlen, bei den schwierigeren Aufgaben zu überprüfen, welche für seine Schüler noch angemessen sind. Eine weitere Hilfe für die individuelle Förderung der einzelnen Schüler geben die folgenden Zeichen:
Etwas anspruchsvollere Aufgaben sind mit roten Aufgabenziffern versehen.
Zusatzstoffe sind durch △ und ▲ gekennzeichnet. Sie dienen der Ergänzung und der Vertiefung der Inhalte.

Teiler und Vielfache natürlicher Zahlen

Im Bild siehst du unser Sonnensystem. Um die Sonne kreisen neun Planeten in unterschiedlichen Abständen.
Die Namen der Planeten und ihre Reihenfolge – von der Sonne aus gesehen – kann man sich nur schwer merken.

Mit folgendem Merksatz geht es leichter:

Mein **V**ater **e**rklärt **m**ir **j**eden **S**onntag **u**nsere **n**eun **P**laneten
Merkur **V**enus **E**rde **M**ars **J**upiter **S**aturn **U**ranus **N**eptun **P**luto

Im Bild rechts siehst du drei Planeten, darunter die Erde, in einer besonderen Stellung. Sie stehen zusammen mit der Sonne auf einer geraden Linie.

Diese Stellung kommt manchmal vor. Sie ist für die Astronomen besonders interessant, da zwei Nachbarplaneten sehr nah bei der Erde sind. Man kann dann besonders gut Aufnahmen und Messungen vornehmen.

Man weiß, wie lange die Planeten für eine Sonnenumkreisung brauchen. Deshalb kann man berechnen, wann dieses Ereignis wieder eintritt.

Wir nehmen für die Umlaufzeiten der Planeten um die Sonne gerundete Werte: Merkur: 90 Tage
Venus: 240 Tage
Erde: 360 Tage

- Kannst du berechnen, nach wie vielen Tagen die drei Planeten wieder in der gleichen Position stehen wie in der Abbildung?

Teiler und Vielfache

Verfahren zum Auffinden aller Teiler – Teilermenge

1. Stefanie will 28 quadratische Memory-Karten als Rechteck auslegen.
Wie viele Karten können senkrecht und wie viele waagerecht liegen?
Bestimme alle Möglichkeiten.

Aufgabe

Lösung

$28 = 4 \cdot 7$

4 Memory-Karten senkrecht,
7 Memory-Karten waagerecht.

$28 = 2 \cdot 14$

2 Memory-Karten senkrecht,
14 Memory-Karten waagerecht.

$28 = 1 \cdot 28$

1 Memory-Karte senkrecht,
28 Memory-Karten waagerecht.

Weitere Möglichkeiten gibt es nicht.

(1) Wiederholung: Teiler einer Zahl

Information

28 ist durch 4 (ohne Rest) teilbar.
$28 : 4 = 7$
Wir sagen: 4 **ist Teiler von** 28.
Wir schreiben: $4 \mid 28$

28 ist nicht durch 9 (ohne Rest) teilbar.
$28 : 9 = 3 \text{ R}1$
Wir sagen: 9 ist *nicht* Teiler von 28.
Wir schreiben: $9 \nmid 28$

(2) Strategie zur Bestimmung aller Teiler einer Zahl

Es sollen Teiler einer Zahl, z. B. von 20, bestimmt werden.
Finde jeweils zwei Zahlen, die miteinander multipliziert
20 ergeben, beispielsweise $4 \cdot 5 = 20$.
4 und 5 sind Teiler von 20.
Suche *alle* Möglichkeiten. Beginne mit der 1.
Die Zahlen 1, 2, 4, 5, 10, 20 sind alle Teiler von 20.

$20 = 1 \cdot 20$
$20 = 2 \cdot 10$
$20 = 4 \cdot 5$

20	
1	20
2	10
4	5

2. In einer Kiste sind 48 Apfelsinen. An wie viele Schüler kann man die Apfelsinen verteilen, so dass jeder Schüler gleich viele erhält? Notiere alle Möglichkeiten.

Zum Festigen und Weiterarbeiten

3. Welche der Aussagen sind wahr, welche falsch?
Notiere w bzw. f.

a. $8 \mid 56$	**b.** $8 \mid 48$	**c.** $3 \mid 45$	**d.** $15 \nmid 255$	**e.** $6 \nmid 18$	**f.** $7 \mid 78$
$7 \mid 7$	$56 \mid 7$	$4 \mid 96$	$25 \nmid 111$	$8 \nmid 18$	$12 \nmid 25$
$6 \mid 46$	$1 \mid 29$	$7 \mid 87$	$1 \nmid 145$	$9 \nmid 46$	$4 \mid 279$

> Alle Teiler einer Zahl fassen wir zu einer *Menge*, ihrer **Teilermenge,** zusammen.
> *Beispiel:* Für die Teilermenge von 20 schreiben wir: $T_{20} = \{1, 2, 4, 5, 10, 20\}$.
> 2 ist ein Teiler von 20, also gehört 2 zu T_{20}.
> Man sagt: *2 ist ein Element der Menge T_{20}* und schreibt kurz: $2 \in T_{20}$.
> 3 ist nicht Teiler von 20, also ist 3 nicht Element von T_{20};
> man schreibt: $3 \notin T_{20}$.

4. Bestimme die fehlenden Teiler. Notiere auch die Teilermenge.

a.
27	
1	
	9

b.
22	
2	

c.
34	
34	

d.
32	
	8

e.
44	
4	

5. Gib die Teilermenge an von: **a.** 14 **b.** 18 **c.** 7 **d.** 16 **e.** 36 **f.** 42 **g.** 1

6. Hier fehlen einige Zahlen. Vervollständige die Teilermenge.
   a. $T_{12} = \{1, \square, 3, \square, \square, 12\}$ **b.** $T_{38} = \{1, \square, \square, 38\}$ **c.** $T_{56} = \{1, 2, \square, \square, 8, \square, \square, 56\}$

▲ **7.** Zeichne das rechts abgebildete Mengenbild
   in dein Heft und trage die Teiler ein.
   Erläutere hieran:
   T_4 *ist Teilmenge von* T_{12}.
   Wir schreiben: $T_4 \subseteq T_{12}$

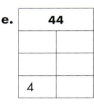

Übungen

8. Setze passend ein: *Ist Teiler von* (|) *oder ist nicht Teiler von* (∤).

a.	b.	c.	d.	e.	f.
4 ■ 32	20 ■ 20	6 ■ 76	5 ■ 75	12 ■ 60	35 ■ 210
5 ■ 16	1 ■ 13	7 ■ 29	8 ■ 58	14 ■ 96	18 ■ 198
3 ■ 12	21 ■ 22	11 ■ 88	6 ■ 86	16 ■ 64	22 ■ 222
7 ■ 51	21 ■ 7	7 ■ 84	9 ■ 72	75 ■ 15	15 ■ 480
8 ■ 8	7 ■ 21	1 ■ 99	9 ■ 1	15 ■ 75	33 ■ 233

9. Schreibe die Teilermengen auf.

a.	b.	c.	d.	e.	f.	g.	h.
T_{30}	T_{24}	T_{45}	T_{17}	T_{84}	T_{101}	T_{190}	T_{360}
T_{50}	T_{64}	T_{11}	T_{76}	T_{98}	T_{102}	T_{113}	T_{361}
T_{60}	T_{96}	T_{100}	T_{23}	T_{83}	T_{144}	T_{160}	T_{225}

10. Hier hat Markus Fehler gemacht. Berichtige.
   a. $T_{32} = \{1, 2, 3, 4, 5, 6, 8, 12, 16, 32\}$ **c.** $T_{48} = \{1, 2, 3, 4, 6, 8, 10, 12, 16, 18, 24, 48\}$
   b. $T_{31} = \{1, 3, 13, 31\}$ **d.** $T_{46} = \{1, 2, 3, 4, 16, 23, 26, 46\}$

11. Welche Teilermengen sind angegeben? Vervollständige.
   a. $T_{\square} = \{1, 2, \square, \square, \square, 12\}$ **d.** $T_{\square} = \{1, 2, 19, \square\}$
   b. $T_{\square} = \{1, \square, \square, 35\}$ **e.** $T_{\square} = \{1, 2, 31, \square\}$
   c. $T_{\square} = \{1, 3, 11, \square\}$ **f.** $T_{\square} = \{1, \square, \square, 106\}$

12. Schreibe drei Teilermengen auf, die genau

  a. 2 Zahlen   **c.** 4 Zahlen
  b. 3 Zahlen   **d.** 5 Zahlen

  enthalten.

$T_{17} = \{1, 17\}$ 2 Zahlen
$T_9 = \{1, 3, 9\}$ 3 Zahlen

13. a. Bilde die Teilermengen von   (1) 4, 9, 16, 25   und von   (2) 6, 10, 24, 30.
Vergleiche die Anzahl der Teiler von (1) mit denen von (2). Was fällt dir auf?

  b. Bilde die Teilermengen von 1, 2, 4, 8, 16. Vergleiche sie. Was fällt dir auf?

▲ **14. a.** Zeichne das Mengenbild ab. Trage die Zahlen ein.

  b. Gegeben sind: T_2; T_3; T_4; T_5; T_6; T_{10}; T_{20}.
  Zeichne selbst Mengenbilder.

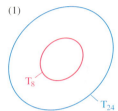
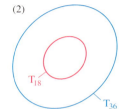

Vielfache einer Zahl

1. Eier gibt es in Packungen zu je 6 Stück. Wie viele Eier kann man kaufen, wenn nur volle 6er Packungen abgegeben werden?

Aufgabe

Lösung

Anzahl der Packungen	1	2	3	4	5	6	7	8	9	10	11
Anzahl der Eier	6	12	18	24	30	36	42	48	54	60	66

(1) Vielfache einer Zahl

Die Zahlen 6, 12, 18, 24, … heißen **Vielfache** von 6.
18 *ist Vielfaches von* 6, denn $18 = 3 \cdot 6$.
20 ist *nicht* Vielfaches von 6.

18 ist das Dreifache von 6

Information

(2) Zusammenhang zwischen „ist Vielfaches von" und „ist Teiler von"

Aus der Gleichung $18 = 3 \cdot 6$ lesen wir ab:

(a) 18 ist Vielfaches von 6
    6 ist Teiler von 18

(b) 18 ist Vielfaches von 3
    3 ist Teiler von 18

2. In einer kleinen Kiste sind 11 Flaschen eines bestimmten Getränks. Wie viele Flaschen kann man kaufen, wenn nur volle Kisten abgegeben werden?

Zum Festigen und Weiterarbeiten

3. Notiere w oder f.

- **a.** 25 ist Vielfaches von 5
  65 ist Vielfaches von 8
  5 ist Vielfaches von 25
  81 ist Vielfaches von 1
- **b.** 50 ist Vielfaches von 7
  36 ist Vielfaches von 36
  125 ist Vielfaches von 25
  45 ist nicht Vielfaches von 15

4. Aus der Gleichung $18 = 3 \cdot 6$ lesen wir ab:

(1) 3 ist Teiler von 18
18 ist Vielfaches von 3

(2) 6 ist Teiler von 18
18 ist Vielfaches von 6

Lies entsprechende Aussagen aus der angegebenen Gleichung ab.

a. $24 = 4 \cdot 6$ **b.** $42 = 6 \cdot 7$ **c.** $36 = 6 \cdot 6$ **d.** $17 = 1 \cdot 17$ **e.** $39 = 3 \cdot 13$

5. Setze passend ein: *ist Vielfaches von* (V) oder *ist nicht Vielfaches von* (nV).

- **a.** 32 ■ 4
  4 ■ 32
  64 ■ 32
- **b.** 6 ■ 6
  18 ■ 6
  42 ■ 11
- **c.** 6 ■ 18
  51 ■ 17
  60 ■ 12
- **d.** 65 ■ 15
  111 ■ 6
  645 ■ 15
- **e.** 147 ■ 11
  2 808 ■ 12
  2 112 ■ 12
- **f.** 1 430 ■ 11
  1 887 ■ 111
  5 860 ■ 130

6. Setze passend ein: *ist Vielfaches von* oder *ist Teiler von*.

- **a.** 84 ■ 6
  8 ■ 96
  96 ■ 6
- **b.** 72 ■ 9
  9 ■ 72
  8 ■ 56
- **c.** 84 ■ 12
  15 ■ 90
  625 ■ 25
- **d.** 375 ■ 125
  19 ■ 171
  300 ■ 12

△ Menge der Vielfachen einer Zahl

Information

Ähnlich wie die Menge der Teiler einer Zahl kann man die Menge der Vielfachen einer Zahl bilden, so zum Beispiel die Menge aller Vielfachen von 7: $\{7, 14, 21, 28, 35, \ldots\}$.
Du kannst die Vielfachen von 7 jedoch nicht alle aufzählen, da die 7er Reihe *nicht* abbricht.

> Alle Vielfachen einer Zahl fassen wir zu einer Menge, ihrer **Vielfachenmenge,** zusammen.
> *Beispiel:* Für die Vielfachenmenge von 7 schreiben wir: $V_7 = \{7, 14, 21, 28, \ldots\}$
> Vielfachenmengen haben unendlich viele Zahlen (Elemente);
> Teilermengen haben nur endlich viele Zahlen (Elemente).

Übungen

△ **1.** Notiere jeweils die ersten 8 Zahlen.

a. V_{11}, V_{30} **b.** V_9, V_{14} **c.** V_{17}, V_{19} **d.** V_{20}, V_{15} **e.** V_{24}, V_{38} **f.** V_{23}, V_{47} **g.** V_{55}, V_{99} **h.** V_{101}, V_{304}

△ **2.** Welche Menge der Vielfachen ist das? Vervollständige.

- **a.** $V_\square = \{7, 14, 21, \square, \square, \ldots\}$
- **b.** $V_\square = \{13, 26, \square, \square, \square, \ldots\}$
- **c.** $V_\square = \{14, 28, \square, \square, \square, \ldots\}$
- **d.** $V_\square = \{\square, 50, 75, \square, \square, \square, \square, \ldots\}$
- **e.** $V_\square = \{\square, \square, 81, 108, \square, \square, \square, \ldots\}$
- **f.** $V_\square = \{\square, \square, 96, 128, \square, \square, \square, \ldots\}$

Teilbarkeitsregeln

Prüfen auf Teilbarkeit durch geschicktes Zerlegen

1. Tanja und Tim verkaufen auf einem Wohltätigkeitsbasar Fensterschmuck für 7 € pro Stück. Tanja hat 728 € eingenommen, Tim 745 €.
   Können ihre Einnahmen stimmen?

   Lösung

   7 ist Teiler von 700 und 7 ist Teiler von 28.
   Also ist 7 Teiler von 728.

   7 ist Teiler von 700 aber 7 ist nicht Teiler von 45.
   Also ist 7 auch nicht Teiler von 745.

   Ergebnis: Die Einnahme von Tanja kann stimmen; die von Tim stimmt nicht.

2. Der Eintritt in einen Zirkus kostet 13 €. Prüfe durch geeignete Zerlegung in eine Summe oder eine Differenz, ob die Tageseinnahmen von 1365 € in Kasse 1, von 1287 € in Kasse 2 und von 1340 € in Kasse 3 stimmen können.

   Zum Festigen und Weiterarbeiten

3. Prüfe durch geeignete Zerlegung in eine Summe oder Differenz.

   a. 735 ist teilbar durch 7
   333 ist teilbar durch 11
   326 ist teilbar durch 13
   684 ist teilbar durch 7

   b. 7 ist Teiler von 427
   17 ist Teiler von 1785
   14 ist Teiler von 2856
   11 ist Teiler von 1067

   c. 7 ist Teiler von 2163
   19 ist Teiler von 3876
   31 ist Teiler von 93062
   13 ist Teiler von 2561

   d. 47 ist Teiler von 14194
   265106 ist teilbar durch 53
   71 ist Teiler von 213143
   4998 ist teilbar durch 51

4. Zerlege geschickt.

   a. Welche der Zahlen sind durch 7 teilbar?
   (1) 763; 771; 772; 784; 1435; 2170
   (2) 2814; 3515; 14042; 70070; 63064

   b. Welche der Zahlen sind durch 17 teilbar?
   (1) 1734; 1768; 1770; 3435; 3468; 5134
   (2) 6851; 6870; 8551; 15317; 13657

5. **a.** Weil 7 ein Teiler von 28 ist, so ist 7 auch ein Teiler von 4·28, also von 112.
   Begründe dies. $4 \cdot 28 = 28 + 28 + 28 + 28$

   b. Prüfe durch geeignete Zerlegung in ein Produkt.
   (1) 4 ist Teiler von 100   (2) 4 ist Teiler von 300   (3) 9 ist Teiler von 990

Information

Verschiedene Möglichkeiten zum Prüfen auf Teilbarkeit durch geschicktes Zerlegen

(1) Zerlege die zu prüfende Zahl in eine geeignete Summe aus zwei oder mehr Summanden. Wenn man jeden Summanden durch diese Zahl teilen kann, so ist auch die Summe durch diese Zahl teilbar.

Beispiele:

(a) Ist 672 durch 6 teilbar?
672 = 600 + 72
600 ist teilbar durch 6.
72 ist teilbar durch 6.

Zerlege geschickt!

(b) Ist 652 durch 6 teilbar?
652 = 600 + 52
600 ist teilbar durch 6.
52 ist *nicht* teilbar durch 6.

Ergebnis: 672 ist teilbar durch 6. Ergebnis: 652 ist *nicht* teilbar durch 6.

(2) Zerlege die zu prüfende Zahl in eine geeignete Differenz. Wenn jedes Glied der Differenz durch diese Zahl teilbar ist, so ist auch die Differenz durch diese Zahl teilbar.
Beispiel: 693 = 700 − 7. Jedes Glied ist durch 7 teilbar, also auch 693.

(3) Zerlege die zu prüfende Zahl in ein geeignetes Produkt. Wenn nur ein Faktor durch diese Zahl teilbar ist, so ist auch das Produkt durch diese Zahl teilbar.
Beispiel: 990 = 9 · 110. Der Faktor 9 ist durch 9 teilbar, also auch 990.

Übungen

6. Prüfe durch geeignete Zerlegung in Summanden.

a. 749 ist teilbar durch 7
1 122 ist teilbar durch 11
1 339 ist teilbar durch 13
751 ist teilbar durch 7

b. 17 ist Teiler von 1 751
15 ist Teiler von 3 075
31 ist Teiler von 6 265
22 ist Teiler von 8 877

c. 51 ist Teiler von 153 102
33 283 ist teilbar durch 83
47 ist Teiler von 94 141
73 ist Teiler von 219 148

7. Ein Schullandheim-Aufenthalt kostet für die Klasse 6a (21 Schüler) 2 142 €, für die Klasse 6b (23 Schüler) 2 324 €. Können die Beträge stimmen, wenn alle Schüler den gleichen Betrag zahlen?
Zerlege geeignet.

8. Jans Vater ist Landwirt. Er möchte an einer Seite seiner 294 m langen Weide Pfähle für einen Zaun setzen. Sie sollen einen Abstand von 7 m haben. Ist das möglich?

Spiel (2 Spieler)

9. Verflixte Zehn

Ihr benötigt 3 Würfel. Jeder Mitspieler stellt aus einem DIN-A-4-Blatt 8 Zahlenkarten her und beschriftet sie fortlaufend mit den Zahlen von 3 bis 10.

Ein Spieler mischt alle Zahlenkarten und legt sie verdeckt als Stapel auf den Tisch. Der erste Spieler nimmt die obere Karte vom Stapel und wirft die drei Würfel. Mit den Augenzahlen der Würfel versucht er so eine 3-stellige Zahl zu bilden, dass der Kartenwert Teiler dieser Zahl ist.

Gelingt das, behält er die Karte und bekommt die offen liegende(n) Karte(n) dazu. Gelingt es nicht, legt er die Karte offen neben den Stapel. Der nächste Spieler ist an der Reihe. Das Spiel ist beendet, wenn alle Karten vom Stapel verbraucht sind. Sieger ist, wer die meisten Karten hat.

Ist 7 Teiler von 156?
[oder von 165; 516; 561; 615; 651?]

Teilbarkeit durch 2, durch 5 und durch 10

1. Notiere die ersten 12 natürlichen Zahlen, die   **Aufgabe**

   a. durch 10,   **b.** durch 2,   **c.** durch 5

teilbar sind. Wie kann man sofort erkennen, ob eine Zahl durch 2, 5 bzw. 10 teilbar ist?

Lösung
a. 10, 20, 30, 40, 50, 60, 70, 80, 90, …

b. 2, 4, 6, 8, 10, 12, 14, 16, 18, …

c. 5, 10, 15, 20, 25, 30, 35, 40, 45, …

Endziffern beachten

Endstellenregel für die Teilbarkeit durch 10, durch 2 und durch 5
Eine natürliche Zahl ist
(1) teilbar durch 10, wenn ihre *letzte Ziffer* 0 ist, sonst nicht;
(2) teilbar durch 2, wenn ihre *letzte Ziffer* 0, 2, 4, 6 oder 8 ist, sonst nicht;
(3) teilbar durch 5, wenn ihre *letzte Ziffer* 0 oder 5 ist, sonst nicht.

---

2. Schreibe die Tabelle ab und kreuze an, falls teilbar. Beachte die Endziffer.   **Zum Festigen und Weiterarbeiten**

a.

Zahl	teilbar durch		
	2	5	10
245			
278			
650			
553			

b.

Zahl	teilbar durch		
	2	5	10
3 600			
6 102			
8 565			
7 483			

c.

Zahl	teilbar durch		
	2	5	10
10 005			
350 350			
721 309			
824 116			

3. Die durch 2 teilbaren Zahlen nennt man *gerade* Zahlen, die übrigen *ungerade*. Welche   **Übungen**
der Zahlen 23, 48, 666, 777, 8 124, 9 999, 123 468 sind gerade, welche ungerade?

4. Welche der Zahlen 52, 624, 10 458, 660, 125, 6 828, 28 124, 375, 1 000, 1 005, 87 870 sind
   a. durch 2 teilbar;   **b.** durch 5 teilbar;   **c.** durch 10 teilbar?

5. Übertrage in dein Heft. Setze passend | oder ∤ ein. Benutze die Endstellenregel.
   a. 2 ▪ 87   **b.** 5 ▪ 1 551   **c.** 10 ▪ 1 820   **d.** 5 ▪ 24 336
       2 ▪ 140   5 ▪ 1 235   10 ▪ 2 435   2 ▪ 42 638
       2 ▪ 7 676   5 ▪ 2 175   10 ▪ 2 003   10 ▪ 80 750

6. (1) 382▪ (2) 607▪ (3) 874▪▪ (4) 237▪▪ (5) 735▪ (6) 125▪ (7) 342▪▪ (8) 68▪▪0
Setze für ▪ passend eine Ziffer ein, sodass die Zahl dann
   a. durch 2 teilbar ist;   **b.** durch 5 teilbar ist;   **c.** durch 10 teilbar ist.

Teilbarkeit durch 4 und durch 25

Jana sieht auf einen Blick, ob eine Zahl durch 4 oder durch 25 teilbar ist.

Aufgabe

1. **a.** Prüfe durch geeignete Zerlegung, ob die Zahlen 4836 und 5675 teilbar sind
   (1) durch 4;   (2) durch 25.
   b. Gib eine Regel an, wie man sofort sieht, ob eine Zahl durch 4 bzw. durch 25 teilbar ist.

Lösung

a. 100 ist durch 4 und auch durch 25 teilbar. Also sind alle Vielfachen von 100 durch 4 und durch 25 teilbar. Daher zerlegen wir folgendermaßen:

(1) 4836 = 4800 + 36   5675 = 5600 + 75
   (teilbar durch 4) (teilbar durch 4)   (teilbar durch 4) (nicht teilbar durch 4)

   Also: 4836 ist durch 4 teilbar.   Also: 5675 ist *nicht* durch 4 teilbar.

(2) 4836 = 4800 + 36   5675 = 5600 + 75
   (teilbar durch 25) (nicht teilbar durch 25)   (teilbar durch 25) (teilbar durch 25)

   Also: 4836 ist *nicht* durch 25 teilbar.   Also: 5675 ist durch 25 teilbar.

b. Um zu prüfen, ob eine Zahl durch 4 (oder durch 25) teilbar ist, braucht man nur die Zahl zu untersuchen, die aus den *beiden Endziffern* gebildet wird.

Durch 4 teilbar:
4   8   12 … 40   44 … 96   100
104 108 112 … 140 144 … 196 200
204 208 212 … 240 244 … 296 300

Durch 25 teilbar:
25   50   75   100
125 150 175 200
225 250 275 300

Information

Endstellenregel für die Teilbarkeit durch 4 und durch 25

Eine natürliche Zahl ist
(1) teilbar durch 4, wenn die aus ihren *beiden Endziffern* gebildete Zahl durch 4 teilbar ist, sonst nicht;
(2) teilbar durch 25, wenn die aus ihren *beiden Endziffern* gebildete Zahl durch 25 teilbar ist, sonst nicht.

43548 ist durch 4 teilbar

2367175 ist durch 25 teilbar

Zum Festigen und Weiterarbeiten

2. Übertrage die Tabelle in dein Heft und kreuze an, falls teilbar. Beachte die beiden Endziffern.

Zahl	175	200	224	9300	7548	6775	38756	41250	37465	74700
teilbar durch 4										
teilbar durch 25										

Übungen

3. Suche die Zahlen heraus,
   (1) die durch 4 teilbar sind;
   (2) die durch 25 teilbar sind.

   a. 348, 434, 412, 356, 775, 7007
   b. 4131, 17700, 3284, 44447, 2925, 35296
   c. 2552, 6300, 2175, 7472, 5555, 7557

4. Prüfe für jede der Zahlen, ob sie teilbar ist   (1) durch 4;   (2) durch 25.
   a. 400; 275; 145; 600; 836
   b. 1200; 1004; 1316; 1475
   c. 2324; 3525; 9700; 4175
   d. 44450; 51864; 27300; 34572

5. Setze ein: *ist Teiler von* (|) oder *ist nicht Teiler von* (∤). Benutze die Endstellenregel.
   a. 4 ■ 138
      4 ■ 829
      4 ■ 236
   b. 4 ■ 6022
      4 ■ 666
      4 ■ 12644
   c. 25 ■ 150
      25 ■ 1275
      25 ■ 270
   d. 25 ■ 8720
      25 ■ 980
      25 ■ 14525

6. Man hat festgelegt, dass alle durch 4 teilbaren Jahreszahlen *Schaltjahre* sein sollen. *Ausnahmen:* Die vollen Jahrhunderte 1700, 1800, 1900, 2100, 2200 usw., die nicht durch 400 teilbar sind.
   Das Jahr 1600 war ein Schaltjahr, ebenso das Jahr 2000.

   a. Waren 1926, 1904, 1884, 1924, 1978, 1984, 1968, 1987, 1988, 1991, 1996 Schaltjahre?
   b. Gib die kommenden 5 Schaltjahre an.

7. Gib eine vierstellige Zahl an, die
   a. durch 4 *und* durch 25 teilbar ist;
   b. durch 4 *und nicht* durch 25 teilbar ist;
   c. durch 25 *und nicht* durch 4 teilbar ist;
   d. *weder* durch 4 *noch* durch 25 teilbar ist.

Teilbarkeit durch 3 und durch 9 sowie durch 6

Information

(1) Teilbarkeit durch 3
Die Teilbarkeit einer Zahl durch 3 kann man prüfen, indem man die **Quersumme** der Zahl bildet. Diese erhält man, indem man alle Ziffern der Zahl addiert. Ist die Quersumme durch 3 teilbar, so auch die Zahl.

Zahl	Quersumme	Quersumme teilbar durch 3?	Zahl teilbar durch 3?	Probe
312	3+1+2=6	3|6 (ja)	3|312 (ja)	312 : 3 = 104
431	4+3+1=8	3∤8 (nein)	3∤431 (nein)	431 : 3 = 143 R2

(2) Teilbarkeit durch 9

Ebenso kannst du die Teilbarkeit durch 9 prüfen.

Zahl	Quersumme	Quersumme teilbar durch 9?	Zahl teilbar durch 9?	Kontrolle
189	1 + 8 + 9 = 18	9 | 18 (ja)	9 | 189 (ja)	189 : 9 = 21
857	8 + 5 + 7 = 20	9 | 20 (nein)	9 | 857 (nein)	857 : 9 = 95 R2

> **Quersummenregel für die Teilbarkeit durch 3 und durch 9**
>
> Eine natürliche Zahl ist
> (1) teilbar durch 3, wenn die *Quersumme* durch 3 teilbar ist, sonst nicht;
> (2) teilbar durch 9, wenn die *Quersumme* durch 9 teilbar ist, sonst nicht.
>
> *Quersumme bilden*

Zum Festigen und Weiterarbeiten

1. Schreibe die Tabelle ab und kreuze an, falls teilbar.

a.
Zahl	teilbar durch 3	teilbar durch 9
132		
243		
352		
798		

b.
Zahl	teilbar durch 3	teilbar durch 9
1 236		
2 410		
2 475		
5 175		

c.
Zahl	teilbar durch 3	teilbar durch 9
58 452		
84 798		
94 567		
662 874		

2. Vervollständige.

   a. Zahlen, die durch 3 teilbar sind, haben folgende Quersummen:
      3; 6; ☐; ☐; ☐; ☐; ☐; ☐; ☐; ☐; …

   b. Zahlen, die durch 9 teilbar sind, haben folgende Quersummen:
      9; 18; ☐; ☐; ☐; ☐; ☐; ☐; ☐; ☐; …

3. Erläutere und kontrolliere an Beispielen.

   a. | Eine Zahl ist durch 6 teilbar, wenn sie durch 2 und durch 3 teilbar ist, sonst nicht. |

   b. Ist die Quersumme größer als 9, dann kann von der Quersumme wieder die Quersumme gebildet werden. Diese kann zur Prüfung benutzt werden, ob die Zahl durch 9 (bzw. durch 3) teilbar ist.

Übungen

4. 45, 105, 190, 270, 647, 816, 981, 1215, 4271, 6780, 7431, 11081, 31854, 42975, 87948, 278370

Suche die Zahlen heraus, die teilbar sind   (1) durch 3;   (2) durch 9;   (3) durch 6.

5. Setze ein: *ist Teiler von* (|) oder *ist nicht Teiler von* (∤).

   a. 3 ■ 126   **b.** 9 ■ 279   **c.** 6 ■ 2 714   **d.** 9 ■ 8 586   **e.** 9 ■ 87 453
        3 ■ 173   9 ■ 456   6 ■ 6 816   3 ■ 5 837   3 ■ 783 159
        3 ■ 510   9 ■ 351   6 ■ 7 579   6 ■ 7 218   6 ■ 438 607

6. a. Setze für ■ eine Ziffer passend ein, sodass die Zahl durch 3 teilbar ist.
(1) 27■3 (2) 58■4 (3) 72■573 (4) 8017■ (5) 52■324 (6) 6■125■8

b. Setze für ■ eine Ziffer passend ein, sodass die Zahl durch 9 teilbar ist.
(1) 58■7 (2) 654■ (3) 81■54 (4) 7■635 (5) 3■7■85 (6) 64■9■7

7. Schreibe die Tabellen ab und kreuze an.

Vermischte Übungen

Zahl	teilbar durch				
	2	5	10	3	9
80					
108					
135					
300					
720					
765					
9 630					
4 215					
7 341					

Zahl	teilbar durch						
	2	3	4	5	6	9	10
9 675							
7 680							
87 525							
93 470							
786 430							
397 845							
529 578							
172 670							
884 700							

8. Setze passend ein: *ist Teiler von* (|) oder *ist nicht Teiler von* (∤).

a. 4 ■ 3 532   b. 3 ■ 5 540   c. 2 ■ 55 875   d. 5 ■ 11 196
   10 ■ 2 475   9 ■ 3 780   10 ■ 42 606   25 ■ 70 150
   9 ■ 5 157   4 ■ 7 134   25 ■ 17 985   3 ■ 88 423
   6 ■ 3 534   6 ■ 4 975   6 ■ 22 473   6 ■ 52 874

9. Setze eine Ziffer passend ein, sodass die Zahl teilbar ist

a. durch 2: 462■; 356■; 247■
b. durch 3: 6■783; 95■26; 83■1
c. durch 4: 7496■; 349■8; 7967■
d. durch 5: 334■; 729■; 362■
e. durch 9: 84■52; 739■1; 4■235
f. durch 25: 968 45■; 738■5; 631■0

10. a.

Kannst du meine Hausnummer bestimmen?

b.

Weißt du jetzt die Postleitzahl meines Wohnortes?

Primzahlen und Primfaktorzerlegung

Aufgabe

1. Zerlege die Zahlen 12, 30, 19, 55 in möglichst viele von 1 verschiedene Faktoren.

Lösung

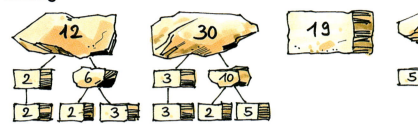

Information

(1) Primzahlen

Bei der Lösung der Aufgabe 1 erhalten wir schließlich Zahlen, die sich nicht weiter in von 1 verschiedene Faktoren zerlegen lassen. Diese Zahlen nennen wir **Primzahlen**.

Du erkennst sie daran, dass sie *genau zwei Teiler* haben:

$T_2 = \{1; 2\}$ $\quad$ $T_3 = \{1; 3\}$ $\quad$ $T_5 = \{1; 5\}$ $\quad$ $T_7 = \{1; 7\}$
$T_{11} = \{1; 11\}$ $\quad$ $T_{13} = \{1; 13\}$ $\quad$ $T_{17} = \{1; 17\}$ $\quad$ $T_{19} = \{1; 19\}$

Alle natürlichen Zahlen außer 0 und 1 lassen sich in Primzahlen als ihre „Bausteine" zerlegen.

Natürliche Zahlen, die *genau zwei* Teiler haben, nennt man **Primzahlen**.
Primzahlen sind: 2, 3, 5, 7, 11, 13, 17, 19, 23, 29, 31, 37, 41, …
Keine Primzahlen sind z. B. 1, 4, 6, 8, 9, 10, 12, 14, 15, 16, 18, 20, …
Außer der 1 nennt man sie *zusammengesetzte* Zahlen.

Primzahlen: genau zwei Teiler

---

(2) Primfaktorzerlegung

In Aufgabe 1 haben wir die Zahlen 12, 30, 19, 55 jeweils in ein Produkt aus Primfaktoren zerlegt. Hierfür gibt es verschiedene Möglichkeiten:

1. Möglichkeit
Überprüfe der Reihe nach, wie oft die Primzahlen 2, 3, … usw. als Faktor in der Zahl 72 enthalten sind.
Du erhältst:
$72 = 2 \cdot 2 \cdot 2 \cdot 3 \cdot 3$
Alle Faktoren sind Primzahlen.
Wir nennen sie die *Primfaktoren* von 72.

$$72 = 2 \cdot 36$$
$$= 2 \cdot 2 \cdot 18$$
$$= 2 \cdot 2 \cdot 2 \cdot 9$$
$$= 2 \cdot 2 \cdot 2 \cdot 3 \cdot 3$$
$$72 = 2 \cdot 2 \cdot 2 \cdot 3 \cdot 3$$

2. Möglichkeit
Zerlege 72 zunächst in zwei beliebige Faktoren.
Zerlege diese anschließend weiter, bis du nur noch Primfaktoren erhältst.

$$72 = 9 \cdot 8$$
$$= 3 \cdot 3 \cdot 2 \cdot 2 \cdot 2$$

$$72 = 4 \cdot 18$$
$$= 2 \cdot 2 \cdot 2 \cdot 9$$
$$= 2 \cdot 2 \cdot 2 \cdot 3 \cdot 3$$

> Zerlegt man eine Zahl in **Primfaktoren**, so erhält man (abgesehen von der Reihenfolge der Faktoren) stets dieselbe Zerlegung.
>
> $$72 = 3 \cdot 3 \cdot 2 \cdot 2 \cdot 2 \qquad 72 = 2 \cdot 2 \cdot 2 \cdot 3 \cdot 3$$

2. Zerlege die Zahlen in ihre „Bausteine", die Primzahlen.

a. 33 **b.** 38 **c.** 51 **d.** 65 **e.** 91 **f.** 95 **g.** 111 **h.** 133

Zum Festigen und Weiterarbeiten

3. Ist die Zahl eine Primzahl?

a. 24 **b.** 47 **c.** 43 **d.** 34 **e.** 53

4. Schreibe alle Primzahlen auf, die zwischen den folgenden Zahlen liegen.

a. 0 und 20 **b.** 20 und 40 **c.** 40 und 60

5. Welche Zahl ist hier in Primfaktoren zerlegt worden?

a. □ = $2 \cdot 2 \cdot 3 \cdot 5$ **c.** □ = $2 \cdot 2 \cdot 5 \cdot 5$ **e.** □ = $5 \cdot 7 \cdot 11$
b. □ = $2 \cdot 3 \cdot 3 \cdot 3$ **d.** □ = $2 \cdot 2 \cdot 2 \cdot 2 \cdot 3 \cdot 5$ **f.** □ = $3 \cdot 3 \cdot 3 \cdot 13 \cdot 17$

△ **6.** Mithilfe von Potenzen können wir statt $72 = 2 \cdot 2 \cdot 2 \cdot 3 \cdot 3$ auch schreiben: $72 = 2^3 \cdot 3^2$. Zerlege in Primfaktoren; verwende die Potenzschreibweise.

a. 81 **b.** 108 **c.** 128 **d.** 100 **e.** 400

7. Suche die Primzahlen heraus. Du erhältst ein *Lösungswort*, wenn du die Buchstaben geeignet anordnest.

Übungen

8. Suche die Primzahlen heraus. Es sind jeweils 5 Primzahlen.

9. Schreibe alle Primzahlen auf, die zwischen den folgenden Zahlen liegen.

a. 60 und 80 **b.** 80 und 100 **c.** 100 und 130 **d.** 130 und 160 **e.** 160 und 200

10. Welches ist
- **a.** die kleinste zweistellige Primzahl;
- **b.** die größte zweistellige Primzahl;
- **c.** die kleinste dreistellige Primzahl;
- **d.** die größte dreistellige Primzahl;
- **e.** die kleinste vierstellige Primzahl;
- **f.** die größte vierstellige Primzahl?

11. Max behauptet: „10005 und 10101 sind Primzahlen."
Ist seine Behauptung richtig?

12. Zerlege in Primfaktoren.

	a.	**b.**	**c.**	**d.**	**e.**	**f.**	**g.**	**h.**
	20	60	64	110	630	816	836	984
	39	22	90	200	203	888	868	644
	70	54	88	360	475	608	768	975

13. Welche Zahl ist hier in Primfaktoren zerlegt worden?

- **a.** ☐ = 2 · 2 · 5
  ☐ = 2 · 2 · 2 · 5
  ☐ = 3 · 3 · 3
- **b.** ☐ = 2 · 3 · 7
  ☐ = 2 · 2 · 11
  ☐ = 3 · 3 · 5
- **c.** ☐ = 2 · 5 · 5 · 7
  ☐ = 2 · 2 · 2 · 3 · 11
  ☐ = 3 · 5 · 7
- **d.** ☐ = 2 · 7 · 13
  ☐ = 3 · 5 · 13
  ☐ = 2 · 7 · 19

14. Zerlege in Primfaktoren.

	a.	**b.**	**c.**	**d.**	**e.**	**f.**	**g.**	**h.**
	1100	2888	1408	2142	1053	6688	1872	7371
	4158	1064	4416	1071	1488	3696	2322	4140

15. Welche Zahl hat die folgende Primfaktorzerlegung?
- **a.** $2^3 \cdot 3^2 \cdot 5$
- **b.** $2^4 \cdot 3^3$
- **c.** $2^4 \cdot 3^2$
- **d.** $3^2 \cdot 13^2$
- **e.** $5^2 \cdot 7^2$
- **f.** $3^3 \cdot 5^3$

▲ **16.**
> 170 141 183 460 469 231 731 687 303 515 884 105 727
> ←——————————————————————————→
> ungefähr 10 cm mit dem Drucker ausgedruckt

Dies ist die größte Primzahl, die man im Jahre 1951 kannte. Sie hat 39 Stellen und wurde von einem Computer berechnet.
Im Jahre 1999 berechnete ein Computer eine Primzahl mit 2098960 Stellen.
Berechne die ungefähre Länge der Primzahl aus dem Jahr 1999.

Zum Knobeln

17. Schreibe die Primzahlen von 5 bis 23 so in die Kreise, dass sich in jedem der drei Dreiecke die Summe 47 ergibt.

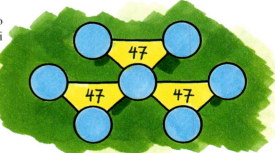

Spiel (2 Spieler)

18. *Primzahlen – STOPP*
Gespielt wird mit einem Würfel. Der erste Spieler würfelt so lange, bis die Summe seiner gewürfelten Augenzahlen eine Primzahl ergibt. Diese wird notiert. Nun ist der andere Spieler an der Reihe. Nach 10 Spielrunden werden die notierten Zahlen addiert.
Wer die höhere Punktzahl erreicht hat, ist Sieger.

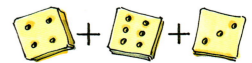

Gemeinsame Teiler, gemeinsame Vielfache
Größter gemeinsamer Teiler

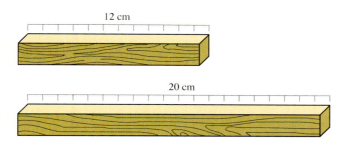

Aufgabe

1. Melanie will für ihren Bruder Bauklötze basteln. Sie hat zwei Holzleisten, die 12 cm und 20 cm lang sind. Alle Bauklötze sollen gleich lang (in vollen cm) werden und es sollen keine Holzreste beim Zerteilen übrig bleiben.

   a. In welchen Längen (in vollen cm) kann Melanie die Bauklötze herstellen?
   b. Wie lang (in vollen cm) ist der größte Klotz, den sie basteln kann?

Lösung

a. Die erste Leiste kann man in 1 cm, 2 cm, 3 cm, 4 cm, 6 cm oder 12 cm lange Bauklötze einteilen,
die zweite Leiste in 1 cm, 2 cm, 4 cm, 5 cm, 10 cm oder 20 cm lange Bauklötze.
Da alle Bauklötze gleich lang werden sollen, kann Melanie nur Bauklötze in den Längen 1 cm, 2 cm oder 4 cm herstellen.
Andere *gemeinsame Längen* (in vollen cm) sind nicht möglich.

b. Der größte Klotz ist 4 cm lang, dies ist die *größte gemeinsame* Länge.

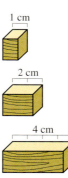

(1) Größter gemeinsamer Teiler

In der Aufgabe 1 haben wir die Teiler von 12 und von 20 notiert, anschließend die *gemeinsamen Teiler* dieser beiden Zahlen bestimmt.
Dies lässt sich unterschiedlich veranschaulichen.

(a) *Zahlenstrahl*   (b) *gemeinsames Mengenbild*

Information

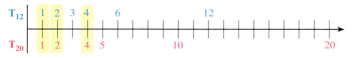
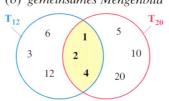

$T_{16} = \{1, 2, 4, 8, 16\}$
$T_{24} = \{1, 2, 3, 4, 6, 8, 12, 24\}$
Gemeinsame Teiler sind: 1, 2, 4, 8.
8 ist der **größte gemeinsame Teiler (ggT)** der Zahlen 16 und 24.
Wir schreiben: $ggT(16; 24) = 8$

(2) Schnelles Verfahren zum Bestimmen des ggT

(a) Bestimme die Teilermenge der kleineren Zahl (hier: der Zahl 40).

(b) Beginne mit dem größten Teiler (40) und prüfe, ob dieser auch Teiler der zweiten Zahl (hier: 144) ist.
Verfahre dann entsprechend mit dem nächstkleineren Teiler (20) usw., bis du den ggT der beiden Zahlen (hier: 8) gefunden hast.

$\text{ggT}(40; 144) = $
(a) $T_{40} = \{1, 2, 4, 5, 8, 10, 20, 40\}$
(b) Ist 40 Teiler von 144? nein
Ist 20 Teiler von 144? nein
Ist 10 Teiler von 144? nein
Ist 8 Teiler von 144? ja
$\text{ggT}(40; 144) = 8$

(3) Die Beziehung „ist teilerfremd zu"
Zwei natürliche Zahlen, die nur 1 als gemeinsamen Teiler haben, nennt man zueinander **teilerfremd**.
Beispiel: 4 ist teilerfremd zu 27;   4 ist *nicht* teilerfremd zu 6.

Zum Festigen und Weiterarbeiten

2. Schreibe beide Teilermengen auf. Markiere mit gleicher Farbe die gemeinsamen Teiler. Gib den größten gemeinsamen Teiler an. Du kannst auch ein Mengenbild zeichnen.

a. T_6 T_8
b. T_2 T_3
c. T_4 T_8
d. T_{17} T_{19}
e. T_{15} T_{25}
f. T_{27} T_{36}
g. T_{32} T_{48}
h. T_{54} T_{96}

3. Bestimme den größten gemeinsamen Teiler von:

a. 6 und 18
7 und 35
8 und 17
21 und 28

b. 4 und 12
3 und 4
8 und 52
14 und 28

c. 19 und 27
32 und 4
45 und 60
60 und 75

d. 46 und 90
60 und 97
96 und 120
56 und 84

4. Bestimme wie in der Information (2) oben den größten gemeinsamen Teiler von:

a. 20 und 30
35 und 45

b. 24 und 28
30 und 48

c. 45 und 75
64 und 72

d. 85 und 102
80 und 128

5. Sind beide Zahlen teilerfremd zueinander?

a. 5 und 7
8 und 12

b. 9 und 15
8 und 13

c. 17 und 19
31 und 36

d. 27 und 57
61 und 96

Übungen

6. Schreibe beide Teilermengen auf. Markiere mit gleicher Farbe die gemeinsamen Teiler. Gib den größten gemeinsamen Teiler an. Du kannst auch ein Mengenbild zeichnen.

a. T_6 und T_9
T_8 und T_{12}

b. T_{13} und T_{15}
T_{16} und T_{24}

c. T_{21} und T_{28}
T_{25} und T_{35}

d. T_{54} und T_{63}
T_{39} und T_{65}

7. Bestimme die gemeinsamen Teiler der Zahlen. Gib den größten gemeinsamen Teiler an.

a. 8 und 16
10 und 25
9 und 36
14 und 21

b. 15 und 25
16 und 32
20 und 40
18 und 24

c. 12 und 18
48 und 64
16 und 30
20 und 30

b. 24 und 30
15 und 45
20 und 35
12 und 36

Mögliche Ergebnisse: a. 3; 5; 7; 8; 9   b. 5; 6; 12; 16; 20   c. 2; 3; 6; 10; 16   d. 5; 6; 10; 12; 15

8. Sind beide Zahlen teilerfremd zueinander?

- **a.** 4 und 5
  8 und 24
- **b.** 11 und 13
  15 und 18
- **c.** 18 und 27
  25 und 31
- **d.** 15 und 32
  31 und 42
- **e.** 54 und 56
  51 und 68
- **f.** 84 und 147
  95 und 152

9. Wie groß ist der größte gemeinsame Teiler zweier Primzahlen?

10. Der größte gemeinsame Teiler zweier Zahlen ist:
  a. 4   **b.** 7   **c.** 1   **d.** 12
  Wie können die beiden Zahlen lauten? Gib drei Möglichkeiten an.

11. Mike will für seine kleine Schwester Bauklötze basteln. Er hat zwei Holzleisten, die 16 cm und 20 cm lang sind. Alle Bauklötze sollen gleich lang werden und es sollen keine Holzreste beim Zerteilen übrig bleiben.
Wie lang kann Mike die Bauklötze machen?

12. Angela braucht zum Basteln gleich lange Drahtstücke. Sie hat noch Stücke von 24 cm und 30 cm Länge.
Wie groß können die gleich langen Stücke werden, wenn beim Zerteilen kein Abfall entstehen soll?

13. Der Fußboden eines rechteckigen Badezimmers ist 200 cm breit und 250 cm lang. Er soll mit möglichst großen quadratischen Platten ausgelegt werden. Welche Kantenlängen kommen in Betracht?

14. Zu Beginn des neuen Schuljahres wird von jedem Schüler ein bestimmter Betrag für Kopien eingesammelt. In der Klasse 6c kommen so 60 € zusammen, in der 6d sind es 54 €. Stelle selbst eine Aufgabe und löse sie.

15. Bestimme den größten gemeinsamen Teiler von folgenden drei Zahlen.
- **a.** 12; 18; 20
  12; 20; 28
  3; 18; 30
  15; 25; 55
- **b.** 6; 10; 30
  8; 20; 32
  9; 15; 27
  24; 36; 42
- **c.** 18; 20; 36
  21; 28; 35
  27; 36; 45
  39; 52; 65
- **d.** 30; 75; 90
  16; 28; 48
  32; 48; 112
  22; 26; 40

> ggT (12; 15; 24) = ■
>
> T_{12} = {1, 2, 3, 4, 6, 12}
> T_{15} = {1, 3, 5, 15}
> T_{24} = {1, 2, 3, 4, 6, 8, 12, 24}
>
> ggT(12; 15; 24) = 3

Mögliche Ergebnisse: a. 2; 3; 4; 5; 6   b. 2; 3; 4; 6; 7   c. 2; 4; 7; 9; 13   d. 2; 4; 12; 15; 16

Bestimmen des größten gemeinsamen Teilers durch Primfaktorzerlegung

Information

▲ Den größten gemeinsamen Teiler von zwei Zahlen können wir auch durch Primfaktorzerlegung der beiden Zahlen bestimmen.

(1) Zerlege die Zahlen in Primfaktoren und schreibe gleiche Primfaktoren untereinander.
(2) Bestimme *gemeinsame* Primfaktoren.
(3) Berechne das Produkt der gemeinsamen Primfaktoren.
(4) Haben die beiden Zahlen keine gemeinsamen Primfaktoren, so ist 1 ihr größter gemeinsamer Teiler.

$$\text{ggT}(120; 900) = \blacksquare$$
$$120 = 2 \cdot 2 \cdot 2 \cdot 3 \quad \cdot 5$$
$$900 = 2 \cdot 2 \quad \cdot 3 \cdot 3 \cdot 5 \cdot 5$$
$$\text{ggT}(120; 900) = 2 \cdot 2 \quad \cdot 3 \quad \cdot 5$$
$$\text{ggT}(120; 900) = 60$$

Begründung: Die roten Zahlen sind gemeinsame Teiler. Auch das Produkt der roten Zahlen ist ein gemeinsamer Teiler. Werden *alle* roten Zahlen multipliziert, dann erhält man den *größten* gemeinsamen Teiler.

Zum Festigen und Weiterarbeiten

1. Bestimme durch Zerlegen in Primfaktoren den größten gemeinsamen Teiler von:

a. 60 und 100   b. 12 und 25   c. 36 und 48   d. 90 und 225
135 und 375   12 und 21   125 und 175   81 und 270
56 und 96   51 und 102   144 und 256   180 und 420

Mögliche Ergebnisse: a. 8; 15; 20; 25   b. 1; 3; 6; 51   c. 12; 16; 18; 25   d. 27; 40; 45; 60

2. Bestimme durch Primfaktorzerlegung den ggT der drei Zahlen.

a. 14, 20 und 36   b. 25, 52 und 110   c. 42, 56 und 84   d. 360, 420 und 760
48, 36 und 72   160, 180 und 200   105, 48 und 216   530, 920 und 1050

Mögliche Ergebnisse: a. 2; 6; 12   b. 1; 10; 20   c. 3; 6; 14   d. 10; 15; 20

3. Erläutere:
Der größte gemeinsame Teiler zweier Zahlen ergibt sich als Produkt der *niedrigsten* Potenzen der gemeinsamen Primfaktoren.

$$\text{ggT}(72; 126) = \blacksquare$$
$$72 = 2^3 \cdot 3^2$$
$$126 = 2 \quad \cdot 3^2 \cdot 7$$
$$\text{ggT}(72; 126) = 2 \cdot 3^2 = 18$$

Übungen

4. Zerlege in Primfaktoren. Bestimme den ggT der beiden Zahlen.

a. 45; 108   b. 72; 96   c. 66; 198   d. 46; 161   e. 72; 168
52; 182   51; 238   36; 162   78; 208   84; 138
105; 225   55; 125   72; 168   96; 152   48; 176

Mögliche Ergebnisse: a. 26; 15; 13; 9   b. 17; 14; 24; 5   c. 66; 24; 18; 11   d. 8; 4; 26; 23   e. 16; 6; 24; 12

5. Zerlege in Primfaktoren, bestimme den ggT.

a. 360; 200   b. 270; 256   c. 142; 135   d. 245; 650   e. 144; 256
240; 360   840; 720   255; 325   130; 390   720; 960
360; 920   124; 130   424; 662   1240; 360   1000; 700

Mögliche Ergebnisse: a. 40; 40; 50; 120   b. 2; 2; 9; 120   c. 1; 2; 4; 5   d. 5; 40; 60; 130   e. 16; 90; 100; 240

Kleinstes gemeinsames Vielfaches

1. Tanjas Vater möchte eine neue Leiste aus Metall an der Kellerwand anschrauben. Die neue Leiste hat Bohrungen im Abstand von 9 cm. An der Kellerwand befinden sich bereits Bohrungen im Abstand von 6 cm vom linken Rand.

Aufgabe

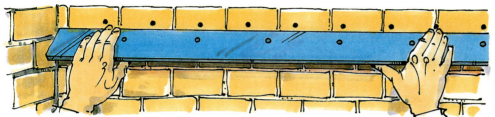

a. In welchen Abständen kann man Schrauben einsetzen ohne zusätzlich bohren zu müssen?

b. In welchem Abstand vom linken Rand befindet sich das *erste gemeinsame* Loch?

Lösung

a.

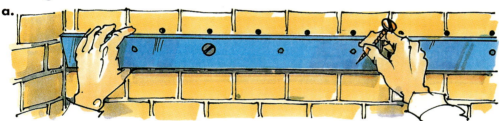

Wand: Abstand der Löcher vom linken Rand in cm:
6, 12, 18, 24, 30, 36, 42, 48, 54, 60, 66, 72, 78, ...
Das sind die Vielfachen von 6.

Metallleiste: Abstand der Löcher vom linken Rand in cm:
9, 18, 27, 36, 45, 54, 63, 72, 81, ...
Das sind die Vielfachen von 9.

Abstand der gemeinsamen Löcher vom linken Rand in cm:
18, 36, 54, 72, ...
Das sind die **gemeinsamen Vielfachen** von 6 und 9.

b. Der kleinste Abstand (vom linken Rand) für ein gemeinsames Loch beträgt 18 cm.

---

(1) Kleinstes gemeinsames Vielfaches

Information

In Aufgabe 1 haben wir die Vielfachen von 6 und von 9 notiert und anschließend die *gemeinsamen* Vielfachen dieser beiden Zahlen bestimmt.

$V_2 = \{2, 4, 6, 8, 10, 12, 14, 16, 18, ...\}$
$V_3 = \{3, 6, 9, 12, 15, 18, 21, ...\}$
Gemeinsame Vielfache sind: 6, 12, 18, ...
6 ist das **kleinste gemeinsame Vielfache (kgV)** der Zahlen 2 und 3.
Wir schreiben: $kgV(2;3) = 6$

(2) Schnelles Verfahren zum Bestimmen des kgV

Das kleinste gemeinsame Vielfache von zwei Zahlen können wir vereinfacht so bestimmen:
(a) Wähle die größere der beiden Zahlen (hier: die Zahl 10) aus.
(b) Bilde das 1fache, 2fache, 3fache, ... dieser Zahl. Prüfe jeweils, ob es auch ein Vielfaches der anderen Zahl (hier: 8) ist.
Das erste gemeinsame Vielfache (hier: 40) ist das kgV der beiden Zahlen.

> kgV(10; 8) =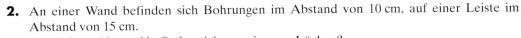
>
> Wähle 10.
> Ist 10 Vielfaches von 8? nein
> Ist 20 Vielfaches von 8? nein
> Ist 30 Vielfaches von 8? nein
> Ist 40 Vielfaches von 8? ja
>
> kgV(10; 8) = 40

Zum Festigen und Weiterarbeiten

2. An einer Wand befinden sich Bohrungen im Abstand von 10 cm, auf einer Leiste im Abstand von 15 cm.
In welchem Abstand befinden sich gemeinsame Löcher?

3. Bestimme die ersten drei gemeinsamen Vielfachen. Gib das kleinste gemeinsame Vielfache an.

   a. 4; 6   **b.** 4; 5   **c.** 7; 12   **d.** 7; 19
      10; 15   8; 10   15; 18   26; 39

4. Bestimme das kleinste gemeinsame Vielfache.

   a. 5; 6   **b.** 6; 9   **c.** 50; 60   **d.** 21; 48
      3; 7   8; 12   60; 210   125; 150

Mögliche Ergebnisse: a. 21; 30; 35   b. 18; 24; 28   c. 200; 300; 420   d. 336; 480; 750

5. Bestimme wie in der Information (2) oben das kleinste gemeinsame Vielfache.

   a. 20; 30   **b.** 12; 15   **c.** 80; 100   **d.** 45; 60   **e.** 160; 180
      15; 20   5; 15   40; 50   100; 120   320; 400

Mögliche Ergebnisse: a. 60; 60; 90   b. 15; 60; 120   c. 200; 300; 400   d. 180; 300; 600   e. 1200; 1440; 1600

6. Gibt es zwei Zahlen ohne gemeinsames Vielfaches? Begründe.

Übungen

7. Bestimme die gemeinsamen Vielfachen der Zahlen. Gib das kleinste gemeinsame Vielfache an.

   a. 4; 8   **b.** 4; 10   **c.** 20; 18   **d.** 10; 155
      5; 7   6; 8   15; 25   200; 800

Mögliche Ergebnisse: a. 8; 24; 35   b. 20; 24; 36   c. 75; 90; 180   d. 310; 600; 800

8. Bestimme das kleinste gemeinsame Vielfache der Zahlen.

   a. 6; 10   **b.** 10; 12   **c.** 14; 21   **d.** 110; 160   **e.** 144; 180
      3; 8   6; 15   15; 50   260; 300   56; 72
      3; 11   9; 12   25; 35   360; 480   23; 13
      4; 7   12; 50   28; 42   390; 650   14; 180

*Mögliche Ergebnisse: a. 24; 28; 30; 32; 33   b. 30; 36; 60; 200; 300   c. 42; 84; 150; 170; 175
d. 1950; 1440; 1600; 1760; 3900   e. 299; 720; 1260; 1800; 504*

9. Bilde das kgV. Rechne im Kopf.

a.
kgV	3	4	6	7	9	11	15	25
2	6							
4								
5								

b.
kgV	3	5	6	9	10	15	20	25
7								
8								
9								

10. Bestimme das kleinste gemeinsame Vielfache der Zahlen. Was fällt dir auf?

    a. (1) 4 und 8   (2) 2 und 9   **b.** (1) 8 und 40   (2) 3 und 100
           6 und 12   3 und 8   15 und 45   11 und 13
           5 und 15   4 und 5   25 und 125   7 und 20

11. Gib zwei Zahlen an, bei denen

    a. 20   **b.** 40   **c.** 75   **d.** 100   **e.** 140   das kleinste gemeinsame Vielfache ist.

12. Von einer U-Bahn-Station fährt ab 6 Uhr alle 5 Minuten ein Zug und alle 4 Minuten ein Bus ab.
Nach wie vielen Minuten fahren wieder ein Zug und ein Bus gleichzeitig ab?

13. Dennis und Manuel bewerfen sich gegenseitig mit Schneebällen. Dennis wirft alle 6 Sekunden einen Schneeball. Manuel ist etwas schneller, er wirft alle 5 Sekunden einen Schneeball.
Nach wie viel Sekunden bewerfen sich die beiden Jungen gleichzeitig?

14. Bestimme das kgV der Zahlen.

    a. 6; 8; 12   **c.** 8; 12; 15   **e.** 6; 18; 24; 27
         5; 15; 20   12; 24; 36   3; 6; 8; 12
    b. 8; 10; 15   **d.** 20; 30; 40   **f.** 15; 20; 30; 45
         4; 7; 14   5; 20; 35   7; 11; 13; 19

Mögliche Ergebnisse
a. bis d.: 24; 28; 50; 60; 120; 72; 100; 120; 120; 140
e. und f.: 24; 180; 216; 600; 19019

> kgV (5; 6; 10) = ▪
> $V_5 = \{5, 10, 15, 20, 25, 30, 35, \ldots\}$
> $V_6 = \{6, 12, 18, 24, 30, 36, 42, \ldots\}$
> $V_{10} = \{10, 20, 30, 40, 50, 60, \ldots\}$
>
> kgV (5; 6; 10) = 30

15. Bestimme das kgV der Zahlen.

    a. 4; 6; 12   **b.** 6; 9; 10   **c.** 2; 5; 11   **d.** 2; 5; 13
         5; 10; 25   5; 8; 12   3; 4; 5   5; 8; 15

16. Bei einem Trainingsrennen starten die Radrennfahrer Bernhard, Didi und Henning zu einem gemeinsamen Rennen. Für eine Runde benötigt Bernhard 30 Sekunden, Didi 40 Sekunden und Henning 50 Sekunden.
Nach wie viel Sekunden überfahren sie gemeinsam die Start-Ziel-Linie?

17. Die Kettenräder eines Fahrrades haben
  a. 24 und 30 Zähne;
  b. 30 und 42 Zähne.

Nach wie vielen Umdrehungen der Pedale haben beide Kettenräder wieder dieselbe Lage erreicht?

Zum Knobeln

18. Sieben Banditen, Groll, Grull, Grill, Grall, Grell, Gröll, Greul, waren Stammgäste in Jimmys Kneipe.
Der erste kam täglich, der zweite jeden zweiten Tag, der dritte jeden dritten Tag usw.
„Sollte ich Euch wieder einmal alle zusammen hier sehen", sagte Jimmy, „dann steche ich auf meine Kosten ein Fass an, das ihr leertrinken könnt."
Er glaubte nämlich, dass dieses kaum eintreffen könnte.
Es traf doch ein. Wann?

▲ Bestimmen des kleinsten gemeinsamen Vielfachen durch Primfaktorzerlegung

Information

Das kleinste gemeinsame Vielfache von zwei Zahlen können wir auch durch Primfaktorzerlegung der beiden Zahlen bestimmen.

(1) Zerlege die gegebenen Zahlen in Primfaktoren und schreibe gleiche Faktoren untereinander.
(2) Bestimme das Produkt aller auftretenden Primfaktoren.

$$\text{kgV}(100;70) =$$
$$100 = 2 \cdot 2 \cdot 5 \cdot 5$$
$$70 = 2 \cdot 5 \cdot 7$$
$$\text{kgV}(100;70) = 2 \cdot 2 \cdot 5 \cdot 5 \cdot 7$$
$$= 2^2 \cdot 5^2 \cdot 7$$
$$\text{kgV}(100;70) = 700$$

Begründung:
$2 \cdot 2 \cdot 5 \cdot 5$ (also 100) wird mit 7 multipliziert. Man erhält ein Vielfaches (das 7fache) von 100, nämlich $2 \cdot 2 \cdot 5 \cdot 5 \cdot 7$.
$2 \cdot 5 \cdot 7$ (also 70) wird mit $2 \cdot 5$ (also 10) multipliziert. Man erhält ein Vielfaches (das 10fache) von 70, nämlich $2 \cdot 2 \cdot 5 \cdot 5 \cdot 7$.
Es ist $2^2 \cdot 5^2 \cdot 7$ also gemeinsames Vielfaches von 100 und 70.
Es gibt kein kleineres Vielfaches; also ist $2 \cdot 2 \cdot 5 \cdot 5 \cdot 7$ das kleinste gemeinsame Vielfache von 100 und 70.

Kapitel 1

Zum Festigen und Weiterarbeiten

▲ **1.** Bestimme durch Primfaktorzerlegung das kgV der beiden Zahlen.
  a. 30; 48 **b.** 28; 40 **c.** 13; 15 **d.** 16; 24 **e.** 15; 35
   15; 27   48; 48   18; 36   21; 28   20; 45

  Mögliche Ergebnisse: a. 135; 240; 480 b. 48; 160; 280 c. 36; 195; 260 d. 48; 84; 160 e. 105; 150; 180

▲ **2.** Bestimme durch Primfaktorzerlegung das kgV der drei Zahlen.
  a. 12; 15; 18 **b.** 20; 36; 24 **c.** 56; 72; 48
   10; 15; 20   18; 45; 30   64; 98; 80

  Mögliche Ergebnisse: a. 60; 120; 180 b. 90; 180; 360 c. 1008; 1440; 15680

▲ **3.** Erläutere:
  Das kleinste gemeinsame Vielfache zweier Zahlen ergibt sich als Produkt der *höchsten* Potenzen aller auftretenden Primfaktoren.

  $$\text{kgV}(18; 20) = $$
  $$18 = 2 \cdot 3^2$$
  $$20 = 2^2 \quad\;\; \cdot 5$$
  $$\text{kgV}(18; 20) = 2^2 \cdot 3^2 \cdot 5 = 180$$

Übungen

▲ **4.** Bestimme das kgV der beiden Zahlen.
  a. 21; 27 **b.** 80; 120 **c.** 160; 240 **d.** 120; 165 **e.** 135; 225
   19; 95   210; 315   125; 175   110; 165   140; 175
   36; 90   120; 144   210; 245   320; 384   280; 385

  Mögliche Ergebnisse: a. 95; 180; 189; 270 b. 240; 500; 630; 720 c. 480; 875; 1000; 1470
   d. 330; 1320; 1920; 3200   e. 675; 700; 1400; 3080

▲ **5.** Berechne das kgV der beiden Zahlen.
  a. 100; 140 **b.** 108; 144 **c.** 272; 144 **d.** 1640; 1024
   144; 180   105; 210   175; 212   930; 860
   336; 480   252; 378   360; 520   2400; 920

▲ **6.** Bestimme das kgV der drei Zahlen.
  a. 15; 20; 25 **b.** 10; 12; 16 **c.** 120; 150; 180 **d.** 105; 175; 225
    9; 12; 30   7; 21; 35   150; 200; 250   480; 600; 720
    8; 18; 30   12; 18; 30   150; 165; 195   180; 270; 405
   18; 24; 30   18; 20; 45   180; 324; 432   224; 336; 420

  Mögliche Ergebnisse: a. 150; 180; 300; 360; 360 b. 105; 140; 180; 180; 240 c. 1800; 2000; 3000; 6480; 21450
   d. 1575; 1620; 2400; 3360; 7200

▲ **7.** kgV-Memory

  Spielvorbereitung: Jede Gruppe erhält 36 Karteikarten (DIN A 8). Auf 18 Karten schreibt ihr je zwei Zahlen, z.B. 12; 7. Auf die übrigen 18 Karten schreibt ihr die zugehörigen kgV dieser Zahlen. Achtet unbedingt darauf, dass hier keine Fehler gemacht werden. Die Zahlen sollten so gewählt werden, dass die kgV nicht größer als 200 werden.

  Spielablauf: Die Karten werden gemischt und dann verdeckt auf dem Tisch verteilt. Abwechselnd werden je zwei Karten aufgedeckt. Handelt es sich um ein Paar aus Zahlen und zugehörigem kgV, so darf der Spieler die Karten an sich nehmen und weiterspielen. Im anderen Fall dreht er die Karten wieder um und der nächste Spieler ist dran.

  Gewonnen hat, wer am Schluss die meisten Karten gesammelt hat.

Spiel (2 bis 4 Mitspieler)

Vermischte Übungen

1. Drei Läuferinnen trainieren gleichzeitig auf der 400-m-Bahn eines Stadions. Die erste braucht für eine Runde 60 Sekunden, die zweite 80 Sekunden und die dritte 120 Sekunden.
Nach wie viel Sekunden laufen die drei Läuferinnen gemeinsam über die Start-Ziel-Linie?

2. Die Vorderräder eines Traktors haben einen Umfang von 180 cm, die Hinterräder 420 cm. Auf beide Räder wird unten ein Kreidestrich gemalt.
Bestimme die Entfernung, bei der die Kreidestriche von Vorder- und Hinterrad wieder zugleich den Boden berühren.

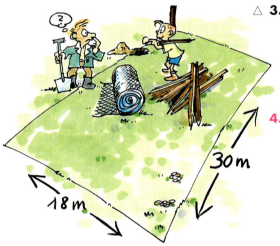

△ **3.** In einem Sägewerk sollen 3 Baumstämme mit den Längen 12 m, 10 m und 8 m in lauter gleich lange Stücke zersägt werden (ohne Verschnitt).
Stelle eine geeignete Frage und beantworte sie.

4. Tims Eltern besitzen ein Grundstück von 30 m Länge und 18 m Breite. Es soll eingezäunt werden. Die Pfosten sollen möglichst auf allen Seiten denselben Abstand (in vollen Metern) haben.

a. Welche Abstände kommen in Betracht?

b. Welches ist der größtmögliche Abstand?

5. Die Nachtwache einer Kühl-Lagerhaus-Gesellschaft beginnt ihren Dienst um 18 Uhr. Sie hat die Aufgabe alle 25 Minuten die Funktion der Kühlung und alle 40 Minuten die Funktion der Stromversorgung zu überprüfen. Zu jeder vollen Stunde muss sie sich bei der Zentrale der Wachgesellschaft melden.
Nach welcher Zeit fallen alle drei Aufträge zusammen?
Um welche Uhrzeit ist das?

6. An einem Knotenpunkt für öffentliche Verkehrsmittel fahren zur gleichen Zeit Straßenbahnen der Linien 1, 2 und 3 ab. Linie 1 hat einen Zeittakt von 6 Minuten, Linie 2 einen von 18 Minuten und Linie 3 einen von 10 Minuten.
Nach wie viel Minuten treffen die Straßenbahnen das nächste Mal wieder gleichzeitig zusammen?

Bist du fit?

1. Setze passend | (ist Teiler von) oder ∤ (ist nicht Teiler von) ein.

a. 7 ■ 28	**b.** 9 ■ 45	**c.** 8 ■ 96	**d.** 11 ■ 111	**e.** 45 ■ 990
6 ■ 42	8 ■ 36	7 ■ 105	13 ■ 143	13 ■ 182
7 ■ 40	9 ■ 54	12 ■ 112	9 ■ 144	17 ■ 153

2. Bestimme die Teilermengen von: **a.** 56 **b.** 68 **c.** 55 **d.** 104 **e.** 264 **f.** 380

△ **3.** Notiere die Vielfachenmengen. Gib jeweils die ersten zwölf Zahlen an.

a. V_7 **b.** V_8 **c.** V_{12} **d.** V_{14} **e.** V_{21} **f.** V_{17} **g.** V_{102} **h.** V_{125}

4.

35	72	927	6172	37 850	5 687 469
36	125	1017	7620	60 002	7 231 943
45	310	2225	9186	87 904	8 041 563
64	400	5316	9700	185 558	72 856 392

Suche die Zahlen heraus, die teilbar sind
(1) durch 2,   (2) durch 3,   (3) durch 6,   (4) durch 9,
(5) durch 5,   (6) durch 10, (7) durch 4,   (8) durch 25.

5. Suche die Primzahlen heraus. Es sind jeweils vier Primzahlen.

a.
12	15	11
14	7	18
17	21	13

b.
26	34	23
19	31	25
33	29	28

c.
42	47	41
37	49	38
56	43	51

d.
85	63	73
67	83	69
9	71	81

6. Zerlege in Primfaktoren.

a. 24	**b.** 32	**c.** 120	**d.** 816	**e.** 1 100
30	54	130	253	1 408
26	84	112	360	1 575

7. Bestimme den größten gemeinsamen Teiler von:

a. 8 und 12	**b.** 21 und 35	**c.** 35 und 70	▲ **d.** 124 und 136	▲ **e.** 125 und 875
20 und 30	30 und 75	78 und 96	140 und 160	160 und 280
11 und 17	39 und 65	132 und 84	107 und 127	360 und 480

8. Bestimme das kleinste gemeinsame Vielfache von:

a. 10 und 15	**b.** 8 und 13	**c.** 24 und 30	▲ **d.** 28 und 35	▲ **e.** 45 und 72
15 und 6	15 und 25	26 und 65	25 und 45	108 und 96
9 und 12	40 und 60	25 und 80	21 und 28	120 und 160

9. Zwei Balken von 6 m und 10 m Länge sollen in möglichst große, gleich lange Stücke zersägt werden. Es sollen keine Reste beim Zersägen übrig bleiben.
Wie lang werden die Stücke?

10. Fahrradkontrolle auf dem Schulhof. Bei jedem dritten Fahrrad werden die Reifen untersucht, bei jedem fünften die Lichtanlage.
Bei welchen Fahrrädern werden zugleich Reifen und Licht überprüft?

Kapitel 1

Im Blickpunkt

Wir kombinieren

1. Zu dem Spiel „Lustige Verwandlung" gehören ein König (K), ein Burgfräulein (B) und ein Pirat (P).
Jede der drei Figuren besteht aus je drei Teilen (Kopf, Rumpf, Beine), die sich unterschiedlich kombinieren lassen.

Wie viele verschiedene lustige Figuren könnt ihr zusammenstellen?
Das unten angefangene *Baumdiagramm* kann euch helfen.

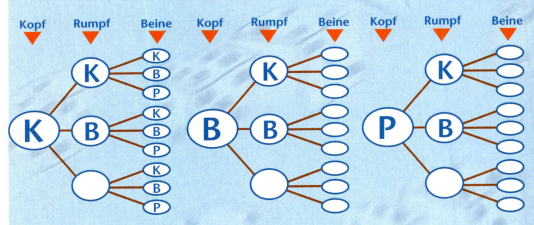

2. Wie viele Figuren könnt ihr zusammenstellen, wenn zusätzlich zu den Karten aus Aufgabe 1 Karten für einen Räuber, einen Kapitän und eine Zofe vorhanden sind?

3. Für den Kopf stehen jetzt 12 Kärtchen, für den Rumpf 10 und für die Beine 7 Kärtchen zur Verfügung.
Wie viele verschiedene Figuren könnt ihr zusammenstellen?

4. Für die beiden Hauptrollen bei einem Laienspiel werden ein Junge und ein Mädchen gesucht. Es haben sich gemeldet: Anna (1,40 m), Britta (1,45 m), Christine (1,42 m), Doris (1,48 m), Jan (1,47 m), Klaus (1,41 m) und Lars (1,44 m).
   a. Wie viele Möglichkeiten gibt es, ein Paar für die Hauptrollen zusammenzustellen?
   b. Wie viele dieser Möglichkeiten bleiben übrig, wenn man verlangt, dass der Größenunterschied zwischen den beiden Hauptdarstellern nicht größer als 3 cm sein darf?

5. Steffen geht auf dem Heimweg von der Schule (S) durch einen Park. Dieser hat 3 Eingänge (E1, E2, E3) und 4 Ausgänge (A1, A2, A3, A4).
Wie viele Möglichkeiten hat Steffen, seinen Weg durch den Park zu nehmen?

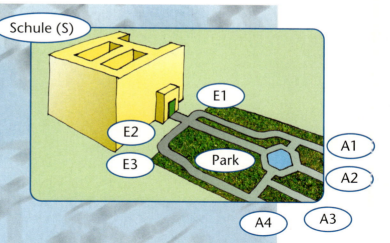

6. Anke und Max würfeln nach folgenden Spielregeln: Ein roter und ein blauer Würfel werden gleichzeitig geworfen. Wenn bei einem solchen Doppelwurf die Augensumme kleiner als 8 ist, hat Anke gewonnen, sonst gewinnt Max.

a. Notiere alle möglichen Wurfkombinationen. Fülle dazu die Tabelle aus.

b. Bei welchen Wurfkombinationen gewinnt Anke? Schraffiere die entsprechenden Felder in der Tabelle. Bei welchen Wurfkombinationen gewinnt Max?

c. Ist die vereinbarte Spielregel gerecht?

7. Ein Würfel wird mehrmals geworfen. Beim ersten Wurf zählt jedes Auge nur einen Punkt, beim zweiten Wurf zählt jedes Auge 10 Punkte, beim dritten Wurf jedes Auge 100 Punkte usw.

a. Welches ist die kleinste und welches die größte Punktzahl, die man dabei mit 5 Würfen erreichen kann?

b. Wie viele verschiedene Punktzahlen können in diesem Spiel erreicht werden, wenn der Würfel bei jedem Spiel fünfmal geworfen wird?

c. Stelle dir vor, der Würfel wird bei einem solchen Spiel zehnmal geworfen. Wie viele verschiedene Punktzahlen sind dann möglich? Notiere diese Anzahl als Potenz, ohne den Potenzwert auszurechnen.

d. Schätze die Anzahl der verschiedenen Punktzahlen aus Teilaufgabe c ab.
Beachte dazu: $6 \cdot 6 \cdot 6 \cdot 6 \approx 30 \cdot 40$

Darstellen und Ordnen gebrochener Zahlen

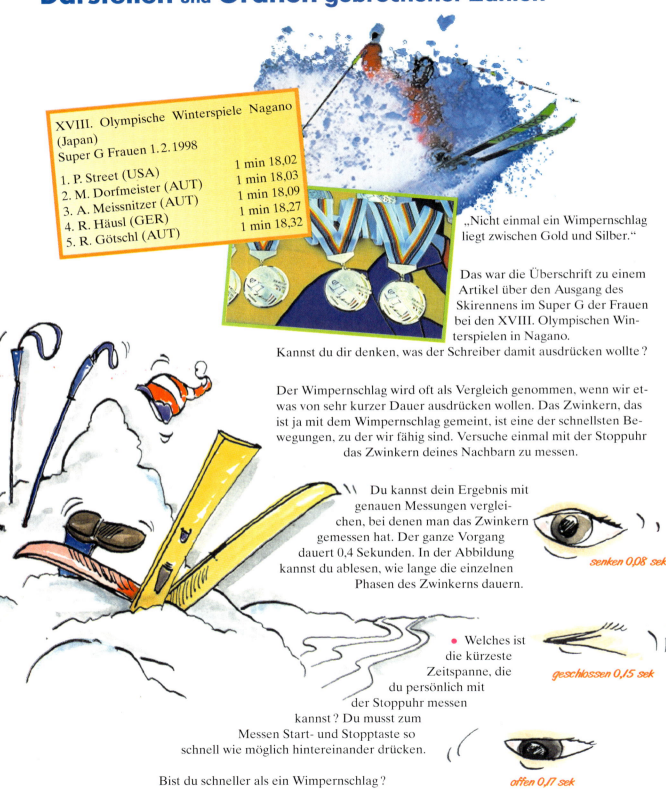

XVIII. Olympische Winterspiele Nagano (Japan)
Super G Frauen 1.2.1998

1. P. Street (USA)   1 min 18,02
2. M. Dorfmeister (AUT)   1 min 18,03
3. A. Meissnitzer (AUT)   1 min 18,09
4. R. Häusl (GER)   1 min 18,27
5. R. Götschl (AUT)   1 min 18,32

„Nicht einmal ein Wimpernschlag liegt zwischen Gold und Silber."

Das war die Überschrift zu einem Artikel über den Ausgang des Skirennens im Super G der Frauen bei den XVIII. Olympischen Winterspielen in Nagano.
Kannst du dir denken, was der Schreiber damit ausdrücken wollte?

Der Wimpernschlag wird oft als Vergleich genommen, wenn wir etwas von sehr kurzer Dauer ausdrücken wollen. Das Zwinkern, das ist ja mit dem Wimpernschlag gemeint, ist eine der schnellsten Bewegungen, zu der wir fähig sind. Versuche einmal mit der Stoppuhr das Zwinkern deines Nachbarn zu messen.

Du kannst dein Ergebnis mit genauen Messungen vergleichen, bei denen man das Zwinkern gemessen hat. Der ganze Vorgang dauert 0,4 Sekunden. In der Abbildung kannst du ablesen, wie lange die einzelnen Phasen des Zwinkerns dauern.

senken 0,08 sek

• Welches ist die kürzeste Zeitspanne, die du persönlich mit der Stoppuhr messen kannst? Du musst zum Messen Start- und Stopptaste so schnell wie möglich hintereinander drücken.

geschlossen 0,15 sek

Bist du schneller als ein Wimpernschlag?

offen 0,17 sek

Gemeine Brüche

Brüche – Bruch als Teil eines Ganzen

1. a. Bäcker Becker hat noch die folgenden Torten vorrätig. Gib sie mithilfe von Brüchen an.

(1) Pfirsichtorte   (2) Kirschtorte 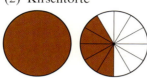   (3) Kiwitorte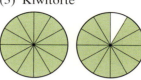

Zum Festigen und Weiterarbeiten

b. Aus einem Backrezept für eine Apfeltorte mit Sahneguss: $1\frac{1}{4}$ kg Äpfel, $\frac{3}{8}$ l Sahne. Die Küchenwaage zeigt die Masse nur in g an; auf dem Messbecher findet man eine Skala für das Volumen in ml. Rechne um in g bzw. in ml.

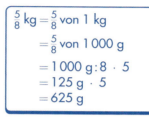

$\frac{5}{8}$ von bedeutet dividieren durch 8, multiplizieren mit 5

Wiederholung

$\frac{2}{3}, \frac{5}{6}, \frac{6}{5}, \frac{7}{6}, \frac{7}{10}, \ldots$ sind gemeine **Brüche**.
Der Nenner gibt an, in wie viele gleich große Teile das Ganze zerlegt wird.
Der Zähler gibt an, wie viele solcher Teile dann genommen werden.
Brüche, bei denen der Zähler kleiner als der Nenner ist, nennt man *echte* Brüche. Brüche, bei denen der Zähler gleich oder größer als der Nenner ist, heißen *unechte* Brüche.
Unechte Brüche kann man auch in der *gemischten Schreibweise* oder als natürliche Zahl schreiben: $\frac{11}{8} = 1\frac{3}{8}$; $\frac{21}{7} = 3$; $\frac{5}{5} = 1$
Mit Brüchen kann man Größen wie Längen, Flächeninhalte, Volumina, Massen und Zeitspannen angeben.

$\frac{5}{6}$ ← Zähler ← Bruchstrich ← Nenner

$\frac{5}{8}$ kg — Maßzahl, Einheit

2. a. Welche Brüche sind dargestellt? Erkläre, wie sie entstanden sind.

Übungen

(1) 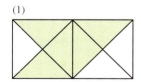   (2)    (3)   (4)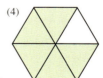

b. Welche Brüche sind dargestellt? Wandle in die gemischte Schreibweise um.

(1) 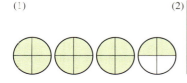   (2)   (3)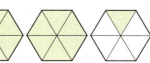

3. Wähle ein geeignetes Rechteck als Ganzes. Färbe rot.
  a. $\frac{3}{5}$ **b.** $\frac{5}{9}$ **c.** $\frac{7}{12}$ **d.** $\frac{3}{7}$ **e.** $\frac{7}{16}$ **f.** $\frac{7}{6}$ **g.** $\frac{11}{8}$ **h.** $1\frac{4}{5}$ **i.** $2\frac{7}{9}$

4. Wähle eine geeignete Strecke als Ganzes. Färbe blau.
  a. $\frac{9}{11}$ **b.** $\frac{7}{15}$ **c.** $\frac{3}{10}$ **d.** $\frac{9}{10}$ **e.** $\frac{11}{7}$ **f.** $\frac{13}{8}$ **g.** $\frac{13}{10}$ **h.** $1\frac{6}{7}$ **i.** $2\frac{9}{10}$ **j.** $3\frac{1}{10}$

5. Wie viel fehlt am nächsten Ganzen? **a.** $\frac{3}{5}$ **b.** $2\frac{4}{7}$ **c.** $4\frac{5}{11}$ **d.** $3\frac{7}{10}$ **e.** $2\frac{49}{100}$

6. Gib die Längen an
  a. in cm: $\frac{7}{10}$ m; $\frac{4}{5}$ m; $\frac{51}{100}$ m; $1\frac{9}{10}$ m   **b.** in mm: $\frac{1}{2}$ m; $\frac{3}{4}$ m; $\frac{9}{10}$ m; $1\frac{27}{100}$ m; $2\frac{321}{1000}$ m

7. Gib die Massen an
  a. in g: $\frac{7}{8}$ kg; $\frac{4}{5}$ kg; $\frac{3}{10}$ kg; $4\frac{53}{100}$ kg; $3\frac{104}{1000}$ kg
  b. in kg: $\frac{3}{8}$ t; $\frac{2}{5}$ t; $\frac{9}{10}$ t; $2\frac{3}{10}$ t; $1\frac{11}{100}$ t; $3\frac{990}{1000}$ t

8. Gib die Volumina an
  a. in ml: $\frac{7}{8}$ l; $\frac{6}{10}$ l; $\frac{2}{5}$ l; $\frac{17}{20}$ l; $1\frac{67}{100}$ l; $2\frac{345}{1000}$ l   **b.** in l: $\frac{3}{4}$ m³; $\frac{5}{8}$ m³; $\frac{4}{5}$ m³; $3\frac{7}{10}$ m³; $5\frac{77}{100}$ m³

Bruch als Quotient natürlicher Zahlen

Aufgabe

1. Tanja, Melanie und Sarah haben nur Geld für zwei Pizzas.
Sie wollen gerecht teilen. Jedes Mädchen soll gleich viel bekommen.
Wie viel Pizza bekommt jedes Mädchen?

Lösung

Wir teilen jede Pizza in 3 gleich große Teile. Von jeder der beiden Pizzas bekommt ein Mädchen ein Drittel ($\frac{1}{3}$), also insgesamt 2 Drittel ($\frac{2}{3}$).
$2 : 3 = \frac{2}{3}$
Ergebnis: Jedes Mädchen erhält $\frac{2}{3}$ Pizzas.

Tanja   Melanie   Sarah

Information

Bruchstrich bedeutet dividieren

Den *Quotienten zweier natürlicher Zahlen* kann man auch als *Bruch* schreiben.
Beispiele: $2 : 3 = \frac{2}{3}$; $3 : 2 = \frac{3}{2} = 1\frac{1}{2}$

Auch Quotienten mit dem Nenner 1 wie 3 : 1 oder Quotienten mit dem Zähler 0 wie 0 : 4 können wir als Bruch schreiben.
Beispiele: $3 : 1 = \frac{3}{1}$; $0 : 4 = \frac{0}{4}$

Beachte: Durch 0 kann man nicht dividieren; daher ist der Quotient 4 : 0 und damit der Bruch $\frac{4}{0}$ *nicht* möglich.

2. 5 Kinder teilen sich 3 Tafeln Schokolade. Wie viel bekommt jedes Kind?

3. Welcher Quotient und welcher Bruch ist dargestellt?
   a. 3 Riegel werden an 4 Kinder verteilt.   **b.** 2 Waffeln werden an 5 Personen verteilt.

Zum Festigen und Weiterarbeiten

4.
> Der Bruch $\frac{3}{4}$ kann bedeuten:
> (1) Von einem Ganzen 3 Viertel   (2) Von 3 Ganzen je ein Viertel
>
>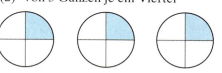

Erkläre ebenso, zeichne dazu:
   a. $\frac{4}{5}$ **b.** $\frac{3}{8}$ **c.** $\frac{5}{8}$ **d.** $\frac{5}{6}$ **e.** $\frac{5}{12}$

5. Notiere als Bruch. Gib das Ergebnis – falls möglich – auch als natürliche Zahl oder in der gemischten Schreibweise an.
   a. 7 : 2   **b.** 3 : 4   **c.** 2 : 4   **d.** 3 : 5   **e.** 3 : 12   **f.** 1 : 5   **g.** 0 : 3
       1 : 2   7 : 4   4 : 2   18 : 5   28 : 12   5 : 1   0 : 5

6. Verwandle durch Dividieren in die gemischte Schreibweise.
   a. $\frac{23}{7}$ **c.** $\frac{43}{3}$ **e.** $\frac{143}{12}$ **g.** $\frac{333}{34}$ **i.** $\frac{7428}{35}$
   b. $\frac{29}{8}$ **d.** $\frac{99}{7}$ **f.** $\frac{190}{17}$ **h.** $\frac{511}{43}$ **j.** $\frac{3395}{41}$

$$\frac{13}{5} = 13 : 5$$
$$= 2 + (3 : 5)$$
$$= 2 + \frac{3}{5}$$
$$= 2\frac{3}{5}$$

7. Schreibe den Quotienten mithilfe eines Bruches. Gib das Ergebnis auch in einer kleineren Einheit an.

> Zerlegen einer 3 m langen Strecke in 4 gleich lange Teile.
>
>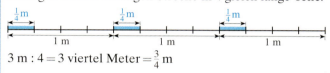
>
> 3 m : 4 = 3 viertel Meter = $\frac{3}{4}$ m
>
> $\frac{3}{4}$ m = 1 m : 4 · 3 = 100 cm : 4 · 3 = 75 cm   oder   3 m : 4 = 300 cm : 4 = 75 cm

   a. 3 m : 5;   3 m : 10;   4 m : 5;   5 m : 20   **c.** 3 dm : 4;   4 dm : 25;   7 m : 8;   3 m : 8
   b. 3 km : 4; 3 km : 5;   9 km : 10; 7 km : 8 **d.** 4 cm : 5;   5 dm : 2;   9 m : 5;   3 km : 15

Kapitel 2

Übungen

8. Es soll gerecht verteilt werden. Wie viel bekommt jeder?

a. 3 Äpfel werden an 4 Kinder verteilt.
b. 4 Eierkuchen werden an 3 Kinder verteilt.
c. 6 Kinder teilen sich 15 Birnen.
d. 14 Kinder teilen sich 2 Torten.

9. Notiere als Bruch. Gib das Ergebnis – wenn möglich – auch als natürliche Zahl oder in der gemischten Schreibweise an.

a. 5 : 8   b. 3 : 4   c. 2 : 6   d. 17 : 25   e. 9 : 1   f. 0 : 7   g. 1 : 7   h. 1 : 9
11 : 8   5 : 4   15 : 6   31 : 25   15 : 1   0 : 1   7 : 1   0 : 9

10. Verwandle den unechten Bruch in die gemischte Schreibweise.

a. $\frac{67}{5}$ b. $\frac{100}{6}$ c. $\frac{133}{9}$ d. $\frac{93}{7}$ e. $\frac{131}{11}$ f. $\frac{387}{25}$ g. $\frac{876}{12}$ h. $\frac{9\,315}{77}$

11. Berechne.

a. 29 : 7   d. 93 : 8   g. 178 : 18   j. 32 073 : 75
b. 43 : 6   e. 251 : 10   h. 113 : 12   k. 2 474 : 125
c. 49 : 9   f. 84 : 5   i. 1 415 : 60   l. 45 976 : 250

$25 : 6 = 4\frac{1}{6}$

12. 3 kg Äpfel werden verteilt an

a. 4 Personen;   b. 5 Personen;   c. 10 Personen;   d. 2 Personen.

Wie viel kg erhält jeder?

13. a. 5 l Saft sollen auf 8 Gläser gleichmäßig verteilt werden.
b. 7 l Saft sollen auf 20 Gläser gleichmäßig verteilt werden.
Wie viel Liter Saft sind in jedem Glas? Gib das Ergebnis auch in ml an.

1 l = 1 000 ml

14. Schreibe das Ergebnis mithilfe eines Bruches. Gib das Ergebnis auch in ml an.

a. 3 l : 4   b. 3 l : 8   c. 11 l : 25   d. 7 l : 8   e. 7 l : 20

15. Schreibe mit einem Bruch. Gib das Ergebnis auch in einer kleineren Maßeinheit an.

a. 3 m² : 4;   2 km² : 5;   7 cm² : 10
b. 7 m² : 8;   6 dm² : 40;   11 m² : 125

Spiel ab 2 Spieler

16. Stellt euch wie rechts ein Anlegespiel her für die Brüche:

$\frac{1}{2}$, $\frac{1}{5}$, $\frac{2}{3}$, $\frac{2}{4}$, $\frac{5}{6}$, $\frac{7}{8}$, $\frac{3}{4}$, $\frac{8}{12}$, $\frac{3}{8}$, $\frac{4}{3}$, $1\frac{3}{4}$, $\frac{10}{8}$, $1\frac{1}{8}$

Mischt die Karten; jeder bekommt gleich viele Karten.
Legt abwechselnd die Karten passend wie im Bild zusammen.

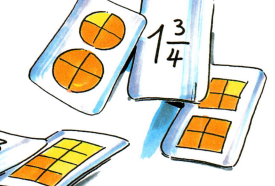

Gleichwertige Brüche – Erweitern und Kürzen

Wiederholung

Erweitern eines Bruches

Ein Bruch wird erweitert, indem man zugleich seinen Zähler und seinen Nenner mit derselben natürlichen Zahl (Erweiterungszahl) multipliziert.

Beim Erweitern eines Bruches erhält man wieder einen Bruch (Namen) für denselben Anteil; die Einteilung des Ganzen wird nur verfeinert.

Beispiel: $\frac{3}{4} \stackrel{2}{=} \frac{3 \cdot 2}{4 \cdot 2} = \frac{6}{8}$; $\quad \frac{3}{4} \stackrel{3}{=} \frac{3 \cdot 3}{4 \cdot 3} = \frac{9}{12}$; $\quad \frac{3}{4} \stackrel{4}{=} \frac{3 \cdot 4}{4 \cdot 4} = \frac{12}{16}$; $\quad \frac{3}{4} \stackrel{5}{=} \frac{3 \cdot 5}{4 \cdot 5} = \frac{15}{20}$;

also: $\frac{3}{4} = \frac{6}{8} = \frac{9}{12} = \frac{12}{16} = \frac{15}{20} = \ldots$

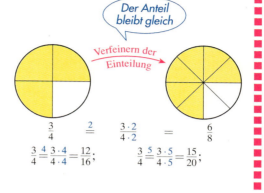

Kürzen eines Bruches

Ein Bruch wird gekürzt, indem man zugleich seinen Zähler und seinen Nenner durch dieselbe natürliche Zahl (Kürzungszahl) dividiert.

Beim Kürzen eines Bruches erhält man wieder einen Bruch für denselben Anteil; die Einteilung des Ganzen wird nur vergröbert.

Beispiel: $\frac{12}{30} \stackrel{2}{=} \frac{12:2}{30:2} = \frac{6}{15}$; $\quad \frac{12}{30} \stackrel{3}{=} \frac{12:3}{30:3} = \frac{4}{10}$; $\quad \frac{12}{30} \stackrel{4}{=} \frac{12:4}{30:4} = \frac{2}{5}$;

also: $\frac{12}{30} = \frac{6}{15} = \frac{4}{10} = \frac{2}{5}$

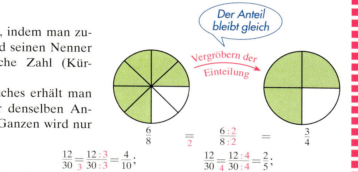

Zum Festigen und Weiterarbeiten

1. Welcher Anteil ist in dem Bild rot, welcher gelb gefärbt? Gib mehrere Brüche an.

   a.   b.   c.   d.

2. a. Erweitere $\frac{2}{3}$ mit 2. Stelle beide Brüche dar; wähle als Ganzes ein geeignetes Rechteck.
Erkläre, warum sich beim Erweitern der Wert des Bruches nicht ändert.

  b. Der Bruch $\frac{16}{24}$ ist durch Erweitern aus einem Bruch entstanden. Wie kann dieser Bruch heißen?

3. Erweitere den Bruch
  a. $\frac{3}{7}$ **b.** $\frac{9}{5}$ **c.** $\frac{11}{8}$ **d.** $\frac{10}{2}$
nacheinander mit den Erweiterungszahlen 4, 5, 6, 7, 8.

$\boxed{\frac{2}{3} = \frac{8}{12}; \ \frac{2}{3} = \frac{10}{15}; \ \ldots}$

Kapitel 2

4. Erweitere die Brüche
   $\frac{2}{3}$; $\frac{1}{6}$; $\frac{3}{2}$; $\frac{8}{5}$; $\frac{4}{15}$; $\frac{4}{1}$ und $\frac{3}{10}$ so, dass
   a. der Nenner 30 ist;
   b. der Zähler 24 ist.
   Gib jeweils die Erweiterungszahl an.

   $\frac{4}{30}$; $\frac{5}{30}$; $\frac{6}{30}$; $\frac{8}{30}$; $\frac{9}{30}$; $\frac{10}{30}$; $\frac{15}{30}$; $\frac{20}{30}$; $\frac{120}{30}$; $\frac{30}{30}$; $\frac{45}{30}$; $\frac{48}{30}$; $\frac{50}{30}$

   $\frac{24}{10}$; $\frac{24}{15}$; $\frac{24}{16}$; $\frac{24}{20}$; $\frac{24}{6}$; $\frac{24}{36}$; $\frac{24}{40}$; $\frac{24}{60}$; $\frac{24}{80}$; $\frac{24}{90}$; $\frac{24}{108}$; $\frac{24}{144}$; $\frac{24}{160}$

5. Gegeben sind die Brüche $\frac{36}{32}$; $\frac{36}{48}$; $\frac{180}{80}$; $\frac{72}{48}$; $\frac{72}{64}$ und $\frac{108}{144}$.
   a. Kürze jeden der Brüche mit der Kürzungszahl 4.
   b. Kürze jeden der Brüche so, dass du den Nenner 16 erhältst.
   c. Kürze jeden der Brüche so, dass du den Zähler 9 erhältst.

6. Erkläre:
   Brüche wie $\frac{4}{7}$; $\frac{11}{5}$; $\frac{8}{9}$ lassen sich (außer mit der Kürzungszahl 1) nicht kürzen.
   Gib weitere solche Brüche an.

Einen Bruch kann man mit *jeder* natürlichen Zahl größer als 0 *erweitern*.
Einen Bruch kann man *nur* mit den *gemeinsamen Teilern* von Zähler und Nenner *kürzen*.
Beispiel: $\frac{12}{8}$ kann mit 4, mit 2 und mit 1 gekürzt werden.

7. Lies die Zeitungsnotiz.
   Gib den Anteil der Kinder, die sich im Auto nicht anschnallen, als Bruch an.

Jedes fünfte Kind im Auto nicht gesichert

Leipzig. Bei einer Schwerpunktaktion der Polizei im Leipziger Land war jedes fünfte Kind im Auto nicht angeschnallt.

Übungen

Erweitern eines Bruches

8. Erweitere nacheinander mit 2, 3, 5, 10, 11, 12, 24 und 25.
   a. $\frac{2}{3}$ b. $\frac{1}{8}$ c. $\frac{3}{5}$ d. $\frac{4}{7}$ e. $\frac{5}{12}$ f. $\frac{11}{1}$ g. $\frac{8}{15}$ h. $\frac{7}{12}$ i. $\frac{18}{25}$ j. $\frac{24}{13}$

9. a. Erweitere $\frac{5}{8}$; $\frac{2}{3}$; $\frac{7}{12}$; $\frac{5}{4}$; $\frac{4}{6}$; $\frac{3}{8}$; $\frac{5}{24}$; $\frac{5}{1}$ so, dass der Nenner 24 ist.
   b. Erweitere $\frac{3}{5}$; $\frac{10}{15}$; $\frac{6}{10}$; $\frac{2}{30}$; $\frac{6}{1}$; $\frac{5}{2}$; $\frac{5}{6}$ so, dass der Nenner 30 ist.
   c. Erweitere $\frac{2}{3}$; $\frac{9}{4}$; $\frac{45}{8}$; $\frac{6}{32}$; $\frac{30}{12}$; $\frac{90}{48}$; $\frac{5}{6}$; $\frac{18}{24}$; $\frac{10}{96}$ so, dass der Zähler 90 ist.
   Gib jedesmal die Erweiterungszahl an.

10. Erweitere jeweils so, dass der Nenner 10, 100 oder 1 000 ist.
    a. $\frac{11}{5}$; $\frac{5}{4}$ b. $\frac{9}{2}$; $\frac{3}{25}$ c. $\frac{9}{20}$; $\frac{7}{25}$ d. $\frac{13}{40}$; $\frac{39}{200}$ e. $\frac{21}{250}$; $\frac{52}{125}$ f. $\frac{5}{8}$; $\frac{131}{200}$

    $\frac{7}{20} \stackrel{5}{=} \frac{35}{100}$

11. Welche der Brüche $\frac{6}{5}$; $\frac{18}{25}$; $\frac{25}{6}$; $\frac{5}{8}$; $\frac{9}{20}$; $\frac{8}{15}$; $\frac{45}{11}$; $\frac{15}{4}$; $\frac{5}{12}$; $\frac{10}{9}$; $\frac{3}{50}$; $\frac{3}{125}$; $\frac{30}{7}$; $\frac{9}{40}$ lassen sich so erweitern, dass
    a. der Nenner eine Stufenzahl (10, 100, 1 000, …) wird;   b. der Zähler 90 wird?

12. Setze für ■ die passende Zahl ein. Gib auch die Erweiterungszahl an.

a. $\frac{3}{7} = \frac{■}{28}$ c. $\frac{7}{12} = \frac{35}{■}$ e. $\frac{■}{12} = \frac{48}{36}$ g. $\frac{3}{4} = \frac{■}{8} = \frac{■}{24} = \frac{■}{120} = \frac{■}{840}$

b. $\frac{5}{4} = \frac{15}{■}$ d. $\frac{3}{■} = \frac{24}{40}$ f. $\frac{■}{12} = \frac{36}{48}$ h. $\frac{6}{5} = \frac{18}{■} = \frac{72}{■} = \frac{144}{■} = \frac{720}{■}$

13. Bestimme die Erweiterungszahl. Welche Aussagen sind falsch? Berichtige bei der zweiten Zahl dann nur den Nenner.

a. $\frac{5}{8} = \frac{35}{56}$ b. $\frac{4}{11} = \frac{36}{99}$ c. $\frac{12}{7} = \frac{48}{28}$ d. $\frac{11}{9} = \frac{110}{99}$ e. $\frac{17}{23} = \frac{51}{96}$ f. $\frac{16}{15} = \frac{256}{225}$

$\frac{7}{9} = \frac{42}{63}$ $\frac{13}{5} = \frac{65}{25}$ $\frac{8}{15} = \frac{48}{90}$ $\frac{25}{8} = \frac{125}{56}$ $\frac{37}{46} = \frac{111}{138}$ $\frac{52}{63} = \frac{364}{441}$

14. Erweitere die Brüche so, dass sie dann einen gemeinsamen Nenner haben.

$\frac{2}{3}, \frac{4}{5}$ $\frac{2}{3} = \frac{10}{15}$ $\frac{4}{5} = \frac{12}{15}$

a. $\frac{1}{2}; \frac{3}{4}$ b. $\frac{5}{4}; \frac{1}{6}$ c. $\frac{9}{10}; \frac{4}{25}$ d. $\frac{5}{6}; \frac{3}{8}$ e. $\frac{3}{2}; \frac{2}{3}; \frac{4}{5}$ f. $\frac{15}{14}; \frac{10}{21}; \frac{3}{35}; \frac{9}{70}$

15. Erweitere die beiden Brüche so, dass sie dann den kleinsten gemeinsamen Nenner haben.

$\frac{5}{6}, \frac{3}{4}$ $\frac{5}{6} = \frac{10}{12}$ $\frac{3}{4} = \frac{9}{12}$

a. $\frac{9}{10}; \frac{15}{4}$ b. $\frac{5}{12}; \frac{15}{8}$ c. $\frac{15}{8}; \frac{25}{6}$ d. $\frac{45}{14}; \frac{25}{21}$

$\frac{1}{6}; \frac{3}{8}$ $\frac{18}{25}; \frac{12}{5}$ $\frac{10}{9}; \frac{8}{15}$ $\frac{22}{27}; \frac{55}{18}$

$\frac{4}{5}; \frac{1}{3}$ $\frac{11}{10}; \frac{7}{15}$ $\frac{6}{25}; \frac{9}{10}$ $\frac{77}{36}; \frac{33}{40}$

16. Erweitere die Brüche; sie sollen einen möglichst kleinen gemeinsamen Nenner haben.

a. $\frac{3}{4}; \frac{7}{8}; \frac{5}{6}; \frac{11}{12}$ b. $\frac{7}{10}; \frac{13}{15}; \frac{21}{5}; \frac{9}{20}$ c. $\frac{13}{12}; \frac{19}{18}; \frac{9}{8}; \frac{10}{9}$ d. $\frac{5}{6}; \frac{7}{8}; \frac{9}{10}; \frac{14}{15}$

17. Notiere durch w bzw. f, ob die Aussage wahr oder falsch ist.

a. $\frac{7}{3} = \frac{42}{18}$ c. $\frac{9}{14} = \frac{72}{126}$ e. $\frac{25}{19} = \frac{300}{209}$ g. $\frac{22}{27} = \frac{66}{81}$ i. $\frac{18}{32} = \frac{54}{96}$

b. $\frac{12}{13} = \frac{48}{52}$ d. $\frac{17}{8} = \frac{68}{32}$ f. $\frac{17}{41} = \frac{51}{132}$ h. $\frac{3}{5} = \frac{75}{45}$ j. $\frac{12}{45} = \frac{144}{900}$

Ändere im Falle einer falschen Aussage bei dem rechten Bruch entweder den Zähler oder den Nenner (aber nicht beide zugleich) so ab, dass eine wahre Aussage entsteht.

18. Gib eine passende Zahl für x an.

a. $\frac{5}{8} = \frac{x}{32}$ b. $\frac{x}{90} = \frac{8}{15}$ c. $\frac{2}{11} = \frac{9}{x}$ d. $\frac{11}{7} = \frac{11 \cdot x}{91}$ $\frac{9}{4} = \frac{x}{44}$

$\frac{42}{x} = \frac{7}{5}$ $\frac{13}{24} = \frac{78}{x}$ $\frac{3}{4} = \frac{x}{7}$ $\frac{4}{13} = \frac{4 \cdot x}{13 \cdot x}$ $\frac{9}{4} \stackrel{11}{=} \frac{99}{44}$

$\frac{7}{9} = \frac{63}{x}$ $\frac{12}{35} = \frac{x}{210}$ $\frac{2}{x} = \frac{x}{18}$ $\frac{4}{5} = \frac{27-x}{27+x}$

19. Kürze die Brüche $\frac{12}{30}; \frac{18}{24}; \frac{24}{6}; \frac{48}{60}$ und $\frac{6}{54}$ a. mit 2;   b. mit 3;   c. mit 6.

20. Kürze; es gibt mehrere Möglichkeiten. Gib wie im Beispiel jeweils die Kürzungszahl an.

$\frac{30}{48} \stackrel{2}{=} \frac{15}{24}$ $\frac{30}{48} \stackrel{3}{=} \frac{10}{16}$ $\frac{30}{48} \stackrel{6}{=} \frac{5}{8}$

Denke an die Teilbarkeitsregeln

a. $\frac{30}{40}$ b. $\frac{20}{16}$ c. $\frac{18}{12}$ d. $\frac{45}{30}$ e. $\frac{34}{36}$ f. $\frac{16}{40}$ g. $\frac{40}{60}$ h. $\frac{20}{10}$ i. $\frac{80}{120}$ j. $\frac{144}{60}$ k. $\frac{108}{180}$

21. Kürze jeweils.

a. $\frac{14}{24}; \frac{15}{25}; \frac{16}{26}$ b. $\frac{21}{35}; \frac{27}{33}; \frac{33}{55}$ c. $\frac{32}{20}; \frac{27}{18}; \frac{36}{60}$ d. $\frac{84}{96}; \frac{60}{75}; \frac{78}{91}$

22. Kürze jeden Bruch auf zweierlei Weise.

a. $\frac{8}{12}; \frac{15}{30}; \frac{30}{18}; \frac{16}{4}; \frac{25}{50}$ 	 b. $\frac{8}{20}; \frac{36}{48}; \frac{18}{6}; \frac{10}{20}; \frac{18}{30}; \frac{40}{60}; \frac{40}{100}$

$$\frac{60}{90} \stackrel{2}{=} \frac{30}{45}, \quad \frac{60}{90} \stackrel{15}{=} \frac{4}{6}$$

23. Setze für ■ die passende Zahl ein. Gib auch die Kürzungszahl an.

a. $\frac{12}{20} = \frac{■}{5}$ 	 b. $\frac{15}{25} = \frac{■}{5}$ 	 c. $\frac{6}{8} = \frac{3}{■}$ 	 d. $\frac{10}{12} = \frac{■}{6}$ 	 e. $\frac{72}{96} = \frac{6}{■}$ 	 f. $\frac{90}{72} = \frac{■}{4}$

$\frac{20}{25} = \frac{4}{■}$ 	 $\frac{16}{12} = \frac{4}{■}$ 	 $\frac{15}{20} = \frac{■}{4}$ 	 $\frac{40}{60} = \frac{2}{■}$ 	 $\frac{195}{52} = \frac{15}{■}$ 	 $\frac{88}{110} = \frac{■}{5}$

24. Gib die Kürzungszahl an.
Welche Aussagen sind falsch?
Berichtige dann bei dem linken Bruch nur den Nenner.

a. $\frac{36}{40} = \frac{9}{10}$ 	 b. $\frac{63}{45} = \frac{7}{5}$ 	 c. $\frac{49}{64} = \frac{7}{8}$ 	 d. $\frac{48}{64} = \frac{3}{4}$ 	 e. $\frac{165}{180} = \frac{11}{12}$ 	 f. $\frac{78}{169} = \frac{6}{13}$

$\frac{56}{36} = \frac{7}{4}$ 	 $\frac{35}{65} = \frac{7}{13}$ 	 $\frac{33}{77} = \frac{3}{7}$ 	 $\frac{45}{35} = \frac{15}{11}$ 	 $\frac{64}{400} = \frac{4}{25}$ 	 $\frac{108}{144} = \frac{9}{11}$

25. Kürze schrittweise so weit wie möglich.

a. $\frac{12}{16}; \frac{84}{21}; \frac{12}{18}$ 	 c. $\frac{36}{90}; \frac{48}{80}; \frac{75}{60}$ 	 e. $\frac{63}{36}; \frac{45}{54}; \frac{84}{48}$

$$\frac{36}{96} \stackrel{2}{=} \frac{18}{48} \stackrel{2}{=} \frac{9}{24} \stackrel{3}{=} \frac{3}{8}$$

f. $\frac{40}{50}; \frac{28}{24}; \frac{24}{36}$ 	 d. $\frac{42}{28}; \frac{75}{45}; \frac{32}{48}$ 	 f. $\frac{24}{60}; \frac{96}{120}; \frac{112}{84}$ 	 g. $\frac{42}{30}; \frac{90}{135}; \frac{36}{40}$ 	 h. $\frac{60}{144}; \frac{48}{128}; \frac{42}{126}$

26. Kürze mit allen möglichen Kürzungszahlen.

a. $\frac{24}{16}$ 	 b. $\frac{18}{24}$ 	 c. $\frac{40}{48}$ 	 d. $\frac{36}{54}$ 	 e. $\frac{80}{32}$ 	 f. $\frac{96}{72}$ 	 g. $\frac{105}{30}$ 	 h. $\frac{72}{12}$

27. Setze für ■ die passende Zahl ein. Gib auch die Kürzungszahlen an. Mit welcher Zahl ist insgesamt gekürzt worden?

a. $\frac{360}{240} = \frac{■}{120} = \frac{■}{24} = \frac{■}{8} = \frac{■}{2}$ 	 b. $\frac{144}{180} = \frac{72}{■} = \frac{24}{■} = \frac{12}{■} = \frac{4}{■}$

28. Kürze soweit wie möglich, falls noch nötig.

a. $\frac{4}{10}; \frac{5}{11}; \frac{6}{12}; \frac{7}{13}; \frac{8}{14}; \frac{9}{15}$ 	 c. $\frac{40}{2}; \frac{39}{3}; \frac{38}{4}; \frac{37}{5}; \frac{36}{6}; \frac{35}{7}$ 	 e. $\frac{56}{70}; \frac{18}{45}; \frac{72}{63}; \frac{32}{36}; \frac{65}{39}; \frac{45}{27}$

b. $\frac{16}{22}; \frac{17}{23}; \frac{18}{24}; \frac{19}{25}; \frac{20}{26}; \frac{21}{27}$ 	 d. $\frac{32}{12}; \frac{33}{13}; \frac{34}{14}; \frac{35}{15}; \frac{36}{16}; \frac{37}{17}$ 	 f. $\frac{10}{16}; \frac{23}{29}; \frac{33}{9}; \frac{38}{18}; \frac{39}{19}; \frac{84}{36}$

29. Gib in der in Klammern angegebenen Maßeinheit an.

a. 150 g (kg) 	 c. 30 cm (m) 	 e. 48 s (min)
750 m (km) 	 30 s (min) 	 375 ml (l)

$$\frac{240}{1000} \text{ kg} = \frac{6}{25} \text{ kg}$$

b. 25 min (h) 	 d. 400 g (kg) 	 f. 350 mg (g)
25 cm (m) 	 400 min (h) 	 675 m (km)

30. Ergänze durch Kürzen oder Erweitern:

a. $\frac{7}{5} = \frac{■}{20} = \frac{14}{■}$ 	 c. $\frac{7}{■} = \frac{21}{45} = \frac{■}{180}$ 	 e. $\frac{36}{■} = \frac{■}{100} = \frac{18}{25}$

b. $\frac{15}{100} = \frac{3}{■} = \frac{■}{160}$ 	 d. $\frac{1}{■} = \frac{13}{91} = \frac{■}{273}$ 	 f. $\frac{30}{■} = \frac{90}{■} = \frac{9}{15}$

31. Gib als Anteil an.
(1) Bei einer Grippewelle fehlte jeder vierte Schüler einer Schule.
(2) Bei einer Verkehrskontrolle wurde jeder zweite Lkw überprüft.
(3) Bei einer Schultombola ist jedes zehnte Los ein Gewinn.

Dezimalbrüche und gemeine Brüche
Dezimalbrüche

Wiederholung

(1) 2,09; 8,145; 0,42; 0,706 sind **Dezimalbrüche.** Sie haben ein Komma.
Rechts vom Komma stehen die *Zehntel* (z), die *Hundertstel* (h), die *Tausendstel* (t).

Z	E	z	h	t	Dezimalbruch	Zerlegung	Gemischte Schreibweise	Gemeiner Bruch
	2	0	9		2,09	$= 2 + \frac{0}{10} + \frac{9}{100}$	$= 2\frac{9}{100}$	$= \frac{209}{100}$
	8	1	4	5	8,145	$= 8 + \frac{1}{10} + \frac{4}{100} + \frac{5}{1\,000}$	$= 8\frac{145}{1\,000}$	$= \frac{8\,145}{1\,000}$
	0	4	2		0,42	$= \frac{4}{10} + \frac{2}{100}$		$= \frac{42}{100}$
	0	7	0	6	0,706	$= \frac{7}{10} + \frac{0}{100} + \frac{6}{1\,000}$		$= \frac{706}{1\,000}$

Dezimalbrüche kann man in gemeine Brüche mit dem Nenner 10, 100, 1 000 umrechnen.

(2) Dezimalbrüche und gemeine Brüche sind verschiedene Schreibweisen für gebrochene Zahlen.

Aufgabe

1. Dezimalbrüche können mehr als drei Ziffern rechts vom Komma haben.

▲ Spinnwebfaden 0,005 mm dick

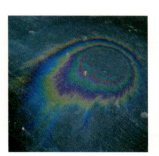
▲ Dicke eines Ölflecks 0,000001 mm

Bakterien ca. 0,0005 mm ▶

◀ Haarwuchs 0,00002 cm pro min

a. Trage die Dezimalbrüche in eine Stellentafel ein. Damit du genug Platz hast, füge rechts von den Tausendsteln weitere Spalten an. Zu welchen Bruchteilen kommst du?

b. Rechne die Dezimalbrüche in gemeine Brüche um.

Lösung

a. Jedesmal, wenn du in der Stellentafel eine Spalte weiter nach rechts gehst, wird die Zahl durch 10 geteilt.
Rechts von den Tausendsteln (t) erhältst du die Zehntausendstel (zt), Hunderttausendstel (ht), Millionstel (m) usw.

Z	E	z	h	t	zt	ht	m
	0	0	0	5			
	0	0	0	0	5		
	0	0	0	0	0	2	
	0	0	0	0	0	0	1

:10 :10 :10 :10 :10 :10 :10

b. $0,005 = \frac{5}{1\,000}$ $\quad$ $0,00002 = \frac{2}{100\,000}$

$0,0005 = \frac{5}{10\,000}$ $\quad$ $0,000001 = \frac{1}{1\,000\,000}$

Kapitel 2

Zum Festigen und Weiterarbeiten

2. Schreibe die Dezimalbrüche und lies sie. Zerlege sie. Gib sie zuletzt als gemeine Brüche an.

a.
E	z	h	t	zt
0	3	6	4	7
2	4	0	3	5
5	0	7	1	8
1	5	0	3	8

b.
E	z	h	t	zt	ht
0	3	6	9	0	1
0	1	2	3	5	7
7	0	1	4	7	5
2	4	0	0	6	7

$$0{,}7506 = \frac{7}{10} + \frac{5}{100} + \frac{0}{1\,000} + \frac{6}{10\,000}$$
$$= \frac{7\,000}{10\,000} + \frac{500}{10\,000} + \frac{6}{10\,000}$$
$$= \frac{7\,506}{10\,000}$$

3. Schreibe als Bruch. Wie kannst du an der Anzahl der Stellen rechts vom Komma sofort erkennen, welchen Nenner (10, 100, 1 000, 10 000, ...) der Bruch hat?

a. 2,765   b. 1,307   c. 9,88   d. 0,207   e. 0,00845   f. 0,007645
    8,53   4,0385   1,6   1,2357   0,02408   0,32558
    4,1265   0,0066   0,123   0,0005   0,010055   2,5095

4. Verwandle in einen Dezimalbruch.

a. $\frac{2}{10}$; $\frac{3}{100}$; $\frac{7}{1\,000}$; $\frac{9}{100}$ b. $\frac{8}{100}$; $\frac{5}{10}$; $\frac{4}{1\,000}$; $\frac{1}{1\,000}$ c. $\frac{3}{10\,000}$; $\frac{5}{10\,000}$; $\frac{6}{100\,000}$; $\frac{1}{1\,000\,000}$

5. Schreibe als Dezimalbruch. Wie erkennst du am Nenner, wie viele Stellen der Dezimalbruch rechts vom Komma hat?

a. $\frac{12}{100}$ b. $\frac{354}{1\,000}$ c. $\frac{46}{1\,000}$ d. $\frac{7\,568}{10\,000}$ e. $\frac{85\,625}{100\,000}$

   $\frac{56}{100}$ $\frac{281}{1\,000}$ $\frac{107}{1\,000}$ $\frac{5\,106}{10\,000}$ $\frac{5\,673}{100\,000}$

$$\frac{835}{1\,000} = \frac{8}{10} + \frac{3}{100} + \frac{5}{1\,000} = 0{,}835$$

Übungen

6. Ein Birkenblatt verdunstet tagsüber in jeder Minute durchschnittlich 0,0003 ml Wasser, an heißen Tagen sogar 0,0015 ml. Schreibe diese Angaben als gemeine Brüche.

7. Der menschliche Körper braucht täglich genügend Vitamine. Täglicher Bedarf an einigen Vitaminen:

Vitamin A	Vitamin B1	Vitamin B2	Vitamin C	Vitamin D
0,0015 g	0,001 g	0,002 g	0,075 g	0,000001 g

Verwandle die Dezimalbrüche in gemeine Brüche.

8. a. Zerlege die Zeitspannen in ganze, zehntel, hundertstel Sekunden. Gib die Zeitspannen dann in gemischter Schreibweise an.

Olympische Spiele in Sydney 2000:
100 m Männer M. Greene (USA)   9,87 s   *100 m Frauen* M. Jones (USA)   10,75 s
200 m Männer K. Kenteris (GR)   20,09 s   *200 m Frauen* M. Jones (USA)   21,84 s
400 m Männer M. Johnson (USA) 43,84 s   *400 m Frauen* C. Freemann (AUS) 49,11 s

b. Verfahre wie in a: 14,357 s;   31,045 s;   25,902 s;   18,006 s;   20,165 s;   10,027 s

9. Zerlege die Dezimalbrüche. Gib sie auch als gemeine Brüche bzw. in gemischter Schreibweise an.

a.
Z	E	z	h	t	zt
	1	2	4	3	0
1	6	3	5	9	4
0	5	0	3	2	7

b.
Z	E	z	h	t	zt	ht
4	0	5	1	0	8	
	0	0	0	3	9	4
2	0	0	5	8	6	

c.
Z	E	z	h	t	zt	ht	m
	6	0	0	4	5	0	5
	0	0	1	7	0	5	9
1	2	0	0	5	0	7	

10. Rechne die Dezimalbrüche in gemeine Brüche um. Du kannst die Zahlen auch zunächst in eine Stellentafel eintragen.

a. 6,34
7,048

b. 0,0446
20,6805

c. 19,04704
9,50065

d. 0,007053
9,21055

e. 1,48059
0,04306

f. 0,104073
0,000342

11. Gib die Größen in Bruchschreibweise an.

a. 8,4 cm
10,1 cm
0,6 cm

b. 14,75 m
2,56 m
0,48 m

c. 3,045 kg
1,408 kg
3,450 kg

d. 3,456 km
0,862 km
1,055 km

$$1{,}45\text{ m} = 1\tfrac{45}{100}\text{ m}$$
$$1{,}569\text{ km} = 1\tfrac{569}{1\,000}\text{ km}$$

12. Schreibe als Dezimalbruch.

a. $\frac{4}{100}$
$\frac{7}{1\,000}$

b. $2\frac{5}{1\,000}$
$4\frac{9}{100}$

c. $\frac{8}{1\,000}$
$\frac{2}{10}$

d. $5\frac{3}{10\,000}$
$1\frac{7}{10\,000}$

e. $\frac{6}{100\,000}$
$\frac{5}{100\,000}$

f. $\frac{3}{1\,000\,000}$
$\frac{4}{1\,000\,000}$

13. Schreibe die Summe als Dezimalbruch. Beachte das Beispiel rechts.

$$\tfrac{3}{10} + \tfrac{7}{100} + \tfrac{1}{1\,000} = \tfrac{371}{1\,000}$$

a. $\frac{4}{10} + \frac{5}{100} + \frac{7}{1\,000}$
$\frac{5}{10} + \frac{1}{100} + \frac{2}{1\,000}$

b. $\frac{3}{10} + \frac{4}{1\,000}$
$\frac{2}{100} + \frac{5}{1\,000}$

c. $\frac{3}{10} + \frac{5}{1\,000} + \frac{2}{10\,000} + \frac{8}{100\,000} + \frac{8}{1\,000\,000}$
$\frac{9}{100} + \frac{1}{1\,000} + \frac{3}{100\,000} + \frac{7}{1\,000\,000}$

14. Gib die zugehörigen Dezimalbrüche an.

a. $\frac{14}{100}$
$\frac{265}{1\,000}$

b. $\frac{61}{100}$
$\frac{695}{1\,000}$

c. $\frac{26}{1\,000}$
$\frac{375}{10\,000}$

d. $7\frac{29}{100}$
$12\frac{21}{1\,000}$

e. $1\frac{7}{1\,000}$
$14\frac{4}{100}$

f. $\frac{35}{10}$
$\frac{11}{10}$

g. $\frac{635}{10}$
$\frac{955}{100}$

h. $\frac{875}{10\,000}$
$\frac{2\,155}{100\,000}$

15. Verwandle in gemeine Brüche.

a. 0,475
1,0483

b. 0,1055
0,0673

c. 0,0007
6,0305

d. 2,1506
3,0258

e. 0,00758
0,050075

f. 1,0405
4,0078965

16. Schreibe mit Komma.

a. $\frac{27}{100}$ m
$2\frac{45}{100}$ m
$3\frac{73}{100}$ m

b. $\frac{168}{1\,000}$ kg
$\frac{275}{1\,000}$ kg
$4\frac{18}{1\,000}$ kg

c. $1\frac{515}{1\,000}$ km
$\frac{875}{1\,000}$ km
$2\frac{55}{1\,000}$ km

d. $\frac{4}{10}$ cm
$\frac{17}{10}$ cm
$\frac{25}{10}$ cm

e. $6\frac{4}{10}$ s
$18\frac{3}{100}$ s
$8\frac{1}{10}$ s

f. $\frac{195}{1\,000}$ l
$\frac{28}{1\,000}$ l
$\frac{240}{1\,000}$ l

17. Wie viel g sind in jeder Packung? Gib die Massen auch in kg mit einem gemeinen Bruch an.

Umformen von gemeinen Brüchen in Dezimalbrüche durch Erweitern oder Kürzen

Aufgabe

1. **a.** Für ein Klassenfest kauft Tanja in einem Getränkemarkt Apfelsaft. Sie entdeckt Apfelsaftflaschen mit unterschiedlichen Literangaben. In welche der beiden Flaschen passt mehr Saft?
   Anleitung: Um die beiden Angaben vergleichen zu können, rechne $\frac{3}{4}$ in einen Dezimalbruch um. Vergleiche dann mit 0,7.

   b. Rechne in Dezimalbrüche um:
   $\frac{2}{5}$; $1\frac{1}{4}$; $\frac{1}{8}$; $\frac{36}{40}$.

   c. Versuche den gemeinen Bruch $\frac{1}{3}$ durch passendes Erweitern in einen Dezimalbruch umzurechnen.

Lösung

a. Du musst $\frac{3}{4}$ auf einen Bruch mit dem Nenner 10, 100, 1000, ... erweitern.
Versuche zunächst $\frac{3}{4}$ auf Zehntel zu erweitern: $\frac{3}{4} = \frac{6}{8} = \frac{9}{12}$. Das gelingt nicht.
Erweitere $\frac{3}{4}$ jetzt auf Hundertstel: $\frac{3}{4} = \frac{3 \cdot 25}{4 \cdot 25} = \frac{75}{100} = 0{,}75$.
Vergleiche nun die Literangaben: $\frac{3}{4} > 0{,}7$; denn $0{,}75 > 0{,}7$.
Ergebnis: In die $\frac{3}{4}$-l-Flasche passt mehr als in die 0,7-l-Flasche.

b. Erweitere oder kürze zunächst passend

auf Zehntel:	auf Hundertstel:	auf Tausendstel:	auf Zehntel:
$\frac{2}{5} = \frac{4}{10} = 0{,}4$	$1\frac{1}{4} = 1\frac{25}{100} = 1{,}25$	$\frac{1}{8} = \frac{125}{1000} = 0{,}125$	$\frac{36}{40} = \frac{9}{10} = 0{,}9$

c. $\frac{1}{3}$ kann man nicht auf Zehntel, Hundertstel, Tausendstel, ... erweitern.
Warum nicht?
Überlege dir: 10, 100, 1000, ... sind keine Vielfachen von 3. Den Bruch $\frac{1}{3}$ kann man daher durch Erweitern nicht in einen Dezimalbruch umformen.

Information

Umformen von gemeinen Brüchen in Dezimalbrüche

Manche gemeinen Brüche kann man auf Zehntel, Hundertstel, Tausendstel, ... erweitern oder kürzen. Dann kann man sie als Dezimalbrüche schreiben.

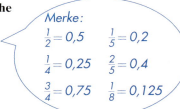

Merke:
$\frac{1}{2} = 0{,}5 \qquad \frac{1}{5} = 0{,}2$
$\frac{1}{4} = 0{,}25 \qquad \frac{2}{5} = 0{,}4$
$\frac{3}{4} = 0{,}75 \qquad \frac{1}{8} = 0{,}125$

2. Forme in einen Dezimalbruch um. Bei welchen Brüchen von Teilaufgabe d gelingt das nicht? Warum?

a. $\frac{4}{5}$; $\frac{5}{4}$; $\frac{3}{5}$; $\frac{7}{10}$ **b.** $1\frac{1}{5}$; $3\frac{3}{4}$; $4\frac{1}{8}$; $2\frac{57}{100}$ **c.** $\frac{18}{30}$; $\frac{49}{70}$; $\frac{36}{400}$; $\frac{60}{300}$ **d.** $\frac{5}{8}$; $\frac{13}{125}$; $\frac{2}{3}$; $\frac{1}{6}$

Zum Festigen und Weiterarbeiten

3. Verwandle in einen Dezimalbruch.

a. $\frac{9}{20}$; $\frac{6}{25}$; $\frac{6}{5}$; $\frac{13}{25}$; $\frac{17}{20}$; $\frac{7}{8}$; $\frac{24}{50}$; $\frac{17}{50}$; $\frac{7}{4}$
b. $1\frac{3}{4}$; $4\frac{1}{4}$; $5\frac{7}{8}$; $10\frac{3}{5}$; $1\frac{7}{20}$; $3\frac{1}{2}$; $3\frac{11}{25}$; $12\frac{3}{8}$
c. $\frac{1}{5}$; $\frac{3}{4}$; $\frac{3}{2}$; $\frac{4}{5}$; $\frac{7}{10}$; $\frac{1}{20}$; $\frac{1}{8}$; $\frac{3}{8}$; $\frac{1}{25}$; $\frac{1}{50}$; $\frac{1}{100}$

d. $\frac{27}{30}$; $\frac{24}{40}$; $\frac{48}{60}$; $\frac{24}{30}$; $\frac{20}{80}$; $\frac{110}{200}$; $\frac{21}{300}$; $\frac{180}{300}$; $\frac{84}{400}$
e. $\frac{23}{125}$; $\frac{7}{125}$; $\frac{11}{50}$; $\frac{19}{250}$; $\frac{74}{500}$; $\frac{49}{50}$; $\frac{221}{250}$; $\frac{176}{500}$
f. $\frac{24}{64}$; $\frac{84}{56}$; $\frac{45}{180}$; $\frac{27}{72}$; $\frac{21}{35}$; $\frac{36}{48}$; $\frac{21}{24}$; $\frac{27}{45}$; $\frac{28}{80}$

Übungen

4. Welche Zahlen sind gleich? Schreibe Gleichungen: $\frac{1}{4} = 0{,}25$; ...

a. $\frac{1}{4}$; $\frac{1}{25}$; $\frac{7}{10}$; $\frac{4}{5}$; $\frac{1}{20}$; $\frac{1}{5}$
0,04 ; 0,8 ; 0,25 ; 0,7 ; 0,2 ; 0,05

b. $\frac{1}{8}$; $\frac{3}{4}$; $\frac{3}{8}$; $\frac{7}{8}$; $2\frac{5}{8}$
0,75 ; 2,625 ; 0,125 ; 0,875 ; 0,375

c. $2\frac{1}{4}$; $3\frac{3}{4}$; $3\frac{1}{2}$; $2\frac{1}{5}$; $2\frac{4}{5}$; $3\frac{1}{8}$
2,8 ; 3,5 ; 2,25 ; 2,2 ; 3,75 ; 3,125

5. Übertrage die Tabelle in dein Heft und ergänze sie.

$\frac{1}{100}$	$\frac{1}{10}$	$\frac{1}{8}$	$\frac{1}{5}$	$\frac{1}{4}$	$\frac{3}{10}$	$\frac{3}{8}$	$\frac{2}{5}$	$\frac{1}{2}$	$\frac{3}{5}$	$\frac{5}{8}$	$\frac{7}{10}$	$\frac{3}{4}$	$\frac{4}{5}$	$\frac{7}{8}$	$\frac{9}{10}$
0,01															

6. Welche Brüche kannst du durch Erweitern (oder Kürzen) in einen Dezimalbruch umformen? Welche Brüche kannst du nicht in einen Dezimalbruch umformen?

a. $\frac{3}{25}$; $\frac{1}{40}$; $\frac{2}{3}$; $\frac{1}{9}$; $\frac{3}{12}$ **b.** $\frac{3}{5}$; $\frac{3}{15}$; $\frac{5}{15}$; $\frac{8}{12}$; $\frac{18}{24}$ **c.** $3\frac{2}{5}$; $5\frac{5}{6}$; $1\frac{11}{20}$; $7\frac{7}{8}$; $2\frac{1}{8}$

7. *Gleich und Gleich gesellt sich gern*
Für dieses Spiel benötigt ihr 32 Karten. Auf jede Karte schreibt ihr eine Zahl. Wählt dazu die 16 Zahlen und ihre Partnerzahlen aus Aufgabe 5.
Sortiert die Karten nach Brüchen und Dezimalbrüchen und mischt die beiden Stapel. Der Stapel mit den Brüchen wird verdeckt auf den Tisch gelegt, der andere gleichmäßig an die Mitspieler verteilt. Jetzt deckt ihr die obere Karte auf. Der Mitspieler, der den gleichwertigen Dezimalbruch auf der Hand hat, legt ihn offen daneben. Jetzt wird die nächste Karte aufgedeckt.
Wer zuerst alle Karten ablegen konnte, hat gewonnen.

Spiel (2 oder 4 Spieler)

Zahlenstrahl – Gebrochene Zahlen

Aufgabe

1.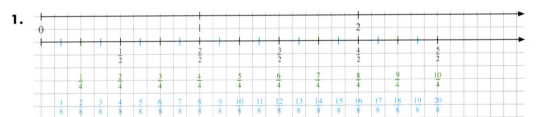

An diesem Zahlenstrahl sind bereits verschiedene Brüche dargestellt. Trage entsprechend auf diesem Zahlenstrahl ab:

(1) $\frac{1}{3}$; $\frac{2}{3}$; $\frac{3}{3}$; $\frac{4}{3}$; $2\frac{1}{3}$ (2) $\frac{1}{6}$; $\frac{2}{6}$; $\frac{3}{6}$; $\frac{4}{6}$; $\frac{5}{6}$; $\frac{6}{6}$; $\frac{7}{6}$; $1\frac{5}{6}$; $2\frac{1}{6}$

Was fällt dir auf?

Lösung

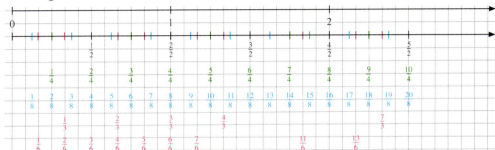

Gleichwertige Brüche gehören zum selben Punkt auf dem Zahlenstrahl.

Ebenso wie die natürlichen Zahlen 0, 1, 2, 3, ... kann man auch Brüche wie $\frac{1}{2}$, $\frac{3}{4}$, $\frac{5}{8}$, $\frac{4}{3}$ durch einen Punkt auf dem Zahlenstrahl festlegen.

Wir nennen $\frac{1}{2}$, $\frac{3}{4}$, $\frac{4}{3}$, $1\frac{5}{6}$, $2\frac{2}{5}$, $\frac{0}{12}$, ... **gebrochene Zahlen.**

Zu einer gebrochenen Zahl (zu einem Punkt des Zahlenstrahls) gehören verschiedene Brüche.

Beispiel: $\frac{3}{4}$, $\frac{6}{8}$, $\frac{9}{12}$ gehören zu demselben Punkt: $\frac{3}{4} = \frac{6}{8} = \frac{9}{12}$

Wir sagen: $\frac{3}{4}$, $\frac{6}{8}$ und $\frac{9}{12}$ sind verschiedene Namen für dieselbe gebrochene Zahl

oder auch: Die Brüche $\frac{3}{4}$, $\frac{6}{8}$ und $\frac{9}{12}$ haben denselben Wert.

Die natürlichen Zahlen sind besondere gebrochene Zahlen (z. B.: $2 = \frac{2}{1} = \frac{8}{4}$).

Kapitel 2

> Dezimalbrüche sind andere Schreibweisen für gebrochene Zahlen. Der gemeine Bruch $\frac{6}{10}$ und der Dezimalbruch 0,6 sind nur *verschiedene* Namen für *dieselbe* gebrochene Zahl: $0{,}6 = \frac{6}{10}$
>
>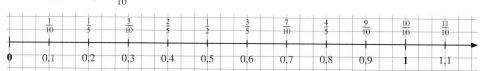

2. Notiere zu den angegebenen Punkten des Zahlenstrahls einen gemeinen Bruch und einen Dezimalbruch.

a.

b.

Zum Festigen und Weiterarbeiten

3. Zeichne einen Zahlenstrahl; wähle 10 Kästchen für die Strecke von 0 bis 1.
Trage die Punkte für die angegebenen Bruchzahlen ein. Notiere jeweils auch einen Dezimalbruch am Zahlenstrahl.

a. $\frac{1}{10}; \frac{2}{10}; \frac{3}{10}; \frac{7}{10}; 1\frac{5}{10}; 2\frac{3}{10}; \frac{0}{10}$

b. $\frac{1}{5}; \frac{2}{5}; \frac{3}{5}; \frac{4}{5}; \frac{5}{5}; \frac{6}{5}; 1\frac{4}{5}; 2\frac{2}{5}$

Übungen

4. Zeichne einen Zahlenstrahl; wähle für die Strecke von 0 bis 1 die angegebene Länge. Trage die Punkte ein für:

a. $\frac{3}{2}; \frac{3}{4}; \frac{2}{3}; 1\frac{2}{3}; 1\frac{1}{6}; 2\frac{1}{6}$ (6 cm)

b. $\frac{5}{12}; \frac{2}{3}; \frac{7}{6}; \frac{3}{4}; \frac{7}{12}; \frac{4}{6}; \frac{11}{24}$ (12 cm)

c. 0,4; 0,55; 0,75; 1,05; 1,35 (10 cm)

d. 0,35; $\frac{2}{5}$; 0,65; $\frac{17}{50}$; 1,25 (10 cm)

5. a. Gib zu den einzelnen Punkten des Zahlenstrahls die entsprechende gebrochene Zahl an.

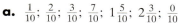

b. Trage die Punkte für die gebrochenen Zahlen $\frac{1}{6}; \frac{5}{6}; \frac{11}{12}; \frac{1}{8}$ und $1\frac{1}{12}$ ein.

c. Gib für jeden der Punkte von Teilaufgabe a noch zwei weitere Brüche an.

6. Zum Punkt P gehört der Bruch $\frac{2}{3}$.

a. Lies aus den Abbildungen (2) und (3) andere Brüche ab, die auch zum Punkt P gehören.

b. Denke dir den Zahlenstrahl noch weiter unterteilt.
Welche Brüche gehören dann auch zum Punkt P?

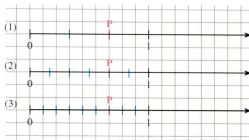

7. Zu welchen der Brüche $\frac{1}{4}; \frac{10}{6}; \frac{8}{12}; \frac{4}{3}; \frac{2}{3}; \frac{2}{8}; \frac{15}{12}; \frac{5}{3}; \frac{3}{8}; \frac{9}{12}; \frac{4}{6}; \frac{3}{12}$; 0,25; 0,375 gehört derselbe Punkt des Zahlenstrahls?

8. Welche der gebrochenen Zahlen $\frac{12}{6}; \frac{4}{8}; \frac{0}{10}; \frac{13}{1}; \frac{14}{2}; \frac{15}{3}; \frac{16}{4}; \frac{17}{5}; \frac{18}{6}; \frac{19}{7}$ können einfacher als natürliche Zahlen geschrieben werden?

Vergleichen und Ordnen von gebrochenen Zahlen
Vergleichen und Ordnen von gemeinen Brüchen

Wiederholung

Du kannst bereits gleichnamige Brüche vergleichen und ordnen.

> Gebrochene Zahlen lassen sich leicht vergleichen und ordnen, wenn die gemeinen Brüche *gleichnamig* sind, d.h. denselben Nenner besitzen. Man braucht dann nur die Zähler zu vergleichen.
> *Beispiel:* $\frac{5}{12} < \frac{7}{12}$, denn $5 < 7$

Wir wollen uns jetzt auch mit dem Vergleichen und Ordnen von ungleichnamigen Brüchen beschäftigen.

Aufgabe

1. Zu Sarahs Geburtstagsfeier gibt es Obsttorten.

   a. Von der Himbeertorte bleiben $\frac{7}{12}$ übrig, von der Ananastorte $\frac{5}{12}$.
   Von welcher Torte bleibt weniger übrig?

   b. Von der Himbeertorte bleiben $\frac{7}{12}$ übrig, von der Kiwitorte $\frac{2}{3}$.
   Von welcher Torte bleibt weniger übrig?

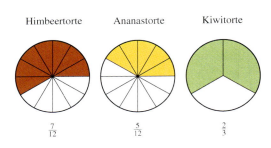

Himbeertorte Ananastorte Kiwitorte

$\frac{7}{12}$ $\frac{5}{12}$ $\frac{2}{3}$

Lösung

a. Der gleiche Nenner 12 der beiden Brüche zeigt:
Himbeertorte und Ananastorte sind beide in 12 gleich große Stücke, also in Zwölftel, aufgeschnitten.

Die Zähler zeigen uns:
Von der Himbeertorte ($\frac{7}{12}$) sind 7 Teilstücke übrig, von der Ananastorte nur 5 Teilstücke, also weniger.

Wir erkennen: $\frac{5}{12} < \frac{7}{12}$ (5 Zwölftel $<$ 7 Zwölftel)

Ergebnis: Von der Ananastorte bleibt weniger übrig.

b. Hier lassen sich die beiden Brüche nicht so einfach vergleichen. Wir verfeinern zunächst die Einteilung der Kiwitorte, sodass auch hier jedes Teilstück $\frac{1}{12}$ der Torte ist.
Das bedeutet, wir erweitern den Bruch $\frac{2}{3}$ mit 4: $\frac{2}{3} = \frac{8}{12}$.
Wir erkennen: $\frac{7}{12} < \frac{8}{12}$

Ergebnis: Von der Himbeertorte bleibt weniger übrig.

Zum Festigen und Weiterarbeiten

2. Vergleiche; setze das passende Zeichen $<$ bzw. $>$ ein.

$\frac{7}{10}$ ■ $\frac{9}{10}$; $\frac{17}{24}$ ■ $\frac{11}{24}$; $\frac{11}{20}$ ■ $\frac{7}{20}$; $\frac{31}{36}$ ■ $\frac{17}{36}$; $\frac{29}{50}$ ■ $\frac{31}{50}$; $\frac{19}{75}$ ■ $\frac{39}{75}$; $\frac{37}{80}$ ■ $\frac{41}{80}$; $\frac{15}{100}$ ■ $\frac{11}{100}$

3. Vergleiche; setze das Zeichen <, > bzw. = ein; mache zunächst *gleichnamig*, d.h. erweitere so, dass beide Brüche denselben Nenner besitzen.

a. $\frac{3}{4} \square \frac{5}{8}$ b. $\frac{4}{10} \square \frac{2}{5}$ c. $\frac{2}{3} \square \frac{3}{5}$ d. $\frac{3}{4} \square \frac{2}{5}$ e. $\frac{11}{6} \square \frac{13}{8}$

$\frac{2}{3} \square \frac{5}{6}$ $\frac{5}{6} \square \frac{11}{12}$ $\frac{6}{5} \square \frac{8}{7}$ $\frac{4}{5} \square \frac{5}{6}$ $\frac{7}{10} \square \frac{11}{12}$

4. Welche Zeitspanne ist länger? Betrachte dazu ein Zifferblatt.

a. $\frac{3}{4}$ h oder $\frac{7}{12}$ h   b. $\frac{5}{6}$ h oder $\frac{9}{10}$ h   c. $\frac{2}{3}$ h oder $\frac{4}{5}$ h

5. Vergleiche durch Erweitern. Überprüfe dein Ergebnis durch Umwandeln der beiden Größen in eine kleinere Einheit.

a. $\frac{5}{8}$ kg und $\frac{11}{20}$ kg   b. $\frac{7}{20}$ h und $\frac{5}{12}$ h   c. $\frac{3}{4}$ m, $\frac{2}{5}$ m und $\frac{6}{25}$ m   d. $\frac{3}{10}$ h, $\frac{1}{6}$ h und $\frac{5}{12}$ h

---

Gebrochene Zahlen lassen sich stets der Größe nach ordnen.

Wenn die Nenner der Brüche *verschieden* sind, kann man die Brüche durch Kürzen oder Erweitern gleichnamig machen und dann die Zähler vergleichen. Der gemeinsame Nenner ist ein gemeinsames Vielfaches der beiden verschiedenen Nenner.

Den kleinsten gemeinsamen Nenner nennt man den **Hauptnenner**.

Beispiel: $\frac{3}{8} < \frac{2}{5}$, da $\frac{15}{40} < \frac{16}{40}$ (Hauptnenner ist 40)

Am Zahlenstrahl liegt die kleinere von zwei Zahlen links.

---

6. a. Suche auf dem Zahlenstrahl
(1) eine natürliche Zahl zwischen den natürlichen Zahlen 2 und 5;
eine natürliche Zahl zwischen den natürlichen Zahlen 8 und 9;

(2) eine gebrochene Zahl zwischen den gebrochenen Zahlen $\frac{1}{10}$ und $\frac{6}{10}$;
eine gebrochene Zahl zwischen den gebrochenen Zahlen $\frac{8}{10}$ und $\frac{9}{10}$.

b. Gib zu der natürlichen Zahl 5 den Vorgänger und den Nachfolger an. Kann man auch zu der gebrochenen Zahl $\frac{3}{4}$ den Nachfolger und den Vorgänger angeben? Begründe.

7. Erweitere die Brüche $\frac{8}{10}$ und $\frac{9}{10}$ so, dass du zwischen $\frac{8}{10}$ und $\frac{9}{10}$

a. mindestens 2,   b. mindestens 9,   c. mindestens 1 000

gebrochene Zahlen leicht angeben könntest.

Information

Zwischen zwei verschiedenen natürlichen Zahlen findest du nicht immer eine weitere natürliche Zahl.

Zwischen zwei verschiedenen gebrochenen Zahlen findest du immer beliebig viele weitere gebrochene Zahlen.

Man sagt: Gebrochene Zahlen liegen auf dem Zahlenstrahl *dicht*.
Eine gebrochene Zahl hat also keinen Vorgänger und keinen Nachfolger.

Kapitel 2

Übungen

8. Auf welcher der beiden Obstschalen ist der Anteil der Kiwi größer?

9. Welche Länge ist größer?
- **a.** $\frac{7}{10}$ m; $\frac{3}{5}$ m
- **b.** $\frac{4}{5}$ m; $\frac{9}{10}$ m
- **c.** $\frac{7}{10}$ m; $\frac{3}{4}$ m
- **d.** $\frac{3}{4}$ m; $\frac{9}{10}$ m

10. Vergleiche. Setze das passende Zeichen <, > bzw. = ein; mache zunächst gleichnamig, vergleiche die Zähler.

- **a.** $\frac{3}{5} \square \frac{8}{15}$; $\frac{1}{24} \square \frac{5}{8}$; $\frac{2}{3} \square \frac{4}{7}$; $\frac{9}{11} \square \frac{5}{6}$
- **b.** $\frac{7}{10} \square \frac{11}{20}$; $\frac{10}{15} \square \frac{2}{3}$; $\frac{5}{6} \square \frac{7}{10}$; $\frac{11}{6} \square \frac{7}{4}$
- **c.** $\frac{3}{4} \square \frac{5}{6}$; $\frac{7}{10} \square \frac{11}{15}$; $\frac{7}{12} \square \frac{5}{8}$; $\frac{9}{12} \square \frac{15}{20}$

> $\frac{7}{10} \square \frac{5}{8}$
> $\frac{28}{40} > \frac{25}{40}$
> $\frac{7}{10} > \frac{5}{8}$

11. Ordne nach der Größe. Verwandle zunächst in die gemischte Schreibweise.

- **a.** 4 und $\frac{17}{4}$
- **b.** $\frac{19}{3}$ und $\frac{23}{5}$
- **c.** $\frac{9}{2}$ und $\frac{7}{5}$
- **d.** $\frac{55}{7}$, $\frac{51}{8}$ und $\frac{52}{9}$
- **e.** $\frac{52}{5}$, $\frac{45}{4}$ und $\frac{68}{7}$
- **f.** $\frac{38}{7}$, $\frac{43}{9}$ und $\frac{67}{11}$
- **g.** $\frac{62}{7}$, $\frac{89}{10}$ und $\frac{71}{8}$
- **h.** $\frac{227}{9}$, $\frac{259}{10}$ und $\frac{295}{12}$
- **i.** $\frac{113}{9}$, $\frac{120}{11}$ und $\frac{105}{8}$

> $\frac{13}{5}$ und $\frac{22}{7}$
> $2\frac{3}{5} < 3\frac{1}{7}$
> $\frac{13}{5} < \frac{22}{7}$

12. Schreibe in gemischter Schreibweise. Setze dann < bzw. >.

- **a.** $\frac{9}{2} \square 3$; $\frac{50}{8} \square \frac{52}{9}$
- **b.** $\frac{30}{7} \square 5$; $\frac{17}{4} \square \frac{18}{5}$
- **c.** $\frac{41}{8} \square \frac{49}{10}$; $\frac{70}{6} \square \frac{71}{7}$
- **d.** $\frac{75}{12} \square \frac{171}{30}$; $\frac{80}{9} \square \frac{89}{10}$
- **e.** $\frac{45}{7} \square \frac{34}{5}$; $\frac{15}{4} \square \frac{23}{6}$

13. Überprüfe, ob wahr (w) oder falsch (f).

- **a.** $\frac{3}{4} < \frac{7}{10}$; $\frac{7}{10} > \frac{19}{30}$; $\frac{19}{30} > \frac{3}{5}$; $\frac{3}{5} > \frac{7}{11}$
- **b.** $\frac{5}{4} > \frac{7}{6}$; $\frac{7}{6} < \frac{11}{8}$; $\frac{11}{8} > \frac{13}{10}$; $\frac{13}{10} > \frac{17}{12}$
- **c.** $\frac{3}{8} < \frac{9}{21}$; $\frac{9}{21} > \frac{20}{35}$; $\frac{20}{35} < \frac{12}{27}$; $\frac{12}{27} > \frac{8}{20}$
- **d.** $\frac{17}{5} > \frac{29}{7}$; $\frac{29}{7} < \frac{21}{5}$; $\frac{21}{5} > \frac{35}{8}$; $\frac{35}{8} > \frac{22}{5}$

14. Mache die Brüche zunächst gleichnamig. Ordne dann die gebrochenen Zahlen.

- **a.** $\frac{7}{12}$; $\frac{5}{6}$; $\frac{3}{4}$
- **b.** $\frac{13}{20}$; $\frac{4}{5}$; $\frac{7}{10}$
- **c.** $\frac{7}{8}$; $\frac{3}{4}$; $\frac{5}{6}$
- **d.** $\frac{3}{10}$; $\frac{7}{15}$; $\frac{5}{12}$

> $\frac{5}{3} = \frac{30}{18}$
> $\frac{11}{6} = \frac{33}{18}$
> $\frac{13}{9} = \frac{26}{18}$
> $\frac{26}{18} < \frac{30}{18} < \frac{33}{18}$
> $\frac{13}{9} < \frac{5}{3} < \frac{11}{6}$

15. Bringe die Brüche auf den angegebenen Nenner; vergleiche dann.

- **a.** Nenner 24: $\frac{5}{8}$; $\frac{3}{4}$; $\frac{5}{6}$; $\frac{7}{12}$; $\frac{1}{2}$; $\frac{2}{3}$
- **b.** Nenner 30: $\frac{2}{3}$; $\frac{7}{10}$; $\frac{5}{6}$; $\frac{8}{15}$; $\frac{1}{2}$; $\frac{3}{5}$
- **c.** Nenner 100: $\frac{4}{5}$; $\frac{11}{20}$; $\frac{41}{50}$; $\frac{7}{10}$; $\frac{21}{5}$; $\frac{3}{4}$
- **d.** Nenner 1 000: $\frac{7}{50}$; $\frac{5}{8}$; $\frac{19}{125}$; $\frac{8}{25}$; $\frac{31}{200}$

16. Erweitere so, dass beide Nenner gleich sind. Setze dann < bzw. >.

- **a.** $\frac{3}{10} \square \frac{7}{20}$; $\frac{5}{6} \square \frac{9}{10}$; $\frac{5}{3} \square \frac{10}{7}$; $\frac{4}{15} \square \frac{8}{25}$
- **b.** $\frac{3}{4} \square \frac{9}{10}$; $\frac{7}{15} \square \frac{5}{9}$; $\frac{7}{12} \square \frac{11}{18}$; $\frac{11}{5} \square \frac{22}{9}$

17. Vergleiche; setze das passende Zeichen < oder >.

a. $\frac{1}{8} \square \frac{1}{5}$; $\frac{3}{8} \square \frac{3}{5}$; $\frac{3}{4} \square \frac{3}{8}$; $\frac{7}{9} \square \frac{7}{10}$

b. $\frac{7}{10} \square \frac{7}{9}$; $\frac{10}{7} \square \frac{10}{9}$; $\frac{7}{4} \square \frac{7}{8}$; $\frac{4}{7} \square \frac{4}{9}$

18. Ordne nach der Größe.

a. $\frac{7}{9}$; $\frac{7}{12}$; $\frac{7}{10}$; $\frac{7}{8}$

b. $\frac{9}{16}$; $\frac{9}{10}$; $\frac{9}{20}$; $\frac{9}{8}$

c. $4\frac{5}{11}$; $4\frac{5}{16}$; $4\frac{5}{8}$; $4\frac{5}{6}$; $4\frac{5}{21}$

19. Suche einen Bruch zwischen:

a. $\frac{3}{8}$ und $\frac{7}{8}$
b. $\frac{2}{9}$ und $\frac{5}{9}$
c. $\frac{1}{5}$ und $\frac{1}{3}$
d. $\frac{2}{15}$ und $\frac{2}{5}$

20. Welche der gebrochenen Zahlen $\frac{5}{8}$; $\frac{7}{4}$; $\frac{3}{7}$; $\frac{5}{9}$; $\frac{12}{5}$; $\frac{7}{5}$; $\frac{9}{8}$; $\frac{7}{20}$; $\frac{11}{9}$; $\frac{7}{15}$; $\frac{13}{8}$; $\frac{5}{3}$; $\frac{4}{9}$ sind

a. größer als 1;
b. kleiner als 1;
c. kleiner als $\frac{1}{2}$
d. größer als $1\frac{1}{2}$?

21. Gib fünf gebrochene Zahlen an, für die gilt:

a. kleiner als 1;
b. größer als 1;
c. kleiner als $\frac{1}{2}$;
d. größer als $\frac{1}{2}$;
e. größer als 2.

22. Setze das passende Zeichen < bzw. >.
Beachte: Durch Vergleich z.B. mit 1 oder mit $\frac{1}{2}$ oder mit einer anderen geeigneten Vergleichszahl kannst du manchmal leicht erkennen, welches die größere gebrochene Zahl ist.

$$\frac{5}{7} \square \frac{3}{8}$$
$$\frac{5}{7} > \frac{1}{2} \text{ und } \frac{3}{8} < \frac{1}{2}$$
$$\text{also } \frac{5}{7} > \frac{3}{8}$$

a. $\frac{11}{10} \square \frac{3}{8}$; $\frac{8}{11} \square \frac{9}{7}$

b. $\frac{9}{4} \square \frac{7}{5}$; $\frac{51}{10} \square \frac{20}{7}$

c. $\frac{3}{8} \square \frac{7}{10}$; $\frac{5}{11} \square \frac{9}{16}$

d. $\frac{7}{12} \square \frac{5}{11}$; $\frac{12}{7} \square \frac{11}{5}$

e. $\frac{2}{3} \square \frac{3}{4}$; $\frac{3}{4} \square \frac{4}{5}$

f. $\frac{11}{10} \square \frac{9}{8}$; $\frac{9}{10} \square \frac{7}{8}$

23. Ordne. Überlege zunächst, ob du die Größerbeziehung unmittelbar erkennen kannst.

a. $\frac{1}{3}$; $\frac{1}{4}$; $\frac{1}{5}$; $\frac{4}{3}$; $\frac{5}{4}$; $\frac{6}{5}$

b. $\frac{2}{3}$; $\frac{3}{4}$; $\frac{4}{5}$; $\frac{3}{8}$; $\frac{9}{4}$; $\frac{7}{5}$

c. $\frac{10}{7}$; $\frac{7}{10}$; $\frac{2}{9}$; $\frac{11}{4}$; $\frac{7}{5}$; $\frac{25}{8}$

d. $\frac{5}{4}$; $\frac{7}{6}$; $\frac{8}{7}$; $\frac{6}{5}$; $\frac{9}{10}$; $\frac{10}{9}$; $\frac{14}{15}$; $\frac{15}{14}$

e. $\frac{19}{20}$; $\frac{9}{4}$; $\frac{12}{25}$; $\frac{13}{10}$; $\frac{17}{36}$; $\frac{41}{35}$; $\frac{71}{45}$; $\frac{13}{24}$

24. Es gilt: $\frac{58}{79} < \frac{61}{83}$. Überlege, welches Zeichen (< oder >) passt.

$\frac{58}{79} \square \frac{63}{83}$; $\frac{58}{79} \square \frac{58}{83}$; $\frac{61}{83} \square \frac{55}{79}$; $\frac{61}{83} \square \frac{58}{81}$; $\frac{83}{61} \square \frac{79}{58}$

25. Kaffee kann man in Packungen zu $\frac{1}{8}$ kg, zu $\frac{1}{4}$ kg und zu $\frac{1}{2}$ kg kaufen.
Welche Packung enthält am meisten, welche am wenigsten Kaffee?

26. Beim Schießen auf eine Torwand erzielt Torsten bei 20 Schüssen 7 Treffer, Jonas bei 30 Schüssen 11 Treffer und Mehmet bei 40 Schüssen 17 Treffer. Wer hat die beste, wer hat die schlechteste Trefferquote (Anteil der Treffer an der Gesamtzahl der Schüsse)?

Vergleichen und Ordnen von Dezimalbrüchen

Wiederholung

(1) *Vergleichen von Dezimalbrüchen*
Man vergleicht zuerst die Ganzen.
Sind die Ganzen gleich, vergleicht man die Zehntel.
Sind auch die Zehntel gleich, vergleicht man die Hundertstel.
Sind auch die Hundertstel gleich, vergleicht man die Tausendstel.

3,25 < 7,5;   denn 3 E < 7 E
8,36 < 8,59;   denn 3 z < 5 z
0,675 > 0,641;   denn 7 h > 4 h
0,854 < 0,856;   denn 4 t < 6 t

(2) *Endnullen bei Dezimalbrüchen*
Wenn man bei einem Dezimalbruch Endnullen anhängt oder weglässt, dann bleibt der Wert unverändert.

0,4 = 0,40 = 0,400

Aufgabe

1. Auch Dezimalbrüche mit mehr als drei Stellen rechts vom Komma kann man nach dem bekannten Verfahren vergleichen und ordnen.

   a. Vergleiche 0,7456 und 0,74549. Welches ist die kleinere Zahl?

   b. Ordne die Zahlen nach ihrer Größe: 3,7136; 3,72836; 3,72592; 3,6804; 3,7281

Lösung

a. Bei beiden Dezimalbrüchen stimmen die Einer, die Zehntel, die Hundertstel, die Tausendstel überein.
Für die Zehntausendstel gilt:
4 Zehntausendstel < 6 Zehntausendstel
Du erhältst: 0,74549 < 0,7456

E	z	h	t	zt	ht
0	7	4	5	6	
0	7	4	5	4	9

b. Beim Vergleichen erhältst du diese Reihenfolge:

3,6804   ⊃ Einer gleich, Zehntel ungleich
3,7136   ⊃ Einer und Zehntel gleich, Hundertstel ungleich
3,72592 ⊃ Einer, Zehntel, Hundertstel gleich, Tausendstel ungleich
3,7281   ⊃ Einer, Zehntel, Hundertstel, Tausendstel gleich, Zehntausendstel ungleich
3,72836

Also: 3,6804 < 3,7136 < 3,72592 < 3,7281 < 3,72836

Zum Festigen und Weiterarbeiten

2. Vergleiche. Setze eines der Zeichen < oder > ein. Auf welche Ziffern musst du achten?

  a. 0,538 ■ 0,605   **b.** 4,509 ■ 3,87   **c.** 0,348 ■ 0,3451   **d.** 0,7652 ■ 0,7609
     0,732 ■ 0,729   7,458 ■ 7,9   0,2876 ■ 0,287   0,1563 ■ 0,1557
     5,892 ■ 5,829   0,75 ■ 0,575   2,7352 ■ 2,73   0,7508 ■ 0,72062

3. Gib eine Zahl an, die zwischen den beiden folgenden Zahlen liegt.

  a. 3,4505 und 3,4509   **b.** 0,48167 und 0,4817   **c.** 0,60413 und 0,60414

Übungen

4. Die Mädchen der Klasse 6a wollen eine Mannschaft für einen Staffellauf aufstellen. Die vier schnellsten Läuferinnen werden ausgewählt. Wer kommt in die Staffel?

Anja	8,9 s	Heide	8,7 s	Kirsten	8,5 s	Silke	9,2 s	Dalia	8,8 s
Eva	9,5 s	Julia	8,0 s	Anne	9,1 s	Ramona	8,4 s	Tanja	9,0 s

5. Hier die Ergebnisse im 400-m-Finale der Frauen beim Weltcup 1998 in Johannesburg (Südafrika).
Wer kam auf den 1. Platz, auf den 2. Platz usw.?

Arnott (Neuseeland)	54,36 s
Breuer (Deutschland)	49,86 s
Darsha (Sri Lanka)	53,30 s
Fuchsova (Tschechien)	50,40 s
Graham (USA)	52,10 s
Kotljarowa (Russland)	51,20 s
Ogunkoya (Nigeria)	49,51 s
Richards (Jamaika)	50,33 s

6. Vergleiche; setze das passende Zeichen < oder > ein.

   a. 14,75 ■ 17,85   **b.** 2,57 ■ 1,29   **c.** 4,877 ■ 4,859   **d.** 0,3415 ■ 0,3477
      29,56 ■ 28,09   5,48 ■ 5,61   0,465 ■ 0,419   7,0351 ■ 7,0294
      4,755 ■ 5,079   1,372 ■ 1,405   16,67 ■ 16,65   9,0787 ■ 9,0728
      77,5 ■ 75,7   3,577 ■ 3,608   5,244 ■ 5,228   2,5079 ■ 2,5041

7. Vergleiche. Setze das passende Zeichen (<, >, =) ein.

   a. 0,6 ■ 0,06   **b.** 2,5 ■ 2,05   **c.** 4,07 ■ 4,7   **d.** 0,75 ■ 0,7
      0,6 ■ 0,66   2,5 ■ 2,500   4,07 ■ 4,070   0,75 ■ 0,705
      0,6 ■ 0,60   2,5 ■ 2,505   4,07 ■ 4,77   0,75 ■ 0,7500
      0,6 ■ 0,606   2,5 ■ 2,55   4,07 ■ 4,0070   0,75 ■ 0,0750

8. Gib zu jeder der Zahlen 0,476; 0,135; 3,569; 8,4916; 0,1235 eine kleinere Zahl an.
Ändere   **a.** nur die Zehntel;   **b.** nur die Hundertstel;   **c.** nur die Tausendstel.

9. Welche Zahlen sind gleich?

   a. 0,5; 0,500; 0,05; 0,50; 0,050; 0,5000   **c.** 0,003; 0,300; 0,030; 0,0030; 0,30; 0,3
   b. 0,40; 0,4000; 0,04; 0,004; 0,040; 0,4   **d.** 0,1; 0,01; 0,10; 0,001; 0,100; 0,010

10. Ordne die gebrochenen Zahlen. Beginne mit der kleinsten [mit der größten].

   a. 0,03; 0,3; 0,003; 0,0003; 0,033   **c.** 2,25; 2,52; 2,5; 2,052; 2,255
   b. 0,13; 1,3; 1,03; 0,013; 0,103   **d.** 0,089; 0,98; 0,908; 0,809; 0,09; 0,89

11. Gib fünf Zahlen an, die auf dem Zahlenstrahl zwischen den beiden Zahlen liegen.

   a. 1,76 und 1,89   **c.** 0,52 und 0,528   **e.** 0,39 und 0,4   **g.** 0,6 und 0,61
   b. 0,326 und 0,347 **d.** 0,4 und 0,49   **f.** 0,7 und 0,709   **h.** 1,1 und 1,11

12. Suche fünf Dezimalbrüche, für die gilt:

   a. größer als 1,6, aber kleiner als 1,7;   **d.** größer als 2,95, aber kleiner als 2,96;
   b. größer als 3,8, aber kleiner als 3,82   **e.** größer als 9,98, aber kleiner als 9,99;
   c. größer als 0,87, aber kleiner als 0,9;   **f.** größer als 0,08, aber kleiner als 0,081.

13. In einem Laden hängen Dauerwürste der gleichen Sorte mit folgenden Gewichten:
0,875 kg;   0,925 kg;   0,884 kg;   0,91 kg;   0,892 kg
Folgende Preisschilder sollen angeheftet werden:

Welche Schilder gehören zu den einzelnen Würsten? Lege eine Tabelle an.

Vermischte Übungen

1. a. Welcher Bruch ist dargestellt?
(1)   (2)

b. Färbe vom Rechteck:
(1) $\frac{3}{4}$;   (2) $\frac{1}{3}$;   (3) $\frac{2}{3}$;   (4) $\frac{5}{6}$

2. Notiere die Brüche als natürliche Zahl oder in gemischter Schreibweise.

a. $\frac{13}{2}$; $\frac{12}{3}$; $\frac{15}{4}$; $\frac{30}{5}$; $\frac{37}{6}$; $\frac{47}{8}$; $\frac{79}{10}$

b. $\frac{35}{11}$; $\frac{72}{12}$; $\frac{76}{15}$; $\frac{140}{20}$; $\frac{181}{25}$; $\frac{135}{50}$; $\frac{349}{100}$

3. Notiere als Bruch.

a. $9\frac{1}{2}$; $4\frac{2}{3}$; $5\frac{3}{4}$; $7\frac{1}{6}$; $6\frac{5}{8}$; 2,6; 8,9

b. $24\frac{1}{3}$; $7\frac{7}{11}$; $9\frac{11}{15}$; $6\frac{5}{12}$; $8\frac{13}{20}$; 12,4; 16,75

4. a. Verwandle in cm:
$\frac{1}{4}$ m; $\frac{1}{5}$ m; $1\frac{4}{5}$ m; 0,37 m

b. Verwandle in g:
$\frac{3}{4}$ kg; $\frac{1}{20}$ kg; 0,4 kg; 0,017 kg

5. Gib als gemeinen Bruch und in gemischter Schreibweise an. Kürze so weit wie möglich.

a. 11:3; 25:7; 51:8; 70:6; 78:5

b. 187:20; 117:10; 2654:100; 6148:1000

6. Kürze so weit wie möglich: $\frac{60}{144}$; $\frac{90}{225}$; $\frac{144}{300}$; $\frac{400}{275}$; $\frac{324}{48}$; $\frac{96}{444}$; $\frac{375}{90}$

7. Erweitere, so weit das möglich ist, die folgenden Brüche

a. auf Sechzigstel;   **b.** auf Hundertstel;   **c.** auf Tausendstel.

| $\frac{1}{4}$ | $\frac{3}{5}$ | $\frac{2}{3}$ | $\frac{7}{12}$ | $\frac{5}{6}$ | $\frac{3}{10}$ | $\frac{4}{15}$ | $\frac{17}{20}$ | $\frac{4}{5}$ | $\frac{2}{5}$ | $\frac{3}{4}$ | $\frac{7}{10}$ | $\frac{1}{20}$ | $\frac{4}{25}$ | $\frac{9}{50}$ | $\frac{1}{10}$ | $\frac{1}{8}$ | $\frac{3}{8}$ |

8. Verwandle zunächst in die gemischte Schreibweise. Ordne danach nach der Größe

a. $\frac{16}{3}$; $\frac{40}{9}$; $\frac{26}{7}$; $\frac{80}{17}$; $\frac{79}{15}$

b. $\frac{47}{11}$; $\frac{191}{30}$; $\frac{95}{18}$; $\frac{88}{25}$; $\frac{67}{12}$; $\frac{51}{11}$; $\frac{286}{45}$; $\frac{127}{24}$; $\frac{55}{13}$; $\frac{69}{20}$

9. Zeichne einen Zahlenstrahl. Wähle 12 Kästchenlängen auf deinem Karopapier für die Strecke von 0 bis 1 (bzw. 1 bis 2). Markiere mit einem Farbstift folgende Punkte.

a. $\frac{1}{2}$; $\frac{1}{6}$; $\frac{5}{6}$; $\frac{1}{3}$; $\frac{2}{3}$; $\frac{1}{12}$; 0,25; 0,75

b. $1\frac{1}{4}$; $1\frac{3}{4}$; $1\frac{5}{12}$; $1\frac{2}{3}$; $1\frac{11}{12}$; $1\frac{1}{3}$; 1,5; 1,75

10. Vergleiche. Setze eines der Zeichen $<$, $>$ oder $=$.

a. $\frac{11}{12}$ ☐ $\frac{5}{6}$ **b.** $\frac{3}{4}$ ☐ $\frac{17}{20}$ **c.** $\frac{18}{24}$ ☐ $\frac{3}{4}$ **d.** $\frac{3}{4}$ ☐ 0,6   **e.** 0,8 ☐ $\frac{5}{6}$ **f.** $\frac{10}{15}$ ☐ $\frac{16}{24}$

$\frac{3}{5}$ ☐ $\frac{8}{15}$ $\frac{3}{7}$ ☐ $\frac{9}{21}$ $\frac{5}{8}$ ☐ 0,5 $\frac{7}{9}$ ☐ $\frac{7}{8}$ $\frac{9}{18}$ ☐ 0,5   0,7 ☐ $\frac{11}{15}$

$\frac{8}{14}$ ☐ $\frac{4}{7}$ $\frac{2}{3}$ ☐ $\frac{7}{9}$ $\frac{2}{3}$ ☐ $\frac{19}{30}$ $\frac{5}{12}$ ☐ $\frac{5}{24}$ $\frac{6}{7}$ ☐ $\frac{7}{8}$ 0,8 ☐ $\frac{5}{9}$

11. Vergleiche die Zahlen. Setze eines der Zeichen $<$, $>$ oder $=$ ein.

a. $\frac{2}{5}$ ☐ 0,6   **b.** $\frac{3}{4}$ ☐ 0,75   **c.** 0,5 ☐ $\frac{1}{5}$ **d.** 0,1 ☐ $\frac{1}{120}$ **e.** 0,35 ☐ $\frac{3}{5}$

0,8 ☐ $\frac{1}{8}$ 0,08 ☐ $\frac{80}{100}$ 0,4 ☐ $\frac{1}{4}$ 0,3 ☐ $\frac{2}{3}$ 2,5 ☐ $\frac{5}{2}$

12. Verwandle in Dezimalbrüche. Ordne nach der Größe.

a. $\frac{17}{100}$; $\frac{485}{1000}$; $\frac{27}{1000}$

b. $6\frac{1}{10}$; $2\frac{13}{100}$; $3\frac{4}{100}$

c. $\frac{26}{10}$; $\frac{147}{100}$; $\frac{105}{100}$

Bist du fit?

1. Notiere den Quotienten als Bruch; kürze dann. Gib das Ergebnis auch in gemischter Schreibweise oder als natürliche Zahl an.
   a. $7:8$; $8:7$; $3:6$; $6:3$; $12:5$ **b.** $30:7$; $49:7$; $154:10$; $219:19$

2. Kürze so weit wie möglich: $\frac{15}{24}$; $\frac{15}{55}$; $\frac{18}{30}$; $\frac{30}{72}$; $\frac{56}{21}$; $\frac{44}{121}$; $\frac{27}{45}$; $\frac{54}{24}$

3. Erweitere auf den angegebenen Nenner.
   a. $\frac{3}{2}$; $\frac{7}{4}$; $\frac{6}{5}$; $\frac{7}{10}$; $\frac{11}{20}$; $\frac{18}{25}$; $\frac{23}{50}$ (Nenner 100)   **b.** $\frac{5}{4}$; $\frac{11}{25}$; $\frac{9}{8}$; $\frac{11}{125}$; $\frac{41}{200}$; $\frac{9}{50}$; $\frac{13}{250}$ (Nenner 1000)

4. Vergleiche. Setze das passende Zeichen $<$, $>$ oder $=$ ein.
   a. $\frac{7}{12}\ \square\ \frac{5}{8}$ **b.** $\frac{35}{25}\ \square\ \frac{21}{15}$ **c.** $\frac{13}{9}\ \square\ \frac{17}{12}$ **d.** $\frac{5}{7}\ \square\ \frac{8}{11}$ **e.** $\frac{32}{40}\ \square\ \frac{48}{60}$ **f.** $\frac{13}{20}\ \square\ \frac{17}{25}$
   $\frac{11}{6}\ \square\ \frac{9}{5}$ $\frac{5}{12}\ \square\ \frac{13}{20}$ $\frac{40}{24}\ \square\ \frac{25}{15}$ $\frac{11}{15}\ \square\ \frac{7}{9}$ $\frac{13}{25}\ \square\ \frac{7}{15}$ $\frac{11}{24}\ \square\ \frac{19}{40}$

5. Verwandle zunächst in die gemischte Schreibweise. Ordne dann nach der Größe.
   a. $\frac{37}{8}$; $\frac{52}{9}$; $\frac{17}{6}$; $\frac{55}{12}$; $\frac{19}{6}$ **b.** $\frac{53}{12}$; $\frac{43}{18}$; $\frac{52}{15}$; $\frac{153}{25}$; $\frac{28}{5}$; $\frac{29}{12}$; $\frac{82}{25}$; $\frac{27}{4}$; $\frac{61}{11}$

6.

Gib zu jedem der Punkte A bis H des Zahlenstrahls den zugehörigen Bruch an. Kürze falls möglich.

7. Verwandle in gemeine Brüche. Gib die Brüche bei Teilaufgabe c auch in gemischter Schreibweise an.
   a. 0,06; 0,008; 0,475; 0,053; 0,48; 0,206; 0,075; 0,900; 0,340; 0,020
   b. 0,0009; 0,00008; 0,0038; 0,4055; 0,0485; 0,00369; 0,003505
   c. 1,36; 2,145; 5,095; 9,603; 1,0007; 2,00005; 1,00082; 3,03506

8. Verwandle in Dezimalbrüche.
   a. $\frac{8}{1\,000}$; $\frac{90}{1\,000}$; $\frac{230}{1\,000}$; $\frac{70}{100}$; $\frac{7}{10\,000}$; $\frac{18}{10\,000}$; $\frac{1\,524}{10\,000}$; $\frac{255}{100\,000}$
   b. $10\frac{9}{10}$; $7\frac{20}{100}$; $20\frac{6}{1\,000}$; $2\frac{65}{1\,000}$; $9\frac{115}{1\,000}$; $13\frac{87}{1\,000}$; $30\frac{6}{1\,000}$
   c. $\frac{14}{10}$; $\frac{125}{10}$; $\frac{352}{100}$; $\frac{1\,455}{1\,000}$; $\frac{2\,043}{100}$; $\frac{2\,356}{100}$; $\frac{543}{10}$; $\frac{560}{100}$; $\frac{1\,205}{100}$

9. Verwandle in Dezimalbrüche.
   a. $2\frac{1}{2}$; $5\frac{1}{4}$; $6\frac{1}{5}$; $2\frac{1}{8}$; $10\frac{1}{10}$; $3\frac{2}{5}$ **c.** $5\frac{7}{8}$; $7\frac{7}{10}$; $12\frac{7}{20}$; $8\frac{6}{25}$; $5\frac{11}{50}$
   b. $3\frac{1}{20}$; $4\frac{1}{25}$; $1\frac{1}{50}$; $20\frac{3}{4}$; $4\frac{4}{5}$; $1\frac{3}{8}$ **d.** $\frac{48}{300}$; $\frac{46}{200}$; $\frac{75}{500}$; $\frac{42}{600}$; $\frac{45}{900}$; $\frac{72}{800}$

10. Laura hat Dezimalbrüche zerlegt. Welche Dezimalbrüche hat sie zerlegt?
   a. $5+\frac{2}{10}+\frac{6}{100}+\frac{7}{1\,000}$ **b.** $\frac{6}{10}+\frac{7}{1\,000}+\frac{5}{10\,000}$ **c.** $10+\frac{1}{10}+\frac{6}{100}+\frac{8}{10\,000}$
   $2+\frac{4}{10}+\frac{8}{100}+\frac{1}{1\,000}$ $3+\frac{2}{10}+\frac{5}{100}+\frac{9}{10\,000}$ $9+\frac{2}{10}+\frac{7}{100}+\frac{4}{100\,000}$

11. Ordne die Dezimalbrüche. Beginne mit der kleinsten Zahl.
   a. 0,45; 0,504; 0,544; 0,4   **b.** 0,72; 0,722; 0,702; 0,7202   **c.** 3,5; 3,55; 3,0055; 3,05

Rechnen mit gebrochenen Zahlen

Bei den alten Ägyptern gab es auch schon Schulen, meist Tempelschulen. Allerdings bestand noch keine Schulpflicht. In diesen Schulen lernten die Kinder neben dem Schreiben und Lesen auch Mathematik. Natürlich gab es auch noch andere Fächer wie Sport und Erdkunde.

Wenn die Schüler mit Brüchen rechnen mussten, hatten sie allerdings ein kleines Problem. Die Ägypter kannten damals nur Brüche mit dem Zähler 1. Wenn nun aber z. B. der Bruch $\frac{3}{4}$ aufgeschrieben werden sollte, musste er in Brüche mit dem Zähler 1 zerlegt werden.

$\frac{3}{4}$ wurde in $\frac{1}{4}$ und $\frac{1}{2}$ zerlegt. In ägyptischer Schreibweise sieht das so aus:

Das war eine sehr umständliche und mühevolle Rechnerei. Die Schreiber, die mit diesen Zahlen rechnen mussten, benutzten deshalb Umrechnungstabellen. Eine sehr alte auf Leder geschriebene Tabelle siehst du unten in der Abbildung.

Heute haben wir es viel leichter.
Wie man mit Brüchen rechnet, lernst du in diesem Kapitel.

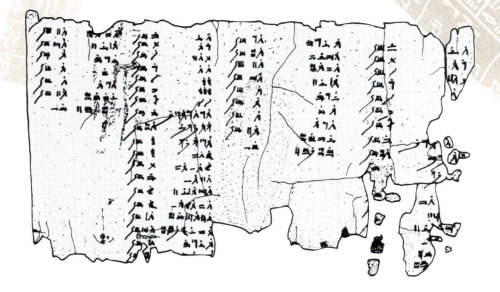

Addieren und Subtrahieren von gebrochenen Zahlen

Du kannst bereits gleichnamige Brüche addieren und subtrahieren.

Wiederholung

Additions- und Subtraktionsregel bei gleichnamigen Brüchen

Addiere die Zähler.
Behalte den gemeinsamen Nenner bei.

$$\frac{5}{8} + \frac{2}{8} = \frac{5+2}{8} = \frac{7}{8}$$

$$\frac{a}{c} + \frac{b}{c} = \frac{a+b}{c}$$

Subtrahiere die Zähler.
Behalte den gemeinsamen Nenner bei.

$$\frac{5}{8} - \frac{2}{8} = \frac{5-2}{8} = \frac{3}{8}$$

$$\frac{a}{c} - \frac{b}{c} = \frac{a-b}{c} \quad (c \neq 0)$$

Wir wollen nun das Addieren und Subtrahieren ungleichnamiger Brüche behandeln.

Aufgabe

1. Jan und Anne haben mit ihren Freunden und Freundinnen eine Geburtstagsparty gefeiert. Hier siehst du die Reste von 2 Kirschtorten, 2 Pfirsichtorten und 2 Kiwitorten.

   (1) Kirschtorte   (2) Pfirsichtorte   (3) Kiwitorte

   2 Zwölftel   5 Zwölftel   5 Zwölftel   2 Sechstel   2 Drittel   3 Viertel

   Wie viel Kirschtorte, wie viel Pfirsichtorte und wie viel Kiwitorte müssen noch aufgegessen werden? Gib das Ergebnis jeweils als Anteil an einer ganzen Torte an.

Lösung

(1) *Kirschtorte:*

2 Zwölftel + 5 Zwölftel = 7 Zwölftel

$$\frac{2}{12} + \frac{5}{12} = \frac{7}{12}$$

(2) *Pfirsichtorte:*

5 Zwölftel + 2 Sechstel = 5 Zwölftel + 4 Zwölftel = 9 Zwölftel

$$\frac{5}{12} + \frac{2}{6} = \frac{5}{12} + \frac{4}{12} = \frac{9}{12}$$

Verfeinern durch Verdoppeln der Einteilung — *Erweitern mit 2*

(3) *Kiwitorte:*

Ergebnis: Es sind $\frac{7}{12}$ Kirschtorte, $\frac{9}{12}$ Pfirsichtorte und $1\frac{5}{12}$ Kiwitorte übrig geblieben.

Kapitel 3

Zum Festigen und Weiterarbeiten

2. Lisas Mutter hat $\frac{3}{4}$ einer ganzen Schoko-Sahnetorte gekauft. Es wird gegessen:

a. $\frac{1}{4}$ der ganzen Torte;

b. $\frac{1}{2}$ der ganzen Torte;

c. $\frac{1}{3}$ der ganzen Torte.

Welcher Anteil einer ganzen Torte bleibt übrig? Notiere die Aufgabe und rechne.

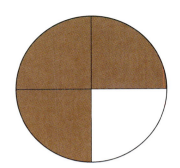

Additions- und Subtraktionsregel bei ungleichnamigen Brüchen

Mache zuerst die Brüche gleichnamig. Verfahre dann wie bei gleichnamigen Brüchen.

Zuerst gleichnamig machen

$$\frac{3}{4} + \frac{1}{6} = \frac{9}{12} + \frac{2}{12}$$
$$= \frac{11}{12}$$

Zuerst gleichnamig machen

$$\frac{4}{5} - \frac{3}{20} = \frac{16}{20} - \frac{3}{20}$$
$$= \frac{13}{20}$$

Der kleinste gemeinsame Nenner von Brüchen heißt **Hauptnenner**. Er ist das kleinste gemeinsame Vielfache der Nenner.

---

3. Welche Additionsaufgabe gehört zu dem Bild? Du kannst das Bild mit Kreisscheiben nachlegen. Gib auch das Ergebnis an.

a.   b. 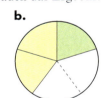 c. 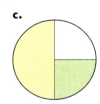 d. 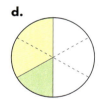 e.

4. Berechne; kürze dann das Ergebnis, soweit möglich.

a. $\frac{2}{7} + \frac{3}{7}$ b. $\frac{5}{7} - \frac{3}{7}$ c. $\frac{11}{15} + \frac{7}{15}$ d. $\frac{14}{15} - \frac{7}{15}$ e. $\frac{15}{36} + \frac{19}{36}$ f. $\frac{35}{36} - \frac{13}{36}$

5. a. $\frac{1}{4} + \frac{1}{2}$ b. $\frac{5}{6} - \frac{2}{3}$ c. $\frac{2}{15} + \frac{3}{5}$ d. $\frac{15}{16} - \frac{3}{4}$ e. $\frac{3}{7} + \frac{3}{49}$ f. $\frac{71}{125} + \frac{311}{1\,000}$

6. Mache die Brüche gleichnamig. Berechne. Kürze das Ergebnis, soweit möglich.

a. $\frac{2}{3} + \frac{1}{4}$ b. $\frac{1}{2} - \frac{2}{5}$ c. $\frac{3}{4} + \frac{3}{5}$ d. $\frac{3}{10} + \frac{7}{12}$ e. $\frac{17}{125} + \frac{59}{100}$

$\frac{1}{2} + \frac{1}{3}$ $\frac{5}{6} - \frac{3}{4}$ $\frac{7}{10} - \frac{8}{15}$ $\frac{4}{5} - \frac{4}{13}$ $\frac{14}{15} - \frac{19}{21}$

7. Übertrage die Aufgabe in dein Heft. Fülle die Lücke aus.

a. $\frac{17}{30} + \frac{\Box}{30} = \frac{29}{30}$ b. $\frac{7}{25} + \frac{\Box}{25} = \frac{22}{25}$ c. $\frac{\Box}{20} - \frac{1}{20} = \frac{11}{20}$ d. $\frac{99}{100} - \frac{\Box}{100} = \frac{11}{100}$

8. Bilde die Summe aus $\frac{1}{2}$, $\frac{1}{4}$, $\frac{1}{8}$, $\frac{1}{16}$ und $\frac{1}{32}$.
Wie viel fehlt dann noch bis zum nächsten Ganzen?

Kapitel 3

Übungen

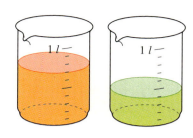

9. Die beiden Messbecher sind mit Saft gefüllt.
   a. Wie viel Liter Saft enthält das linke Gefäß mehr als das rechte?
   b. Der Saft aus beiden Gefäßen wird zusammengegossen. Wie viel Liter ergibt das?

10. Ein Naturschutzgebiet besteht aus einem $\frac{7}{8}$ km² großen See und einem angrenzenden Gelände, das $\frac{3}{8}$ km² groß ist. Wie groß ist das gesamte Naturschutzgebiet?

11. Ein Gasbehälter für den Campingkocher wiegt voll $\frac{9}{10}$ kg und leer $\frac{3}{10}$ kg. Wie viel kg wiegt die Füllung?

12. Julia kommt $\frac{3}{10}$ Sekunden später ins Ziel als die Siegerin Anne. Sarah kommt $\frac{6}{10}$ später ins Ziel als ihre Freundin Julia.
    Um wie viel Sekunden ist Sarah langsamer als die Siegerin?

13. a. $\frac{37}{60} + \frac{19}{60} + \frac{41}{60} + \frac{23}{60} + \frac{59}{60} + \frac{11}{60}$
    b. $\frac{58}{75} - \frac{39}{75} + \frac{64}{75} - \frac{41}{75} + \frac{7}{75} - \frac{19}{75}$

14. Welche gebrochene Zahl musst du für x einsetzen? Gib diese auch gekürzt an.
    a. $\frac{4}{9} + x = \frac{7}{9}$
    b. $x + \frac{7}{20} = \frac{19}{20}$
    c. $x - \frac{5}{12} = \frac{1}{12}$
    d. $\frac{7}{8} - x = \frac{3}{8}$
    e. $\frac{13}{15} - x = \frac{7}{15}$
    f. $\frac{11}{21} + x = \frac{20}{21}$
    g. $x + \frac{91}{125} = \frac{116}{125}$
    h. $x - \frac{61}{85} = \frac{29}{85}$
    i. $\frac{179}{200} - x = \frac{59}{200}$

15. Mache die Brüche gleichnamig; berechne.
    a. $\frac{3}{4} + \frac{1}{8}$; $\frac{1}{5} + \frac{1}{10}$; $\frac{1}{2} + \frac{5}{6}$
    b. $\frac{9}{10} - \frac{3}{5}$; $\frac{7}{9} - \frac{2}{3}$; $\frac{1}{2} - \frac{3}{10}$
    c. $\frac{3}{20} + \frac{2}{5}$; $\frac{2}{3} + \frac{7}{12}$; $\frac{3}{5} + \frac{7}{30}$
    d. $\frac{23}{24} - \frac{3}{8}$; $\frac{17}{18} - \frac{5}{6}$; $\frac{7}{8} - \frac{11}{40}$
    e. $\frac{3}{80} + \frac{2}{5}$; $\frac{4}{15} + \frac{67}{75}$; $\frac{5}{6} - \frac{7}{90}$
    f. $\frac{11}{19} + \frac{18}{133}$; $\frac{77}{144} - \frac{5}{12}$; $\frac{7}{8} - \frac{863}{1000}$

16. Mache beide Brüche gleichnamig; berechne.
    a. $\frac{1}{2} + \frac{1}{3}$; $\frac{1}{3} + \frac{1}{4}$
    b. $\frac{1}{4} + \frac{1}{5}$; $\frac{1}{5} + \frac{1}{6}$
    c. $\frac{1}{2} - \frac{1}{3}$; $\frac{1}{3} - \frac{1}{4}$
    d. $\frac{1}{4} - \frac{1}{5}$; $\frac{1}{5} - \frac{1}{6}$
    e. $\frac{2}{3} - \frac{1}{2}$; $\frac{3}{4} - \frac{2}{3}$
    f. $\frac{4}{5} - \frac{3}{4}$; $\frac{5}{6} - \frac{4}{5}$

17. Eine Werbesendung im Fernsehen besteht aus zwei Teilen. Der erste Teil dauert $\frac{5}{12}$ Minuten, der zweite Teil $\frac{1}{4}$ Minute.
    a. Welcher Teil dauert länger? Um wie viele Minuten dauert dieser Teil länger?
    b. Wie lange dauert die ganze Sendung?
       Gib das Ergebnis in Minuten [in Sekunden] an.

Kapitel 3

18. Von einem $\frac{7}{10}$ ha großen Grundstück werden $\frac{2}{5}$ ha bebaut.
Wie viel ha bleiben unbebaut?

19. Ein Päckchen wiegt $\frac{3}{4}$ kg, ein zweites Päckchen $\frac{1}{8}$ kg.
  a. Wie viel kg ist das eine Päckchen schwerer als das andere?
  b. Wie viel kg wiegen beide zusammen?

20. Ein Pkw wiegt $\frac{3}{4}$ t, der Anhänger $\frac{1}{8}$ t. Wie schwer ist das gesamte Gespann?

21. Katrins Eltern wollen ein Haus bauen. Ein Drittel der Baukosten haben sie angespart, $\frac{3}{8}$ der Baukosten erhalten sie durch eine Erbschaft.
  a. Über welchen Anteil an den Baukosten verfügen Katrins Eltern schon?
  b. Welchen Anteil an den Baukosten müssen sie sich bei einer Bank leihen?

22. a. $\frac{1}{2}+\frac{1}{5}$ **b.** $\frac{3}{10}+\frac{1}{4}$ **c.** $\frac{7}{20}+\frac{11}{30}$ **d.** $\frac{7}{15}+\frac{5}{18}$ **e.** $\frac{43}{100}+\frac{97}{150}$ **f.** $\frac{13}{48}+\frac{7}{60}$

$\frac{1}{2}-\frac{1}{5}$ $\frac{3}{10}-\frac{1}{4}$ $\frac{9}{20}-\frac{4}{30}$ $\frac{19}{24}-\frac{11}{30}$ $\frac{11}{30}-\frac{1}{80}$ $\frac{19}{105}-\frac{7}{165}$

$\frac{3}{4}+\frac{1}{5}$ $\frac{8}{9}+\frac{5}{6}$ $\frac{7}{10}+\frac{14}{25}$ $\frac{1}{45}+\frac{1}{30}$ $\frac{19}{40}+\frac{47}{50}$ $\frac{3}{34}+\frac{32}{51}$

$\frac{3}{4}-\frac{1}{5}$ $\frac{8}{9}-\frac{5}{6}$ $\frac{7}{10}-\frac{1}{25}$ $\frac{59}{75}-\frac{19}{50}$ $\frac{11}{25}-\frac{1}{6}$ $\frac{21}{25}-\frac{5}{12}$

Mögliche Ergebnisse: a. bis c.: $\frac{3}{10}, \frac{7}{10}, \frac{1}{20}, \frac{13}{18}, \frac{1}{20}, \frac{11}{20}, \frac{11}{20}, \frac{19}{20}, \frac{29}{48}, \frac{33}{50}, 1\frac{13}{50}, \frac{19}{60}, \frac{43}{60}$,
d. bis f.: $\frac{1}{18}, \frac{17}{40}, \frac{17}{48}, \frac{31}{80}, \frac{67}{90}, \frac{73}{102}, \frac{41}{150}, \frac{61}{150}, 1\frac{83}{200}, \frac{32}{231}, \frac{77}{250}, \frac{127}{300}, 1\frac{23}{300}$.

23. Berechne. Kommst du ohne Erweitern aus?
  a. $\frac{9}{12}+\frac{1}{4}$ **b.** $\frac{12}{21}+\frac{8}{28}$ **c.** $\frac{4}{5}-\frac{21}{35}$ **d.** $\frac{50}{55}-\frac{42}{66}$ **e.** $\frac{35}{84}+\frac{45}{108}$ **f.** $\frac{52}{117}-\frac{60}{135}$

24. Fülle die Felder in der Additionstafel aus.

a.

+	$\frac{1}{10}$	$\frac{5}{12}$	$\frac{2}{5}$	$\frac{7}{20}$	$\frac{8}{15}$	$\frac{3}{4}$
$\frac{3}{10}$						
$\frac{1}{12}$						
$\frac{4}{5}$						
$\frac{7}{15}$						

b.

+		$\frac{7}{8}$		$\frac{1}{2}$		$\frac{3}{5}$	
$\frac{3}{4}$			$\frac{15}{16}$				$\frac{5}{6}$
$\frac{16}{20}$					$\frac{9}{10}$		$\frac{53}{60}$
						$\frac{11}{12}$	
		$\frac{23}{80}$	$\frac{3}{5}$				

25. Berechne die Summe und auch die Differenz der beiden gebrochenen Zahlen.
  a. $\frac{3}{5}; \frac{3}{8}$ **b.** $\frac{1}{2}; \frac{1}{9}$ **c.** $\frac{7}{15}; \frac{7}{20}$ **d.** $\frac{7}{8}; \frac{6}{7}$ **e.** $\frac{4}{5}; \frac{3}{4}$ **f.** $\frac{5}{6}; \frac{2}{5}$

$\frac{1}{4}, \frac{1}{5}, \frac{3}{5}, \frac{5}{6}, \frac{5}{6}, \frac{7}{12}, \frac{13}{20}, 1\frac{21}{25}, \frac{19}{30}, 1\frac{13}{30}, \frac{1}{40}, \frac{19}{60}, \frac{37}{75}, \frac{371}{500}$

26. a. $\frac{1}{6}+\frac{3}{12}+\frac{5}{12}$ **b.** $\frac{37}{50}+\frac{4}{5}+\frac{3}{10}$ **c.** $\frac{7}{60}+\frac{9}{10}+\frac{5}{12}$ **d.** $\frac{7}{12}+\frac{5}{18}-\frac{301}{360}$

$\frac{5}{18}+\frac{2}{9}+\frac{1}{3}$ $\frac{13}{20}+\frac{1}{10}-\frac{1}{2}$ $\frac{11}{30}+\frac{11}{150}+\frac{4}{25}$ $\frac{13}{15}-\frac{1}{90}-\frac{2}{9}$

$\frac{3}{20}+\frac{3}{10}+\frac{1}{5}$ $\frac{14}{15}-\frac{1}{3}-\frac{2}{5}$ $\frac{671}{1\,000}+\frac{19}{200}-\frac{3}{125}$ $\frac{44}{75}-\frac{8}{125}-\frac{11}{375}$

27.
a. $\frac{1}{2}+\frac{1}{4}+\frac{2}{5}$
   $\frac{2}{3}+\frac{1}{6}+\frac{4}{9}$

b. $\frac{5}{8}+\frac{1}{4}-\frac{2}{3}$
   $\frac{11}{12}-\frac{1}{8}-\frac{1}{2}$

c. $\frac{13}{20}+\frac{7}{8}+\frac{4}{5}$
   $\frac{5}{6}+\frac{4}{9}+\frac{7}{15}$

d. $\frac{5}{8}+\frac{3}{10}-\frac{5}{12}$
   $\frac{19}{20}-\frac{7}{30}-\frac{3}{50}$

Mögliche Ergebnisse: $\frac{11}{15}, 1\frac{5}{18}, 1\frac{3}{20}, \frac{5}{24}, \frac{7}{24}, 1\frac{1}{30}, 2\frac{13}{40}, 1\frac{67}{90}, \frac{61}{120}, \frac{197}{300}$.

28. Auffallende Ergebnisse.

a. $\frac{5}{6}+\frac{4}{9}+\frac{3}{20}+\frac{7}{30}+\frac{2}{15}+\frac{1}{45}+\frac{11}{60}$

c. $\frac{71}{80}-\frac{13}{60}+\frac{19}{48}-\frac{5}{16}+\frac{14}{15}-\frac{1}{2}-\frac{3}{16}$

b. $\frac{23}{50}+\frac{11}{20}+\frac{14}{125}+\frac{27}{40}+\frac{93}{200}+\frac{11}{250}+\frac{97}{500}$

d. $\frac{1}{2}-\frac{1}{6}+\frac{1}{4}-\frac{1}{5}+\frac{1}{6}-\frac{11}{20}$

29. Welche gebrochene Zahl musst du für x einsetzen?

a. $\frac{1}{3}+x=\frac{5}{9}$
   $x+\frac{2}{5}=\frac{7}{10}$

b. $x-\frac{3}{4}=\frac{5}{8}$
   $\frac{1}{2}-x=\frac{1}{6}$

c. $x+\frac{3}{10}=\frac{8}{15}$
   $x-\frac{7}{12}=\frac{9}{10}$

d. $\frac{3}{9}=x+\frac{1}{6}$
   $\frac{4}{15}=x-\frac{5}{12}$

e. $\frac{1}{6}=\frac{3}{4}-x$
   $0=\frac{17}{25}-x$

Mögliche Ergebnisse: $\frac{1}{3}, \frac{1}{6}, 1\frac{3}{8}, \frac{2}{9}, \frac{3}{10}, \frac{7}{12}, \frac{11}{20}, \frac{17}{25}, \frac{7}{30}, \frac{41}{60}, 1\frac{29}{60}, \frac{19}{75}$.

30. a. Addiere jeweils.   b. Subtrahiere jeweils.

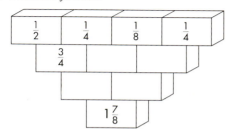 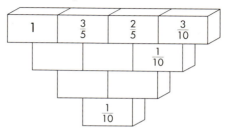

31. a. Schreibe $\frac{8}{7}$ [$\frac{5}{9}$; $\frac{4}{3}$] auf drei verschiedene Weisen als Summe.

$\frac{8}{7} = \frac{5}{7}+\frac{3}{7}$

b. Schreibe $\frac{4}{13}$ [$\frac{9}{17}$; $\frac{2}{5}$] auf drei verschiedene Weisen als Differenz.

$\frac{4}{13} = \frac{12}{13}-\frac{8}{13}$

32. Schreibe die Brüche wie die Ägypter als Summe von Brüchen mit dem Zähler 1 auf (siehe Seite 58). Gehe vor wie im Beispiel.

$\frac{8}{15} = \frac{5+3}{15} = \frac{5}{15}+\frac{3}{15} = \frac{1}{3}+\frac{1}{5}$

a. $\frac{5}{6}$ b. $\frac{3}{8}$ c. $\frac{9}{14}$ d. $\frac{5}{18}$ e. $\frac{7}{24}$

33. *Rechenschlange*
Die Kopfzahl ist die Kontrollzahl.

Addieren und Subtrahieren bei gemischter Schreibweise

Aufgabe

1. Berechne: a. $2\frac{1}{4} + 1\frac{7}{8}$ b. $2\frac{1}{4} - \frac{3}{8}$

Lösung

a.

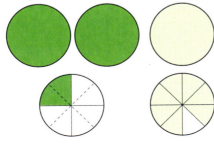

b.

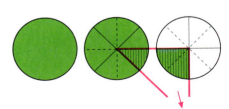

$2\frac{1}{4} + 1\frac{7}{8}$
$= 2\frac{2}{8} + 1\frac{7}{8}$
$= 3\frac{9}{8} = 4\frac{1}{8}$

$2\frac{1}{4} - \frac{3}{8}$
$= 1\frac{5}{4} - \frac{3}{8}$
$= 1\frac{10}{8} - \frac{3}{8}$
$= 1\frac{7}{8}$

Zum Festigen und Weiterarbeiten

2. Addiere; benutze den kleinsten gemeinsamen Nenner.
   a. $5\frac{1}{2} + \frac{1}{6}$
   b. $1\frac{3}{4} + \frac{5}{8}$
   c. $3\frac{2}{5} + \frac{6}{10}$
   d. $\frac{4}{5} + 2\frac{11}{30}$
   e. $4\frac{7}{9} + 1\frac{2}{3}$
   f. $8\frac{5}{6} + 2\frac{7}{18}$
   g. $2\frac{1}{2} + \frac{1}{3}$
   h. $\frac{2}{5} + 4\frac{1}{3}$
   i. $1\frac{1}{4} + 3\frac{1}{6}$
   j. $6\frac{4}{5} + \frac{1}{2}$
   k. $\frac{9}{10} + 1\frac{3}{4}$
   l. $1\frac{5}{6} + 2\frac{4}{9}$
   m. $4\frac{5}{8} + 3\frac{7}{10}$
   n. $8\frac{11}{20} + 1\frac{17}{30}$
   o. $2\frac{11}{30} + 3\frac{13}{18}$

3. a. $8\frac{2}{3} - \frac{4}{9}$
   b. $5\frac{9}{10} - 3\frac{1}{2}$
   c. $6\frac{1}{2} - \frac{3}{4}$
   d. $4\frac{5}{12} - \frac{2}{3}$
   e. $8\frac{3}{20} - 3\frac{4}{5}$
   f. $7\frac{1}{3} - 6\frac{7}{12}$
   g. $2\frac{1}{6} - \frac{5}{24}$
   h. $1\frac{1}{7} - \frac{5}{14}$
   i. $9\frac{3}{8} - 8\frac{3}{4}$
   j. $6\frac{1}{3} - \frac{1}{2}$
   k. $4\frac{3}{5} - 1\frac{2}{3}$
   l. $7\frac{3}{10} - 2\frac{3}{4}$
   m. $4\frac{5}{8} - \frac{9}{30}$
   n. $7\frac{3}{10} - 2\frac{15}{35}$
   o. $6\frac{7}{25} - 5\frac{9}{20}$

Übungen

Addieren bei gemischter Schreibweise

4. a. $2\frac{1}{2} + \frac{1}{4}$
      $\frac{3}{8} + 4\frac{1}{4}$
   b. $5\frac{3}{4} + \frac{1}{2}$
      $\frac{2}{3} + 1\frac{5}{6}$
   c. $9\frac{4}{7} + 1\frac{11}{14}$
      $2\frac{19}{25} + 4\frac{2}{5}$
   d. $5\frac{29}{30} + 4\frac{97}{150}$
      $8\frac{11}{25} + 3\frac{41}{125}$
   e. $7\frac{5}{8} + 2\frac{91}{96}$
      $1\frac{2}{13} + 5\frac{77}{78}$

Mögliche Ergebnisse: $2\frac{1}{2}$, $2\frac{3}{4}$, $4\frac{5}{8}$, $5\frac{5}{6}$, $6\frac{1}{4}$, $7\frac{4}{25}$, $7\frac{11}{78}$, $10\frac{46}{75}$, $10\frac{55}{96}$, $11\frac{5}{14}$, $11\frac{96}{125}$, $12\frac{13}{24}$.

5. a. $8\frac{1}{2} + 7\frac{1}{3}$
      $5\frac{3}{4} + 4\frac{1}{6}$
   b. $4\frac{2}{3} + 2\frac{1}{2}$
      $2\frac{5}{6} + 1\frac{3}{8}$
   c. $4\frac{5}{6} + 6\frac{4}{5}$
      $2\frac{7}{8} + 5\frac{5}{12}$
   d. $4\frac{5}{12} + 1\frac{3}{5}$
      $8\frac{4}{15} + 3\frac{7}{8}$
   e. $4\frac{11}{50} + 3\frac{39}{80}$
      $9\frac{17}{40} + \frac{1}{30}$

Mögliche Ergebnisse: $4\frac{5}{24}$, $5\frac{7}{30}$, $6\frac{1}{60}$, $7\frac{1}{6}$, $7\frac{283}{400}$, $8\frac{7}{24}$, $9\frac{11}{24}$, $9\frac{11}{12}$, $11\frac{19}{30}$, $12\frac{17}{120}$, $14\frac{7}{8}$, $15\frac{5}{6}$.

6. Ein Lastwagen ist $10\frac{1}{2}$ m lang, sein Anhänger $6\frac{3}{4}$ m. Wie viel Meter ist der ganze Lastzug lang?

7. Berechne die Summen. Welche Summe ist die größte, welche die kleinste?
   $4\frac{8}{11} + 9\frac{13}{15}$; $6\frac{8}{5} + 8\frac{3}{20}$; $10\frac{19}{21} + 3\frac{11}{14}$; $5\frac{5}{12} + 8\frac{1}{18}$

8. Ein Güterwagen wiegt leer $10\frac{1}{2}$ t und wird beladen. Zunächst werden $5\frac{1}{2}$ t zugeladen, dann $2\frac{3}{4}$ t; $1\frac{1}{4}$ t; $4\frac{3}{4}$ t; $6\frac{2}{5}$ t; $\frac{3}{8}$ t; und schließlich 2 t.
Wie viel Tonnen wiegt der beladene Wagen?

9. Ein Werbeblock besteht aus zwei Teilen. Der erste dauert $2\frac{3}{4}$ Minuten, der zweite $3\frac{5}{6}$ Minuten.
Wie lange dauert die Werbung insgesamt?

Subtrahieren bei gemischter Schreibweise

10. a. $2\frac{5}{8} - \frac{3}{8}$ **b.** $7\frac{3}{4} - 2\frac{3}{4}$ **c.** $4\frac{5}{9} - 1\frac{2}{9}$ **d.** $1\frac{7}{10} - \frac{4}{10}$ **e.** $8\frac{1}{2} - 5$
$7\frac{9}{10} - \frac{3}{10}$ $5\frac{2}{7} - 1\frac{2}{7}$ $6\frac{9}{10} - 4\frac{7}{10}$ $3\frac{3}{4} - \frac{2}{4}$ $6\frac{3}{5} - 6$

11. a. $1 - \frac{1}{7}$ **b.** $9 - \frac{2}{5}$ **c.** $7 - 1\frac{5}{8}$ **d.** $9\frac{3}{8} - \frac{5}{8}$ **e.** $4\frac{2}{9} - 1\frac{7}{9}$
$7 - \frac{3}{4}$ $8 - \frac{5}{6}$ $5 - 2\frac{3}{10}$ $4\frac{2}{5} - \frac{3}{5}$ $6\frac{1}{4} - 5\frac{3}{4}$

12. a. $5\frac{1}{2} - \frac{1}{4}$ **b.** $5\frac{7}{10} - 2\frac{3}{5}$ **c.** $6\frac{1}{4} - \frac{1}{2}$ **d.** $4\frac{1}{2} - 1\frac{3}{4}$ **e.** $7\frac{19}{60} - 4\frac{19}{20}$
$8\frac{2}{3} - \frac{1}{6}$ $9\frac{2}{3} - 1\frac{2}{9}$ $8\frac{1}{6} - \frac{2}{3}$ $5\frac{3}{8} - 2\frac{1}{2}$ $8\frac{11}{100} - 1\frac{11}{25}$

13. a. $9\frac{1}{2} - 1\frac{2}{5}$ **b.** $7\frac{1}{2} - \frac{2}{3}$ **c.** $6\frac{1}{4} - 2\frac{2}{3}$ **d.** $8\frac{3}{50} - 2\frac{7}{40}$ **e.** $3\frac{17}{30} - 1\frac{9}{80}$
$3\frac{4}{5} - 2\frac{3}{10}$ $8\frac{2}{5} - \frac{1}{2}$ $5\frac{3}{4} - 3\frac{5}{6}$ $4\frac{11}{50} - 1\frac{37}{90}$ $9\frac{51}{80} - 4\frac{113}{120}$

14. Maria bekommt für ihr Zimmer einen neuen Schrank. Dieser ist $3\frac{1}{4}$ m breit. Maria möchte ihn an die $4\frac{1}{2}$ m lange Wand stellen.
Wie viel Platz bleibt dann noch?

15. Eine Ölkanne fasst $3\frac{1}{2}$ l. Sie ist mit $2\frac{3}{4}$ l Öl gefüllt.
Wie viel l Öl kann noch zugegossen werden?

16. Ein Lastwagen wiegt unbeladen $1\frac{4}{5}$ t.
Die zulässige Gesamtmasse beträgt $3\frac{1}{2}$ t.
Wie viel t darf man höchstens zuladen?

17. Von einem $7\frac{1}{4}$ ha großen Waldstück werden $2\frac{2}{3}$ ha in ein Freizeitgelände umgestaltet. Außerdem werden für Straßen, Wege und Parkplätze noch $\frac{2}{5}$ ha Wald gerodet.
Wie groß ist das verbleibende Waldstück?

18. a. Berechne den Umfang von jedem Dreieck.
b. Um wie viel cm unterscheiden sich beide Umfänge?

(1)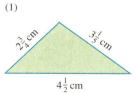

(2)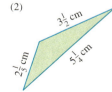

Addieren und Subtrahieren von Dezimalbrüchen

Wiederholung

(1) Addieren von Zehnteln, Hundertsteln, Tausendsteln

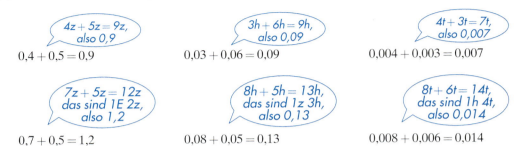

$4z + 5z = 9z$, also $0{,}9$
$0{,}4 + 0{,}5 = 0{,}9$

$3h + 6h = 9h$, also $0{,}09$
$0{,}03 + 0{,}06 = 0{,}09$

$4t + 3t = 7t$, also $0{,}007$
$0{,}004 + 0{,}003 = 0{,}007$

$7z + 5z = 12z$, das sind $1E\ 2z$, also $1{,}2$
$0{,}7 + 0{,}5 = 1{,}2$

$8h + 5h = 13h$, das sind $1z\ 3h$, also $0{,}13$
$0{,}08 + 0{,}05 = 0{,}13$

$8t + 6t = 14t$, das sind $1h\ 4t$, also $0{,}014$
$0{,}008 + 0{,}006 = 0{,}014$

(2) Schriftliches Addieren und Subtrahieren

Man schreibt die Dezimalbrüche *stellengerecht* untereinander (Komma unter Komma) und addiert dann nacheinander die Tausendstel, Hundertstel, Zehntel, Einer.
Beispiel: $5{,}753 + 1{,}279$

E	z	h	t
5	7	5	3
+1	2	7	9
1	1	1	
7	0	3	2

```
  5,753
+ 1,279
  1 1 1
  7,032
```

Man schreibt die Dezimalbrüche *stellengerecht* untereinander (Komma unter Komma) und subtrahiert (ergänzt) die Tausendstel, Hundertstel, Zehntel, Einer. Wenn nötig, hängt man zuvor Endnullen an, damit alle Dezimalbrüche gleich viele Ziffern rechts vom Komma haben.
Beispiel: $6{,}74 - 2{,}893$

E	z	h	t
6	7	4	0
−2	8	9	3
1	1	1	
3	8	4	7

```
  6,740
− 2,893
  1 1 1
  3,847
```

Aufgabe

1. Schreibe stellengerecht untereinander und berechne die Summe bzw. Differenz.

a. $3{,}6495 + 1{,}47896$
b. $8{,}0476 - 3{,}50678$
c. $12{,}30314 + 7{,}95077 + 8{,}064953$
d. $9{,}5 - 2{,}5075 - 1{,}65093$

Lösung

a.
```
  3,6495
+ 1,47896
  1 111
  5,12846
```

b.
```
  8,04760
− 3,50678
  1   11
  4,54082
```
```
  4,54082
+ 3,50678
  1   11
  8,04760
```

c.
```
  12,30314
+  7,95077
+  8,064953
  11 1 11
  28,318863
```

d.
```
  9,50000
− 2,50750
− 1,65093
  1 1121
  5,34157
```

2. Bei den Olympischen Winterspielen 1998 in Nagano gewann Georg Hackl (Berchtesgaden) die Goldmedaille Rodeln: Einzelsitzer Männer. Die Gesamtzeit von vier Läufen entscheidet über die Plazierung.

a. Berechne die Gesamtzeit von Georg Hackl.

b. Wie groß ist der Zeitunterschied zwischen dem schnellsten und dem langsamsten Lauf?

Zum Festigen und Weiterarbeiten

Georg Hackl
1. Lauf 49,619 s
2. Lauf 49,573 s
3. Lauf 49,614 s
4. Lauf 49,630 s

3. Führe zuerst einen Überschlag durch. Schreibe die Dezimalbrüche dann stellengerecht untereinander und berechne die Summe bzw. Differenz.

a. $0{,}145 + 2{,}0789 + 4{,}80956$ **c.** $34{,}095 - 19{,}9565$ **e.** $80{,}8 - 34{,}9086 - 3{,}0875$

b. $0{,}7847 + 9{,}5036 + 1{,}08447$ **d.** $50 - 13{,}0974$ **f.** $30 - 12{,}983 - 0{,}9586 - 8{,}92$

4. Berechne die Summe bzw. Differenz.

a. $0{,}7 + \frac{1}{4}$ **e.** $4{,}7 + \frac{9}{20}$

b. $\frac{2}{5} + 0{,}75$ **f.** $\frac{7}{8} - 0{,}6$

c. $\frac{3}{8} - 0{,}2$ **g.** $2{,}75 + \frac{3}{4}$

d. $1{,}3 - \frac{3}{5}$ **h.** $5{,}125 - \frac{5}{8}$

$\frac{1}{5} + 0{,}15 = ?$

Rechnung mit gemeinen Brüchen:	Rechnung mit Dezimalbrüchen:
$\frac{1}{5} + 0{,}15$	$\frac{1}{5} + 0{,}15$
$= \frac{1}{5} + \frac{15}{100}$	$= 0{,}2 + 0{,}15$
$= \frac{20}{100} + \frac{15}{100}$	$= 0{,}35$
$= \frac{35}{100}$	

5. Zu jedem Ergebnis gehört ein Buchstabe. Die Buchstaben ergeben in der Reihenfolge der Ergebnisse einen Text. Ihr könnt die Aufgabe in Teamarbeit lösen.

$51{,}6 - 27{,}44$ $100 - 5{,}806$ $7{,}39 + 3{,}805$
$6{,}045 + 0{,}58$ $33{,}05 + 13{,}96$ $70{,}02 - 58{,}9$
$12{,}806 + 11{,}95$ $50{,}9 - 31{,}25$ $5{,}008 + 0{,}996$
$0{,}968 + 0{,}083$ $1{,}68 + 34{,}09$ $4{,}17 + 0{,}856$
$46{,}14 - 2{,}49$ $78 - 59{,}66$ $10 - 8{,}677$
$4{,}06 + 22{,}38$ $5{,}38 - 4{,}611$ $12{,}5 + 6{,}088$
$10{,}5 - 1{,}048$ $180 - 31{,}05$ $6{,}013 - 0{,}847$
$993{,}1 - 822{,}85$ $12{,}4 + 41{,}68$

6,625	A		170,25	L
148,95	A		94,194	L
6,004	A		24,16	M
43,65	E		5,166	N
19,65	E		9,452	O
0,769	E		26,44	S
18,588	E		11,195	S
11,12	F		24,756	T
1,051	H		18,34	T
47,01	H		35,77	U
5,026	L		54,08	U
1,323	L			

Teamarbeit

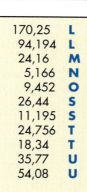

6. Führe zunächst einen Überschlag durch. Schreibe dann untereinander und berechne schriftlich.

a. $17{,}256 + 10{,}074$ **d.** $0{,}7408 + 0{,}50698 + 1{,}255$ **g.** $3{,}1565 + 0{,}096645 + 1{,}5704$

b. $6{,}809 + 11{,}048$ **e.** $25{,}74 + 18{,}637 + 12{,}3$ **h.** $9{,}764 + 26{,}349 + 227{,}482 + 5{,}249$

c. $277{,}6 + 15{,}75$ **f.** $38{,}79 + 4{,}387 + 0{,}905$ **i.** $2357 + 17{,}6529 + 128{,}7645 + 0{,}7683$

Übungen

7. Mache zunächst einen Überschlag. Schreibe dann untereinander und berechne. Kontrolliere.

a. $45{,}081 - 12{,}9737$ **c.** $55{,}8905 - 40{,}95$ **e.** $204{,}6746 - 197{,}8$ **g.** $48{,}09 - 39{,}0355$

b. $40{,}987 - 22{,}7068$ **d.** $7{,}087 - 2{,}8091$ **f.** $191{,}2551 - 41{,}98$ **h.** $150 - 85{,}0925$

8. Bestimme die fehlende Zahl.

a. $35{,}775 + x = 55{,}1$ c. $x - 29{,}95 = 53{,}3467$ e. $y + 3{,}7445 = 12{,}526$
b. $5{,}7845 + x = 10$ d. $y - 0{,}62 = 3{,}2734$ f. $z + 1{,}0448 = 7{,}052$

9.
a. $2{,}6 + \frac{4}{5}$ b. $3{,}2 - \frac{5}{8}$ c. $\frac{3}{8} + 0{,}7$ d. $5{,}95 + \frac{1}{4}$ e. $2{,}8 + 1\frac{3}{5}$ f. $12{,}5 - 7\frac{3}{4}$
$2\frac{1}{2} - 0{,}85$ $1\frac{3}{4} + 0{,}6$ $1{,}6 - \frac{7}{8}$ $\frac{4}{5} - 0{,}75$ $5{,}125 - 2\frac{1}{4}$ $9\frac{1}{4} - 2{,}875$

10.

| 3,6 | $\frac{3}{4}$ | 0,8 | $1\frac{1}{5}$ | 0,5 | $\frac{19}{20}$ | 2,7 | 4 | 2,25 | $\frac{7}{8}$ |

a. Vergrößere alle Zahlen (1) um $\frac{1}{2}$; (2) um 0,15; (3) um $1\frac{1}{4}$.
b. Verkleinere alle Zahlen (1) um $\frac{2}{5}$; (2) um 0,3; (3) um $\frac{3}{8}$.

11. Rechne günstig.

a. $\frac{1}{3} + 0{,}3$ b. $0{,}9 - \frac{1}{6}$ c. $\frac{3}{4} + 1{,}6$ d. $1\frac{1}{2} + 0{,}76$ e. $8{,}3 + 3\frac{3}{4}$
$\frac{1}{4} - 0{,}15$ $1{,}8 + \frac{3}{5}$ $\frac{4}{7} - 0{,}4$ $3{,}7 - 2\frac{1}{4}$ $6{,}1 - 2\frac{1}{8}$

12. a. In Lauras Schultasche sind 5 Schulbücher (zusammen 3,345 kg), 1 Atlas (0,875 kg), 4 Hefte (zusammen 0,540 kg), 1 Etui (0,258 kg), 1 Zirkelkasten (0,180 kg) und 1 Frühstücksbrot (0,240 kg). Die Tasche wiegt leer 1,095 kg.
Wie viel kg muss Laura tragen?

b. Wie viel kg wiegt deine Schultasche?

13. Auf einen Lastwagen werden vier Kisten mit den angegebenen Massen aufgeladen.
Wie viel t wiegt der beladene Lastwagen?

14. a. Betrachte das Bild rechts.
Was bedeuten die Massenangaben?
Mit wie viel Tonnen darf der Anhänger höchstens beladen werden?

b. Im Fahrzeugschein eines Lieferwagens steht:

Zulässiges Gesamtgewicht: 3,84 t
Leergewicht: 1,983 t

Mit wie viel Tonnen darf der Lieferwagen höchstens beladen werden? Rechne schriftlich.

Zum Knobeln

15.

17,55   19,047
12,75   9,9005
6,285   14,089   21,4

Aus je zwei Zahlen kannst du eine Additionsaufgabe stellen.

a. Suche die Aufgabe mit dem größten Ergebnis und löse sie.
b. Suche die Aufgabe mit dem kleinsten Ergebnis und löse sie.
c. Suche die Aufgaben, bei denen das Ergebnis zwischen 20 und 30 liegt.

Bruchteile von beliebigen Größen – Drei Grundaufgaben

Bestimmen eines Bruchteils von einer Größe

1. Familie Meyer (3 Personen) und Familie Stein (4 Personen) spielen gemeinsam Lotto. Sie haben vereinbart, einen Gewinn auf alle 7 Familienmitglieder gleichmäßig zu verteilen.
Am letzten Spieltag haben sie gemeinsam 21 000 € gewonnen.

  a. Welchen Anteil am Gewinn erhält jede Familie?

  b. Wie viel Euro erhält jede Familie?

Lösung

a. Das Ganze ist der Gewinn, also 21 000 €. Er muss in 7 gleich große Teile zerlegt werden.
Jeder Teil ist $\frac{1}{7}$ des Gewinns.
3 dieser Teile erhält Familie Meyer, das sind $\frac{3}{7}$ des Gewinns.
4 dieser Teile erhält Familie Stein, das sind $\frac{4}{7}$ des Gewinns.

b. $\frac{3}{7}$ von 21 000 € erhält Familie Meyer:

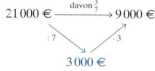

$\frac{3}{7}$ von 21 000 € = (21 000 € : 7) · 3
   = 9 000 €

Ergebnis: Familie Meyer erhält 9 000 €.

$\frac{4}{7}$ von 21 000 € erhält Familie Stein:

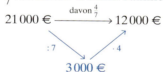

$\frac{4}{7}$ von 21 000 € = (21 000 € : 7) · 4
   = 12 000 €

Ergebnis: Familie Stein erhält 12 000 €.

2. Fülle die Lücken in den Pfeilbildern aus.

Zum Festigen und Weiterarbeiten

3. Bestimme. Zeichne zuerst ein Pfeilbild wie in Aufgabe 2.

  a. $\frac{7}{3}$ von 24 kg;   **b.** $\frac{2}{9}$ von 45°;   **c.** $\frac{5}{12}$ von 60 min;   **d.** $\frac{12}{5}$ von 60 min.

4. Frau Hartmann und Frau Kruse bestellen gemeinsam 10 500 *l* Heizöl. $\frac{2}{3}$ davon werden in Hartmanns Öltank gepumpt, den Rest erhalten Kruses.

  a. Wie viel *l* Öl bekommt jede Familie?

  b. Der Rechnungsbetrag lautet 3 675 €. Wie viel Euro muss jede Familie zahlen?

5. Im Beispiel wird die Rechenanweisung „$\frac{3}{4}$ von" auf die Maßeinheit 1 kg angewandt. Man erhält als Ergebnis die Größe $\frac{3}{4}$ kg.
Fülle die Lücke aus.

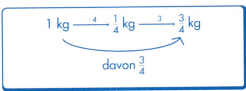

a. 1 l $\xrightarrow{\square}$ $\frac{5}{8}$ l **b.** 1 m $\xrightarrow{\frac{2}{5}}$ $\square$ m   **c.** 1 h $\xrightarrow{\square}$ $\frac{2}{3}$ h   **d.** 1 t $\xrightarrow{\frac{3}{4}}$ $\square$ t

6. a. Tanja und Tim sollen $\frac{2}{3}$ von 6 m² berechnen. Dabei gehen sie unterschiedlich vor.
Tanjas Weg: *Tims Weg:*

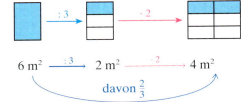   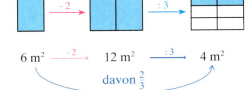

Beschreibe beide Wege und vergleiche sie.

b. Bestimme
(1) $\frac{7}{3}$ von 36 km; $\frac{7}{3}$ von 30 min; $\frac{7}{3}$ von 12 €; $\frac{7}{3}$ von 18 l; $\frac{7}{3}$ von 1008 cm²
(2) $\frac{5}{10}$ von 36 km; $\frac{5}{10}$ von 30 min; $\frac{5}{10}$ von 12 €; $\frac{5}{10}$ von 18 l; $\frac{5}{10}$ von 1008 cm²
(3) $\frac{10}{4}$ von 36 km; $\frac{10}{4}$ von 30 min; $\frac{10}{4}$ von 12 €; $\frac{10}{4}$ von 18 l; $\frac{10}{4}$ von 1008 cm²

Rechne auf eine der beiden Arten wie im Beispiel oben. Überlege, ob es günstiger ist, zuerst zu dividieren und dann zu multiplizieren oder umgekehrt.

Mögliche Maßzahlen: 90; 70; 4; 9; 2520; 10; 84; 42; 504; 2352; 45; 12; 28; 75; 336; 15; 6; 30; 18; 6; 2452

Übungen

7.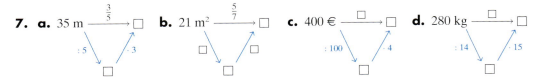

8. Berechne:
a. $\frac{2}{5}$ von 45 t, 155 t, 825 t, 3875 t   **b.** $\frac{1}{2}$, $\frac{1}{3}$, $\frac{5}{6}$, $\frac{4}{5}$, $\frac{9}{10}$, $\frac{4}{15}$ von 150 €

9. a. $\frac{2}{4}$ von 6 m   **b.** $\frac{4}{6}$ von 15 l **c.** $\frac{3}{5}$ von 7 dm   **d.** $\frac{3}{4}$ von 9 €
$\frac{3}{6}$ von 8 kg $\frac{4}{10}$ von 5 a $\frac{3}{8}$ von 5 l $\frac{5}{8}$ von 3 kg

10. Notiere kürzer.
a. $\frac{2}{5}$ von 1 kg   **b.** $\frac{8}{25}$ von 1 km   **c.** $\frac{4}{15}$ von 1 h   **d.** $\frac{2}{3}$ von 1 Jahr   **e.** $\frac{4}{5}$ von 1 m²
$\frac{5}{2}$ von 1 kg $\frac{25}{8}$ von 1 km $\frac{15}{4}$ von 1 h $\frac{3}{2}$ von 1 Jahr $\frac{3}{10}$ von 1 m²

11. Bestimme
a. $\frac{5}{3}$ von 12 cm; $\frac{5}{3}$ von 24 cm   **c.** $\frac{11}{4}$ von 12 cm; $\frac{11}{4}$ von 24 cm
b. $\frac{5}{10}$ von 12 cm; $\frac{5}{10}$ von 24 cm   **d.** $\frac{3}{9}$ von 12 cm; $\frac{3}{9}$ von 24 cm

Überlege, ob es günstiger ist, zuerst zu dividieren oder zuerst zu multiplizieren.

12. Jans Mutter besitzt 96 ha Land. Auf $\frac{5}{8}$ dieses Landes baut sie Getreide an.
Wie viel ha Land sind das?

13. Lars besitzt 48 Murmeln. Bei einem Spiel verliert er $\frac{3}{4}$ seiner Murmeln.
Wie viele Murmeln hat er noch?

14. Eine Kleinbildkamera kostet 195 €. Janusz hat mit seinen Eltern eine Abmachung:
Wenn er $\frac{3}{5}$ des Betrages selbst anspart, geben ihm seine Eltern den Rest dazu.
Wie viel Euro muss er sparen? Wie viel Euro geben ihm die Eltern dann dazu?

15. Ein Eisenträger wiegt 256 kg. $\frac{3}{4}$ des Trägers wurde abgeschnitten.
Wie viel kg wiegt der Rest?

16. Die Erdoberfläche ist 510 Mio. km² groß.
$\frac{3}{10}$ der Erdoberfläche ist festes Land,
$\frac{7}{10}$ ist mit Wasser bedeckt.
Wie viel km² der Erdoberfläche ist mit Land, wie viel mit Wasser bedeckt?

17. Julia hat 400 € auf ihrem Sparkonto. Nach einem Jahr werden ihr $\frac{3}{100}$ dieses Betrages als Zinsen gutgeschrieben. Wie viel Euro hat Julia nach einem Jahr auf ihrem Konto?

18. a.   b.   c.   d.

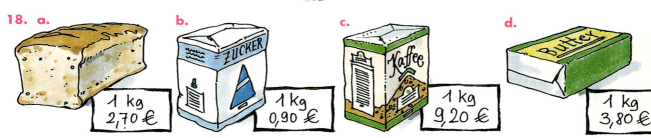

Wie viel € kosten $\frac{1}{2}$ kg?   Wie viel € kosten $\frac{3}{4}$ kg?   Wie viel € kosten $\frac{3}{10}$ kg?   Wie viel € kosten $\frac{3}{8}$ kg?

Bestimmen des Ganzen

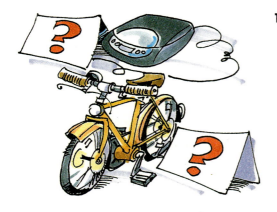

1. a. Miriam will sich einen Discman kaufen. Sie hat dafür 23 € gespart.
Miriam sagt: „Leider habe ich erst $\frac{1}{3}$ des Kaufpreises gespart."
Wie viel Euro kostet der Discman?

Aufgabe

b. Patrick will sich ein Fahrrad kaufen. Er hat 290 € gespart.
Patrick sagt: „Ich habe schon $\frac{2}{3}$ des Kaufpreises zusammen."
Wie teuer ist das Fahrrad?

Lösung

a. *Wir suchen:*
den Kaufpreis, das Ganze.

Wir wissen:
$\frac{1}{3}$ des Kaufpreises beträgt 23 €.

Wir überlegen und rechnen:
1 Drittel des Kaufpreises beträgt 23 €.
3 Drittel des Kaufpreises, also das Ganze, beträgt 69 €.

Ergebnis: Der Discman kostet 69 €.

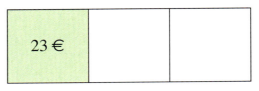
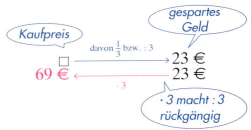

b. *Wir suchen:*
den Kaufpreis, das Ganze.

Wir wissen:
$\frac{2}{3}$ des Kaufpreises beträgt 290 €.

Wir überlegen und rechnen:
2 Drittel des Kaufpreises beträgt 290 €.
1 Drittel des Kaufpreises beträgt 145 €.
3 Drittel des Kaufpreises, also das Ganze, beträgt 435 €.

Ergebnis: Das Fahrrad kostet 435 €.

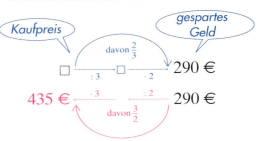

Zum Festigen und Weiterarbeiten

2. Fülle die Lücken aus.

a. ☐ →$^{\frac{5}{6}}$ ☐ → 555 g

b. ☐ →$^{\frac{9}{8}}$ ☐ → 585 l

3. Bestimme die Gesamtgröße (das Ganze).

a. ☐ $\xrightarrow{\frac{1}{4}}$ 435 l   b. ☐ $\xrightarrow{\frac{5}{8}}$ 25 t   c. ☐ $\xrightarrow{\frac{6}{5}}$ 18 l   d. ☐ $\xrightarrow{\frac{6}{3}}$ 150 €

4. Wie groß ist das Ganze?

a. $\frac{1}{4}$ der Masse sind 3 kg   b. $\frac{1}{5}$ der Weglänge sind 4 km   c. $\frac{2}{5}$ des Volumens sind 14 l
$\frac{1}{3}$ der Masse sind 4 kg $\frac{1}{8}$ der Weglänge sind 7 km $\frac{3}{10}$ des Volumens sind 15 m³
$\frac{3}{4}$ der Masse sind 9 kg $\frac{4}{5}$ der Weglänge sind 12 km $\frac{5}{6}$ der Zeitspanne sind 20 h
$\frac{3}{8}$ der Masse sind 12 t $\frac{7}{8}$ der Weglänge sind 56 km $\frac{2}{3}$ der Zeitspanne sind 18 min

Mögliche Ergebnisse: Mögliche Maßzahlen: 15; 56; 12; 50; 20; 45; 32; 35; 12; 12; 64; 24; 27

Übungen

5. Fülle die Lücken aus. Zerlege dazu die Rechenanweisung in eine Divisions- und eine Multiplikationsanweisung; rechne dann rückwärts.

a. □ $\xrightarrow{\frac{2}{9}}$ 10 min   b. □ $\xrightarrow{\frac{15}{2}}$ 30 dm²   c. □ $\xrightarrow{\frac{3}{2}}$ 45 kg   d. □ $\xrightarrow{\frac{3}{5}}$ 12 s

6. Bestimme das Ganze (die Gesamtgröße). Rechne rückwärts.

a. □ $\xleftarrow{\frac{4}{7}}$ 16 cm   c. □ $\xleftarrow{\frac{9}{10}}$ 2 700 m   e. x $\xrightarrow{\frac{8}{7}}$ 56 min   g. x $\xrightarrow{\frac{5}{5}}$ 15 mm

b. □ $\xleftarrow{\frac{3}{5}}$ 90 g   d. □ $\xleftarrow{\frac{3}{4}}$ 36 kg   f. x $\xrightarrow{\frac{7}{8}}$ 56 s   h. x $\xrightarrow{\frac{4}{5}}$ 8 dm²

7. a. $\frac{3}{5}$ von x sind 39 kg   b. $\frac{7}{10}$ von x sind 91 m   c. $\frac{7}{8}$ von x sind 175 l

$\frac{7}{12}$ von x sind 49 l $\frac{3}{4}$ von x sind 93 ha $\frac{9}{24}$ von x sind 198 ml

$\frac{2}{3}$ von x sind 16 min $\frac{4}{7}$ von x sind 52 € $\frac{17}{30}$ von x sind 136 m³

8. Tim verlor beim Spiel 6 Kugeln. Das waren $\frac{2}{3}$ seiner Kugeln. Wie viele besaß er vorher?

9. Anne wurde mit 18 Stimmen zur Klassensprecherin gewählt. Das waren $\frac{9}{14}$ aller abgegebenen Stimmen. Wie viele Stimmen wurden insgesamt abgegeben?

10. Tanja und Marcus streichen den Gartenzaun. Tanja sagt: „Heute Nachmittag haben wir 36 m geschafft, das ist $\frac{3}{4}$ des ganzen Zaunes." Wie lang ist der ganze Zaun?

11. Bei einer Fahrradkontrolle werden an 34 Fahrrädern Mängel festgestellt. Das sind $\frac{2}{7}$ aller kontrollierten Räder. An wie vielen Fahrrädern wurden keine Mängel festgestellt?

12. Marcus und Tim machen eine 3-tägige Fahrradtour. Nach 2 Tagen haben sie 108 km zurückgelegt. Tim sagt stolz: „Das sind schon $\frac{4}{5}$ der gesamten Strecke." Wie viel km müssen sie noch zurücklegen?

13. a. $\frac{1}{2}$ l Buttermilch kostet 0,35 €. Wie viel Euro kostet 1 l?

b. $\frac{1}{10}$ kg Schinken kostet 1,79 €. Wie viel Euro kostet 1 kg?

c. $\frac{1}{4}$ l Sahne kostet 0,75 €. Wie viel Euro kostet 1 l?

d. $\frac{3}{4}$ kg Schweinefleisch kosten 6,30 €. Wie viel Euro kostet 1 kg?

e. $\frac{5}{8}$ kg Kaffee kosten 5,60 €. Wie viel Euro kostet 1 kg?

Bestimmen des Anteils

Aufgabe

1. Sarah bekommt monatlich 15 € Taschengeld. Davon spart sie 4 €. Welchen Anteil des Taschengeldes spart sie?

Vier von Fünfzehn: $\frac{4}{15}$ des Taschengeldes

Lösung

Denke dir 15 € in 15 Eurostücken.
Jeder Euro ist $\frac{1}{15}$ des Taschengeldes, 4 € sind dann viermal so viel, also $\frac{4}{15}$ des Taschengeldes.

Ergebnis: Sarah spart wöchentlich $\frac{4}{15}$ ihres Taschengeldes.

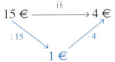

Zum Festigen und Weiterarbeiten

2. Gib die Rechenanweisung an.

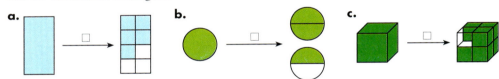

3. Fülle die Lücken aus.

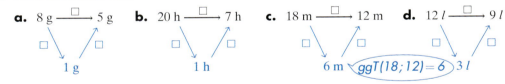

4. Gib die Rechenanweisung an; schreibe wie im Beispiel.

   a. $9\,l \xrightarrow{\square} 7\,l$

   b. $25\,€ \xrightarrow{\square} 40\,€$

   c. $60\,\text{min} \xrightarrow{\square} 40\,\text{min}$

   d. $20\,\text{m}^2 \xrightarrow{\square} 11\,\text{m}^2$

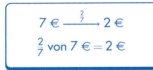

$7\,€ \xrightarrow{\frac{2}{7}} 2\,€$

$\frac{2}{7}$ von $7\,€ = 2\,€$

5. Gib den Anteil der gefärbten Fläche an der ganzen Fläche an.
   Überlege dazu: Wie viele Karos hat das Rechteck; wie viele davon sind gefärbt?

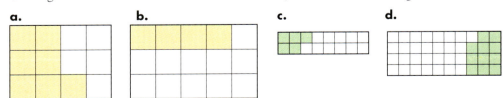

6. *Sprechweisen im Alltag*
   8 von 24 Schülern einer Klasse sind in einem Sportverein.
   Gib diesen Anteil der Schüler als Bruch an.

7. Welcher Anteil ist das?
   a. 3 € von 7 €
   b. 3 g von 12 g
   c. 24 m von 80 m
   d. 7 l von 15 l
   e. 7 Monate von 12 Monaten
   f. 18 Schüler von 25 Schülern

Übungen

8. Gib die Rechenanweisung an. Vergleiche die Rechenwege.

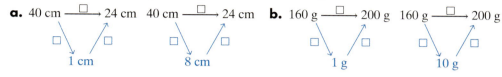

9. Bestimme eine Rechenanweisung. Suche zuerst eine passende Zwischengröße (siehe Aufgabe 8).
   a. 18 m ⟶ 30 m
   b. 35 m ⟶ 25 m
   c. 25 l ⟶ 30 l
   d. 100 l ⟶ 75 l

10. Fülle die Lücke aus. Bestimme den Anteil.
   a. 16 m sind □ von 24 m
   b. 28 l sind □ von 70 l
   c. 10 kg sind □ von 14 kg
   d. 88 m² sind □ von 56 m²
   e. 18 cm sind □ von 27 cm
   f. 48 kg sind □ von 36 kg

11. Welcher Anteil ist das?
   a. 7 € von 15 €
   b. 14 km von 21 km
   c. 27 kg von 54 kg
   d. 4 m² von 12 m²
   e. 8 t von 20 t
   f. 45 s von 60 s
   g. 3 kg von 8 kg
   h. 48 l von 54 l

12. In einer Klasse sind 26 Schüler.
Davon kommen 7 zu Fuß in die Schule, 5 mit dem Fahrrad und 14 mit dem Bus.
Wie groß ist der Anteil der Schüler, die zu Fuß kommen; wie groß ist der Anteil der Schüler, die mit dem Fahrrad kommen; wie groß ist der Anteil der Schüler, die mit dem Bus kommen?

13. Daniel will sich ein Fahrrad zu 350 € kaufen. Er hat schon 280 € gespart.
Welchen Anteil des Preises muss er noch sparen?

14. Bei einer Klassensprecherwahl wurden insgesamt 32 Stimmen abgegeben.
Welcher Anteil der abgegebenen Stimmen entfiel auf Dennis, welcher auf Sarah, welcher auf Anne und welcher auf Markus?

15. In eine 2-Liter Flasche [1-Liter Flasche; $\frac{1}{2}$-Liter Flasche] wird $\frac{1}{2}$ l Apfelsaft gefüllt.
Welcher Anteil der Flasche ist gefüllt?

Vermischte Übungen

Überlege dir bei den folgenden Aufgaben, was gesucht ist.

Der Teil einer Größe ist gesucht

$\frac{3}{4}$ von 60 €

Gegeben
Anteil: $\frac{3}{4}$
Ganzes: 60 €

Gesucht
Teil des Ganzen

Ansatz
60 € $\xrightarrow{\frac{3}{4}}$ □

Rechnung
(60 € : 4) · 3
= 45 €

Das Ganze ist gesucht

$\frac{3}{4}$ von einem Ganzen beträgt 90 €

Gegeben
Anteil: $\frac{3}{4}$
Teil des Ganzen: 90 €

Gesucht
Ganzes

Ansatz
□ $\xrightarrow{\frac{3}{4}}$ 90 €

Rechnung
(90 € : 3) · 4
= 120 €

Der Anteil am Ganzen ist gesucht

30 € von 80 €

Gegeben
Ganzes: 80 €
Teil des Ganzen: 30 €

Gesucht
Anteil am Ganzen

Ansatz
80 € $\xrightarrow{□}$ 30 €

Rechnung
30 € : 80 €
= $\frac{30}{80} = \frac{3}{8}$

1. Eine geplante Umgehungsstraße ist 12 km lang. $\frac{5}{6}$ der Straße sind schon fertig gestellt. Wie viel km sind das?

2. Wegen Grippe-Erkrankung fehlen 9 Schüler, das sind genau $\frac{3}{8}$ der Klasse. Wie viele Schüler hat die Klasse?

3. Jennifer ist mit 24 Stimmen zur Klassensprecherin gewählt worden. Es wurden insgesamt 30 Stimmen abgegeben. Welchen Anteil der Stimmen erhielt Jennifer?

4. Ingo hat mit seinen Eltern vereinbart, dass er nicht mehr als $\frac{2}{5}$ seines Taschengeldes im Monat für Süßigkeiten ausgibt. Im Moment sind das 6 €. Wie viel Euro Taschengeld bekommt er?

5. Ein Landwirt besitzt 56 ha Land. Auf 32 ha pflanzt er Kartoffeln. Welcher Anteil seines Landes ist das?

6. Herr Neumann hat Rasensamen eingekauft. Dirk schaut sich die Verpackung an und sagt: „Das reicht aber nur für $\frac{3}{5}$ der Fläche." Wie groß soll die Rasenfläche werden?

7. Beim Mahlen von Weizen entsteht Mehl; es macht (etwa) $\frac{2}{3}$ des Weizengewichts aus. Wie viel kg Mehl erhält man aus **a.** 174 kg, **b.** 345 kg, **c.** 471 kg Weizen?

8. Tanjas Vater bekommt monatlich 1 500 € ausgezahlt. Er gibt $\frac{3}{10}$ seines Einkommens für Miete und Heizung aus; $\frac{2}{50}$ braucht er für Kleidung und $\frac{4}{30}$ für sein Auto.
  a. Wie hoch ist die Miete (einschließlich Heizung)?
  b. Wie viel Geld gibt er monatlich für Kleidung, wie viel für das Auto aus?

Vervielfachen und Teilen von gebrochenen Zahlen

Vervielfachen von gebrochenen Zahlen

Aufgabe

1. Nach Michaels Geburtstagsparty sind noch $\frac{2}{7}$ von einer Erdbeertorte übrig. Michael isst am nächsten Tag den Rest der Erdbeertorte und sagt angeberisch: „Davon hätte ich gut und gern das 3fache essen können." Wie viel ist das?

Lösung

Das „3fache von $\frac{2}{7}$" bedeutet: Nimm $\frac{2}{7}$ dreimal, also $\frac{2}{7} \cdot 3$

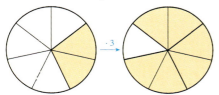   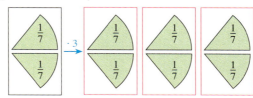

2 Siebtel $\xrightarrow{\cdot 3}$ 6 Siebtel   2 Siebtel $\cdot$ 3 = 2 Siebtel + 2 Siebtel + 2 Siebtel

$\frac{2}{7} \xrightarrow{\cdot 3} \frac{6}{7}$ $\frac{2}{7} \cdot 3 = \frac{2}{7} + \frac{2}{7} + \frac{2}{7} = \frac{6}{7}$

Wir schreiben: $\frac{2}{7} \cdot 3 = \frac{2 \cdot 3}{7} = \frac{6}{7}$

Ergebnis: Michael behauptet, er hätte $\frac{6}{7}$ Torte geschafft.

Wir vervielfachen (multiplizieren) die gebrochene Zahl $\frac{4}{5}$ mit 3, indem wir nur den Zähler des Bruches mit 3 multiplizieren. Der Nenner bleibt unverändert.

$$\frac{4}{5} \cdot 3 = \frac{4 \cdot 3}{5} = \frac{12}{5}$$

Zum Festigen und Weiterarbeiten

2. Schreibe eine Multiplikationsaufgabe und berechne. Bestätige die obige Regel.

   a.   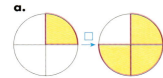   b.   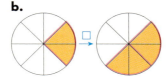   c.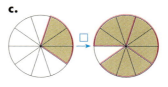

3. Berechne: **a.** $\frac{2}{5} \cdot 2$ **b.** $\frac{3}{4} \cdot 3$ **c.** $\frac{2}{9} \cdot 4$ **d.** $\frac{2}{3} \cdot 7$ **e.** $\frac{3}{8} \cdot 1$ **f.** $\frac{6}{7} \cdot 5$

4. Schreibe als Summe. Berechne auch.

   a. $\frac{3}{5} \cdot 4$ **b.** $\frac{3}{4} \cdot 5$ **c.** $\frac{6}{7} \cdot 2$ $\boxed{\frac{2}{5} \cdot 3 = \frac{2}{5} + \frac{2}{5} + \frac{2}{5} = \frac{6}{5} = 1\frac{1}{5}}$

5. **a.** Vervielfache $\frac{3}{5}$ mit 8; erweitere $\frac{3}{5}$ mit 8. Vergleiche die Ergebnisse.
   b. Vervielfache $\frac{7}{8}, \frac{4}{7}, \frac{5}{9}$ jeweils mit 3. Erweitere auch jeden der Brüche mit 3. Vergleiche.
   c. Worin besteht der Unterschied zwischen Vervielfachen und Erweitern?

6. Mit welcher Zahl muss man $\frac{4}{5}$ multiplizieren, damit man   **a.** $\frac{16}{5}$,   **b.** $\frac{24}{5}$,   **c.** $\frac{56}{5}$ erhält?

7. Vergleiche die beiden Rechenwege rechts. Rechne möglichst einfach. Kürze, wenn möglich, das Ergebnis.

a. $2\frac{1}{2} \cdot 3$ **c.** $4\frac{2}{3} \cdot 3$ **e.** $6\frac{5}{6} \cdot 7$

b. $3\frac{1}{5} \cdot 6$ **d.** $5\frac{1}{4} \cdot 6$ **f.** $9\frac{5}{8} \cdot 7$

$$(1)\ 3\frac{1}{5} \cdot 4 = (3 + \frac{1}{5}) \cdot 4 = 12 + \frac{4}{5} = 12\frac{4}{5}$$

$$(2)\ 3\frac{1}{5} \cdot 4 = \frac{16}{5} \cdot 4 = \frac{64}{5} = 12\frac{4}{5}$$

Übungen

8. Schreibe als Summe. Berechne auch.   **a.** $\frac{2}{3} \cdot 4$ **b.** $\frac{5}{8} \cdot 3$ **c.** $\frac{7}{8} \cdot 5$

9. a. $\frac{1}{4} \cdot 3$ **b.** $\frac{1}{7} \cdot 5$ **c.** $\frac{1}{8} \cdot 7$ **d.** $\frac{1}{5} \cdot 4$ **e.** $\frac{3}{20} \cdot 3$ **f.** $\frac{5}{50} \cdot 7$ **g.** $\frac{4}{17} \cdot 3$

$\frac{2}{5} \cdot 2$ $\frac{3}{11} \cdot 2$ $\frac{2}{9} \cdot 4$ $\frac{2}{7} \cdot 3$ $\frac{9}{100} \cdot 11$ $\frac{9}{1000} \cdot 11$ $\frac{3}{23} \cdot 5$

$\frac{3}{10} \cdot 3$ $\frac{5}{16} \cdot 3$ $\frac{2}{11} \cdot 5$ $\frac{3}{8} \cdot 5$ $\frac{11}{100} \cdot 7$ $\frac{13}{1000} \cdot 9$ $\frac{7}{35} \cdot 4$

10. Berechne. Gib das Ergebnis auch in gemischter Schreibweise an. Kürze – falls möglich – das Ergebnis.

$$\frac{5}{6} \cdot 9 = \frac{5 \cdot 9}{6} = \frac{45}{6} = 7\frac{3}{6} = 7\frac{1}{2}$$

a. $\frac{3}{8} \cdot 7$ **b.** $\frac{2}{3} \cdot 9$ **c.** $\frac{3}{5} \cdot 8$ **d.** $\frac{5}{9} \cdot 4$ **e.** $\frac{1}{3} \cdot 9$ **f.** $\frac{11}{12} \cdot 5$ **g.** $\frac{12}{25} \cdot 9$

$\frac{5}{6} \cdot 8$ $\frac{4}{9} \cdot 8$ $\frac{2}{7} \cdot 6$ $\frac{3}{4} \cdot 6$ $\frac{7}{9} \cdot 8$ $\frac{7}{15} \cdot 6$ $\frac{15}{17} \cdot 9$

$\frac{7}{8} \cdot 3$ $\frac{4}{5} \cdot 7$ $\frac{5}{8} \cdot 4$ $\frac{3}{7} \cdot 8$ $\frac{6}{7} \cdot 5$ $\frac{7}{30} \cdot 7$ $\frac{11}{50} \cdot 3$

11. Multipliziere die gebrochenen Zahlen $\frac{3}{4}; \frac{7}{5}; \frac{17}{15}; \frac{17}{20}; \frac{11}{30}; \frac{1}{12}; \frac{9}{2}; \frac{14}{3}; \frac{13}{60}; \frac{19}{10}$ der Reihe nach
(1) mit 60;   (2) mit 300.
Bei welchen gebrochenen Zahlen ist das Produkt kleiner, bei welchen größer
(1) als 60,   (2) als 300?
Was fällt dir auf?

12. a. Multipliziere $\frac{3}{4}$ mit 3; 7; 12; 1; 0; 11; 15; 20; 30.
  b. Berechne das 15fache von $\frac{2}{3}; \frac{3}{4}; \frac{5}{6}; \frac{7}{8}; \frac{8}{9}; \frac{9}{10}; \frac{11}{12}; \frac{20}{30}$.
  c. Verdreifache die Zahlen $\frac{1}{5}; \frac{2}{7}; \frac{3}{4}; \frac{4}{5}; \frac{7}{9}; \frac{6}{11}; \frac{12}{13}; \frac{14}{15}$.

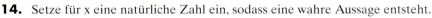

13. Rechne möglichst einfach.

a. $3\frac{1}{4} \cdot 3$ **c.** $3\frac{2}{9} \cdot 4$ **e.** $3\frac{3}{4} \cdot 3$ **g.** $5\frac{7}{9} \cdot 8$ **i.** $8\frac{9}{11} \cdot 7$

b. $4\frac{2}{5} \cdot 2$ **d.** $5\frac{3}{10} \cdot 3$ **f.** $4\frac{3}{5} \cdot 4$ **h.** $6\frac{5}{8} \cdot 12$ **j.** $12\frac{5}{6} \cdot 9$

Mögliche Ergebnisse: $11\frac{1}{4}$; $71\frac{3}{5}$; $9\frac{3}{4}$; $18\frac{2}{5}$; $64\frac{3}{4}$; $12\frac{8}{9}$; $79\frac{1}{2}$; $61\frac{8}{11}$; $15\frac{9}{10}$; $46\frac{2}{9}$; $8\frac{4}{5}$; $115\frac{1}{2}$

14. Setze für x eine natürliche Zahl ein, sodass eine wahre Aussage entsteht.

a. $\frac{1}{5} \cdot x = \frac{4}{5}$ **c.** $\frac{3}{10} \cdot x = \frac{9}{10}$ **e.** $\frac{x}{12} \cdot 5 = \frac{10}{12}$ **g.** $\frac{3}{8} \cdot x = 1\frac{7}{8}$

b. $\frac{2}{9} \cdot x = \frac{8}{9}$ **d.** $\frac{x}{7} \cdot 3 = \frac{6}{7}$ **f.** $\frac{x}{15} \cdot 7 = \frac{14}{15}$ **h.** $\frac{5}{7} \cdot x = 6\frac{3}{7}$

15. a. Ein Trinkbecher enthält $\frac{1}{4}$ l Saft.
Wie viel l Saft enthalten 3 Trinkbecher?

b. Eine Tasse fasst $\frac{1}{8}$ l Milch.
Wie viel l Milch fassen 5 Tassen?

16. a. Eine Flasche enthält $\frac{3}{4}$ l Orangensaft.
Wie viel l Saft enthalten 6 Flaschen?

b. Für 1 Päckchen Puddingpulver benötigt man $\frac{3}{4}$ l Milch.
Wie viel l Milch benötigt man für 4 Päckchen?

17. a. Eine Dose Pfirsiche wiegt $\frac{7}{10}$ kg. Wie viel kg wiegen
(1) 6 Dosen; (2) 10 Dosen; (3) 12 Dosen?

b. Ein Transporter hat $\frac{3}{4}$ t Ladegewicht. Wie viel t kann er transportieren
(1) mit 3 Fahrten; (2) mit 5 Fahrten; (3) mit 9 Fahrten?

c. Aus 1 kg Trauben erhält man $\frac{5}{6}$ l Saft. Wie viel l Traubensaft erhält man aus
(1) 15 kg Trauben; (2) 20 kg Trauben; (3) 40 kg Trauben?

d. Der Schall legt $\frac{1}{3}$ km in 1 s zurück. Wie viel km legt er in
(1) 3 s, (2) 5 s, (3) 8 s zurück?

18. Maria hat viele Freundinnen und Freunde zu ihrer Party eingeladen. Sie nimmt deshalb von allen Zutaten des Rezeptes die dreifache Menge. Rechne.

Ananas-Milch
- ca. $\frac{1}{4}$ l Zitronensaft
- $\frac{3}{4}$ l Ananassaft
- $2\frac{1}{2}$ l Buttermilch
- $\frac{3}{8}$ kg Zucker

Teilen von gebrochenen Zahlen

1. Nach Lisas Geburtstagsparty sind noch Reste von zwei Torten übrig: **Aufgabe**
$\frac{1}{4}$ Kiwitorte und $\frac{2}{3}$ Ananastorte.
Lisa will mit ihren beiden Geschwistern teilen, also muss jeder Rest in drei gleich große Teile geteilt werden. Wie viel erhält jedes Kind?

Lösung

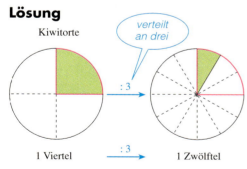

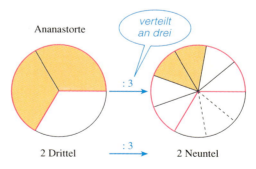

Wir schreiben: $\frac{1}{4} : 3 = \frac{1}{4 \cdot 3} = \frac{1}{12}$

Der Nenner gibt an, in wie viele gleich große Teile das Ganze zerlegt wird.
Wenn jedes Viertel in 3 gleich große Teile zerlegt ist, ist das Ganze in 12 gleich große Teile zerlegt.
Also ist jeder Teil 1 Zwölftel des Ganzen.

Wir schreiben: $\frac{2}{3} : 3 = \frac{2}{3 \cdot 3} = \frac{2}{9}$

Wenn jedes Drittel in drei gleich große Teile zerlegt wird, ist das Ganze in 9 gleich große Teile zerlegt.
Von jedem der beiden Drittel erhalten wir 1 Neuntel, also zusammen 2 Neuntel.

Ergebnis: Jedes Kind erhält noch $\frac{1}{12}$ Kiwitorte und $\frac{2}{9}$ Ananastorte.

Kapitel 3

Wir dividieren die gebrochene Zahl $\frac{3}{5}$ durch 4, indem wir den Nenner des Bruches mit 4 multiplizieren. Der Zähler bleibt unverändert.

$$\frac{3}{5} : 4 = \frac{3}{5 \cdot 4} = \frac{3}{20}$$

Zum Festigen und Weiterarbeiten

2. Schreibe eine Divisionsaufgabe und berechne.

a. 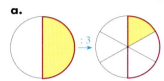   b. 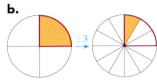   c.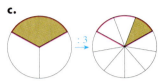

3. Berechne.

a. $\frac{1}{5} : 2$ c. $\frac{8}{9} : 5$ e. $\frac{1}{3} : 2$ g. $\frac{8}{5} : 5$ i. $\frac{7}{8} : 5$ k. $\frac{3}{4} : 7$ m. $\frac{7}{10} : 4$

b. $\frac{5}{7} : 3$ d. $\frac{4}{3} : 3$ f. $\frac{4}{5} : 5$ h. $\frac{2}{3} : 3$ j. $\frac{5}{6} : 7$ l. $\frac{1}{4} : 5$ n. $\frac{7}{15} : 6$

4. a. Dividiere $\frac{6}{9}$ durch 3 und kürze das Ergebnis. Kürze dann $\frac{6}{9}$ mit 3. Vergleiche.

b. Dividiere jede der Zahlen $\frac{12}{15}$, $\frac{3}{12}$, $\frac{24}{15}$ durch 3 und kürze das Ergebnis. Kürze auch jeden der Brüche mit 3. Vergleiche.

c. Worin besteht der Unterschied zwischen Dividieren und Kürzen?

5. Durch welche Zahl muss man $\frac{3}{5}$ dividieren, damit man **a.** $\frac{3}{10}$, **b.** $\frac{3}{20}$, **c.** $\frac{3}{25}$ erhält?

△ **6. a.** Jörg rechnet so: $\frac{6}{7} : 3 = \frac{6:3}{7} = \frac{2}{7}$.

Überprüfe seine Rechnung. Mache auch eine Zeichnung.

b. Rechne ebenso: $\frac{2}{3} : 2$; $\frac{8}{5} : 4$; $\frac{9}{7} : 3$; $\frac{15}{8} : 5$; $\frac{21}{6} : 7$; $\frac{24}{7} : 8$; $\frac{8}{10} : 4$

c. In welchen Fällen kann man wie Jörg rechnen?

7. Vergleiche die beiden Rechenwege rechts.
Rechne möglichst einfach.
Kürze – wenn möglich – das Ergebnis.

a. $6\frac{3}{4} : 2$ c. $12\frac{1}{2} : 3$ e. $15\frac{5}{6} : 5$

b. $5\frac{2}{3} : 4$ d. $7\frac{4}{5} : 8$ f. $18\frac{2}{9} : 7$

(1) $3\frac{2}{5} : 3 = \frac{17}{5} : 3$
$= \frac{17}{5 \cdot 3} = \frac{17}{15} = 1\frac{2}{15}$

(2) $3\frac{2}{5} : 3 = 3 : 3 + \frac{2}{5} : 3$
$= 1 + \frac{2}{5 \cdot 3} = 1\frac{2}{15}$

8. Rechne im Kopf.

a. $\frac{1}{2} : 3$ b. $\frac{1}{4} : 5$ c. $\frac{2}{3} : 3$ d. $\frac{3}{5} : 2$ e. $\frac{5}{8} : 3$ f. $\frac{3}{7} : 9$ g. $\frac{7}{4} : 8$ h. $\frac{3}{5} : 10$

$\frac{1}{3} : 2$ $\frac{1}{6} : 3$ $\frac{3}{4} : 2$ $\frac{4}{5} : 3$ $\frac{7}{9} : 4$ $\frac{7}{8} : 9$ $\frac{7}{8} : 8$ $\frac{4}{9} : 7$

9. a. Ein halber Liter Milch wird an drei Kinder verteilt. Wie viel *l* bekommt ein Kind?

b. Zwei Kinder teilen sich $\frac{3}{4}$ *l* Apfelsaft. Wie viel *l* bekommt jedes Kind?

c. In einer Flasche sind $\frac{7}{10}$ *l* Orangensaft. Drei Geschwister teilen sich den Saft. Wie viel *l* bekommt jeder?

10. Berechne. Kürze das Ergebnis, falls möglich.

- **a.** $\frac{1}{6} : 4$
- **b.** $\frac{15}{7} : 8$
- **c.** $\frac{6}{7} : 7$
- **d.** $\frac{7}{8} : 5$
- **e.** $\frac{18}{25} : 6$
- **f.** $\frac{5}{43} : 7$

- $\frac{7}{8} : 3$
- $\frac{3}{4} : 3$
- $\frac{4}{5} : 7$
- $\frac{6}{7} : 9$
- $\frac{8}{15} : 7$
- $\frac{7}{41} : 5$

- $\frac{5}{9} : 7$
- $\frac{3}{8} : 5$
- $\frac{10}{11} : 5$
- $\frac{14}{15} : 7$
- $\frac{7}{23} : 8$
- $\frac{24}{35} : 8$

Mögliche Ergebnisse e. und f.: $\frac{7}{184}$; $\frac{5}{301}$; $\frac{36}{35}$; $\frac{8}{105}$; $\frac{7}{205}$; $\frac{9}{296}$; $\frac{3}{85}$; $\frac{3}{25}$; $\frac{3}{35}$

11.
- **a.** $3\frac{4}{5} : 3$
- **c.** $12\frac{3}{4} : 6$
- **e.** $48\frac{1}{4} : 12$
- **g.** $78\frac{3}{4} : 13$
- **i.** $4\frac{3}{5} : 5$
- **k.** $7\frac{5}{6} : 8$
- **b.** $6\frac{7}{8} : 3$
- **d.** $27\frac{7}{8} : 9$
- **f.** $75\frac{1}{5} : 15$
- **h.** $57\frac{1}{5} : 19$
- **j.** $8\frac{5}{7} : 7$
- **l.** $11\frac{5}{12} : 9$

12. Setze für x eine natürliche Zahl ein, sodass eine wahre Aussage entsteht.

- **a.** $\frac{1}{4} : x = \frac{1}{12}$
- **c.** $\frac{7}{8} : x = \frac{7}{32}$
- **e.** $\frac{7}{x} : 6 = \frac{7}{48}$
- **g.** $1\frac{2}{7} : x = \frac{9}{28}$
- **i.** $2\frac{5}{9} : x = \frac{23}{27}$
- **b.** $\frac{3}{5} : x = \frac{3}{20}$
- **d.** $\frac{4}{x} : 5 = \frac{4}{15}$
- **f.** $\frac{9}{x} : 8 = \frac{9}{56}$
- **h.** $1\frac{5}{8} : x = \frac{13}{56}$
- **j.** $3\frac{2}{13} : x = \frac{41}{78}$

13.
- **a.** Eine $2\frac{1}{4}$ m lange Schnur soll in 5 gleich lange Stücke zerschnitten werden. Wie lang ist jedes Stück?
- **b.** Vier Jungen teilen sich gerecht $2\frac{1}{2}$ Pizzas. Wie viel erhält jeder?
- **c.** In einer Flasche sind $1\frac{1}{2}$ l Orangensaft. Der Inhalt wird gleichmäßig auf 6 Gläser verteilt. Wie viel Orangensaft ist dann in jedem Glas?

14.
- **a.** In einer Flasche sind $\frac{3}{4}$ l Apfelsaft. Vier Kinder teilen sich den Saft. Wie viel l bekommt jedes?
- **b.** Julia, Lisa und Sarah teilen sich für Puppenkleider einen Stoffrest von $\frac{4}{5}$ m². Wie viel m² bekommt jedes Mädchen?

15. Berechne
- **a.** den 3. Teil von einer halben Tafel Schokolade;
- **b.** den 5. Teil von $\frac{3}{4}$ l Milch;
- **c.** den 6. Teil von $1\frac{1}{2}$ Stunden;
- **d.** die Hälfte von $1\frac{3}{4}$ l Saft.

Kürzen vor dem Ausrechnen

Beim Vervielfachen und Teilen erhält man oft Brüche, die man noch kürzen kann:

(1) $\frac{5}{18} \cdot 12 = \frac{60}{18} = \frac{10}{3}$;   (2) $\frac{12}{7} : 15 = \frac{12}{105} = \frac{4}{35}$

In diesen Fällen kann man vorteilhaft rechnen, wenn man schon *vor* dem Ausrechnen kürzt:

Information

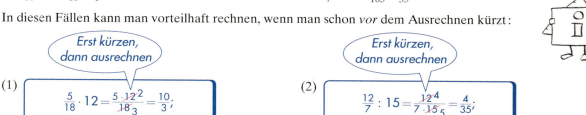

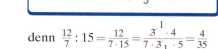

Kapitel 3

Zum Festigen und Weiterarbeiten

1. Kürze vor dem Ausrechnen.

a. $\frac{4}{9} \cdot 3$ b. $\frac{4}{7} \cdot 14$ c. $\frac{8}{9} : 12$ d. $\frac{12}{5} : 9$ e. $\frac{14}{5} : 21$ f. $\frac{36}{7} : 48$

$\frac{5}{6} \cdot 6$ $\frac{8}{9} \cdot 27$ $\frac{6}{7} : 9$ $\frac{6}{11} : 24$ $\frac{6}{35} \cdot 15$ $\frac{7}{36} \cdot 24$

2. Bei diesen Aufgaben kann man mehrfach kürzen.

a. $\frac{4}{8} \cdot 6$ b. $\frac{5}{15} \cdot 21$ c. $\frac{4}{6} : 10$ d. $\frac{15}{20} : 12$

$\frac{6}{9} \cdot 12$ $\frac{8}{12} \cdot 9$ $\frac{6}{8} : 15$ $\frac{16}{24} : 8$

$$\frac{6}{8} \cdot 10 = \frac{\overset{3}{\cancel{6}} \cdot \overset{5}{\cancel{10}}}{\underset{4}{\cancel{8}} \cdot \underset{2}{\cancel{}}} = \frac{15}{2} = 7\frac{1}{2}$$

Übungen

3. Berechne. Kürze vor dem Ausrechnen.

a. $\frac{7}{20} \cdot 5$ b. $\frac{7}{12} \cdot 24$ c. $\frac{7}{15} \cdot 25$ d. $\frac{6}{7} : 9$ e. $\frac{15}{8} : 25$ f. $\frac{12}{17} : 8$

$\frac{5}{6} \cdot 6$ $\frac{8}{15} \cdot 35$ $\frac{8}{35} \cdot 45$ $\frac{3}{5} : 6$ $\frac{32}{27} : 8$ $\frac{14}{9} : 21$

$\frac{7}{9} \cdot 12$ $\frac{3}{25} \cdot 15$ $\frac{17}{24} \cdot 8$ $\frac{18}{7} : 6$ $\frac{32}{25} : 16$ $\frac{15}{8} : 12$

$\frac{3}{27} \cdot 18$ $\frac{9}{16} \cdot 24$ $\frac{7}{18} \cdot 27$ $\frac{12}{5} : 8$ $\frac{12}{7} : 8$ $\frac{56}{17} : 32$

4. Berechne. Kürze vor dem Ausrechnen.

a. $\frac{25}{51} \cdot 17$ b. $\frac{15}{126} \cdot 108$ c. $2\frac{17}{48} \cdot 72$ d. $\frac{112}{19} : 28$ e. $\frac{162}{44} : 72$ f. $9\frac{6}{17} : 53$

$\frac{35}{108} \cdot 72$ $1\frac{23}{96} \cdot 84$ $4\frac{13}{27} \cdot 36$ $\frac{133}{15} : 57$ $3\frac{12}{35} : 26$ $8\frac{18}{19} : 85$

$\frac{19}{153} \cdot 117$ $1\frac{69}{75} \cdot 45$ $3\frac{11}{45} \cdot 25$ $\frac{153}{45} : 51$ $10\frac{4}{15} : 42$ $17\frac{10}{27} : 67$

Mögliche Ergebnisse: $23\frac{1}{3}$; $\frac{9}{176}$; $8\frac{1}{3}$; $82\frac{6}{7}$; $14\frac{9}{17}$; $\frac{9}{70}$; $104\frac{1}{8}$; $12\frac{6}{7}$; $\frac{7}{27}$; $86\frac{2}{5}$; $\frac{2}{19}$; $\frac{1}{15}$; $169\frac{1}{2}$; $\frac{4}{19}$; $\frac{3}{57}$; $161\frac{1}{3}$; $\frac{3}{17}$; $\frac{7}{45}$; $\frac{11}{45}$

5. Kürze, wenn möglich, vor dem Ausrechnen.

a. $\frac{5}{12} \cdot 15$ b. $\frac{19}{21} : 7$ c. $\frac{8}{69} \cdot 12$ d. $\frac{72}{23} : 48$ e. $3\frac{7}{8} \cdot 12$ f. $5\frac{9}{15} \cdot 12$ g. $9\frac{9}{12} : 26$

$\frac{18}{7} \cdot 21$ $\frac{25}{27} \cdot 18$ $\frac{17}{19} \cdot 12$ $\frac{7}{37} \cdot 23$ $2\frac{1}{17} \cdot 9$ $1\frac{45}{48} \cdot 36$ $5\frac{18}{27} : 17$

$\frac{12}{17} \cdot 9$ $\frac{7}{8} \cdot 4$ $\frac{19}{34} \cdot 17$ $\frac{153}{72} \cdot 34$ $4\frac{4}{13} \cdot 8$ $5\frac{6}{17} : 13$ $5\frac{32}{43} : 38$

Mögliche Ergebnisse a.–d.: $6\frac{6}{17}$; $3\frac{1}{2}$; $6\frac{1}{4}$; $\frac{15}{23}$; $\frac{6}{49}$; $\frac{19}{147}$; $4\frac{13}{37}$; $\frac{3}{46}$; $1\frac{9}{23}$; $\frac{1}{16}$; $10\frac{14}{19}$; $9\frac{1}{2}$; $16\frac{2}{3}$

e.–g.: $69\frac{3}{4}$; $\frac{13}{86}$; $\frac{17}{28}$; $46\frac{1}{2}$; $\frac{7}{17}$; $18\frac{9}{17}$; $\frac{1}{3}$; $\frac{7}{13}$; $\frac{7}{15}$; $\frac{3}{8}$; $\frac{23}{42}$

6. *Rechenschlange*
Kürze immer, wenn es möglich ist. Die Kopfzahl ist die Kontrollzahl.

Vermischte Übungen

1.
a. $\frac{3}{4} \cdot 5$; $\frac{3}{4} : 5$
b. $\frac{7}{8} \cdot 3$; $\frac{7}{8} : 3$
c. $\frac{5}{6} \cdot 7$; $\frac{5}{6} : 7$
d. $\frac{7}{8} \cdot 5$; $\frac{7}{8} : 5$
e. $\frac{6}{7} \cdot 8$; $\frac{6}{7} : 8$
f. $\frac{7}{9} \cdot 4$; $\frac{7}{9} : 4$
g. $\frac{3}{8} \cdot 12$; $\frac{3}{8} : 12$
h. $\frac{4}{5} \cdot 13$; $\frac{4}{5} : 13$
i. $\frac{11}{12} \cdot 7$; $\frac{11}{12} : 7$
j. $\frac{5}{9} \cdot 14$; $\frac{5}{9} : 14$
k. $\frac{12}{13} \cdot 7$; $\frac{12}{13} : 7$
l. $\frac{11}{12} \cdot 5$; $\frac{11}{12} : 5$
m. $1\frac{1}{4} \cdot 9$; $1\frac{1}{4} : 9$
n. $1\frac{2}{7} \cdot 5$; $1\frac{2}{7} : 5$
o. $2\frac{3}{8} \cdot 7$; $2\frac{3}{8} : 7$
p. $5\frac{2}{9} \cdot 8$; $5\frac{2}{9} : 8$
q. $7\frac{4}{7} \cdot 9$; $7\frac{4}{7} : 9$
r. $9\frac{5}{8} \cdot 5$; $9\frac{5}{8} : 5$

2. Rechne im Kopf.
a. $\frac{1}{5} : 4$; $\frac{1}{7} : 2$
b. $\frac{2}{5} : 3$; $\frac{5}{6} : 4$
c. $\frac{6}{7} : 4$; $\frac{3}{9} : 9$
d. $\frac{7}{9} : 8$; $\frac{5}{12} : 6$
e. $\frac{4}{7} : 9$; $\frac{5}{8} : 4$
f. $\frac{3}{8} : 11$; $\frac{4}{9} : 12$

3. Berechne. Kürze, wenn möglich, vor dem Ausrechnen.
a. $\frac{12}{15} \cdot 6$; $\frac{12}{16} : 6$
b. $\frac{63}{72} \cdot 9$; $\frac{63}{72} : 9$
c. $\frac{49}{35} \cdot 7$; $\frac{49}{35} : 7$
d. $\frac{16}{24} \cdot 8$; $\frac{16}{24} : 8$
e. $\frac{25}{30} \cdot 5$; $\frac{25}{30} : 5$
f. $\frac{42}{54} \cdot 6$; $\frac{42}{54} : 6$
g. $1\frac{1}{3} \cdot 72$; $1\frac{1}{3} : 72$
h. $8\frac{2}{5} \cdot 35$; $8\frac{2}{5} : 35$
i. $6\frac{2}{7} \cdot 12$; $6\frac{2}{9} : 12$
j. $8\frac{2}{8} \cdot 24$; $8\frac{2}{8} : 24$
k. $7\frac{5}{7} \cdot 28$; $7\frac{5}{7} : 28$
l. $6\frac{6}{9} \cdot 18$; $6\frac{6}{9} : 18$

4. Aus einem Liter Milch kann man $\frac{3}{20}$ kg Käse herstellen. Wie viel kg Käse erhält man aus
(1) 5 l Milch; (2) 25 l Milch; (3) 70 l Milch?

5.
a. Eine Flasche enthält $\frac{7}{10}$ l Traubensaft. Der Saft wird gleichmäßig in 6 Gläser verteilt. Wie viel l Saft ist in jedem Glas?
b. Für die Verglasung der Türen eines Spiegelschränkchens mit vier Türen werden insgesamt $\frac{3}{5}$ m² Glas verarbeitet. Wie viel m² Glas braucht man für eine Tür?

6. Das alte Längenmaß Zoll wird heute noch benutzt, wenn man den Durchmesser von Reifen oder von Rohren angibt. 1 Zoll sind etwa $\frac{5}{2}$ cm.
a. Gib den Durchmesser des Reifens im Bild in cm an.
b. Wie groß ist der Durchmesser eines 26-Zoll-Reifens in cm?
c. Gib den Durchmesser eines 3-Zoll-Rohres in cm an.

7. Laura hat noch 5 Flaschen Orangensaft im Kühlschrank. Jede Flasche enthält $\frac{3}{4}$ l Saft. Sie will den Inhalt der Flaschen gleichmäßig an 6 Kinder verteilen. Wie viel l Saft bekommt jedes Kind?

8. Für ein Erfrischungsgetränk mischt Lena $\frac{3}{4}$ l Mineralwasser und $\frac{3}{8}$ l Zitronensaft. Sie verteilt das Erfrischungsgetränk gleichmäßig in 7 Gläser. Wie viel Liter sind in jedem Glas?

Multiplizieren von gebrochenen Zahlen
Bruchteil von einer Zahl oder Größe – Multiplizieren

Aufgabe

1. Nach Familie Ottos Gartenfest sind noch allerlei Reste übrig:

 $\frac{1}{5}$ von einer Himbeertorte

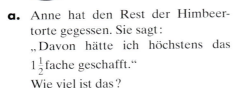 $\frac{4}{5}$ von einer Pizza

a. Anne hat den Rest der Himbeertorte gegessen. Sie sagt:
„Davon hätte ich höchstens das $1\frac{1}{2}$fache geschafft."
Wie viel ist das?

b. Herr Otto bekommt abends den Rest Pizza. Er isst nur $\frac{2}{3}$ davon.
Wie viel Pizza hat Herr Otto gegessen?

Lösung

a. Das $1\frac{1}{2}$**fache von** $\frac{1}{5}$ bedeutet:
Nimm $\frac{1}{5}$ **eineinhalbmal**, also $\frac{1}{5} \cdot 1\frac{1}{2}$.
Statt das $1\frac{1}{2}$fache von $\frac{1}{5}$ kann man auch schreiben $\frac{3}{2}$ **von** $\frac{1}{5}$, also $\frac{1}{5} \cdot \frac{3}{2}$.

Das bedeutet:
Teile $\frac{1}{5}$ in zwei gleich große Teile und nimm von einem solchen Teil das Dreifache.

b. Statt $\frac{2}{3}$ **von** $\frac{4}{5}$ könnten wir auch sagen:
Nimm $\frac{4}{5}$ **zweidrittelmal**, also $\frac{4}{5} \cdot \frac{2}{3}$.

Das bedeutet:
Teile $\frac{4}{5}$ in drei gleich große Teile und nimm von einem solchen Teil das Doppelte.

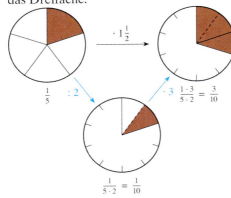

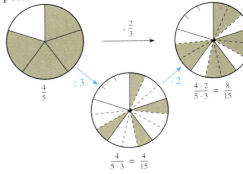

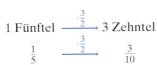

1 Fünftel $\xrightarrow{\cdot \frac{3}{2}}$ 3 Zehntel

$\frac{1}{5} \xrightarrow{\cdot \frac{3}{2}} \frac{3}{10}$

Wir schreiben:
$\frac{1}{5} \cdot \frac{3}{2} = \frac{1}{5} : 2 \cdot 3 = \frac{1}{5 \cdot 2} \cdot 3 = \frac{1 \cdot 3}{5 \cdot 2} = \frac{3}{10}$

Ergebnis: Anne hätte höchstens $\frac{3}{10}$ Torte geschafft.

4 Fünftel $\xrightarrow{\cdot \frac{2}{3}}$ 8 Fünfzehntel

$\frac{4}{5} \xrightarrow{\cdot \frac{2}{3}} \frac{8}{15}$

Wir schreiben:
$\frac{4}{5} \cdot \frac{2}{3} = \frac{4}{5} : 3 \cdot 2 = \frac{4}{5 \cdot 3} \cdot 2 = \frac{4 \cdot 2}{5 \cdot 3} = \frac{8}{15}$

Ergebnis: Herr Otto hat $\frac{8}{15}$ Pizza gegessen.

Kapitel 3

(1) Anschauliche Deutung der Multiplikation bei gebrochenen Zahlen   **Information**

Du weißt:

- **Das 3fache von 4** bedeutet:
  Nimm 4 dreimal, also $4 \cdot 3$

- **Das $1\frac{1}{2}$fache von 4** bedeutet:
  Nimm 4 eineinhalbmal, also $4 \cdot 1\frac{1}{2}$

- Statt **das $1\frac{1}{2}$fache von 4** kann man auch schreiben:
  das $\frac{3}{2}$fache von 4, also $4 \cdot \frac{3}{2}$

  Deshalb sagen wir auch:
  $\frac{2}{3}$ von $\frac{4}{5}$ bedeutet $\frac{4}{5} \cdot \frac{2}{3}$

Ebenso kann man sagen:

- **Das 3fache von $\frac{2}{7}$** bedeutet:
  $\frac{2}{7} \cdot 3$

- **Das $1\frac{1}{2}$fache von $\frac{1}{5}$** bedeutet:
  $\frac{1}{5} \cdot 1\frac{1}{2}$

- Statt **das $1\frac{1}{2}$fache von $\frac{1}{5}$** kann man auch schreiben:
  das $\frac{3}{2}$fache von $\frac{1}{5}$, also $\frac{1}{5} \cdot \frac{3}{2}$

$\frac{2}{3}$ von bedeutet mal $\frac{2}{3}$

(2) Multiplikationsregel von Brüchen

> Brüche werden miteinander multipliziert, indem man Zähler mit Zähler und Nenner mit Nenner multipliziert.
>
> $\frac{4}{5} \cdot \frac{2}{3} = \frac{4 \cdot 2}{5 \cdot 3} = \frac{8}{15}$
>
> $\frac{a}{b} \cdot \frac{c}{d} = \frac{a \cdot c}{b \cdot d}$
>
> *Zähler mal Zähler und Nenner mal Nenner*

2. Schreibe als Produkt; berechne dann.   **Zum Festigen und Weiterarbeiten**

a. $\frac{2}{5}$ von $\frac{3}{4}$ b. $\frac{1}{4}$ von $\frac{2}{3}$ c. $\frac{2}{5}$ von $\frac{3}{4}$ d. $\frac{3}{7}$ von $\frac{1}{2}$ e. $\frac{1}{8}$ von $\frac{4}{5}$ f. $\frac{1}{6}$ von $\frac{7}{10}$

$\frac{2}{3}$ von $\frac{7}{8}$ $\frac{2}{4}$ von $\frac{2}{3}$ $\frac{3}{5}$ von $\frac{3}{4}$ $\frac{4}{7}$ von $\frac{1}{2}$ $\frac{2}{8}$ von $\frac{4}{5}$ $\frac{5}{6}$ von $\frac{7}{10}$

3. Berechne.

a. $\frac{2}{3} \cdot \frac{5}{7}$ b. $\frac{3}{4} \cdot \frac{7}{5}$ c. $\frac{7}{8} \cdot \frac{5}{8}$ d. $\frac{3}{4} \cdot \frac{3}{5}$ e. $\frac{1}{2} \cdot \frac{3}{5}$ f. $\frac{8}{9} \cdot \frac{5}{7}$ g. $\frac{11}{12} \cdot \frac{7}{8}$

4. Berechne und vergleiche. Was fällt dir auf?

a. $\frac{2}{3} : 4$ und $\frac{2}{3} \cdot \frac{1}{4}$ b. $\frac{4}{5} \cdot \frac{1}{3}$ und $\frac{4}{5} : 3$ c. $\frac{5}{6} : 2$ und $\frac{5}{6} \cdot \frac{1}{2}$

5. Der zweite Faktor des Produktes wird jedes Mal halbiert.

a. Wie ändert sich der Wert des Produktes?

b. Setze die Kette fort bis $8 \cdot \frac{1}{8}$.

c. Verfahre entsprechend mit den folgenden Produkten (jeweils 6 Zeilen).

(1) $\frac{2}{3} \cdot 8 = \frac{16}{3}$ (2) $\frac{2}{5} \cdot 27 = \frac{54}{5}$ (3) $\frac{1}{2} \cdot 125 = \frac{125}{2}$
↓ :2   ↓ :2   ↓ :2

$8 \cdot 4 = 32$
↓ :2   ↓ □
$8 \cdot 2 = 16$
↓ :2   ↓ □
$8 \cdot 1 = 8$
↓ :2   ↓ □

6. Du weißt: Wenn man die Zahl 3 mit einer anderen natürlichen Zahl (außer mit 0 oder mit 1) multipliziert, ist das Ergebnis größer als 3.   Maria behauptet:
„Ich kann $\frac{3}{4}$ mit einer Zahl multiplizieren, sodass das Ergebnis

a. kleiner ist als $\frac{3}{4}$,   b. halb so groß ist wie $\frac{3}{4}$."

Was meinst du dazu?

Das Ergebnis kann auch kleiner als ein Faktor sein

7.

Kürzen beim Multiplizieren von Brüchen

Beim Multiplizieren von Brüchen kann man oft kürzen:

(1) Kürzen *nach* dem Ausrechnen:
$$\frac{4}{5} \cdot \frac{3}{8} = \frac{\overset{3}{\cancel{12}}}{\underset{10}{\cancel{40}}} = \frac{3}{10}$$

(2) Kürzen *vor* dem Ausrechnen:
$$\frac{4}{5} \cdot \frac{3}{8} = \frac{\overset{1}{\cancel{4}} \cdot 3}{5 \cdot \underset{2}{\cancel{8}}} = \frac{3}{10}$$

(3) *Mehrfaches* Kürzen vor dem Ausrechnen:
$$\frac{16}{27} \cdot \frac{15}{14} = \frac{\overset{8}{\cancel{16}} \cdot \overset{5}{\cancel{15}}}{\underset{9}{\cancel{27}} \cdot \underset{7}{\cancel{14}}} = \frac{40}{63}$$

Kürzen vor dem Ausrechnen spart Rechenarbeit

Berechne. Kürze auch.

a. $\frac{5}{8} \cdot \frac{4}{3}$ **b.** $\frac{6}{7} \cdot \frac{4}{9}$ **c.** $\frac{1}{12} \cdot \frac{9}{5}$ **d.** $\frac{7}{8} \cdot \frac{8}{9}$ **e.** $\frac{8}{9} \cdot \frac{3}{4}$ **f.** $\frac{3}{4} \cdot \frac{8}{15}$ **g.** $\frac{10}{9} \cdot \frac{6}{15}$ **h.** $\frac{6}{7} \cdot \frac{7}{12}$

8. Berechne. Hier kann man mehrfach kürzen.

a. $\frac{7}{8} \cdot \frac{16}{21}$ **b.** $\frac{49}{32} \cdot \frac{24}{35}$ **c.** $\frac{63}{25} \cdot \frac{45}{49}$ **d.** $\frac{26}{56} \cdot \frac{42}{117}$ **e.** $\frac{171}{136} \cdot \frac{51}{38}$ **f.** $\frac{117}{68} \cdot \frac{51}{104}$

Übungen

9. Schreibe als Produkt und berechne.

a. $\frac{1}{3}$ von $\frac{1}{2}$ **b.** $\frac{2}{3}$ von $\frac{1}{2}$ **c.** $\frac{4}{6}$ von $\frac{5}{9}$ **d.** $\frac{2}{3}$ von $\frac{4}{5}$ **e.** $\frac{2}{5}$ von $\frac{7}{10}$ **f.** $\frac{5}{6}$ von $\frac{3}{4}$

$\frac{1}{3}$ von $\frac{1}{4}$ $\frac{2}{3}$ von $\frac{1}{3}$ $\frac{7}{8}$ von $\frac{3}{4}$ $\frac{3}{4}$ von $\frac{5}{8}$ $\frac{3}{10}$ von $\frac{3}{4}$ $\frac{1}{4}$ von $\frac{1}{3}$

$\frac{1}{2}$ von $\frac{1}{5}$ $\frac{2}{3}$ von $\frac{1}{4}$ $\frac{5}{7}$ von $\frac{8}{9}$ $\frac{7}{8}$ von $\frac{1}{2}$ $\frac{1}{6}$ von $\frac{1}{8}$ $\frac{2}{5}$ von $\frac{3}{7}$

10. Berechne.

a. $\frac{1}{2} \cdot \frac{1}{2}$ **b.** $\frac{1}{3} \cdot \frac{1}{4}$ **c.** $\frac{3}{7} \cdot \frac{3}{5}$ **d.** $\frac{7}{9} \cdot \frac{5}{8}$ **e.** $\frac{3}{2} \cdot \frac{1}{2}$ **f.** $\frac{1}{2} \cdot \frac{1}{4}$ **g.** $\frac{17}{21} \cdot \frac{8}{5}$ **h.** $\frac{11}{12} \cdot \frac{13}{14}$

$\frac{1}{3} \cdot \frac{1}{2}$ $\frac{1}{5} \cdot \frac{1}{3}$ $\frac{5}{7} \cdot \frac{4}{9}$ $\frac{1}{8} \cdot \frac{5}{3}$ $\frac{1}{3} \cdot \frac{4}{3}$ $\frac{5}{7} \cdot \frac{3}{4}$ $\frac{15}{14} \cdot \frac{9}{8}$ $\frac{17}{19} \cdot \frac{12}{11}$

$\frac{2}{3} \cdot \frac{2}{3}$ $\frac{1}{6} \cdot \frac{1}{2}$ $\frac{8}{9} \cdot \frac{7}{5}$ $\frac{2}{3} \cdot \frac{1}{4}$ $\frac{2}{3} \cdot \frac{3}{2}$ $\frac{7}{8} \cdot \frac{5}{9}$ $\frac{23}{25} \cdot \frac{4}{7}$ $\frac{23}{25} \cdot \frac{21}{22}$

$\frac{3}{4} \cdot \frac{1}{2}$ $\frac{5}{6} \cdot \frac{1}{2}$ $\frac{5}{8} \cdot \frac{7}{6}$ $\frac{1}{2} \cdot \frac{3}{4}$ $\frac{3}{3} \cdot \frac{3}{4}$ $\frac{5}{11} \cdot \frac{7}{3}$ $\frac{19}{18} \cdot \frac{7}{5}$ $\frac{13}{18} \cdot \frac{17}{15}$

g. und h.: $\frac{221}{270}$ $\frac{565}{424}$ $\frac{135}{112}$ $\frac{92}{175}$ $\frac{483}{550}$ $\frac{133}{90}$ $\frac{185}{147}$ $\frac{204}{209}$ $\frac{143}{168}$ $\frac{136}{105}$

11.

a.	b.	c.	d.	e.					
$\frac{2}{3}$	$\frac{1}{3}$	$\frac{4}{7}$	$\frac{2}{9}$	$\frac{9}{9}$	$\cdot$	$\frac{4}{5}$	$\frac{2}{3}$	$\frac{4}{9}$	$\frac{2}{7}$	$\frac{1}{5}$

f.	g.	h.	i.	j.					
$\frac{3}{4}$	$\frac{9}{4}$	$\frac{3}{2}$	$\frac{7}{2}$	$\frac{5}{4}$	$\cdot$	$\frac{5}{2}$	$\frac{7}{4}$	$\frac{3}{2}$	$\frac{5}{4}$	$\frac{9}{8}$

12. Berechne. Kürze.

a. $\frac{3}{7} \cdot \frac{5}{9}$ **b.** $\frac{4}{5} \cdot \frac{7}{8}$ **c.** $\frac{6}{7} \cdot \frac{4}{9}$ **d.** $\frac{12}{7} \cdot \frac{5}{18}$ **e.** $\frac{42}{5} \cdot \frac{7}{36}$ **f.** $\frac{23}{56} \cdot \frac{49}{8}$ **g.** $\frac{63}{11} \cdot \frac{8}{49}$ **h.** $\frac{63}{19} \cdot \frac{13}{42}$

$\frac{7}{8} \cdot \frac{4}{3}$ $\frac{3}{5} \cdot \frac{10}{7}$ $\frac{5}{6} \cdot \frac{9}{11}$ $\frac{24}{5} \cdot \frac{3}{32}$ $\frac{56}{7} \cdot \frac{11}{48}$ $\frac{19}{7} \cdot \frac{64}{5}$ $\frac{36}{7} \cdot \frac{17}{54}$ $\frac{48}{5} \cdot \frac{13}{84}$

$\frac{1}{2} \cdot \frac{8}{9}$ $\frac{4}{9} \cdot \frac{5}{8}$ $\frac{3}{4} \cdot \frac{8}{7}$ $\frac{45}{11} \cdot \frac{8}{35}$ $\frac{5}{27} \cdot \frac{63}{13}$ $\frac{16}{17} \cdot \frac{9}{32}$ $\frac{81}{43} \cdot \frac{8}{27}$ $\frac{56}{37} \cdot \frac{13}{14}$

Mögliche Ergebnisse e. bis h.: $\frac{24}{43}, \frac{9}{34}, \frac{9}{20}, \frac{11}{6}, \frac{52}{35}, \frac{39}{38}, \frac{56}{77}, \frac{34}{21}, \frac{64}{75}, \frac{161}{64}, \frac{72}{67}, \frac{35}{39}, \frac{102}{63}, \frac{152}{45}, \frac{52}{37}, \frac{72}{77}, \frac{49}{30}$

13. Berechne die Produkte. Hier kann man mehrfach kürzen.

a. $\dfrac{10}{2} \cdot \dfrac{4}{5}$
$\dfrac{2}{3} \cdot \dfrac{9}{4}$

b. $\dfrac{7}{8} \cdot \dfrac{4}{7}$
$\dfrac{7}{8} \cdot \dfrac{8}{7}$

c. $\dfrac{3}{100} \cdot \dfrac{10}{9}$
$\dfrac{8}{25} \cdot \dfrac{35}{18}$

d. $\dfrac{11}{70} \cdot \dfrac{21}{22}$
$\dfrac{1}{99} \cdot \dfrac{108}{15}$

e. $\dfrac{75}{39} \cdot \dfrac{91}{50}$
$\dfrac{45}{78} \cdot \dfrac{25}{15}$

f. $\dfrac{12}{35} \cdot \dfrac{14}{18}$
$\dfrac{15}{28} \cdot \dfrac{20}{25}$

g. $\dfrac{3}{10} \cdot \dfrac{5}{9}$
$\dfrac{5}{12} \cdot \dfrac{8}{15}$

h. $\dfrac{12}{13} \cdot \dfrac{26}{36}$
$\dfrac{8}{9} \cdot \dfrac{9}{8}$

i. $\dfrac{16}{27} \cdot \dfrac{36}{24}$
$\dfrac{24}{25} \cdot \dfrac{15}{16}$

j. $\dfrac{2}{7} \cdot \dfrac{14}{4}$
$\dfrac{36}{35} \cdot \dfrac{26}{60}$

k. $\dfrac{24}{39} \cdot \dfrac{26}{60}$
$\dfrac{45}{34} \cdot \dfrac{51}{55}$

l. $\dfrac{7}{10} \cdot \dfrac{15}{14}$
$\dfrac{5}{12} \cdot \dfrac{12}{5}$

14. Berechne das Produkt. Kürze möglichst früh.

a. $\dfrac{3}{4} \cdot \dfrac{8}{15} \cdot \dfrac{7}{12}$

b. $\dfrac{3}{4} \cdot \dfrac{12}{15} \cdot \dfrac{21}{9}$

c. $\dfrac{2}{3} \cdot \dfrac{6}{7} \cdot \dfrac{5}{8}$

d. $\dfrac{1}{2} \cdot \dfrac{4}{5} \cdot \dfrac{15}{8}$

e. $\dfrac{3}{4} \cdot \dfrac{5}{6} \cdot \dfrac{8}{15}$

f. $\dfrac{6}{7} \cdot \dfrac{14}{9} \cdot \dfrac{15}{21}$

g. $\dfrac{12}{35} \cdot \dfrac{21}{16} \cdot \dfrac{25}{42}$

h. $\dfrac{2}{3} \cdot \dfrac{2}{3} \cdot \dfrac{2}{3} \cdot \dfrac{2}{3}$

i. $\dfrac{4}{7} \cdot \dfrac{5}{9} \cdot \dfrac{36}{23} \cdot \dfrac{21}{32}$

j. $\dfrac{12}{7} \cdot \dfrac{16}{45} \cdot \dfrac{21}{36} \cdot \dfrac{9}{8}$

k. $\dfrac{9}{16} \cdot \dfrac{45}{48} \cdot \dfrac{14}{27} \cdot \dfrac{32}{35}$

l. $\dfrac{18}{25} \cdot \dfrac{3}{4} \cdot \dfrac{35}{27} \cdot \dfrac{12}{11}$

m. $\dfrac{25}{34} \cdot \dfrac{17}{75} \cdot \dfrac{27}{15} \cdot \dfrac{35}{36}$

n. $\dfrac{63}{16} \cdot \dfrac{7}{54} \cdot \dfrac{24}{49} \cdot \dfrac{81}{14}$

o. $\dfrac{42}{17} \cdot \dfrac{19}{54} \cdot \dfrac{24}{57} \cdot \dfrac{34}{36}$

p. $\dfrac{15}{19} \cdot \dfrac{13}{35} \cdot \dfrac{64}{91} \cdot \dfrac{38}{72}$

15.

a. $\dfrac{11}{9} \cdot \dfrac{27}{11}$
$\dfrac{5}{25} \cdot \dfrac{5}{15}$

b. $\dfrac{64}{75} \cdot \dfrac{45}{56}$
$\dfrac{56}{81} \cdot \dfrac{27}{14}$

c. $\dfrac{27}{28} \cdot \dfrac{14}{81}$
$\dfrac{15}{16} \cdot \dfrac{32}{15}$

d. $\dfrac{18}{25} \cdot \dfrac{50}{9}$
$\dfrac{36}{75} \cdot \dfrac{90}{27}$

e. $\dfrac{96}{46} \cdot \dfrac{35}{108}$
$\dfrac{135}{144} \cdot \dfrac{51}{38}$

f. $\dfrac{153}{112} \cdot \dfrac{96}{117}$
$\dfrac{133}{91} \cdot \dfrac{65}{152}$

g. $\dfrac{13}{15} \cdot \dfrac{20}{17}$
$\dfrac{26}{35} \cdot \dfrac{49}{39}$

h. $\dfrac{28}{32} \cdot \dfrac{48}{52}$
$\dfrac{57}{51} \cdot \dfrac{17}{19}$

i. $\dfrac{720}{86} \cdot \dfrac{43}{240}$
$\dfrac{375}{690} \cdot \dfrac{130}{250}$

j. $\dfrac{450}{390} \cdot \dfrac{117}{135}$
$\dfrac{780}{485} \cdot \dfrac{375}{540}$

16.
a. Eine $\dfrac{3}{4}$-l-Flasche ist noch zu $\dfrac{2}{3}$ mit Obstsaft gefüllt. Wie viel Obstsaft ist in der Flasche?

b. Ein Gefäß fasst $\dfrac{7}{8}$ l. Es ist zu $\dfrac{4}{5}$ mit Milch gefüllt. Wie viel Milch enthält das Gefäß?

17. Fleisch besteht zu $\dfrac{2}{3}$ aus Wasser. Wie viel kg Wasser enthalten

a. $\dfrac{3}{4}$ kg, b. $\dfrac{1}{2}$ kg, c. $\dfrac{3}{8}$ kg, d. $2\dfrac{1}{2}$ kg, e. $1\dfrac{1}{4}$ kg Fleisch?

18.
a. Gärtner Maier verwendet $\dfrac{4}{5}$ ha Land für den Anbau von Blumen. Davon hat er $\dfrac{3}{10}$ mit Rosen und $\dfrac{5}{16}$ mit Nelken bepflanzt. Wie viel ha sind das jeweils?

b. Gärtnerin Schulze hat $\dfrac{5}{8}$ ha Land. Sie verwendet $\dfrac{3}{4}$ davon für den Anbau von Blumen und $\dfrac{1}{20}$ für die Züchtung von Gemüsepflanzen. Wie viel ha sind das jeweils?

c. Herrn Bleibtreus Garten ist $\dfrac{9}{2}$ a groß. Auf $\dfrac{2}{3}$ dieser Fläche hat Herr Bleibtreu Rasen gesät. Wie viel a sind das?

19. Wie viel ist
   a. die Hälfte von einem halben Liter;
   b. ein Viertel von einem halben Meter;
   c. ein Drittel von einer Dreiviertelstunde;
   d. zwei Drittel von einer Viertelstunde?

20. a. Wie viel ist das Doppelte des dritten Teils von einer halben Stunde?
   b. Wie viel ist das Dreifache des vierten Teils von $\frac{3}{4}l$?
   c. Wie viel ist das Vierfache des vierten Teils von $\frac{7}{8}m$?
   d. Wie viel ist die Hälfte vom Dreifachen eines halben Meters?

21. Gib für x eine passende gebrochene Zahl an.
   a. $\frac{2}{3} \cdot x = \frac{6}{15}$
   b. $\frac{3}{5} \cdot x = \frac{12}{15}$
   c. $\frac{3}{4} \cdot x = \frac{15}{24}$
   d. $\frac{4}{5} \cdot x = \frac{16}{25}$
   e. $x \cdot \frac{7}{9} = \frac{35}{18}$
   f. $\frac{2}{3} \cdot x = \frac{2}{5}$
   g. $\frac{2}{3} \cdot x = \frac{6}{9}$
   h. $4 \cdot x = \frac{8}{3}$
   i. $\frac{2}{5} \cdot x = 0$
   j. $\frac{2}{3} \cdot x = \frac{4}{5}$
   k. $\frac{4}{5} \cdot x = \frac{7}{10}$
   l. $\frac{2}{3} \cdot x = \frac{3}{7}$
   m. $x \cdot 4\frac{3}{5} = \frac{69}{45}$
   n. $1\frac{5}{8} \cdot x = \frac{65}{96}$
   o. $5\frac{2}{3} \cdot x = 7\frac{5}{9}$

22. Zwei Brüche werden multipliziert. Wie ändert sich das Produkt, wenn
   a. der Zähler eines Bruches verdoppelt wird;
   b. der Nenner eines Bruches verdoppelt wird;
   c. beide Zähler verdoppelt werden;
   d. beide Nenner verdoppelt werden;
   e. der Zähler und der Nenner eines Bruches verdoppelt werden;
   f. der Zähler und der Nenner beider Brüche verdoppelt werden?

23. a. Schreibe $\frac{6}{35}$ als Produkt von zwei Brüchen.
   b. Nenne zwei Brüche, die miteinander multipliziert 1 ergeben.
   c. Mit welcher Zahl muss man $\frac{5}{6}$ multiplizieren um das Produkt 18 zu erhalten?

24. Zerlege den Bruch in zwei Faktoren. Es gibt mehrere Möglichkeiten. Gib mindestens zwei Möglichkeiten an.

$$\frac{12}{21} = \frac{3}{7} \cdot \frac{4}{3} \text{ oder } \frac{12}{21} = \frac{2}{3} \cdot \frac{6}{7}$$

   a. $\frac{8}{15}$ **b.** $\frac{12}{55}$ **c.** $\frac{9}{25}$ **d.** $\frac{8}{45}$ **e.** $\frac{36}{75}$ **f.** $\frac{27}{125}$ **g.** $\frac{54}{63}$ **h.** $\frac{81}{91}$

25. Berechne die Potenzen wie im Beispiel.
   a. $(\frac{3}{4})^3$ **c.** $(\frac{2}{5})^4$ **e.** $(\frac{8}{9})^2$ **g.** $(\frac{1}{4})^3$
   b. $(\frac{7}{8})^2$ **d.** $(\frac{1}{10})^6$ **f.** $(\frac{1}{2})^5$ **h.** $(\frac{5}{6})^2$

$$(\frac{2}{3})^4 = \frac{2}{3} \cdot \frac{2}{3} \cdot \frac{2}{3} \cdot \frac{2}{3} = \frac{16}{81}$$

26. a. Berechne. Schreibe jedes Produkt auch als Potenz.
   (1) $\frac{3}{5} \cdot \frac{3}{5}$;   (2) $\frac{7}{8} \cdot \frac{7}{8}$ (3) $\frac{11}{12} \cdot \frac{11}{12}$ (4) $\frac{3}{4} \cdot \frac{3}{4} \cdot \frac{3}{4}$ (5) $\frac{2}{3} \cdot \frac{2}{3} \cdot \frac{2}{3} \cdot \frac{2}{3}$ (6) $\frac{1}{2} \cdot \frac{1}{2} \cdot \frac{1}{2} \cdot \frac{1}{2} \cdot \frac{1}{2}$
   b. Berechne: $(\frac{3}{7})^2$; $(\frac{7}{8})^3$; $(\frac{5}{9})^2$; $(\frac{3}{11})^2$
   c. Berechne und vergleiche: $\frac{4^2}{5^2}$; $(\frac{4}{5})^2$; $\frac{4^2}{5}$; $\frac{4}{5^2}$

27. Berechne möglichst einfach:
   a. $(\frac{3}{4})^2 \cdot (\frac{4}{5})^2$
   b. $(\frac{7}{8})^2 \cdot (\frac{3}{7})^2$
   c. $(\frac{6}{7})^2 \cdot (\frac{5}{9})^2$
   d. $(\frac{6}{25})^2 \cdot (\frac{15}{8})^2$

Anwenden der Multiplikationsregel auf verschiedene Fälle

1. Die Multiplikationsregel für Brüche lässt sich auch in Fällen anwenden, bei denen nicht beide Faktoren Brüche sind.
Berechne die Produkte.
Wie kannst du hier die Multiplikationsregel anwenden?

Aufgabe

a. (1) $\frac{3}{4} \cdot 7$; (2) $3 \cdot 4$

b. $3\frac{3}{4} \cdot 2\frac{3}{5}$

Lösung

a. Du kannst 7 als $\frac{7}{1}$ schreiben.
Jede natürliche Zahl kann man als Bruch schreiben, auch 3 und 4.

(1) $\frac{3}{4} \cdot 7 = \frac{3}{4} \cdot \frac{7}{1}$ (2) $3 \cdot 4 = \frac{3}{1} \cdot \frac{4}{1}$

$\quad = \frac{21}{4}$ $\qquad\qquad = \frac{12}{1} = 12$

Die Multiplikationsregel für Brüche lässt sich auch bei natürlichen Zahlen anwenden.

b. $3\frac{3}{4} \cdot 2\frac{3}{5} = \frac{15}{4} \cdot \frac{13}{5}$ *(Erst umwandeln)*

$\quad = \frac{\cancel{15}^3 \cdot 13}{4 \cdot \cancel{5}_1}$

$\quad = \frac{39}{4}$

$\quad = 9\frac{3}{4}$

Die Multiplikationsregel für Brüche lässt sich auch bei gebrochenen Zahlen in gemischter Schreibweise anwenden.

2. Schreibe als Produkt mithilfe von Brüchen und berechne. Kürze.

Zum Festigen und Weiterarbeiten

a. $\frac{4}{6} \cdot 6$ **c.** $2\frac{1}{2} \cdot 1\frac{2}{3}$ **e.** $2\frac{1}{5} \cdot 3\frac{3}{4}$ **g.** $5\frac{1}{7} \cdot 4\frac{3}{8}$

b. $7 \cdot \frac{3}{4}$ **d.** $3\frac{3}{4} \cdot 3\frac{1}{2}$ **f.** $3\frac{3}{7} \cdot 4\frac{3}{8}$ **h.** $7\frac{3}{5} \cdot 11\frac{5}{8}$

3. Berechne. Kürze, wenn möglich.

Übungen

a. $\frac{3}{5} \cdot 4$ **b.** $\frac{2}{3} \cdot 6$ **c.** $\frac{4}{18} \cdot 6$ **d.** $\frac{5}{24} \cdot 16$ **e.** $\frac{3}{4} \cdot 3\frac{1}{2}$ **f.** $2\frac{1}{2} \cdot 1\frac{1}{4}$ **g.** $1\frac{2}{25} \cdot \frac{15}{19}$

$11 \cdot \frac{7}{2}$ $7 \cdot \frac{3}{4}$ $\frac{17}{4} \cdot 9$ $\frac{7}{32} \cdot 24$ $\frac{2}{3} \cdot 2\frac{1}{4}$ $1\frac{3}{4} \cdot 1\frac{1}{2}$ $1\frac{1}{36} \cdot \frac{18}{19}$

$\frac{8}{15} \cdot 1$ $\frac{4}{5} \cdot 3$ $12 \cdot \frac{1}{3}$ $35 \cdot \frac{8}{15}$ $\frac{3}{4} \cdot 1\frac{7}{9}$ $1\frac{2}{3} \cdot 3\frac{3}{5}$ $1\frac{1}{48} \cdot \frac{18}{7}$

$7 \cdot \frac{5}{21}$ $\frac{5}{9} \cdot 6$ $16 \cdot \frac{9}{24}$ $42 \cdot \frac{11}{49}$ $\frac{4}{5} \cdot 1\frac{7}{8}$ $1\frac{1}{4} \cdot 2\frac{2}{5}$ $3\frac{5}{27} \cdot \frac{18}{25}$

4. Berechne das Produkt. Kürze.

a. $3\frac{1}{4} \cdot \frac{2}{3}$ **b.** $2\frac{2}{5} \cdot 3\frac{1}{8}$ **c.** $2\frac{5}{8} \cdot 4\frac{4}{6}$ **d.** $2\frac{1}{6} \cdot 2\frac{2}{5}$ **e.** $3\frac{5}{18} \cdot 6\frac{3}{4}$

$\frac{4}{5} \cdot 3\frac{1}{8}$ $3\frac{1}{9} \cdot 1\frac{5}{7}$ $1\frac{2}{15} \cdot 3\frac{1}{8}$ $3\frac{3}{7} \cdot 2\frac{3}{16}$ $5\frac{11}{16} \cdot 5\frac{7}{13}$

$2\frac{1}{4} \cdot 2\frac{2}{3}$ $3\frac{3}{12} \cdot 3\frac{3}{13}$ $1\frac{11}{12} \cdot 3\frac{1}{5}$ $1\frac{17}{28} \cdot 2\frac{14}{35}$ $6\frac{12}{17} \cdot 6\frac{5}{19}$

$4\frac{2}{3} \cdot \frac{6}{7}$ $3\frac{1}{9} \cdot 3\frac{3}{7}$ $6\frac{6}{7} \cdot 2\frac{11}{12}$ $1\frac{5}{24} \cdot 3\frac{9}{33}$ $4\frac{19}{23} \cdot 3\frac{4}{37}$

5. Berechne die Potenzen.

a. $(2\frac{3}{4})^2$ **c.** $(\frac{3}{5})^2$ **e.** $(3\frac{1}{8})^2$

$(2\frac{2}{3})^3$ $(1\frac{5}{6})^2$ $(3\frac{1}{5})^2$

b. $(1\frac{7}{8})^2$ **d.** $(1\frac{3}{7})^2$ **f.** $(5\frac{2}{3})^2$

$(1\frac{1}{2})^3$ $(1\frac{1}{4})^2$ $(4\frac{3}{5})^2$

$(2\frac{1}{4})^2 = 2\frac{1}{4} \cdot 2\frac{1}{4}$
$\qquad\quad = \frac{9}{4} \cdot \frac{9}{4}$
$\qquad\quad = \frac{81}{16}$

Vermischte Übungen

1. Gegeben: $\frac{4}{5}$; $\frac{7}{8}$; $\frac{5}{9}$; $\frac{7}{12}$.

(1) Erweitere jeden Bruch mit 7. (3) Multipliziere jeden Bruch mit $\frac{1}{7}$.
(2) Multipliziere jeden Bruch mit 7. (4) Dividiere jeden Bruch durch 7.

2. Gegeben: $\frac{4}{12}$; $\frac{8}{24}$; $\frac{16}{4}$; $\frac{32}{28}$.

(1) Kürze jeden Bruch mit 4. (3) Multipliziere jeden Bruch mit $\frac{1}{4}$.
(2) Dividiere jeden Bruch durch 4. (4) Multipliziere jeden Bruch mit 4.

3. **a.** $\frac{3}{4} \cdot 5$ **b.** $\frac{7}{8} \cdot 6$ **c.** $\frac{6}{7} \cdot 9$ **d.** $\frac{5}{6} \cdot 12$ **e.** $\frac{8}{15} \cdot 25$ **f.** $\frac{7}{18} \cdot 27$ **g.** $\frac{21}{25} \cdot 45$

$\frac{3}{4} : 5$ $\frac{7}{8} : 6$ $\frac{6}{7} : 9$ $\frac{5}{6} : 12$ $\frac{8}{15} : 16$ $\frac{7}{18} : 21$ $\frac{21}{25} : 35$

$\frac{3}{4} \cdot \frac{2}{5}$ $\frac{7}{8} \cdot \frac{5}{6}$ $\frac{6}{7} \cdot \frac{5}{9}$ $\frac{5}{6} \cdot \frac{12}{11}$ $\frac{8}{15} \cdot \frac{13}{24}$ $\frac{7}{18} \cdot \frac{5}{28}$ $\frac{21}{25} \cdot \frac{8}{49}$

Mögliche Ergebnisse a. bis d.: $10; \frac{3}{10}; 3\frac{3}{4}; \frac{3}{20}; \frac{5}{72}; 5\frac{1}{4}; \frac{10}{21}; \frac{7}{48}; \frac{10}{11}; \frac{35}{48}; 7\frac{5}{7}; \frac{2}{21}; \frac{5}{13} \cdot \frac{4}{21}$

e. bis g.: $\frac{1}{54}; \frac{6}{45}; 10\frac{1}{2}; \frac{24}{175}; 13\frac{1}{3}; \frac{1}{30}; \frac{5}{72}; \frac{13}{45}; \frac{3}{125}; 37\frac{4}{5}; \frac{7}{13}$

4. **a.** $\frac{15}{16} \cdot 32$ **b.** $\frac{27}{28} \cdot 49$ **c.** $\frac{42}{55} \cdot 35$ **d.** $\frac{54}{39} \cdot 26$ **e.** $\frac{49}{56} \cdot 64$ **f.** $\frac{81}{64} \cdot 48$ **g.** $\frac{26}{34} \cdot 51$

$\frac{15}{16} : 45$ $\frac{27}{28} : 36$ $\frac{42}{55} : 63$ $\frac{54}{39} : 36$ $\frac{49}{56} : 63$ $\frac{81}{64} : 36$ $\frac{26}{34} : 91$

$\frac{15}{16} \cdot \frac{32}{45}$ $\frac{27}{28} \cdot \frac{56}{54}$ $\frac{42}{55} \cdot \frac{45}{77}$ $\frac{54}{39} \cdot \frac{52}{91}$ $\frac{49}{56} \cdot \frac{72}{63}$ $\frac{81}{64} \cdot \frac{32}{63}$ $\frac{26}{34} \cdot \frac{85}{65}$

$\frac{15}{16} \cdot 1\frac{29}{35}$ $\frac{27}{28} \cdot 1\frac{73}{81}$ $\frac{42}{55} \cdot 7\frac{9}{28}$ $\frac{54}{39} \cdot 1\frac{41}{63}$ $\frac{49}{56} \cdot 4\frac{40}{42}$ $\frac{51}{57} \cdot 152$ $\frac{51}{57} \cdot \frac{133}{136}$

Mögliche Ergebnisse a. bis d.: $\frac{2}{3}; 30; 1\frac{1}{7}; \frac{1}{48}; 2\frac{2}{7}; \frac{3}{112}; \frac{5}{112}; 5\frac{13}{22}; 47\frac{1}{4}; \frac{3}{78}; 1\frac{5}{7}; 1; 36; \frac{2}{165}; 26\frac{8}{11}; \frac{54}{121}; 1\frac{5}{6}; \frac{1}{26}$

e. bis g.: $\frac{5}{57}; \frac{9}{14}; 56; \frac{9}{13}; \frac{1}{72}; \frac{9}{256}; 60\frac{3}{4}; \frac{1}{119}; 136; \frac{7}{8}; 39; \frac{1}{133}; 4\frac{1}{3}; 1; \frac{4}{135}$

5. a. Wie viel Liter enthält
(1) ein Kasten mit 12 Flaschen „TigerQuell";
(2) eine Kiste mit 15 Flaschen Mosel-Wein;
(3) ein „6er-Pack" alkoholfreies Bier?

b. Denke dir den Inhalt jeder der abgebildeten Flaschen an 3 Personen verteilt.
Wie viel *l* erhält jede Person aus jeder Flasche?

c. Angenommen, jede der Flaschen ist zu
(1) $\frac{2}{3}$; (2) $\frac{3}{4}$; (3) $\frac{4}{5}$ gefüllt.
Wie viel Liter enthält dann jede Flasche?

6. Eine Feinunze Gold wiegt ungefähr $31\frac{1}{10}$ g.
Wie viel g wiegen (1) 5 Feinunzen, (2) $\frac{7}{10}$ Feinunzen, (3) $3\frac{1}{2}$ Feinunzen Gold?

7. Der Schall legt $\frac{1}{3}$ km in 1 s zurück. Wie viel km legt er zurück in 7 s, $\frac{1}{2}$ s, $2\frac{1}{2}$ s, $\frac{1}{10}$ s, $\frac{1}{100}$ s?

8. Eine $\frac{7}{10}$-*l*-Flasche Mineralwasser und eine $\frac{3}{4}$-*l*-Flasche Orangensaft sind beide nur noch halb voll. Katharina mischt aus den Resten ein Erfrischungsgetränk.
a. Wie viel Liter erhält sie?
b. Das Getränk wird auf 3 Kinder verteilt. Wie viel Liter erhält jedes Kind?

Multiplizieren von Dezimalbrüchen

Wiederholung

(1) Multiplizieren eines Dezimalbruches mit 10, 100, 1000
Man multipliziert einen Dezimalbruch mit 10, 100, 1000, indem man das Komma um 1, 2, 3 Stellen nach rechts verschiebt.
Wenn rechts nicht mehr genügend Ziffern stehen, ergänzt man Nullen.

$0{,}25 \cdot 10 = 2{,}5$
$0{,}25 \cdot 100 = 25$
$0{,}25 \cdot 1000 = 250$

(2) Multiplizieren eines Dezimalbruchs mit einer natürlichen Zahl
Man multipliziert die Zahlen wie natürliche Zahlen. Im Ergebnis trennt man dann mit dem Komma von rechts so viele Ziffern ab, wie der Dezimalbruch hat.
Beispiele:
$0{,}9 \cdot 6 = 5{,}4$ $0{,}25 \cdot 9 = 2{,}25$

$0{,}9 = 9z$
Ich rechne: $9z \cdot 6 = 54z$
$54z = 5E\ 4z$, also $5{,}4$

$25h \cdot 9 = 225h$
$225h = 2E\ 25h$, also $2{,}25$

Schriftliches Multiplizieren
Berechne $3{,}55 \cdot 13$.

Rechnung mit Hundertsteln:	Nebenrechnung:	Schriftliches Rechnen mit 3,55:
$3{,}55 \cdot 13 \qquad\qquad = 46{,}15$ ↓ ↓ ↑ $\frac{355}{100} \cdot 13 = \frac{4615}{100} = 46\frac{15}{100}$	$\begin{array}{r} 355 \cdot 13 \\ \hline 355 \\ 1065 \\ \hline 4615 \end{array}$	$\begin{array}{r} 3{,}55 \cdot 13 \\ \hline 35\ 5 \\ 10\ 65 \\ \hline 46{,}15 \end{array}$

Aufgabe

1. Wenn Wasser zu Eis gefriert, dehnt es sich um das 1,09fache seines ursprünglichen Volumens aus. Um das zu überprüfen hat Ulrike eine 1,5-*l*-Flasche mit Wasser in die Kühltruhe gelegt. Nach einiger Zeit holt sie die zerborstene Flasche mit Eis wieder heraus.
Wie viel Liter Eis sind entstanden?

Lösung

Hundertstel mal Zehntel ergibt Tausendstel; daher 3 Stellen rechts vom Komma

Rechnung mit gemeinen Brüchen:		Rechnung mit Dezimalbrüchen:
$1{,}09 \cdot 1{,}5 = \qquad\qquad 1{,}635$ ↓ ↓ ↑ $1\frac{9}{100} \cdot 1\frac{5}{10} = \frac{109}{100} \cdot \frac{15}{10} = \frac{1635}{1000} = 1\frac{635}{1000}$	NR. $\begin{array}{r} 109 \cdot 15 \\ \hline 109 \\ 545 \\ \hline 1635 \end{array}$	$\begin{array}{r} 1{,}09 \cdot 1{,}5 \\ \hline 109 \\ 545 \\ \hline 1{,}635 \end{array}$

Kapitel 3

Beim Vergleichen erkennst du, dass man 1,09 · 1,5 in zwei Schritten berechnet.
1. Schritt: Multipliziere die Dezimalbrüche wie natürliche Zahlen: 109 · 15.
2. Schritt: Trenne im Ergebnis 1635 mit dem Komma drei Ziffern von rechts ab. Das entspricht dem Teilen durch den Nenner 1000.

Ergebnis: Es sind 1,635 Liter Eis entstanden.

Zum Festigen und Weiterarbeiten

2. Berechne das Produkt zuerst mit gemeinen Brüchen.

  a. 0,6 · 0,9 = ☐   **b.** 0,15 · 0,5 = ☐   **c.** 0,25 · 0,03 = ☐   **d.** 0,02 · 0,004 = ☐

  $\frac{6}{10} \cdot \frac{9}{10} = $ ☐ $\frac{15}{100} \cdot \frac{5}{10} = $ ☐ $\frac{25}{100} \cdot \frac{3}{100} = $ ☐ $\frac{2}{100} \cdot \frac{4}{1000} = $ ☐

3. Übertrage die Tabelle in dein Heft und fülle sie aus. Finde eine Regel, wie man das Komma setzen muss.

Aufgabe	Anzahl der Stellen hinter dem Komma		Überlegung	Anzahl der Stellen hinter dem Komma im Ergebnis	Ergebnis
	1. Faktor	2. Faktor			
1,2 · 0,7	1	1	Zehntel · Zehntel = ?		
1,2 · 0,07	1	2	Zehntel · Hundertstel = ?		
0,12 · 0,07	2	2			
1,2 · 0,007	1	3			

4. Rechne im Kopf.

  a. 0,8 · 0,7   **b.** 0,9 · 0,05   **c.** 2,4 · 0,5   **d.** 0,3 · 0,4   **e.** 0,015 · 0,4
  1,2 · 0,3   0,04 · 0,6   0,2 · 0,45   0,16 · 0,5   0,8 · 0,012
  0,9 · 1,1   0,08 · 0,6   0,3 · 0,12   0,14 · 0,7   0,06 · 0,05

5. Kommafehler kann man vermeiden, wenn man vor der genauen Rechnung einen Überschlag durchführt. Übertrage die Tabelle in dein Heft.

  18,7 · 23,6   4,82 · 12,04   8,49 · 24,7
  9,93 · 52,8   5,15 · 11,086   6,7 · 17,191

Aufgabe	Überschlag	Genaues Ergebnis
12,7 · 4,8	10 · 5 = 50	60,96
18,7 · 23,6		
9,93 · 52,8		

Multiplizieren von Dezimalbrüchen

(1) Multipliziere zuerst so, als wäre kein Komma vorhanden.
(2) Setze dann das Komma. Im Ergebnis müssen nach dem Komma so viele Ziffern stehen, wie die Faktoren zusammen nach dem Komma haben.

```
   2,7 · 1,25
   ----------
        27
        54
       135
   ----------
       3,375
```
---

6. Runde das Ergebnis auf zwei Stellen nach dem Komma.

  a. 15,06 · 27   **b.** 13,47 · 8,52   **c.** 0,963 · 7,4
  370 · 1,908   3,145 · 2,71   3,75 · 14

Übungen

7. | 1,5 | 0,6 | 0,03 | 0,25 | 2,5 | 0,007 | 0,1 | 0,08 | 1,2 | 0,15 | 0,01 |

Multipliziere jede Zahl **a.** mit 0,5; **b.** mit 0,02; **c.** mit 0,8; **d.** mit 7.

8. Führe zuerst einen Überschlag durch. Vereinfache dazu die Zahlen so, dass du im Kopf rechnen kannst.

a. 76,1 · 2,3
5,36 · 4,9
63,8 · 1,25

b. 6,4 · 6,53
0,83 · 15,2
34,05 · 3,6

c. 16,6 · 2,95
11,05 · 19,15
0,87 · 8,907

d. 7,5 · 13,61
48,3 · 4,605
4,25 · 12,44

9. a. 543,6 · 0,27
8,58 · 7,4
18,9 · 0,348

b. 8,37 · 0,56
86,7 · 0,19
0,508 · 53,6

c. 30,8 · 2,9
5,46 · 8,7
0,43 · 7,09

d. 1,03 · 8,84
9,93 · 41,7
19,4 · 7,95

10. Aus diesen Zahlen kannst du neun Produkte bilden.

Ergebnisse: 390,72; 0,02668; 3,96; 0,00138; 2,4288; 0,0435; 0,00225; 4,292; 0,222

11. Auf dem Wochenmarkt werden Äpfel für 1,80 € je 1 kg angeboten.
  a. Christina kauft 0,7 kg. Wie viel muss sie bezahlen?
  b. Eine andere Sorte Äpfel wird für 1,95 € je 1 kg angeboten. Wie teuer sind 1,4 kg dieser Sorte?

12. Zeichne die Tabelle ab und fülle sie aus. Rechne möglichst geschickt.

a.

·	7	0,4	3,6	10,6	21,6
14					
0,14					
1,4					
0,014					

b.

·	6	0,6	1,2	3,6	4,8
25					
0,25					
2,5					
0,025					

13. Multipliziere 2,7; 27; 0,027 und 0,27 der Reihe nach mit der Zahl:
  a. 1,5 **b.** 3,6 **c.** 0,72 **d.** 0,018 **e.** 12 **f.** 0,25

14. Benzinpreise werden sehr häufig auf drei Stellen nach dem Komma genau angegeben. Der Literpreis für Kraftstoff liegt bei 1,049 €. Saskia besorgt im Kanister 4,8 Liter Kraftstoff, um den Rasenmäher zu betanken.
Wie viel muss sie bezahlen? Runde das Ergebnis sinnvoll.

15. Der Ärmelkanal ist zwischen der französischen Stadt Calais und der englischen Stadt Dover 17,8 Seemeilen breit.
(1 Seemeile = 1,852 km)
Wie viel km ist der Kanal breit?
Runde das Ergebnis auf ganze km.

16. Das französische Überschallflugzeug „Concorde" hat eine Höchstgeschwindigkeit von 2,2 Mach (das 2,2fache der Schallgeschwindigkeit).
1 Mach bedeutet, dass in einer Sekunde 0,34 km zurückgelegt werden.
  a. Wie viele km kann die „Concorde" in einer Sekunde zurücklegen?
  b. Wie viele km kann sie in einer Stunde zurücklegen?

17. Runde das Ergebnis auf zwei Stellen nach dem Komma.
  a. 17,8 · 0,236
  1,76 · 2,35
  0,55 · 8,23
  b. 6,25 · 0,083
  6,34 · 0,89
  8,3 · 0,141
  c. 6,25 · 6,25
  7,03 · 0,095
  7,5 · 0,15
  d. 12,4 · 175,6
  45,6 · 3,09
  17,5 · 3,75

18. Berechne das Produkt und runde sinnvoll.
  a. 11,25 € · 1,5
  b. 17,48 € · 1,2
  c. 25,77 € · 1,05
  d. 40,22 € · 1,25
  e. 52,08 € · 0,95
  f. 36,49 € · 0,93
  g. 125,80 € · 0,88
  h. 147,45 € · 1,75

19. Berechne:
  a. das 3,5fache von 17,6
  b. das 1,6fache von 2,44
  c. das 1,75fache von 7,5
  d. das 1,15fache von 10,28
  e. das 4,4fache von 15,5
  f. das 6,5fache von 0,844

20. a. 1,4 · 2,6 · 3
  4,9 · 7 · 1,5
  b. 0,62 · 0,25 · 17,8
  0,3 · 1,3 · 10,3
  c. 13 · 10,8 · 0,34
  1,6 · 0,12 · 28
  d. 7,2 · 0,004 · 0,08
  0,32 · 4,5 · 0,05

21. Berechne die Potenzen.
  a. $1,5^2$ $3,5^2$
  b. $8,9^2$ $0,04^2$
  c. $0,23^2$ $0,35^2$
  d. $0,14^2$ $0,06^2$
  e. $1,2^3$ $1,5^3$
  f. $0,2^3$ $0,1^4$

$4,8^2 = 4,8 \cdot 4,8 = 23,04$

22. Berechne nur eines der Produkte schriftlich, bestimme die anderen mit Kommaverschiebung.
  a. 1,4 · 0,85
  0,14 · 0,85
  0,14 · 8,5
  1,4 · 8,5
  b. 2,75 · 0,35
  27,5 · 0,35
  27,5 · 3,5
  2,75 · 3,5
  c. 4,7 · 7,2
  0,47 · 7,2
  4,7 · 0,72
  0,47 · 0,72
  d. 7,6 · 8,7
  0,76 · 8,7
  7,6 · 87
  7,6 · 0,087

23. Tanjas Mutter will für das Fenster im Kinderzimmer neue Gardinen nähen. Sie benötigt genau 3,75 m. Der laufende Meter kostet 11,95 €. Tanjas Mutter will nicht mehr als 50 € ausgeben. Reicht das Geld?
Mache zunächst einen Überschlag, rechne dann genau.

Dividieren von gebrochenen Zahlen
Rückgängigmachen einer Multiplikation – Dividieren

1. a. Herr Wag bekommt bei einer Lotterie 81 € ausgezahlt; das ist das Dreifache seines Einsatzes.
Herr Los erhält 52 €; das sind $\frac{2}{3}$ seines Einsatzes.
Wie viel Geld hat jeder eingesetzt?

Aufgabe

b. Lisa denkt sich eine Zahl. Sie multipliziert diese Zahl mit $\frac{5}{7}$. Als Ergebnis erhält sie $\frac{3}{4}$.
Welche Zahl hat sich Lisa gedacht?

Lösung

a. (1) Wir suchen den Einsatz von Herrn Wag; er beträgt x €.

$$x \in \xrightarrow{\cdot 3} 81 \in$$
$$27 \in \underset{:3}{\overset{\cdot 3}{\rightleftarrows}} 81 \in \qquad 27 \in \underset{\cdot \frac{1}{3}}{\overset{\cdot 3}{\rightleftarrows}} 81 \in$$

: 3 macht rückgängig, was · 3 bewirkt. $\quad\bigg|\quad$ · $\frac{1}{3}$ bewirkt dasselbe wie : 3

Ergebnis: Herr Wag hat 27 € eingesetzt.

(2) Wir suchen den Einsatz von Herrn Los; er beträgt x €.

$$x \in \xrightarrow{\cdot \frac{2}{3}} 52 \in$$

Wir wollen rückgängig machen, was · $\frac{2}{3}$ bewirkt.

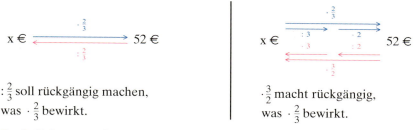

: $\frac{2}{3}$ soll rückgängig machen, was · $\frac{2}{3}$ bewirkt. $\quad\bigg|\quad$ · $\frac{3}{2}$ macht rückgängig, was · $\frac{2}{3}$ bewirkt.

Deshalb können wir sagen:
52 € : $\frac{2}{3}$ bedeutet dasselbe wie 52 € · $\frac{3}{2}$.

Ergebnis: Herr Los hat 78 € eingesetzt.

b. Wir suchen Lisas Zahl x.

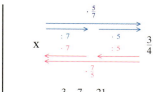

$x = \frac{3}{4} : \frac{5}{7} = ?$ $\qquad\bigg|\qquad x = \frac{3}{4} \cdot \frac{7}{5} = \frac{21}{20}$

Ergebnis: Lisas Zahl heißt $\frac{21}{20}$.

Kapitel 3

Information

> **(1) Der Kehrwert (das Reziproke) eines Bruches**
>
> Man erhält den **Kehrwert** (das **Reziproke**) eines Bruches, indem man Zähler und Nenner vertauscht. $\frac{7}{5}$ ist der Kehrwert von $\frac{5}{7}$; $\frac{5}{7}$ ist der Kehrwert von $\frac{7}{5}$.
>
> **(2) Dividieren durch einen Bruch**
>
> Durch einen Bruch wird dividiert, indem man mit dem Kehrwert des Bruches multipliziert.
>
> $\frac{3}{4} : \frac{5}{7} = \frac{3}{4} \cdot \frac{7}{5} = \frac{3 \cdot 7}{4 \cdot 5} = \frac{21}{20}$
>
> $\frac{a}{b} : \frac{c}{d} = \frac{a}{b} \cdot \frac{d}{c}$

Dividieren heißt Multiplizieren mit dem Kehrwert

Zum Festigen und Weiterarbeiten

2. Fülle die Lücken aus; notiere zu jedem Pfeil die zugehörige Aufgabe (mit Gleichheitszeichen).

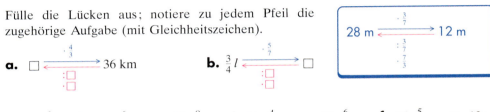

3. a. $54 : \frac{2}{3}$ **b.** $36 : \frac{6}{7}$ **c.** $72 : \frac{8}{9}$ **d.** $24 : \frac{4}{5}$ **e.** $18 : \frac{6}{7}$ **f.** $15 : \frac{5}{6}$ **g.** $12 : \frac{3}{4}$

4. Berechne; kürze möglichst vor dem Ausrechnen.

a. $\frac{3}{4} : \frac{9}{8}$ **b.** $\frac{5}{8} : \frac{8}{15}$ **c.** $\frac{1}{14} : \frac{1}{21}$ **d.** $\frac{32}{35} : \frac{24}{25}$ **e.** $\frac{108}{117} : \frac{36}{39}$ **f.** $\frac{75}{78} : \frac{125}{3}$

$\frac{2}{5} : \frac{4}{3}$ $\frac{8}{15} : \frac{3}{10}$ $\frac{8}{9} : \frac{12}{15}$ $\frac{42}{27} : \frac{49}{45}$ $\frac{51}{57} : \frac{68}{114}$ $\frac{68}{81} : \frac{119}{108}$

$\frac{5}{6} : \frac{2}{3}$ $\frac{2}{3} : \frac{4}{5}$ $\frac{15}{18} : \frac{25}{24}$ $\frac{63}{54} : \frac{42}{36}$ $\frac{42}{85} : \frac{126}{51}$ $\frac{75}{52} : \frac{165}{39}$

5. Der Divisor wird jedes Mal halbiert.

a. Wie ändert sich der Wert des Quotienten?

b. Setze die Kette rechts drei Zeilen fort.

c. Verfahre entsprechend mit den folgenden Quotienten (jeweils 6 Zeilen).

(1) $\frac{2}{3} : 4 = \square$ (2) $\frac{2}{5} : 9 = \square$ (3) $\frac{1}{2} : 25 = \square$
   $\downarrow :2$ $\downarrow \square$ $\downarrow :3$ $\downarrow \square$ $\downarrow :5$ $\downarrow \square$

$16 : 4 = 4$
$\downarrow :2$ $\downarrow \square$
$16 : 2 = 8$
$\downarrow :2$ $\downarrow \square$
$16 : 1 = 16$
$\downarrow :2$ $\downarrow \square$

6. a. Erkläre: $18\,m : \frac{1}{4}$ bedeutet dasselbe wie $18\,m \cdot 4$.

b. Berechne: $15 : \frac{1}{2}$; $12 : \frac{1}{5}$; $14 : \frac{1}{6}$; $16 : \frac{1}{8}$; $13 : \frac{1}{3}$; $11 : \frac{1}{4}$ $9 : \frac{1}{7}$

7. Du weißt: Wenn man die Zahl 15 durch eine natürliche Zahl (außer durch 1) dividiert, ist das Ergebnis kleiner als 15. Jörg behauptet:

„Ich kann 15 durch eine Zahl dividieren, sodass das Ergebnis

a. größer ist als 15;   **b.** doppelt so groß ist wie 15."

Was meinst du dazu?

Das Ergebnis kann auch größer als die geteilte Zahl sein

Übungen

8. Trage die fehlenden Rechenanweisungen und Größen ein. Notiere zu jedem Pfeil die zugehörige Aufgabe (mit Gleichheitszeichen).

Kapitel 3

9.

a.	b.	c.	d.	e.							f.	g.	h.	i.	j.					
$\frac{4}{5}$	$\frac{3}{4}$	$\frac{2}{3}$	$\frac{7}{8}$	$\frac{5}{9}$	:	$\frac{2}{3}$	$\frac{3}{8}$	$\frac{5}{6}$	$\frac{9}{10}$	$\frac{11}{12}$	$\frac{1}{2}$	$\frac{2}{3}$	$\frac{3}{4}$	$\frac{4}{5}$	$\frac{5}{5}$	:	$\frac{3}{4}$	$\frac{4}{5}$	$\frac{5}{6}$	$\frac{7}{8}$	$\frac{8}{9}$

10.
a. $9 : \frac{3}{5}$ c. $12 : \frac{3}{4}$ e. $72 : \frac{2}{3}$ g. $45 : \frac{9}{11}$ i. $560 : \frac{7}{8}$ k. $117 : \frac{52}{9}$
    $8 : \frac{4}{7}$ $16 : \frac{8}{3}$ $54 : \frac{6}{7}$ $56 : \frac{7}{8}$ $126 : \frac{18}{7}$ $153 : \frac{68}{11}$

b. $12 : \frac{4}{9}$ d. $18 : \frac{9}{5}$ f. $64 : \frac{8}{9}$ h. $63 : \frac{18}{5}$ j. $133 : \frac{19}{21}$ l. $152 : \frac{114}{13}$
    $18 : \frac{6}{7}$ $24 : \frac{8}{9}$ $24 : \frac{6}{7}$ $49 : \frac{21}{25}$ $136 : \frac{17}{12}$ $162 : \frac{72}{15}$

11.
a. $\frac{2}{3} : \frac{3}{4}$ c. $\frac{1}{2} : \frac{1}{4}$ e. $\frac{3}{4} : \frac{3}{5}$ g. $\frac{4}{5} : \frac{3}{8}$ i. $\frac{7}{12} : \frac{14}{15}$ k. $\frac{3}{19} : \frac{9}{7}$ m. $\frac{108}{117} : \frac{96}{39}$
    $\frac{2}{3} : \frac{4}{7}$ $\frac{8}{9} : \frac{4}{7}$ $\frac{7}{8} : \frac{3}{4}$ $\frac{5}{6} : \frac{9}{10}$ $\frac{15}{16} : \frac{2}{56}$ $\frac{11}{18} : \frac{15}{27}$ $\frac{85}{51} : \frac{102}{136}$

b. $\frac{2}{7} : \frac{6}{5}$ d. $\frac{7}{8} : \frac{1}{2}$ f. $\frac{5}{6} : \frac{2}{9}$ h. $\frac{7}{8} : \frac{7}{4}$ j. $\frac{27}{14} : \frac{36}{11}$ l. $\frac{12}{25} : \frac{8}{15}$ n. $\frac{54}{46} : \frac{162}{69}$
    $\frac{4}{5} : \frac{2}{3}$ $\frac{3}{4} : \frac{3}{5}$ $\frac{1}{4} : \frac{1}{2}$ $\frac{2}{3} : \frac{11}{12}$ $\frac{63}{13} : \frac{49}{17}$ $\frac{36}{14} : \frac{27}{21}$ $\frac{126}{135} : \frac{42}{165}$

Mögliche Ergebnisse: $3\frac{3}{4}$; $1\frac{1}{4}$; $4\frac{2}{3}$; $2\frac{2}{15}$; $1\frac{1}{6}$; $\frac{33}{56}$; $\frac{50}{54}$; $1\frac{62}{91}$; $26\frac{1}{4}$; $\frac{8}{11}$; $\frac{1}{2}$; $\frac{64}{81}$; 1; $\frac{5}{8}$; $\frac{25}{27}$; 2; $\frac{5}{21}$; $1\frac{1}{5}$; $\frac{11}{12}$; $3\frac{3}{4}$; $1\frac{5}{9}$; $1\frac{1}{4}$; $\frac{8}{9}$; $1\frac{1}{6}$; $1\frac{3}{4}$; $1\frac{1}{10}$; $\frac{1}{2}$; $3\frac{3}{4}$; 2; $\frac{7}{57}$; $2\frac{2}{9}$; $\frac{2}{15}$; $\frac{3}{8}$; $\frac{9}{10}$; $3\frac{2}{3}$.

12.
a. $x \xrightarrow{\cdot \frac{3}{5}} \frac{7}{10}$ c. $\frac{3}{5} \xrightarrow{\cdot x} \frac{8}{10}$ e. $\frac{15}{16} \xrightarrow{\cdot x} \frac{25}{24}$ g. $\frac{4}{5} \xrightarrow{\cdot x} \frac{15}{12}$

b. $\frac{4}{7} \xrightarrow{\cdot \frac{3}{8}} x$ d. $x \xrightarrow{\cdot \frac{11}{12}} \frac{3}{2}$ f. $x \xrightarrow{\cdot \frac{35}{27}} \frac{55}{54}$ h. $x \xrightarrow{\cdot \frac{7}{8}} \frac{5}{9}$

13. Die Goetheschule besuchen 336 Mädchen. Das sind $\frac{4}{7}$ aller Schüler.
Wie viele Schüler hat die Goetheschule?

14. Jörgs Vater ist Landwirt.
Er hat auf $\frac{3}{5}$ ha Blumenkohl angebaut.
Das sind $\frac{3}{4}$ eines Feldes.
Wie groß ist das Feld?

15.
a. In einem Aquarium steht das Wasser $\frac{3}{4}$ m hoch. Das Aquarium ist nur zu $\frac{5}{8}$ gefüllt. Wie hoch ist das Aquarium?
b. Ein Gefäß ist zu $\frac{2}{5}$ gefüllt. Es enthält $\frac{3}{4}$ l Milch. Wie viel l faßt das Gefäß?
c. Eine Schüssel faßt $\frac{15}{2}$ l, sie ist aber nur zu $\frac{3}{5}$ mit Wasser gefüllt. Das Wasser wird in eine Wanne umgefüllt, die 40 l faßt.
Wie groß ist der Anteil dieser Füllung am gesamten Volumen (Rauminhalt) der Wanne?
d. Wenn man den Inhalt von zwei $\frac{3}{4}$-l-Flaschen in ein Bowle-Gefäß füllt, ist es zu $\frac{3}{8}$ gefüllt. Wie viel l faßt das Bowle-Gefäß?

16. Setze anstelle von x eine passende gebrochene Zahl ein.

a. $x \cdot \frac{2}{3} = \frac{8}{15}$ b. $x \cdot \frac{7}{9} = \frac{5}{8}$ c. $\frac{3}{7} : x = \frac{11}{13}$ d. $x \cdot \frac{5}{7} = \frac{15}{28}$ e. $\frac{15}{17} \cdot x = \frac{16}{19}$
   $x \cdot \frac{8}{15} = \frac{2}{3}$ $x \cdot \frac{5}{8} = \frac{7}{9}$ $\frac{3}{7} \cdot x = \frac{11}{13}$ $x \cdot \frac{15}{28} = \frac{5}{7}$ $\frac{15}{17} : x = \frac{16}{19}$
   $x : \frac{8}{15} = \frac{2}{3}$ $x : \frac{5}{8} = \frac{7}{9}$ $\frac{11}{13} \cdot x = \frac{3}{7}$ $x : \frac{15}{28} = \frac{5}{7}$ $\frac{16}{19} \cdot x = \frac{15}{17}$

Anwenden der Divisionsregel auf verschiedene Fälle

Aufgabe

1. Die Divisionsregel für Brüche lässt sich auch in Fällen anwenden, bei denen nicht beide Faktoren Brüche sind.
   Berechne die Quotienten. Wie kannst du hier die Divisionsregel anwenden?

   a. (1) $\frac{3}{4}:5$;   (2) $2:\frac{3}{4}$;   (3) $3:4$ **b.** $9\frac{5}{7}:3$ **c.** $2\frac{3}{4}:4\frac{1}{3}$

   ### Lösung
   a. Schreibe die natürlichen Zahlen als Brüche (z. B. $5=\frac{5}{1}$).

   (1) $\frac{3}{4}:5 = \frac{3}{4}:\frac{5}{1}$
   $= \frac{3}{4} \cdot \frac{1}{5}$
   $= \frac{3 \cdot 1}{4 \cdot 5} = \frac{3}{20}$

   (2) $2:\frac{3}{4} = \frac{2}{1}:\frac{3}{4}$
   $= \frac{2}{1} \cdot \frac{4}{3}$
   $= \frac{2 \cdot 4}{1 \cdot 3} = \frac{8}{3}$

   (3) $3:4 = \frac{3}{1}:\frac{4}{1}$
   $= \frac{3}{1} \cdot \frac{1}{4}$
   $= \frac{3 \cdot 1}{1 \cdot 4} = \frac{3}{4}$

   Die Divisionsregel für Brüche lässt sich also auch bei natürlichen Zahlen anwenden.

   b. $9\frac{5}{7}:3 = \frac{68}{7}:\frac{3}{1} = \frac{68}{7} \cdot \frac{1}{3} = \frac{68}{21} = 3\frac{5}{21}$

   Man kann hier einfacher rechnen:
   $9\frac{5}{7}:3 = (9+\frac{5}{7}):3 = 9:3+\frac{5}{7}:3 = 3+\frac{5}{21} = 3\frac{5}{21}$

   c. $2\frac{3}{4}:4\frac{1}{3} = \frac{11}{4}:\frac{13}{3} = \frac{11}{4} \cdot \frac{3}{13} = \frac{33}{52}$

   Gebrochene Zahlen in gemischter Schreibweise wandelt man vorher in gemeine Brüche um.

Information

(1) *Man kann 0 durch eine gebrochene Zahl dividieren. Das Ergebnis ist 0.*
$0:\frac{3}{4}=0$,
denn die Probe ergibt: $0 \cdot \frac{3}{4}=0$

(2) *Man kann eine gebrochene Zahl nicht durch 0 dividieren.*
Du findest *keine* Zahl für $\square$,
für die die Probe $\square \cdot 0 = \frac{3}{4}$ richtig ist.

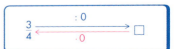

Zum Festigen und Weiterarbeiten

2. Schreibe mithilfe von gebrochenen Zahlen und berechne.

   a. $\frac{2}{3}:5$ **c.** $4:5$ **e.** $6:\frac{2}{3}$ **g.** $3\frac{1}{8}:3$ **i.** $15\frac{1}{2}:5$ **k.** $1\frac{3}{4}:1\frac{1}{2}$

   b. $\frac{3}{5}:9$ **d.** $8:9$ **f.** $7:\frac{21}{8}$ **h.** $4\frac{1}{6}:2$ **j.** $1\frac{3}{4}:2\frac{1}{2}$ **l.** $1\frac{1}{4}:1\frac{3}{10}$

3. Berechne, wenn möglich:

   a. $0 \cdot \frac{5}{7}$ **b.** $0:\frac{5}{7}$ **c.** $\frac{5}{7} \cdot 0$ **d.** $\frac{5}{7}:0$ **e.** $\frac{8}{9}:0$ **f.** $0:\frac{8}{9}$

4. **a.** Nick aus dem 5. Schuljahr behauptet:
   „Die Gleichung $x \cdot 7 = 9$ hat keine Lösung, denn es gibt keine Zahl, die man für x einsetzen kann."
   Was sagst du dazu?

   b. Bestimme die Lösungsmenge.
   (1) $x \cdot 5 = 13$ (2) $x \cdot 7 = 12$ (3) $13 \cdot x = 17$ (4) $6 \cdot x = 24$

Übungen

5. Berechne die Quotienten mithilfe der Divisionsregel.

a. $\frac{3}{4}:2$ c. $\frac{4}{7}:16$ e. $12:\frac{16}{7}$ g. $\frac{6}{5}:3$ i. $\frac{11}{2}:5$

$\frac{5}{6}:4$ $5:\frac{3}{4}$ $27:\frac{9}{8}$ $\frac{15}{16}:5$ $7:\frac{14}{13}$

b. $\frac{2}{5}:3$ d. $8:\frac{12}{7}$ f. $2:\frac{4}{3}$ h. $8:\frac{1}{8}$ j. $0:\frac{12}{13}$

$\frac{9}{10}:10$ $4:\frac{2}{3}$ $4:\frac{8}{9}$ $\frac{5}{7}:3$ $\frac{3}{8}:9$

Mögliche Ergebnisse: $\frac{9}{100}$; $\frac{5}{21}$; $6\frac{2}{3}$; $\frac{3}{8}$; $\frac{5}{12}$; $\frac{1}{28}$; 0; $\frac{2}{15}$; $\frac{1}{24}$; $4\frac{2}{3}$; $\frac{5}{24}$; $1\frac{1}{2}$; $\frac{3}{16}$; 64; 6; 21; $4\frac{1}{2}$; $5\frac{1}{4}$; $\frac{11}{10}$; $6\frac{1}{2}$; $\frac{2}{5}$; 24

6. Schreibe als Bruch. Kürze und notiere das Ergebnis, wenn möglich, in gemischter Schreibweise.

a. $8:5$; $35:5$; $15:9$; $18:36$; $17:13$ b. $56:9$; $64:18$; $68:16$; $84:9$; $28:27$

7. a. $\frac{3}{8}:\frac{1}{10}$; $\frac{15}{7}:\frac{10}{1}$; $\frac{10}{1}:\frac{15}{3}$; $0:\frac{1}{12}$; $\frac{1}{2}:\frac{1}{2}$ c. $\frac{1}{10}:\frac{1}{8}$; $\frac{1}{10}:\frac{12}{1}$; $\frac{1}{12}:\frac{1}{12}$; $0:\frac{1}{10}$

b. $\frac{1}{3}:3$; $3:\frac{1}{3}$; $1:\frac{1}{3}$; $\frac{1}{3}:1$; $0:\frac{1}{3}$ d. $8:\frac{1}{4}$; $\frac{1}{4}:8$; $\frac{1}{8}:4$; $4:\frac{1}{8}$; $\frac{8}{1}:\frac{4}{1}$

8. a. $4\frac{3}{4}:5$ c. $12\frac{4}{5}:6$ e. $2\frac{1}{2}:1\frac{3}{4}$ g. $2\frac{1}{3}:2\frac{1}{6}$

$4\frac{1}{3}:4$ $36\frac{9}{11}:12$ $1\frac{3}{4}:3\frac{1}{5}$ $5\frac{1}{2}:1\frac{1}{2}$

$3\frac{1}{4}:3$ $27\frac{6}{7}:9$ $1\frac{1}{8}:6\frac{3}{4}$ $7\frac{1}{3}:9\frac{1}{6}$

b. $8\frac{1}{2}:4$ d. $21\frac{4}{5}:7$ f. $9\frac{4}{5}:3\frac{9}{11}$ h. $3\frac{1}{9}:4\frac{1}{5}$

$15\frac{5}{6}:5$ $45\frac{9}{11}:15$ $6\frac{2}{9}:5\frac{5}{6}$ $5\frac{1}{7}:3\frac{3}{8}$

$24\frac{6}{7}:6$ $42\frac{6}{7}:14$ $2\frac{1}{4}:1\frac{3}{5}$ $6\frac{1}{8}:8\frac{3}{4}$

9. Berechne die Quotienten. Was fällt dir auf?

a. $24:\frac{6}{7}$; $12:\frac{6}{7}$; $6:\frac{6}{7}$; $1:\frac{6}{7}$; $\frac{1}{2}:\frac{6}{7}$ b. $\frac{6}{7}:3$ $\frac{6}{7}:2$; $\frac{6}{7}:1$; $\frac{6}{7}:\frac{1}{2}$; $\frac{6}{7}:\frac{1}{3}$

10. Dividiere $\frac{2}{5}$ nacheinander durch $1, \frac{1}{2}, \frac{1}{4}, \ldots$.
Setze die Reihe fort.
Wann ist der Quotient größer als 100?

11. a. Frau Schöne fährt auf der Autobahn in $2\frac{3}{4}$ h eine Strecke von 352 km. Wie viel km fährt sie (durchschnittlich) in einer Stunde?

b. Herr Mutig braucht $1\frac{3}{4}$ h für 182 km.

c. Frau Starke legt in $4\frac{3}{4}$ h eine Strecke von 608 km zurück.

12. Eine gebrochene Zahl wird durch eine zweite gebrochene Zahl dividiert. Wie ändert sich der Quotient, wenn

a. nur der Zähler des Divisors verdoppelt wird;

b. nur der Nenner des Divisors verdoppelt wird;

c. nur der Zähler des Dividenden verdoppelt wird;

d. nur der Nenner des Dividenden verdoppelt wird;

e. nur der Zähleer beider Brüche verdoppelt wird;

f. nur der Nenner beider Brüche verdoppelt wird;

g. der Zähler des Dividenden und der Nenner des Divisors verdoppelt werden?

$\frac{1}{2} : \frac{1}{4}$
Dividend Divisor

Vermischte Übungen

1.
a. $\dfrac{2}{5} \cdot \dfrac{5}{9}$
$\dfrac{3}{4} \cdot \dfrac{5}{8}$

b. $\dfrac{5}{4} \cdot \dfrac{3}{7}$
$\dfrac{3}{7} \cdot \dfrac{5}{8}$

c. $\dfrac{2}{3} : \dfrac{5}{9}$
$\dfrac{3}{4} : \dfrac{5}{8}$

d. $\dfrac{5}{4} : \dfrac{3}{7}$
$\dfrac{4}{5} : \dfrac{2}{7}$

e. $\dfrac{15}{16} \cdot 1\dfrac{3}{5}$
$1\dfrac{1}{2} \cdot 1\dfrac{1}{4}$

f. $\dfrac{12}{13} : 1\dfrac{1}{5}$
$1\dfrac{1}{2} : 1\dfrac{1}{4}$

g. $3\dfrac{4}{7} \cdot 1\dfrac{19}{15}$
$5\dfrac{4}{9} \cdot 6\dfrac{3}{7}$

h. $4\dfrac{2}{9} : 6\dfrac{1}{3}$
$6\dfrac{3}{7} : 1\dfrac{11}{14}$

2. Berechne. Kürze, wenn es möglich ist.

a. $\dfrac{35}{36} \cdot \dfrac{54}{49}$
$\dfrac{21}{22} \cdot \dfrac{14}{55}$
$\dfrac{24}{25} \cdot \dfrac{15}{16}$

b. $\dfrac{8}{15} : \dfrac{4}{5}$
$\dfrac{15}{16} \cdot \dfrac{48}{75}$
$\dfrac{18}{35} \cdot \dfrac{9}{70}$

c. $\dfrac{9}{16} : \dfrac{5}{4}$
$\dfrac{24}{39} \cdot \dfrac{26}{60}$
$\dfrac{36}{35} \cdot \dfrac{49}{81}$

d. $\dfrac{81}{65} \cdot \dfrac{78}{45}$
$\dfrac{48}{55} \cdot \dfrac{32}{65}$
$\dfrac{72}{49} \cdot \dfrac{63}{48}$

e. $\dfrac{15}{18} : \dfrac{5}{3}$
$\dfrac{56}{81} \cdot \dfrac{27}{14}$
$\dfrac{12}{21} : \dfrac{4}{42}$

f. $\dfrac{28}{39} \cdot \dfrac{56}{52}$
$\dfrac{54}{34} \cdot \dfrac{51}{81}$
$\dfrac{63}{64} \cdot \dfrac{56}{72}$

Mögliche Ergebnisse: $\dfrac{9}{10}; \dfrac{2}{3}; 3\dfrac{1}{2}; 1\dfrac{1}{14}; 4\dfrac{3}{5}; 3\dfrac{3}{4}; \dfrac{2}{3}; 4; \dfrac{3}{5}; \dfrac{9}{20}; 2\dfrac{4}{25}; 1\dfrac{17}{64}; 1\dfrac{17}{22}; 1; \dfrac{1}{2}; 1\dfrac{1}{3}; \dfrac{28}{45}; 6; \dfrac{4}{15}; 1\dfrac{13}{14}$

3.
a. 80 Bogen Papier sind $\dfrac{3}{4}$ cm hoch. Wie dick ist ein Bogen?

b. Ein halber Liter Milch wird gleichmäßig auf 3 Tassen verteilt. Wie viel Liter sind in einer Tasse?

c. Sieben gleich schwere Pakete wiegen zusammen $12\dfrac{1}{4}$ kg. Wie viel wiegt ein Paket?

d. Ein Läufer atmet bei einem Atemzug ungefähr $\dfrac{3}{4}$ l Luft ein. Ungefähr $\dfrac{1}{5}$ der eingeatmeten Luft ist Sauerstoff. Wie viel Liter Sauerstoff atmet der Läufer mit einem Atemzug ein?

4. Lenas Fahrrad legt eine Strecke von $2\dfrac{1}{5}$ m zurück, wenn sich ein Rad genau einmal dreht. Das Kinderfahrrad ihres Bruders Max legt bei einer Radumdrehung nur $\dfrac{5}{4}$ m zurück.

a. Welche Strecke legt jedes Fahrrad mit genau
(1) 10 Umdrehungen; (2) 100 Umdrehungen; (3) 1000 Umdrehungen zurück?

▲ b. Beide fahren eine Strecke von (1) 100 m; (2) 1 km.
Wie oft drehen sich die Räder jedes Fahrrades?

▲ c. Der Weg bis zu Lenas Schule ist $2\dfrac{3}{4}$ km lang. Wie oft müssen sich die Räder ihres Fahrrades auf ihrem Schulweg drehen?

5. Lisas Mutter stellt ihrer Tochter gern knifflige Fragen. Auf dem Küchentisch stehen ein Trinkglas und verschiedene Getränke.
Lisas Mutter:
„Wie oft kann man das Trinkglas füllen

a. mit Orangensaft;

b. mit Apfelsaft;

c. mit Milch?

Du kannst das Ergebnis erst einmal ungefähr angeben. Ich will es dann aber auch genau wissen."

6. Tims Aquarium fasst 15 l Wasser. Er hat ein Schöpfgefäß, das $\dfrac{3}{4}$ l Wasser fasst. Wie oft muss Tim schöpfen, um das Aquarium zu füllen?

▲ 7. **a.** Der Inhalt einer $\frac{7}{10}$-l-Flasche soll in kleine Gläschen abgefüllt werden. Jedes Gläschen enthält $\frac{2}{100}$ l. Wie viele Gläschen kann man füllen?

b. Eine Weinflasche enthält $\frac{75}{100}$ l Wein. Wie viele Flaschen kann man aus einem Fass
(1) mit 450 l, (2) mit 150 l, (3) mit 1050 l Inhalt füllen?

▲ 8. Ein Stück Butter wiegt $\frac{1}{4}$ kg. Marias Mutter kauft $2\frac{1}{2}$ kg Butter. Wie viele Stücke sind das?

9. *Rechenschlange*

10. Übertrage in dein Heft und fülle aus.

a.

$\frac{2}{3}$	:	$\frac{5}{7}$	=	
:		:		:
		:		=	
=		=		=
$\frac{2}{5}$	:		=	$\frac{1}{3}$

b.

$\frac{3}{5}$	:	$\frac{4}{7}$	=	
:		:		:
		:		=	$\frac{49}{30}$
=		=		=
$\frac{5}{7}$	:		=	

11. Gegeben sind die beiden gebrochenen Zahlen $\frac{8}{9}$ und $\frac{5}{7}$.
Beantworte die Fragen zunächst ohne zu rechnen. Überprüfe durch Rechnung:

a. Was ist kleiner:
Das Produkt der beiden Zahlen oder der Quotient der beiden Zahlen?

b. Was ist größer:
Das Produkt der beiden Zahlen oder die Summe der beiden Zahlen?

c. Was ist kleiner:
Der Quotient der beiden Zahlen oder die Differenz der beiden Zahlen?

12. Drei Wanderburschen arbeiten bei einem Förster für ein Mittagessen. Die Förstersfrau hat eine ganze Schüssel voll Klöße gekocht. Die Wanderburschen kommen zu verschiedenen Zeiten aus dem Wald zurück.

Zum Knobeln

Der erste Bursche isst $\frac{1}{3}$ aller Klöße und geht seines Weges, der zweite isst $\frac{1}{3}$ des Restes und geht seines Weges. Zuletzt kommt der dritte Wanderbursche. Er isst $\frac{1}{3}$ der Klöße, die noch in der Schüssel sind, und lässt noch 8 Klöße übrig.
Wie viele Klöße wurden gekocht?

Dividieren von Dezimalbrüchen

Dividieren eines Dezimalbruches durch eine natürliche Zahl

Aufgabe

1. Der menschliche Körper braucht täglich Vitamine (Vitamin C, Vitamin E und andere Vitamine) und Mineralstoffe (Kalzium, Eisen, Magnesium u.a.).
Meyers ernähren sich gesundheitsbewusst. Zum Frühstück gibt es Müsli. Der Inhalt einer Müsli-Packung (Bild rechts) soll gleichmäßig auf 6 Mahlzeiten verteilt werden.

   a. Wie viel g Vitamin C, wie viel mg Vitamin E sind in einer Mahlzeit enthalten?

   b. Wie viel g Mineralstoffe sind in einer Mahlzeit enthalten?

Lösung

a. *Vitamin C:*

Zu berechnen: $0{,}18 : 6$ (18 h : 6 = 3 h)

Ich rechne: $\frac{18}{100} : 6 = \frac{3}{100}$

Ich erhalte: $0{,}18 : 6 = 0{,}03$

Vitamin E:

Zu berechnen: $1{,}2 : 6$ (1 E 2 z = 12 z; 12 z : 6 = 2 z)

Ich rechne: $\frac{12}{10} : 6 = \frac{2}{10}$

Ich erhalte: $1{,}2 : 6 = 0{,}2$

Ergebnis: In einer Mahlzeit sind 0,03 g Vitamin C und 0,2 mg Vitamin E enthalten.

b. Berechne den Quotienten 8,976 : 6 schriftlich.

Überschlag: Vereinfache die Zahlen so, dass du im Kopf rechnen kannst: $6 : 6 = 1$.

Schriftliche Rechnung:

	Z	E	z	h	t		E	z	h	t
Dividiere die Einer:		8	9	7	6	:6 =	1	4	9	6
	−	6				:6				
die Zehntel:			2	9		:6				
		−	2	4						
die Hundertstel:				5	7	:6				
			−	5	4					
die Tausendstel:					3	6 :6				
				−	3	6				
						0				

$8{,}976 : 6 = 1{,}496$
6
$\overline{29}$
24
$\overline{57}$
54
$\overline{36}$
36
$\overline{0}$

Jetzt das Komma setzen

Kontrolle durch Multiplizieren

Ergebnis: In einer Mahlzeit sind 1,496 g Mineralstoffe enthalten.

Information

Dividieren eines Dezimalbruches durch eine natürliche Zahl
Man dividiert einen Dezimalbruch wie eine natürliche Zahl. Sobald man während der Rechnung das Komma überschreitet, setzt man auch im Ergebnis ein Komma.

Kapitel 3

Zum Festigen und Weiterarbeiten

2. Rechne im Kopf.

					0,2 : 5 = 2 z : 5 = 20 h : 5	
a. 8,4 : 4	**b.** 0,8 : 2	**c.** 1,5 : 5	**d.** 0,48 : 2	**e.** 0,24 : 6	**f.** 0,2 : 5	
6,9 : 3	0,6 : 3	2,4 : 8	0,45 : 3	0,18 : 3	0,7 : 2	
4,8 : 4	0,4 : 4	3,9 : 3	0,72 : 6	0,32 : 4	0,3 : 5	

3. Führe zunächst einen Überschlag durch. Rechne dann schriftlich.

Aufgabe: 34,064 : 8
Überschlag: 32 : 8 = 4

- **a.** 34,064 : 8
- **b.** 140,55 : 15
- **c.** 9,714 : 3
- **d.** 316,979 : 37

4. Beim schriftlichen Rechnen musst du besonders auf Nullen achten.

a. Prüfe das folgende Beispiel. Die rot geschriebenen Rechenschritte kannst du weglassen.

```
0,0795 : 3 = 0,0265
0
 00
  0
  07
   6
  19
  18
   15
   15
    0
```

b. Prüfe das Beispiel 5,7 : 4. Damit man zu Ende rechnen kann, werden bei 5,7 zwei Nullen angehängt.

```
5,700 : 4 = 1,425
4
17
16
 10
  8
 20
 20
  0
```

Berechne ebenso:
7,896 : 12;   0,3938 : 11;   0,14484 : 17

Berechne ebenso:
4,5 : 4;   0,7 : 4;   0,5 : 8;   3,4 : 16

Übungen

5. Rechne im Kopf.

a. 3,5 : 5	**b.** 7,2 : 6	**c.** 0,28 : 7	**d.** 10,8 : 9	**e.** 0,1 : 5	**f.** 7,5 : 5
2,4 : 3	5,6 : 7	0,84 : 4	5,1 : 3	0,3 : 2	0,48 : 3
4,5 : 9	3,6 : 2	0,06 : 3	7,6 : 4	0,15 : 5	0,7 : 5

6. Berechne die Quotienten schriftlich. Kontrolliere deine Ergebnisse durch Multiplizieren.

a. 8,435 : 5	**c.** 45,12 : 12	**e.** 136,96 : 32	**g.** 1,9244 : 68
5,224 : 8	43,52 : 17	106,92 : 36	0,2738 : 74
0,1977 : 3	137,75 : 19	10,002 : 39	241,15 : 91
b. 123,54 : 6	**d.** 68,288 : 22	**f.** 151,618 : 41	**h.** 551,2 : 104
9,36 : 8	9,225 : 25	16,065 : 45	35,964 : 111
95,22 : 9	126,672 : 21	32,012 : 53	1137,5 : 125

7.

a. 75,6 : 25	**b.** 18,6 : 5	**c.** 18,3 : 64	**d.** 0,21 : 12	**e.** 5,61 : 6	**f.** 0,55 : 8
11,4 : 15	14,9 : 4	21,7 : 16	0,609 : 7	4,598 : 11	0,504 : 9

8. Aus den Zahlen kannst du neun Quotienten bilden.

1. Zahl: 13,6; 0,38; 2,49
2. Zahl: 4; 20; 5

Mögliche Ergebnisse:
0,019; 2,72; 0,498; 0,34; 0,1245; 0,095; 3,4; 0,6225; 0,076; 0,68

9. *Rechenkreisel*
Übertrage die Aufgabe ins Heft. Rechne ringsherum, bis du wieder oben bist.

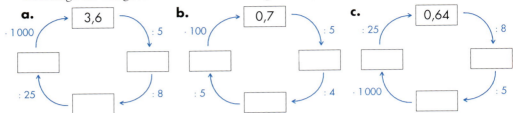

10. Berechne. Runde auf Cent.
- **a.** 5,20 € : 7
  36,50 € : 9
- **b.** 112,55 € : 10
  212,73 € : 8
- **c.** 47,75 € : 4
  19,95 € : 8
- **d.** 88,95 € : 12
  157,67 € : 15

11. Berechne nur einen der Quotienten schriftlich. Gib dann die Werte der anderen an.
- **a.** 81 : 18
  8,1 : 18
  0,081 : 18
  0,81 : 18
- **b.** 0,216 : 9
  21,6 : 9
  0,0216 : 9
  2,16 : 9
- **c.** 8,799 : 7
  0,8799 : 7
  87,99 : 7
  879,9 : 7
- **d.** 1801,6 : 32
  1,8016 : 32
  180,16 : 32
  18,016 : 32

12. a. Menschliches Kopfhaar wächst in der Woche etwa 1,4 mm bis 2,1 mm. Wie viel mm wächst es täglich?
b. Barthaar wächst jede Woche etwa 2,8 mm bis 4,2 mm. Wie viel mm sind das täglich?
c. Fingernägel wachsen jede Woche etwa 0,63 mm bis 0,7 mm. Wie viel mm sind das täglich?

13. a. Lenas Schülermonatskarte kostet 33 €. Im Juni fährt sie an 24 Tagen zur Schule. Wie teuer ist eine Fahrt? Beachte Hin- und Rückfahrt.
b. Tim zahlt für 3 CDs 38,85 €. Wie teuer ist eine CD?
c. Eine Erdbeertorte kostet 19,80 €. Sie wird in 12 Stücke zerlegt. Wie teuer ist ein Stück?

14. Automodelle werden oft im Maßstab 1 : 18 gebaut. Zum Beispiel ist eine 90 cm lange Antenne im Modell nur 5 cm lang (90 cm : 18 = 5 cm).
a. Ein Pkw ist 4,724 m lang. Wie viel cm ist das Modell lang?
b. Die Höhe des Pkw beträgt 1,540 m. Wie hoch ist das Modell?
Hinweis: Berechne eine Stelle mehr als du benötigst und runde dann.

Teamarbeit

15. Zu jedem Ergebnis gehört ein Buchstabe. Die Buchstaben ergeben einen Text.

18,5 : 5	6,76 : 8	11,9 : 14
19,6 : 7	8,127 : 9	0,635 : 5
5,44 : 4	5,94 : 11	7,83 : 6
17,7 : 6	0,54 : 20	22,68 : 7
50,4 : 12	9,5 : 25	0,354 : 2
34,5 : 15	5,1 : 30	0,228 : 3
1,752 : 10	3,9 : 4	

2,8	**A**	0,17	**E**	0,1752	**S**
0,54	**A**	0,127	**E**	0,027	**S**
3,24	**A**	1,305	**F**	0,975	**S**
0,38	**B**	2,95	**H**	0,845	**T**
0,177	**C**	0,076	**H**	0,85	**T**
0,903	**D**	2,3	**I**	1,36	**T**
4,2	**E**	3,7	**M**		

Dividieren durch einen Dezimalbruch

Aufgabe

1. a. Tanja bietet ihren Geburtstagsgästen Johannisbeersaft in 0,15 *l*-Bechern an. Sie möchte wissen, wie viele Becher sie mit dem Inhalt einer 0,75-*l*-Flasche füllen kann.
Hinweis: Berechne 0,75 : 0,15.

b. Tanja bietet auch Orangensaft an. Sie hat 2,5 *l* Orangensaft eingekauft.
Wie viel 0,2-*l*-Becher kann sie füllen?

Lösung

a. (1) mit Dezimalbrüchen:

$0{,}75 : 0{,}15 = \frac{0{,}75}{0{,}15}$ Man kann eine Division von Dezimalbrüchen auch als Bruch schreiben.

$= \frac{0{,}75 \cdot 100}{0{,}15 \cdot 100}$ Auch solche Brüche kann man erweitern, hier mit 100.

$= \frac{75}{15}$ Man erweitert so, dass im *Nenner* eine natürliche Zahl steht.

$= 75 : 15 = 5$ Der Bruch wird wieder als Quotient geschrieben und berechnet.

(2) mit gemeinen Brüchen:

$0{,}75 : 0{,}15 = \frac{75}{100} : \frac{15}{100} = \frac{75}{100} \cdot \frac{100}{15} = \frac{75^5 \cdot 100^1}{100_1 \cdot 15_1} = 5$

Ergebnis: Tanja kann 5 Becher mit Johannisbeersaft füllen.

b. $2{,}5 : 0{,}2 = \frac{2{,}5}{0{,}2} = \frac{2{,}5 \cdot 10}{0{,}2 \cdot 10} = \frac{25}{2} = 25 : 2 = 12{,}5$

Ergebnis: Tanja kann 12,5 Becher mit Orangensaft füllen.

Zum Festigen und Weiterarbeiten

2. Berechne den Quotienten. Beachte die Beispiele.
Erweitere den zugehörigen Bruch so, dass im Nenner kein Dezimalbruch mehr steht.
Um wie viele Stellen wird dabei das Komma nach rechts verschoben?

$1{,}8 : 0{,}2 = \frac{1{,}8}{0{,}2} = \frac{1{,}8 \cdot 10}{0{,}2 \cdot 10} = \frac{18}{2} = 18 : 2 = 9$

$0{,}6 : 0{,}15 = \frac{0{,}6}{0{,}15} = \frac{0{,}6 \cdot 100}{0{,}15 \cdot 100} = \frac{60}{15} = 60 : 15 = 4$

$2 : 0{,}005 = \frac{2}{0{,}005} = \frac{2 \cdot 1000}{0{,}005 \cdot 1000} = \frac{2000}{5} = 400$

a. 0,72 : 0,12 **c.** 2,4 : 0,3 **e.** 0,072 : 0,08 **g.** 3,6 : 0,009 **i.** 2 : 0,04
b. 0,28 : 0,7 **d.** 1,5 : 0,05 **f.** 0,3 : 0,002 **h.** 0,8 : 0,002 **j.** 3 : 0,005

3. *Aufgabe:*   **a.** 1,26 : 0,6 = ☐   **b.** 0,48 : 0,16 = ☐   **c.** 7,5 : 0,12 = ☐
Kommaverschiebung: 1,26 : 0,6   0,48 : 0,16   7,50 : 0,12
Berechne: 12,6 : 6   = ☐   48 : 16 = ☐   750 : 12 = ☐

Kapitel 3

4. Überlege zuerst:
Um wie viele Stellen muss das Komma nach rechts verschoben werden?
   a. 2,5 : 0,5;   0,6 : 0,02;   0,44 : 0,11   **b.** 0,36 : 0,9;   0,72 : 0,003;   6 : 0,06

5. a. 4,578 : 0,7   **b.** 0,19215 : 0,035
       6,612 : 1,9   314,4 : 0,48
       11,295 : 0,15   121,5 : 0,27

> Aufgabe: 23,56 : 0,4
> Möglicher Überschlag: 200 : 4;   240 : 4

Information

Dividieren durch einen Dezimalbruch

Man verschiebt bei beiden Zahlen das Komma um *gleich viele* Stellen nach rechts, bis bei der zweiten Zahl kein Komma mehr steht. Dann dividiert man.

(1) Aufgabe: 0,36 : 0,4
    Berechne: 3,6 : 4

Das Komma um 1 Stelle nach rechts verschieben

(2) Aufgabe: 5,6 : 0,08
    Berechne: 560 : 8

Das Komma um 2 Stellen nach rechts verschieben

Übungen

6. Rechne im Kopf. Verschiebe das Komma so, dass die zweite Zahl eine natürliche Zahl ist.

a. 3,2 : 0,8	**b.** 2 : 0,5	**c.** 0,5 : 0,05	**d.** 0,15 : 0,03	**e.** 2 : 0,04	**f.** 2,5 : 0,02
5,6 : 0,7	3 : 0,6	0,2 : 0,02	0,36 : 0,09	1 : 0,002	0,36 : 0,03
0,8 : 0,2	1 : 0,1	3 : 0,005	0,3 : 0,06	9 : 0,06	18 : 0,06
7,2 : 0,9	4 : 0,8	2 : 0,002	0,5 : 0,02	6,4 : 0,8	1,3 : 0,05

Kontrolle durch Multiplizieren

7. Führe zunächst einen Überschlag durch. Berechne die Quotienten schriftlich.
   a. 123,2 : 0,8   **b.** 3,052 : 0,7   **c.** 243,96 : 0,06   **d.** 1,685 : 0,05   **e.** 2,1132 : 0,003
       22,95 : 0,9   0,7884 : 0,4   4,068 : 0,09   27,93 : 0,07   0,02496 : 0,004

8. a. 4,02 : 1,2   **c.** 26 : 0,016   **e.** 4,263 : 0,029   **g.** 63 : 4,5   **i.** 31,96 : 4,7
       0,573 : 1,5   0,247 : 0,19   0,945 : 0,27   0,9625 : 0,35   41,04 : 0,076
   b. 2,88 : 0,12   **d.** 4,25 : 2,5   **f.** 4,34 : 3,5   **h.** 0,2025 : 0,045 **j.** 1051,2 : 0,72
       2,66 : 0,14   13,44 : 0,21   0,2635 : 0,31   2,25 : 7,5   41,71 : 9,7

9. Aus den Zahlen rechts kannst du neun Quotienten bilden.

   Mögliche Ergebnisse:
   2262,5; 635; 905; 1587,5; 0,685; 152,4; 217,2; 0,1644; 1,7125

> 1. Zahl: 381; 0,411; 543
> 2. Zahl: 2,5; 0,6; 0,24

10. Berechne. Runde auf Cent.
   a. 15,60 € : 1,5   **b.** 44,82 € : 4,5   **c.** 19,95 € : 3,6   **d.** 10,92 € : 1,6
       68,05 € : 9,2   120 € : 3,5   64,50 € : 1,3   11,45 € : 7,5
       49,75 € : 0,9   66 € : 0,26   155 € : 2,4   22,75 € : 1,05

11. a. Dividiere 14,4 durch 0,45. Dividiere dann 0,45 durch 14,4. Multipliziere zuletzt die Ergebnisse miteinander. Was fällt dir auf?
   b. Verfahre wie in Teilaufgabe a mit den Zahlen 0,18 und 7,2.

12. Bestimme die fehlende Zahl.
   a. $0{,}6 \cdot x = 0{,}24$ **b.** $0{,}4 \cdot x = 1{,}2$ **c.** $2{,}5 \cdot x = 10{,}5$ **d.** $x \cdot 4{,}8 = 6{,}912$
       $x \cdot 1{,}5 = 0{,}03$ $0{,}03 \cdot x = 2{,}1$ $x \cdot 1{,}7 = 5{,}78$ $7{,}05 = x \cdot 15$

13. Berechne nur *einen* Quotienten schriftlich. Bestimme dann die anderen Quotienten mithilfe von Kommaverschiebungen.

a. 8,8 : 1,6	**b.** 12 : 4,8	**c.** 3,6 : 15	**d.** 42 : 0,14	**e.** 14,25 : 0,19
88 : 1,6	120 : 4,8	3,6 : 0,15	4,2 : 0,14	14,25 : 1,9
8,8 : 0,16	0,12 : 4,8	0,36 : 0,15	4,2 : 0,014	1,425 : 1,9
0,88 : 16	1,2 : 0,48	0,0036 : 0,15	0,42 : 0,014	0,1425 : 0,19

14. Eine Biene sammelt auf einem Flug etwa 0,05 g Nektar.
Wie viele Flüge sind notwendig um 500 g Nektar zu sammeln?

15. Stefans Schrittlänge ist ungefähr 0,8 m. Wie viele Schritte macht Stefan bei einer 4 km langen Wanderung?

16. In einer Mosterei werden an einem Tag 1 400 *l* Apfelsaft hergestellt und in 0,7-*l*-Flaschen abgefüllt.
Wie viele Flaschen werden mit Apfelsaft gefüllt?

17. Katharina hat eine Burg aus Spielzeugteilen. Sie möchte um die Burg einen Palisadenzaun bauen. Jede Palisade soll 8,5 cm lang werden.
Wie viele Palisaden erhält sie aus einer 340 cm langen Holzleiste?

18. Melanie hat auf dem Flohmarkt ihre alten Lesehefte verkauft, jedes Heft für 0,35 €. Sie hat dafür 4,90 € eingenommen.
Wie viele Lesehefte hat sie verkauft?

19. Ein Lastkahn hat 1 400 t Kohlen geladen. Die Ladung soll auf Güterwagen mit je 17,5 t Tragfähigkeit abgefahren werden.
Wie viele Güterwagen sind erforderlich?

20. Beim Zählen großer Kleingeldbeträge werden in Sparkassen und Banken die Münzen gewogen. Ein Kunde bringt eine Kassette mit 1-Euro-Stücken und 20-Cent-Stücken zur Bank. Die 1-Euro-Stücke wiegen zusammen 937,5 g; die 20-Cent-Stücke wiegen zusammen 467,4 g.

a. Wie viele 1-Euro-Stücke befinden sich in der Kassette?
Wie viele 20-Cent-Stücke befinden sich in der Kassette?
b. Welchen Wert haben die Münzen zusammen?

5,7 g   7,5 g

Mittelwert

Aufgabe

1. Lisa war fünf Tage im Schullandheim. Sie hat über ihre täglichen Geldausgaben genau Buch geführt (Aufstellung rechts).
Wie viel Euro hat Lisa durchschnittlich pro Tag ausgegeben?

Lösung

Wir berechnen den Mittelwert (Durchschnitt) der fünf Geldbeträge.
Mach dir die beiden folgenden Schritte auch an der Zeichnung klar.

1. Schritt: Berechne, wie viel Euro Lisa insgesamt ausgegeben hat.

2. Schritt: Stelle dir vor, Lisa hätte an jedem Tag gleich viel Geld ausgegeben. Dividiere dazu den Gesamtbetrag durch die Zahl der Tage.

Ergebnis: Lisa hat pro Tag durchschnittlich 4,28 € ausgegeben.

1. Tag:	2. Tag:	3. Tag:	4. Tag:	5. Tag:
3,84	6,92	4,75	2,65	3,24

←——————— Gesamtbetrag ———————→

?	?	?	?	?

$3{,}84 + 6{,}92 + 4{,}75 + 2{,}65 + 3{,}24$
$= 21{,}40$
$21{,}40 : 5 = 4{,}28$

Information

Berechnung des Mittelwertes

So berechnet man den **Mittelwert** (auch *arithmetisches Mittel* oder *Durchschnitt* genannt) von mehreren Zahlen:
(1) Addiere die Zahlen.
(2) Dividiere die Summe durch die Anzahl der Zahlen.

Beispiel:
Drei Zahlen: 2,3; 1,42; 3,78

Rechnung: $2{,}3 + 1{,}42 + 3{,}78 = 7{,}5$
$7{,}5 : 3 = 2{,}5$
Der Mittelwert der drei Zahlen ist 2,5.

Zum Festigen und Weiterarbeiten

2. Lisa hat ihre Geldausgaben im Schullandheim übersichtlich durch ein Säulendiagramm dargestellt (Bild rechts).
   a. Was zeigt die rote Linie?
   b. Wie hat Lisa die Zahlen gerundet?

3. Berechne den Mittelwert folgender Zahlen.
   a. 3,48; 7,49; 11,63
   b. 17,5; 28,7; 23,3; 15,7
   c. 1,75; 6,27; 8,96; 2,66; 5,5; 7,2

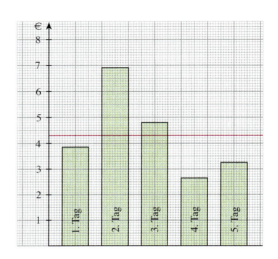

4. Tanjas Gruppe hat an 4 Tagen ihres Schullandheimaufenthaltes Wanderungen unternommen. In ihrem Tagebuch hat Tanja die täglichen Strecken notiert. Wie viel km waren das durchschnittlich an einem Tag?

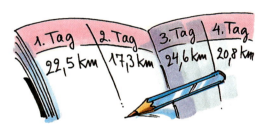

5. Bestimmt die durchschnittliche Körpergröße der Schüler(innen) eurer Klasse.

Teamarbeit

Übungen

6. Sarah hat mit ihren Eltern eine viertägige Radtour unternommen. Am ersten Tag haben sie 68,1 km zurückgelegt, am zweiten Tag 56,3 km, am dritten Tag 53,5 km, am vierten Tag 75,7 km.
Wie viel km sind sie durchschnittlich an einem Tag gefahren?

7. Eine Wandergruppe legte in der ersten Stunde 4,9 km, in der zweiten Stunde 4 km, in der dritten Stunde 2,5 km und in der vierten Stunde 4,2 km zurück.
Wie viel km wanderte die Gruppe durchschnittlich in einer Stunde?

8. Mikes Mutter hatte in einer Woche folgende Ausgaben:

Montag 12,43 €	Mittwoch 18,45 €	Freitag 89,33 €
Dienstag 35,52 €	Donnerstag 38,57 €	Samstag 61,71 €

a. Wie viel Euro gab Mikes Mutter im Durchschnitt an jedem Wochentag (außer Sonntag) aus?
b. An welchen Tagen lagen die Ausgaben über dem Durchschnitt, an welchen Tagen unter dem Durchschnitt?
Um wie viel Euro jeweils?

9. Bestimme den Mittelwert.
   a. 5,82 m; 7,45 m; 6,55 m
   b. 12,50 €; 9,39 €; 23,42 €
   c. 989 g; 1012 g; 975 g; 1005 g
   d. 138; 347; 22; 98; 412; 277; 314; 59; 196
   e. 3681; 4511; 1041; 6437; 945; 1404; 2351
   f. 0,649; 1,208; 0,045; 2,35; 0,8; 2,033

10. Michaela hat beim Training für den 100-m-Lauf folgende Zeiten erzielt:

Michaela					
13,4 s	13,8 s	13,0 s	14,1 s	13,5 s	

Wie viel Sekunden hat Michaela für einen Lauf durchschnittlich gebraucht?
Runde passend.

11. Julia testet ihre Leistung im Weitsprung.
Sie erzielt an zwei aufeinander folgenden Tagen folgende Sprungweiten.
An welchem Tag war Julia besser in Form?
Berechne für jeden der beiden Tage den Mittelwert der Sprungweiten. Vergleiche.

12.

Dies sind Ergebnisse einer schulärztlichen Untersuchung.

Name	Körpergewicht	Körpergröße
Lena	34,0 kg	1,48 m
Tanja	35,0 kg	1,50 m
Maria	30,5 kg	1,38 m
Anne	32,5 kg	1,47 m
Julia	30,5 kg	1,40 m
Laura	31,0 kg	1,53 m

a. Berechne das durchschnittliche Körpergewicht.
Runde auf die ersten Stelle nach dem Komma.

b. Berechne die durchschnittliche Körpergröße.
Runde das Ergebnis passend.

13. a. Auf einer sechstägigen Fahrt gab Miriam die Geldbeträge rechts aus.
Außerdem leistete sie sich jeden Tag ein Eis zu 0,60 €.
Wie viel Euro gab sie im Durchschnitt täglich aus?

b. Lena hat für Übernachtung, Verpflegung und die Busfahrt die gleichen Ausgaben wie Miriam. Für Kleinigkeiten, Getränke und Süßigkeiten hat sie insgesamt 90,18 € ausgegeben.
Wie viel Euro hat Lena durchschnittlich pro Tag ausgegeben?

14. In der Tabelle sind Philipps Zensuren in Englisch, Mathematik und Deutsch eingetragen.
In welchem Fach hat Philipp die besseren Zensuren erhalten?

Arbeit Nr.	1	2	3	4	5
Englisch	3	2	2	1	3
Mathematik	2	3	2	2	1
Deutsch	2	4	5	1	1

Berechnungen von Flächen

Aufgabe

1. a. Gegeben ist ein Rechteck mit den Seitenlängen $a = 4$ cm; $b = 3$ cm. Bestimme den Flächeninhalt des Rechtecks durch Auslegen mit Quadraten geeigneter Größe. Leite daraus ein Verfahren ab, wie man aus den beiden Seitenlängen a und b eines Rechtecks den Flächeninhalt A des Rechtecks berechnen kann.

b. Ein Rechteck hat die folgenden Seitenlängen:

(1) $a = \frac{3}{4}$ dm; $b = \frac{2}{5}$ dm   (2) $a = 7,5$ cm; $b = 4,6$ cm

Bestimme den Flächeninhalt des Rechtecks mit dem in Teilaufgabe a. gefundenen Verfahren.

Lösung

a. Lege das Rechteck mit Quadraten der Seitenlänge 1 cm, also mit dem Flächeninhalt 1 cm², aus.
Man benötigt dazu 3 · 4, also 12 Quadrate.
Flächeninhalt: $(3 \cdot 4) \cdot 1 \text{ cm}^2 = 12 \text{ cm}^2$

Sind die Seitenlängen eines Rechtecks in *derselben* Längeneinheit angegeben, dann erhält man den **Flächeninhalt A des Rechtecks,** wie folgt:
Man multipliziert die Maßzahlen der Seitenlängen a und b miteinander und versieht das Ergebnis mit der entsprechenden Flächeninhaltseinheit.
Man schreibt kurz:
A = a · b

---

b. Wir wenden das in Teilaufgabe a gefundene Verfahren an.

(1) $A = a \cdot b$
$A = \frac{3}{4}$ dm $\cdot \frac{2}{5}$ dm
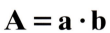
$A = \frac{3}{10}$ dm²

(2) $A = a \cdot b$
$A = 7,5$ cm $\cdot 4,6$ cm
$A = (7,5 \cdot 4,6)$ cm²
$A = 34,5$ cm²

Information

Die Formel für den **Flächeninhalt A eines Rechtecks** mit den Seitenlängen a und b lautet:

$$A = a \cdot b$$

Beispiele: $a = 3,5$ cm; $b = 2,7$ cm
$A = a \cdot b$
$A = 3,5$ cm $\cdot 2,7$ cm
$A = (3,5 \cdot 2,7)$ cm²
$A = 9,45$ cm²

Zum Festigen und Weiterarbeiten

2. Berechne den Flächeninhalt und den Umfang des Rechtecks (Länge a, Breite b).
  a. a = 7 cm; b = 12 cm   **c.** a = 3,7 m; b = 4,2 m   **e.** a = 4,56 m; b = 85,3 cm
  b. a = 4 m; b = 3,2 m   **d.** a = $\frac{7}{8}$ cm; b = $\frac{3}{5}$ cm   **f.** a = 4370 mm; b = 3,45 m

3. a. Begründe:
  Für den Flächeninhalt A eines Quadrats mit der Seitenlänge a gilt die Formel:
  $A = a \cdot a$

  b. Ein Quadrat hat die Seitenlänge
  (1) a = $\frac{3}{4}$ dm;   (2) a = 3,7 cm.
  Berechne den Flächeninhalt nach der Formel; berechne auch den Umfang.

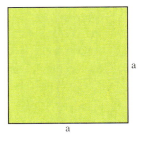

4. Ein Wohnzimmer (Maße im Bild) soll einen neuen Teppichboden erhalten.
Wie viel m² Teppichboden müssen verlegt werden?

5. a. Der Flächeninhalt eines Rechtecks beträgt 714 m². Es ist 17 m lang. Wie breit ist es?
  b. Der Flächeninhalt eines Rechtecks beträgt 197,5 m². Es ist 15,8 m lang. Wie breit ist es?
  c. Der Flächeninhalt eines Rechtecks beträgt $\frac{4}{5}$ dm². Es ist $\frac{2}{3}$ dm lang. Wie breit ist es?

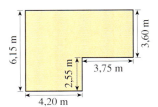

Übungen

6. Berechne den Flächeninhalt und den Umfang des Rechtecks mit den angegebenen Seitenlängen.
  a. $\frac{4}{5}$ m; $\frac{1}{3}$ m   **c.** $\frac{5}{6}$ dm; $\frac{2}{3}$ dm   **e.** 4,7 cm; 3,5 cm   **g.** 35,4 cm; 279 mm
  b. $\frac{3}{4}$ dm; $\frac{1}{5}$ dm   **d.** $\frac{3}{4}$ km; $\frac{3}{5}$ km   **f.** 15,3 cm; 12,9 cm   **h.** 1,5 m; 127 cm

7. Der Flächeninhalt eines Rechtecks ist $\frac{25}{8}$ dm². Die Länge einer Seite ist:
  a. $\frac{5}{4}$ dm   **b.** $\frac{5}{6}$ dm   **c.** $\frac{10}{11}$ dm   **d.** $\frac{13}{50}$ dm   **e.** 3 dm   **f.** 2,8 dm
  Wie lang ist die andere Seite?

8. a. Ein rechteckiges Baugrundstück ist 32,80 m lang und 24,50 m breit.
  Wie groß ist es?
  b. Ein rechteckiges Fenster ist 3,10 m breit und 1,30 m hoch.
  Wie viel m² Glas braucht man für das Fenster?

9. Ein Teil eines Platzes soll mit Verbundpflaster gepflastert werden.
Wie viel m² Verbundpflaster werden für die Fläche benötigt (Maße in m)?

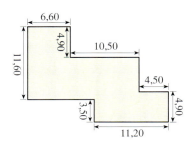

Umformen von gemeinen Brüchen in endliche oder periodische Dezimalbrüche durch Division

1. 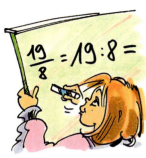 Lisa möchte gemeine Brüche (mit Zähler und Nenner) in Dezimalbrüche umrechnen. Sie weiß:
Jeden gemeinen Bruch kann man als Quotienten schreiben, zum Beispiel $\frac{3}{4} = 3 : 4$.
Daher hat Lisa eine Idee:
Sie dividiert beim Umrechnen den Zähler durch den Nenner.
Rechne folgende Brüche nach Lisas Idee in Dezimalbrüche um. Was fällt dir bei Teilaufgabe b auf?

Aufgabe

a. $\frac{19}{8}$; $\frac{7}{16}$; $2\frac{11}{20}$ **b.** $\frac{2}{3}$; $\frac{5}{6}$; $\frac{3}{11}$

Lösung

a. (1) *Umrechnung von $\frac{19}{8}$:*

Dividiere
die Einer:
die Zehntel:
die Hundertstel:
die Tausendstel:

Z	E	z	h	t		E	z	h	t
1	9	0	0	0	:8=	2	3	7	5
–1	6				:8				
	3	0			:8				
	–2	4							
		6	0		:8				
		–5	6						
			4	0	:8				
			–4	0					
				0					

```
19,000 : 8 = 2,375
16
 30        Jetzt das
 24         Komma
 60         setzen
 56
  40
  40
   0
```

Ergebnis: $\frac{19}{8} = 2{,}375$

(2) *Umrechnung von $\frac{7}{16}$:* $\frac{7}{16} = 7 : 16 = 0{,}4375$

(3) *Umrechnung von $2\frac{11}{20}$:* $\frac{11}{20} = 11 : 20 = 0{,}55$; also $2\frac{11}{20} = 2 + \frac{11}{20} = 2 + 0{,}55 = 2{,}55$

b. (1) *Umrechnung von $\frac{2}{3}$:*

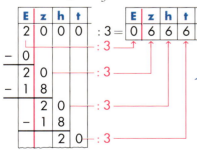

Jedes Mal Rest 2. Daher bricht die Rechnung nicht ab. 6 wiederholt sich ohne Ende.

Ergebnis: $\frac{2}{3} = \frac{6}{10} + \frac{6}{100} + \frac{6}{1000} + \frac{6}{10\,000} + \ldots = 0{,}6666\ldots$

(2) *Umrechnung von $\frac{5}{6}$:* $\frac{5}{6} = 5 : 6 = 0{,}83333\ldots$

Ziffer 3 wiederholt sich ohne Ende.

(3) *Umrechnung von $\frac{3}{11}$:* $\frac{3}{11} = 3 : 11 = 0{,}272727\ldots$

Das Ziffernpaar 27 wiederholt sich ohne Ende.

Kapitel 3

Information

(1) Endliche und periodische Dezimalbrüche

In der Aufgabe 1a hast du **endliche Dezimalbrüche** erhalten.
Endliche Dezimalbrüche haben eine bestimmte Anzahl von Ziffern rechts vom Komma, z. B. 2,375; 0,8375; 2,55.
Man sagt: Die Ziffernfolge rechts vom Komma hat ein Ende.
In Aufgabe 1b hast du **periodische Dezimalbrüche** erhalten.
Bei periodischen Dezimalbrüchen wiederholt sich eine Ziffer oder eine Ziffergruppe rechts vom Komma *ohne* Ende.

(2) Schreibweise für periodische Dezimalbrüche

$\frac{2}{3} = 2 : 3 = 0{,}666\ldots$	$\frac{3}{11} = 3 : 11 = 0{,}272727\ldots$	$\frac{5}{6} = 5 : 6 = 0{,}8333\ldots$
Wir schreiben: $0{,}\overline{6}$	Wir schreiben: $0{,}\overline{27}$	Wir schreiben: $0{,}8\overline{3}$
Wir lesen: Null Komma Periode sechs	Wir lesen: Null Komma Periode zwei sieben	Wir lesen: Null Komma acht Periode drei
Es gilt: $\frac{2}{3} = 0{,}\overline{6}$	Es gilt: $\frac{3}{11} = 0{,}\overline{27}$	Es gilt: $\frac{5}{6} = 0{,}8\overline{3}$

$0{,}\overline{6}$; $0{,}8\overline{3}$ und $0{,}\overline{27}$ sind periodische Dezimalbrüche.

Zum Festigen und Weiterarbeiten

2. Rechne in einen Dezimalbruch um. Gib an, ob ein endlicher oder ein periodischer Dezimalbruch entstanden ist.

(1) $\frac{1}{3}$ (2) $\frac{4}{5}$ (3) $\frac{11}{8}$ (4) $\frac{1}{9}$ (5) $\frac{4}{9}$ (6) $\frac{17}{25}$ (7) $\frac{7}{3}$ (8) $\frac{17}{40}$ (9) $1\frac{5}{16}$

3. Rechne in einen Dezimalbruch um: $\frac{7}{9}$; $\frac{5}{11}$; $\frac{7}{6}$; $\frac{15}{22}$; $\frac{1}{99}$; $\frac{1}{7}$.
In welchen Fällen wiederholen sich mehrere Ziffern?

4. a. Prüfe nach: $\frac{12}{25} = 0{,}48$; $\frac{16}{33} = 0{,}\overline{48}$; $\frac{22}{45} = 0{,}4\overline{8}$; $\frac{28}{33} = 0{,}\overline{84}$; $\frac{38}{45} = 0{,}8\overline{4}$; $\frac{21}{25} = 0{,}84$

b. Schreibe die ersten acht Ziffern der periodischen Dezimalbrüche in a.

> Periodischer Dezimalbruch: $0{,}\overline{8}$
> $0{,}\overline{8} = 0{,}888888888888888\ldots$
> Auf fünf Stellen gerundet:
> $0{,}888888 \approx 0{,}88889$

c. Auch periodische Dezimalbrüche kann man runden. Runde die periodischen Dezimalbrüche in Teilaufgabe a auf fünf Stellen nach dem Komma.

5. Laura versucht periodische Dezimalbrüche in gemeine Brüche umzurechnen.

a. Laura betrachtet zunächst die umgekehrte Aufgabe. Sie rechnet folgende Brüche in Dezimalbrüche um:

(1) $\frac{1}{9}$; $\frac{2}{9}$; $\frac{3}{9}$ (3) $\frac{1}{999}$; $\frac{2}{999}$; $\frac{3}{999}$

(2) $\frac{1}{99}$; $\frac{2}{99}$; $\frac{3}{99}$

Führe die Rechnungen durch.

b. Laura kann nun die periodischen Dezimalbrüche in gemeine Brüche umrechnen. Führe die Rechnungen nach Lauras Idee durch. Benutze dazu die Ergebnisse aus Teilaufgabe a.

Übungen

6. Rechne in einen Dezimalbruch um. Gib an, ob ein endlicher oder ein periodischer Dezimalbruch entsteht.
  a. $\frac{1}{4}$ **b.** $\frac{4}{11}$ **c.** $\frac{9}{10}$ **d.** $\frac{16}{9}$ **e.** $\frac{1}{8}$ **f.** $\frac{7}{22}$ **g.** $\frac{13}{15}$ **h.** $4\frac{7}{8}$

7. Rechne schriftlich. Du erhältst einen periodischen Dezimalbruch.
  a. 13 : 11 **b.** 17 : 9 **c.** 23 : 6 **d.** 16 : 3

8. Forme in einen Dezimalbruch um. Runde auf drei Stellen nach dem Komma.
  a. $\frac{14}{3}$ **b.** $\frac{11}{6}$ **c.** $\frac{11}{36}$ **d.** $2\frac{2}{12}$ **e.** $3\frac{13}{16}$

9. Was gehört zusammen? Schreibe so: $\frac{1}{2} = 1 : 2 = 0{,}5$

Brüche: $\frac{1}{5}$, $\frac{1}{8}$, $\frac{2}{5}$, $\frac{1}{2}$, $\frac{1}{9}$, $\frac{3}{4}$, $\frac{2}{3}$, $\frac{1}{10}$, $\frac{1}{4}$, $\frac{1}{3}$

Divisionen: 3:4, 1:2, 2:5, 1:9, 1:8, 1:3, 1:5, 2:3, 1:4, 1:10

Dezimalbrüche: 0,6; 0,1; 0,75; 0,2; 0,25; 0,$\overline{1}$; 0,$\overline{3}$; 0,125; 0,5; 0,4

10. Vergleiche; setze eines der Zeichen (< oder >).
  a. 0,45 ▪ 0,$\overline{4}$
  0,$\overline{7}$ ▪ 0,77
  b. 0,$\overline{2}$ ▪ 0,23
  0,56 ▪ 0,$\overline{5}$
  c. 0,$\overline{3}$ ▪ 0,34
  0,$\overline{5}$ ▪ 0,5555
  d. 0,67 ▪ 0,$\overline{6}$
  0,$\overline{82}$ ▪ 0,83

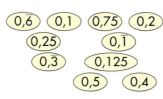
0,33 < 0,$\overline{3}$
denn 0,33 < 0,333 …

11. Rechne in einen Dezimalbruch um.
Setze dann eines der Zeichen (< oder >).
  a. $\frac{3}{5}$ ▪ 0,$\overline{6}$
  0,$\overline{7}$ ▪ $\frac{3}{4}$
  b. $\frac{2}{5}$ ▪ 0,3$\overline{5}$
  0,$\overline{3}$ ▪ $\frac{7}{20}$
  c. 1,3$\overline{7}$ ▪ $1\frac{3}{8}$
  $3\frac{1}{8}$ ▪ 3,$\overline{12}$
  d. 0,2$\overline{5}$ ▪ $\frac{1}{4}$
  $\frac{5}{8}$ ▪ 0,6$\overline{25}$

0,$\overline{4}$ > $\frac{4}{10}$
denn 0,$\overline{4}$ > 0,4

12. Ordne die Zahlen nach der Größe.
  a. 0,3; 0,$\overline{3}$; 0,33; 0,334; 0,333
  b. 0,$\overline{1}$; 0,1; 0,11; 0,$\overline{01}$; 0,01
  c. 0,16; $\frac{1}{6}$; 0,166; 0,167; 0,17
  d. 1,28; 1,2$\overline{8}$; $1\frac{28}{99}$; 1,288; $1\frac{289}{1000}$

13. Rechne in gemeine Brüche um. Kürze, wenn möglich. Beachte Aufgabe 5.
  a. 0,$\overline{4}$
  0,$\overline{5}$
  b. 1,$\overline{6}$
  4,$\overline{2}$
  c. 0,$\overline{05}$
  0,$\overline{27}$
  d. 7,$\overline{15}$
  3,$\overline{20}$
  e. 0,$\overline{40}$
  0,$\overline{04}$
  f. 0,$\overline{036}$
  5,$\overline{180}$
  g. 0,$\overline{030}$
  0,$\overline{03}$

14. *Klein aber fein* **Spiel (2 oder 4 Spieler)**
Wählt 10 echte Brüche, die in endliche Dezimalbrüche umgewandelt werden, und 6 echte Brüche, die in periodische Dezimalbrüche umgewandelt werden. Schreibt die 16 echten Brüche und die 16 Dezimalbrüche auf Kärtchen.
Alle 32 Karten werden gemischt und gleichmäßig an die Mitspieler verteilt. Jeder legt seine Karten als Stapel verdeckt vor sich auf den Tisch. Jetzt decken alle Mitspieler jeweils die obere Karte ihres Stapels auf. Wer die größte Zahl hat, muss alle aufgedeckten Karten nehmen und legt sie unter seinen Stapel. Haben zwei Mitspieler den gleichen höchsten Wert, führen die beiden ein Stechen mit zwei neuen Karten durch.
Sieger ist, wer zuerst alle Karten abgeben konnte.

Kapitel 3

Im Blickpunkt

Messen - ganz genau oder doch nur ungefähr?

1. a. Betrachtet die Karte. Wie weit ist es von Meißen nach Dresden (Luftlinie)?
   b. Vergleicht eure Ergebnisse miteinander. Versucht die Unterschiede zu erklären.

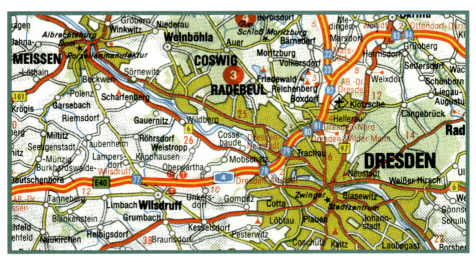

Maßstab 1: 300 000

0   5   10   15   20   25   30 km

2. Vergleicht eure Lineale in der Klasse miteinander. Legt dazu die Skalen genau aufeinander. Was stellt ihr fest?

3. In den Aufgaben 1 und 2 habt ihr gesehen, dass unterschiedliche Ergebnisse beim Messen verschiedene Ursachen haben können. Findet ihr weitere Gründe für unterschiedliche Messergebnisse?

4. Betrachtet nochmals die Karte. Die Entfernung zwischen Grumbach und Kesselsdorf lässt sich auf der Karte mit dem Lineal nicht genau ausmessen. Sie liegt zwischen 10 mm (kleinster Wert) und 11 mm (größter Wert).

a. Rechnet die mm-Angaben in km um. Wie weit ist in der Wirklichkeit Grumbach mindestens von Kesselsdorf entfernt, wie weit höchstens?

b. Gebt die Entfernung beider Orte durch einen sinnvollen Wert an.

5. Nehmt euch eine Straßenkarte zur Hand. Legt zwei Orte fest und gebt deren Entfernung voneinander sinnvoll an.
Ihr könnt die Luftlinienentfernung oder die tatsächliche Straßenentfernung ausmessen. Beachtet Aufgabe 4.

6. Ein Jugendzimmer soll einen neuen Bodenbelag erhalten. Die Länge des Zimmers wird mit 10,27 m, die Breite mit 6,85 m angegeben.

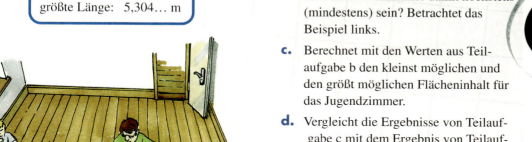

a. Wie groß ist der Flächeninhalt?

b. Die gemessenen Werte sind auf volle Zentimeter gerundet. Wie lang und wie breit kann das Zimmer damit höchstens (mindestens) sein? Betrachtet das Beispiel links.

c. Berechnet mit den Werten aus Teilaufgabe b den kleinst möglichen und den größt möglichen Flächeninhalt für das Jugendzimmer.

d. Vergleicht die Ergebnisse von Teilaufgabe c mit dem Ergebnis von Teilaufgabe a. Gebt den Flächeninhalt des Jugendzimmers sinnvoll an.

7. a. Messt die Länge und die Breite eures Klassenraumes und bestimmt hieraus Umfang und Flächeninhalt.

b. Wie genau könnt ihr die Länge und die Breite in Teilaufgabe a messen? Welcher kleinste (größte) Umfang und Flächeninhalt ergibt sich für euren Klassenraum?

c. Betrachtet die Ergebnisse aus den Teilaufgaben a und b und gebt sinnvolle Werte für den Umfang und den Flächeninhalt des Klassenraumes an.

8. Betrachtet folgende Gegenstände als Quader und bestimmt das Volumen:
- euren Klassenraum bis zur Oberkante der Tür
- euer Mathematikbuch

Gebt sinnvolle Werte für das jeweilige Volumen an.

9. Ein Goldschmied soll einen quaderförmigen Goldbarren herstellen, der 126 mm lang, 73 mm breit und 25 mm hoch ist.

a. Der Goldschmied stellt sich zunächst eine Form her. Mit geeignetem Arbeitsgerät kann er die Länge zwischen 125,5 mm und 126,4 mm einstellen. Der Goldbarren wird also – gerundet auf volle mm – 126 mm lang. Welches kleinste und welches größte Maß kann er für die Breite (für die Höhe) wählen?

b. Berechnet mit den Angaben aus Teilaufgabe a das kleinst mögliche und das größt mögliche Volumen des Goldquaders. Gebt das Ergebnis jeweils auf volle cm³ gerundet an.

c. 1 cm³ Gold wiegt 19,3 g. Wie schwer ist der Goldbarren mindestens, wie schwer höchstens?

d. 1 kg Gold kostet 9400 €. Wie teuer wird der Quader mindestens (höchstens)?

e. Wie groß ist der Preisunterschied zwischen dem kleinst möglichen und dem größt möglichen Goldbarren?

Grafische Darstellung von Anteilen

Aufgabe

1. Die Klasse 6a führt eine Verkehrszählung durch. Hier ist die Strichliste von Tim:

Lkw	Kombi-wagen	Pkw	Busse	Motor-räder
⊪⊪ I	⊪⊪ ⊪⊪ II	⊪⊪ ⊪⊪ ⊪⊪ ⊪⊪	IIII	⊪⊪ III

a. Welcher Anteil der gezählten Fahrzeuge entfällt auf Lkws, welcher auf Kombiwagen usw.?
Rechne die Anteile auch in Dezimalbrüche um.

b. Veranschauliche die Anteile in einem Streifendiagramm.

Lösung

a. Tim hat insgesamt 50 Fahrzeuge gezählt, davon sind 6 Lkw. Das sind $\frac{6}{50}$ aller Fahrzeuge.
Umrechnung in einen Dezimalbruch:
$\frac{6}{50} = 6 : 50 = 0{,}12$
In der Tabelle sind die Anteile für alle Fahrzeugarten angegeben.

Fahrzeugart	Anzahl	Anteil	
Lkw	6	$\frac{6}{50}$	0,12
Kombiwagen	12	$\frac{12}{50}$	0,24
Pkw	20	$\frac{20}{50}$	0,40
Busse	4	$\frac{4}{50}$	0,08
Motorräder	8	$\frac{8}{50}$	0,16

b. Denke dir 100 mm Streifenlänge für alle 50 Fahrzeuge, also für die Gesamtzahl. $\left(\frac{50}{50} = 1{,}00\right)$
Streifenlänge für die Lkw: $\frac{6}{50}$ von 100 mm $= 0{,}12 \cdot 100$ mm $= 12$ mm
Für die anderen Fahrzeuge erhältst du:
Kombiwagen 24 mm; Pkw 40 mm; Busse 8 mm; Motorräder 16 mm

| Lkw | Kombiwagen | Pkw | Busse | Motorräder |

Information

(1) Die Anzahlen 6, 12, 20, 4, 8 geben an, wie häufig die einzelnen Fahrzeugarten bei der Zählung vorgekommen sind.

(2) Die Brüche $\frac{6}{50}$; $\frac{12}{50}$; $\frac{20}{50}$; $\frac{4}{50}$; $\frac{8}{50}$ geben den Anteil jeder Fahrzeugart an der Gesamtzahl der Fahrzeuge an.

So berechnet man die Anteile:

$\text{Anteil} = \frac{\text{Anzahl der Fahrzeuge einer Fahrzeugart}}{\text{Gesamtzahl der gezählten Fahrzeuge}}$

Zum Festigen und Weiterarbeiten

2. Rechts ist die Strichliste von Katharina.

Lkw	Kombi-wagen	Pkw	Busse	Motor-räder
ℍℍ III	ℍℍ ℍℍ ℍℍ III	ℍℍ ℍℍ ℍℍ ℍℍ IIII	ℍℍ II	ℍℍ ℍℍ III

  a. Wie viele Fahrzeuge hat Katharina gezählt? Gib die Anzahl der Fahrzeuge jeder Fahrzeugart an.

  b. Welcher Anteil der gezählten Fahrzeuge entfällt auf die einzelnen Fahrzeugarten? Schreibe sie auch als Dezimalbruch. Runde ggf. auf zwei Stellen nach dem Komma.

  c. Addiere die Anteile. Was fällt dir auf? Woran liegt das?

  d. Zeichne ein Streifendiagramm für die Anteile.

3. Zeichne zur Strichliste von Tim (Aufgabe 1, S. 118) und von Katharina (Aufgabe 2) ein Säulendiagramm.

Übungen

4. Ein Würfel wurde 100-mal geworfen. Rechts sind die Ergebnisse.

Augenzahl	Anzahl
1	ℍℍ ℍℍ ℍℍ II
2	ℍℍ ℍℍ ℍℍ IIII
3	ℍℍ ℍℍ IIII
4	ℍℍ ℍℍ ℍℍ I
5	ℍℍ ℍℍ ℍℍ III
6	ℍℍ ℍℍ ℍℍ I

  a. Berechne. Gib für jede Augenzahl den Anteil an, mit der sie geworfen wurde. Rechne auch in einen Dezimalbruch um (gerundet auf zwei Stellen nach dem Komma).

  b. Zeichne ein Streifendiagramm oder ein Säulendiagramm.

  c. Würfle selbst 100-mal und verfahre dann wie in den Teilaufgaben a bis b.

5. Tanja würfelt mit zwei Würfeln gleichzeitig und berechnet bei jedem Wurf die Summe der beiden Augenzahlen. Hier das Ergebnis nach 50 Würfen:

Augensumme	2	3	4	5	6	7	8	9	10	11	12
Anzahl	I	II	IIII	ℍℍ	ℍℍ I	ℍℍ III	ℍℍ II	ℍℍ I	IIII	III	I

  a. Berechne die Anteile, mit der jede Augensumme geworfen worden ist. Rechne auch in einen Dezimalbruch um (gerundet auf zwei Stellen nach dem Komma).

  b. Zeichne ein Streifendiagramm oder ein Säulendiagramm.

  c. Führe selbst 100 Würfe mit zwei Würfeln durch und verfahre entsprechend.

6. Die 25 Schüler der Klasse 6a wurden befragt, wie viele Geschwister sie haben (Tabelle rechts).

Anzahl der Geschwister	0	1	2	3
Anzahl der Schüler	ℍℍ III	ℍℍ ℍℍ I	IIII	II

  a. Berechne die einzelnen Anteile.

  b. Zeichne ein Säulendiagramm.

7. In der Schulbücherei einer Schule wurden im Laufe eines Jahres ausgeliehen: 96 Abenteuerbücher, 74 Sachbücher, 47 Kinderbücher, 88 Erzählungen, 25 Reiseberichte.
Berechne die einzelnen Anteile. Zeichne ein Streifendiagramm oder ein Säulendiagramm.

Kapitel 3

Verbindung mehrerer Rechenoperationen
Terme mit Klammern

Aufgabe

1. Berechne den Term. Beachte die Klammerregel.

   a. $\frac{7}{8} - (\frac{3}{8} + \frac{1}{4})$ b. $\frac{1}{2} \cdot (\frac{2}{3} + \frac{1}{6})$ c. $(\frac{1}{2} - \frac{1}{5}) : 6$ d. $0{,}684 : (1{,}5 - 1{,}31)$

Lösung

Berechne zuerst, was in der Klammer steht.

Klammer zuerst ausrechnen

a. $\frac{7}{8} - (\frac{3}{8} + \frac{1}{4})$
    $= \frac{7}{8} - (\frac{3}{8} + \frac{2}{8})$
    $= \frac{7}{8} - \frac{5}{8}$
    $= \frac{2}{8}$
    $= \frac{1}{4}$

b. $\frac{1}{2} \cdot (\frac{2}{3} + \frac{1}{6})$
    $= \frac{1}{2} \cdot (\frac{4}{6} + \frac{1}{6})$
    $= \frac{1}{2} \cdot \frac{5}{6}$
    $= \frac{5}{12}$

c. $(\frac{1}{2} - \frac{1}{5}) : 6$
    $= (\frac{5}{10} - \frac{2}{10}) : 6$
    $= \frac{3}{10} : 6$
    $= \frac{3}{10 \cdot 6}$
    $= \frac{1}{20}$

d. $0{,}684 : (1{,}5 - 1{,}31)$
    $= 0{,}684 : 0{,}19$
    $= 68{,}4 : 19$
    $= 3{,}6$

Zum Festigen und Weiterarbeiten

2. Berechne.

   a. $\frac{5}{6} - (\frac{1}{6} - \frac{1}{12})$ d. $4\frac{4}{5} - (2\frac{5}{15} + \frac{4}{5})$ g. $2\frac{1}{4} - (1\frac{5}{8} - \frac{7}{8})$ j. $4{,}15 - (1{,}5 + 0{,}85)$

   b. $(\frac{2}{3} - \frac{2}{9}) \cdot \frac{3}{4}$ e. $(\frac{9}{10} - \frac{1}{5}) : \frac{7}{2}$ h. $1 : (2\frac{1}{2} + \frac{1}{7})$ k. $0{,}2 \cdot (3{,}7 - 1{,}25)$

   c. $\frac{2}{3} : (\frac{1}{2} + \frac{1}{6})$ f. $\frac{3}{8} : (5 - \frac{1}{2})$ i. $(2\frac{1}{6} + 1\frac{5}{6}) : \frac{4}{25}$ l. $(2{,}16 - 0{,}86) : 0{,}4$

   Mögliche Ergebnisse: $\frac{1}{30}$; $\frac{1}{12}$; $\frac{1}{5}$; $\frac{1}{3}$; $\frac{14}{37}$; $\frac{3}{4}$; 1; $1\frac{2}{15}$; $1\frac{1}{2}$; $3\frac{59}{90}$; $4\frac{1}{2}$; $5\frac{5}{12}$; 25; $0{,}49$; $1{,}8$; $6{,}28$; $3{,}75$

3. Berechne.

   a. $(\frac{3}{4} - \frac{7}{10}) \cdot (\frac{5}{6} + \frac{5}{9})$ b. $(\frac{5}{9} + \frac{1}{3}) : (\frac{1}{6} + \frac{1}{2})$ c. $(6{,}5 - 2{,}8) : (9{,}8 + 2{,}7)$ d. $(\frac{7}{12} + \frac{4}{15}) : (4 - 1\frac{7}{8})$

4. Stelle einen Term auf, berechne dann.

   a. Multipliziere die Summe aus $\frac{5}{8}$ und $\frac{1}{6}$ mit 36.

   b. Subtrahiere von 9,5 die Differenz aus 20,1 und 17,8.

   c. Dividiere die Summe aus 10,5 und 5,9 durch die Zahl 4.

   d. Dividiere die Differenz der Zahlen $2\frac{1}{2}$ und $\frac{3}{4}$ durch die Summe dieser Zahlen.

   e. Multipliziere die Summe der Zahlen 2,5 und $\frac{3}{4}$ mit der Differenz dieser Zahlen.

   f. Multipliziere die Summe der Zahlen $\frac{3}{5}$ und $\frac{3}{4}$ mit der Differenz der Zahlen $\frac{8}{9}$ und $\frac{2}{3}$.

   g. Multipliziere die Summe aus 5,5 und 0,65 mit 0,7.

   Addieren – Summe – plus
   Subtrahieren – Differenz – minus
   Multiplizieren – Produkt – mal
   Dividieren – Quotient – durch

5. Schreibe entsprechend in Worten wie in Aufgabe 4; berechne auch den Term.

   a. $6 - (\frac{3}{5} + \frac{9}{10})$ b. $5 \cdot (\frac{1}{2} - \frac{2}{15})$ c. $\frac{9}{10} : (\frac{6}{25} : \frac{2}{5})$ d. $(1 - \frac{3}{8}) \cdot (1\frac{1}{2} + \frac{1}{7})$

6. Ergänze die Tabelle; setze für x die angegebenen Zahlen ein und berechne.

a. $x: \frac{1}{4}, \frac{5}{6}, \frac{5}{8}, 1$

x	$x+\frac{1}{2}$	$\frac{2}{3} \cdot (x+\frac{1}{2})$
$\frac{1}{4}$		

b. $x: \frac{1}{2}, \frac{1}{5}, \frac{2}{7}, \frac{4}{5}$

x	$1-x$	$(1-x):\frac{3}{5}$
$\frac{1}{2}$		

c. $x: \frac{5}{6}, \frac{3}{4}, \frac{4}{6}, 1\frac{2}{3}$

x	$x-\frac{2}{3}$	$x+\frac{1}{4}$	$(x-\frac{2}{3}) \cdot (x+\frac{1}{4})$
$\frac{5}{6}$			

7.
a. $7 - (\frac{1}{5} + \frac{3}{5})$
$\frac{5}{8} - (\frac{7}{8} - \frac{3}{8})$
$5 \cdot (\frac{3}{10} + \frac{4}{10})$
$(\frac{8}{9} - \frac{2}{9}) : 4$

b. $\frac{7}{9} - (\frac{5}{18} + \frac{1}{9})$
$\frac{2}{3} - (\frac{14}{15} - \frac{3}{5})$
$(\frac{1}{2} - \frac{3}{10}) \cdot \frac{5}{8}$
$\frac{3}{2} : (\frac{3}{4} + \frac{3}{8})$

c. $(\frac{4}{5} - \frac{3}{4}) \cdot \frac{5}{7}$
$\frac{4}{9} + (\frac{5}{6} - \frac{1}{8})$
$\frac{8}{25} : (\frac{1}{3} - \frac{1}{5})$
$(\frac{7}{12} + \frac{1}{9}) \cdot \frac{4}{5}$

d. $4\frac{5}{7} - (1\frac{5}{21} + 1\frac{2}{63})$
$3\frac{1}{6} : (1\frac{5}{12} - \frac{8}{9})$
$2\frac{2}{5} \cdot (4\frac{1}{3} - \frac{3}{8})$
$(2\frac{6}{7} + \frac{1}{5}) : 5\frac{7}{20}$

Übungen

Mögliche Ergebnisse: $\frac{1}{28}; \frac{1}{8}; \frac{1}{8}; \frac{1}{6}; \frac{1}{3}; \frac{7}{18}; \frac{5}{9}; \frac{4}{7}; 1\frac{11}{72}; 1\frac{1}{3}; 2\frac{1}{3}; 2\frac{4}{9}; 2\frac{2}{5}; 3\frac{1}{2}; 6; 6\frac{1}{5}; 9\frac{1}{2}$

8.
a. $1{,}7 + (4{,}9 - 0{,}28)$
b. $13{,}4 - (6{,}15 - 1{,}95)$
c. $(7{,}5 - 0{,}75) \cdot 0{,}5$
d. $2{,}4 + 8 : 0{,}2$
e. $0{,}36 - 0{,}1 \cdot 3{,}2$
f. $0{,}5 : 0{,}04 + 1{,}1 : 5$

9.
a. $6{,}7 - (0{,}9 + 3{,}5)$
b. $(13{,}2 - 7{,}7) - 4{,}5$
c. $(0{,}9 + 1{,}5) - 0{,}7$
d. $(7{,}8 + 1{,}8) : 0{,}4$
e. $14{,}4 : (15 - 12{,}6)$
f. $(17{,}5 - 8{,}6) \cdot 0{,}2$
g. $(2{,}9 - 0{,}3) + (3{,}4 - 1{,}8)$
h. $(8{,}1 + 1{,}2) - (6{,}5 + 0{,}7)$
i. $(4{,}2 + 9{,}4) \cdot (4{,}6 - 3{,}8)$

10.
a. $19{,}3 \cdot (52{,}03 - 11{,}67)$
b. $(16{,}45 + 2{,}75) \cdot 1{,}25$
c. $(7{,}68 - 2{,}97) : 0{,}6$
d. $0{,}8 \cdot (12{,}5 + 7{,}35)$
e. $(3{,}64 + 0{,}78) : 8$
f. $(18{,}5 - 2{,}96) : 12$
g. $(25{,}6 - 2{,}38) \cdot (48{,}7 + 5{,}5)$
h. $(34{,}3 - 28{,}8) \cdot (0{,}984 - 0{,}046)$
i. $(28{,}4 - 3{,}5) : (0{,}55 + 0{,}2)$

11.
a. $(\frac{1}{2} + \frac{3}{8}) \cdot (\frac{3}{7} + \frac{1}{14})$
b. $(\frac{7}{20} - \frac{4}{15}) : (\frac{1}{6} + \frac{2}{9})$
c. $(5\frac{1}{3} + \frac{1}{2}) \cdot (2\frac{1}{5} - \frac{7}{10})$
d. $(2\frac{1}{6} - 1\frac{1}{3}) : (2\frac{1}{9} - 1\frac{1}{2})$
e. $(\frac{3}{5} + \frac{9}{10}) \cdot (\frac{3}{4} + \frac{1}{2} + \frac{1}{6})$
f. $(\frac{7}{9} - \frac{1}{2} + \frac{5}{6}) : (\frac{2}{3} + \frac{1}{6})$

Mögliche Ergebnisse: $\frac{7}{16}; \frac{3}{14}; 1\frac{1}{3}; 1\frac{4}{11}; 2\frac{1}{8}; 2\frac{2}{3}; 8\frac{3}{4}$

12. Stelle zunächst den Term auf; berechne ihn dann.
a. Multipliziere die Summe der Zahlen $\frac{3}{4}$ und $\frac{1}{2}$ mit $\frac{2}{5}$.
b. Subtrahiere von $3\frac{1}{2}$ die Summe der Zahlen $1\frac{2}{3}$ und $\frac{5}{6}$.
c. Dividiere die Differenz der Zahlen $\frac{2}{3}$ und $\frac{1}{6}$ durch $\frac{1}{2}$.
d. Dividiere $\frac{8}{9}$ durch die Differenz von $\frac{2}{3}$ und $\frac{4}{9}$.
e. Multipliziere die Differenz der Zahlen 5 und $\frac{3}{8}$ mit der Summe aus $\frac{5}{8}$ und $\frac{1}{3}$.
f. Dividiere die Summe der Zahlen $\frac{1}{3}$ und $\frac{2}{7}$ durch das Produkt dieser Zahlen.
g. Addiere die Summe der Zahlen $\frac{1}{2}, \frac{1}{3}$ und $\frac{1}{4}$ zu dem Produkt dieser Zahlen.
h. Multipliziere 28,2 mit der Summe aus 16,5 und 3,9.
i. Multipliziere die Differenz aus 26,2 und 4,7 mit der Zahl 12,2.
j. Multipliziere die Summe aus 18,4 und 3,7 mit der Differenz dieser Zahlen.
k. Multipliziere die Summe aus 7,5 und 0,75 mit der Differenz aus 0,95 und 0,085.
l. Addiere zur Summe aus 12,75 und 7,25 die Differenz dieser Zahlen.
m. Dividiere die Summe aus 4,15 und 3,6 durch die Zahl 25.

13. Schreibe den Term in Worten wie in Aufgabe 12; berechne ihn auch.

a. $\frac{5}{8} - (\frac{1}{2} - \frac{1}{4})$
b. $7 : (\frac{3}{5} + \frac{1}{10})$
c. $(\frac{1}{3} + \frac{1}{4}) \cdot (\frac{1}{2} - \frac{1}{5})$
d. $(2 - \frac{5}{6}) : (\frac{1}{2} \cdot \frac{3}{8})$

14. Setze die Zahlen nacheinander für x ein; berechne dann jeweils den Term.

a. $\frac{2}{3}; \frac{1}{2}; \frac{5}{9}$ in $(x - \frac{1}{3}) \cdot \frac{1}{2}$
b. $2; \frac{1}{5}; 3\frac{1}{2}$ in $(5 - x) : \frac{3}{4}$
c. $\frac{9}{10}; \frac{1}{15}; 1\frac{3}{10}; 2\frac{1}{5}$ in $\frac{4}{5} : (x + \frac{3}{10})$
d. $\frac{9}{10}; \frac{1}{15}; 1\frac{3}{10}; 2\frac{1}{5}$ in $(2\frac{1}{2} + x) : (2\frac{1}{2} - x)$

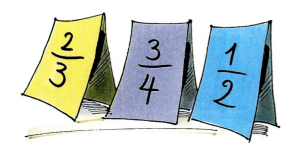

15. a. Lisa hat drei Zahlenkarten in der nebenstehenden Reihenfolge aufgestellt. Sie behauptet:

„Ich kann die Ergebnisse $0; \frac{1}{6}; \frac{7}{24}$ erhalten, wenn ich zwischen die Zahlenkarten die Karten mit den Rechenzeichen $-$, $\cdot$ und mit den Klammern $($, $)$ stelle."

Hat Lisa Recht?

b. Welche Ergebnisse sind möglich, wenn Lisa die Reihenfolge $\frac{3}{4}; \frac{2}{3}; \frac{1}{2}$ aufstellt.

Punktrechnung vor Strichrechnung

Aufgabe

1. Berechne den Term. Beachte die Vorrangregeln.

a. $\frac{7}{8} - \frac{5}{8} \cdot \frac{3}{5}$
b. $\frac{1}{3} + \frac{2}{5} \cdot \frac{3}{10}$
c. $\frac{2}{5} \cdot (1 - \frac{5}{8} \cdot \frac{4}{3})$
d. $7{,}2 : 5 - (0{,}5 + 0{,}8 \cdot 0{,}3)$

Lösung

a. $\frac{7}{8} - \frac{5}{8} \cdot \frac{3}{5}$

$= \frac{7}{8} - \frac{5 \cdot 3}{8 \cdot 5}$

$= \frac{7}{8} - \frac{3}{8}$

$= \frac{4}{8}$

$= \frac{1}{2}$

b. $\frac{1}{3} + \frac{2}{5} \cdot \frac{3}{10}$

$= \frac{1}{3} + \frac{2 \cdot 10}{5 \cdot 3}$

$= \frac{1}{3} + \frac{4}{3}$

$= \frac{5}{3}$

$= 1\frac{2}{3}$

c. $\frac{2}{5} \cdot (1 - \frac{5}{8} \cdot \frac{4}{3})$

$= \frac{2}{5} \cdot (1 - \frac{5 \cdot 4}{8 \cdot 3})$

$= \frac{2}{5} \cdot (1 - \frac{5}{6})$

$= \frac{2}{5} \cdot \frac{1}{6}$

$= \frac{1}{15}$

d. $7{,}2 : 5 - (0{,}5 + 0{,}8 \cdot 0{,}3)$

$= 1{,}44 - (0{,}5 + 0{,}24)$

$= 1{,}44 - 0{,}74$

$= 0{,}7$

Vorrangregeln für das Berechnen von Termen
(1) Das Innere einer Klammer wird für sich berechnet.
(2) Wo keine Klammer steht, geht Punktrechnung vor Strichrechnung.
(3) Sonst wird von links nach rechts gerechnet.

Erst Klammer, dann Punkt vor Strich

Zum Festigen und Weiterarbeiten

2.
a. $\frac{2}{5} \cdot \frac{5}{8} + \frac{1}{2}$
b. $\frac{5 \cdot 2}{6 \cdot 3} - \frac{3}{4}$
c. $\frac{2}{15} + \frac{3}{10} \cdot \frac{2}{9}$
d. $5\frac{1}{2} - \frac{4}{7} \cdot \frac{2}{7}$
e. $7 - \frac{11}{5} \cdot \frac{5}{3}$
f. $4\frac{5}{6} + \frac{3}{5} \cdot \frac{2}{25}$
g. $2{,}4 + 8 : 0{,}2$
h. $0{,}36 - 0{,}1 \cdot 3{,}2$
i. $4\frac{5}{16} + \frac{3 \cdot 2}{8 \cdot 3}$
j. $7\frac{3}{4} + 6\frac{5}{6} \cdot 12$

3. Berechne den Term.

a. $\frac{2}{5} \cdot \frac{15}{8} + \frac{3}{4} \cdot \frac{1}{2}$ c. $\frac{2}{3} + \frac{2}{9} \cdot \frac{3}{4} + \frac{5}{6}$ e. $(0{,}4 \cdot 1{,}987 + 0{,}75) : 0{,}5$ g. $\frac{4}{9} \cdot \frac{10}{27} - \frac{11}{15} \cdot \frac{5}{12}$

b. $\frac{1}{2} + \frac{7}{8} - \frac{3}{10} \cdot \frac{6}{25}$ d. $\frac{3}{4} + (2 - \frac{2}{5}) \cdot \frac{5}{6}$ f. $0{,}4 \cdot (1{,}987 + 0{,}75 : 0{,}5)$ h. $6\frac{1}{2} - \frac{1}{2} : (\frac{2}{3} + 1\frac{1}{6})$

4. Stelle zunächst den Term auf, berechne ihn dann.

a. Addiere $3\frac{1}{5}$ zu dem Produkt der Zahlen 4 und $1\frac{2}{3}$.

b. Subtrahiere von dem Quotienten der Zahlen $\frac{1}{2}$ und $\frac{2}{5}$ das Produkt dieser Zahlen.

c. Addiere das Produkt der Zahlen 0,6 und 2,7 zu dem Quotienten der Zahlen 6 und 0,8.

d. Multipliziere die Differenz aus $\frac{1}{2}$ und $\frac{1}{3}$ mit 12.

e. Addiere zu dem Quotienten aus 12 und 2,5 das Produkt aus 0,6 und 0,8.

f. Subtrahiere von dem Produkt aus 13,5 und 1,18 die Summe dieser Zahlen.

5. Schreibe entsprechend in Worten wie in Aufgabe 4; berechne auch den Term.

a. $\frac{2}{7} \cdot \frac{3}{4} + \frac{5}{14}$ b. $\frac{4}{5} \cdot \frac{7}{10} - \frac{3}{7}$ c. $\frac{1}{4} \cdot \frac{5}{6} + \frac{3}{8} \cdot \frac{7}{12}$ d. $8 \cdot 0{,}7 - 0{,}6 : 0{,}5$

6. a. $8 - [0{,}4 + 0{,}5 \cdot (1 - 0{,}6)]$ c. $3 \cdot [(\frac{3}{5} + \frac{1}{2}) \cdot (\frac{2}{3} - \frac{1}{9}) - \frac{1}{2}]$

b. $[1\frac{1}{2} \cdot \frac{2}{3} - (\frac{1}{2} + \frac{1}{4})] \cdot 2\frac{1}{2}$ d. $\frac{5}{8} : [\frac{4}{5} \cdot \frac{15}{16} \cdot (\frac{3}{8} + \frac{5}{6}) - \frac{3}{4}]$

7. a. $\frac{1}{3} \cdot \frac{3}{4} + \frac{1}{4}$ b. $\frac{7}{3} - \frac{2}{3} : 2$ c. $\frac{7}{6} \cdot \frac{2}{3} + \frac{1}{4}$ d. $9\frac{3}{4} - 3\frac{1}{2} \cdot \frac{5}{7}$ e. $5\frac{1}{3} + \frac{7}{8} \cdot 1\frac{5}{7}$ **Übungen**

$\frac{3}{2} : \frac{1}{2} + 5$ $\frac{4}{5} + \frac{3}{2} \cdot \frac{2}{5}$ $2 - \frac{9}{5} : \frac{3}{2}$ $2\frac{1}{6} + 1\frac{1}{9} : 1\frac{2}{3}$ $1\frac{1}{15} + 1\frac{4}{5} : 1\frac{5}{7}$

Mögliche Ergebnisse: $\frac{1}{2}$; $\frac{4}{5}$; $1\frac{2}{5}$; 2; 2; $2\frac{5}{6}$; $2\frac{7}{60}$; $6\frac{1}{3}$; $6\frac{5}{6}$; $7\frac{1}{4}$; 8

8. a. $0{,}5 \cdot 1{,}4 + 0{,}7$ d. $4{,}7 - 3 \cdot 0{,}1$ g. $25{,}5 + 21{,}7 : 0{,}7$

b. $12 \cdot 0{,}6 - 3{,}5$ e. $5{,}7 + 8 \cdot 0{,}7$ h. $0{,}75 : 0{,}025 - 1{,}1 : 0{,}04$

c. $4 \cdot 1{,}2 + 0{,}5 \cdot 0{,}8$ f. $1{,}3 \cdot 0{,}6 + 1{,}4 \cdot 0{,}5$ i. $3 : 0{,}04 - 0{,}15 \cdot 80$

Mögliche Ergebnisse (Wolke): 1,4; 2,5; 56,5; 18; 63; 5,2; 0,1; 3,7; 1,1; 1,48

9. a. $2 + \frac{1}{3} \cdot \frac{3}{4}$ b. $4 : \frac{2}{5} - \frac{1}{5}$ c. $\frac{3}{4} \cdot \frac{2}{9} + \frac{5}{8} \cdot \frac{2}{5}$ d. $\frac{9}{2} \cdot \frac{8}{3} - \frac{3}{10} \cdot \frac{4}{5}$

$(2 + \frac{1}{3}) \cdot \frac{3}{4}$ $4 : (\frac{2}{5} - \frac{1}{5})$ $\frac{3}{4} \cdot (\frac{2}{9} + \frac{5}{8} \cdot \frac{2}{5})$ $\frac{9}{2} \cdot (\frac{8}{3} - \frac{3}{10} \cdot \frac{4}{5})$

$2 + (\frac{1}{3} \cdot \frac{3}{4})$ $(4 : \frac{2}{5}) - \frac{1}{5}$ $\frac{3}{4} \cdot (\frac{2}{9} + \frac{5}{8}) \cdot \frac{2}{5}$ $\frac{9}{2} \cdot (\frac{8}{3} - \frac{3}{10}) : \frac{4}{5}$

Mögliche Ergebnisse: $\frac{17}{48}$; $10\frac{5}{16}$; $9\frac{4}{5}$; $1\frac{3}{4}$; $11\frac{5}{8}$; $\frac{61}{240}$; $2\frac{1}{4}$; 20; $13\frac{5}{16}$; $\frac{5}{12}$; $7\frac{1}{4}$

10. a. $78{,}5 - 3{,}5 \cdot 6{,}6$ d. $4{,}81 \cdot 1{,}5 - 0{,}55 \cdot 1{,}9$ g. $1 : 0{,}625 + 0{,}018 \cdot 150$

b. $0{,}96 : 1{,}6 + 0{,}5$ e. $22{,}5 : 0{,}3 + 20{,}4 \cdot 0{,}08$ h. $0{,}2 \cdot 50 \cdot 3 : 0{,}3$

c. $6{,}6 : 1{,}5 - 1{,}25$ f. $0{,}95 \cdot 3{,}6 - 7 \cdot 0{,}09$ i. $2{,}5 \cdot 2{,}5 - 0{,}5 : 2$

Mögliche Ergebnisse: 4,3; 2,79; 55,4; 6,17; 0; 3,15; 76,632; 6; 5,75; 1,1

11. a. $1 : (1 - 4 : 5)$ b. $(1{,}38 \cdot 0{,}6 + 0{,}84 : 3) \cdot 0{,}24$ c. $(12{,}13 - 6{,}57 : 9) : 3$

12. Wähle für x nacheinander die Zahlen 0,25; 0,05; 1,5; 4,5 und berechne jeweils den Term.

a. $0{,}8 \cdot x + 7{,}5$ c. $x : 5 + 0{,}4$ e. $9 : x + 0{,}2$ g. $19{,}5 - 2{,}4 \cdot x$

b. $1{,}5 \cdot x + 2{,}9$ d. $0{,}45 : x + 1$ f. $2{,}25 : x - 0{,}1$ h. $15{,}1 - 1{,}7 \cdot x$

13.
a. $(\frac{3}{5}+\frac{1}{2}\cdot\frac{4}{5})\cdot(5-\frac{2}{7})$
b. $(\frac{7}{8}-\frac{1}{4}\cdot\frac{4}{5}):(\frac{13}{16}+\frac{1}{2})$
c. $(1\frac{1}{5}+6-\frac{3}{4}):(\frac{1}{2}+1\frac{1}{3})$
d. $(1\frac{1}{5}+6)-(\frac{3}{4}\cdot\frac{1}{2}+1\frac{1}{3})$

14.
a. $(19,5-1,7:0,34):0,2$
b. $(12,5:0,2+0,05)\cdot 0,3$
c. $(6,75:3+13,2):1,5$
d. $(14,4:12+6\cdot 0,15):7$
e. $(5,6:14+0,72:3)\cdot 16$
f. $(8,4\cdot 0,2-0,4:5)\cdot 1,5$
g. $(8,4:6-7,5:15):6$
h. $0,72\cdot(0,4\cdot 3+1:0,125)$
i. $(5,6:0,14-0,9\cdot 25)\cdot 1,2$

Mögliche Ergebnisse: 10,24; 21; 10,3; 2,25; 72,5; 2,4; 6,624; 0,55; 18,765; 0,3

15. Stelle zunächst den Term auf, berechne ihn dann.
a. Multipliziere die Summe aus $\frac{1}{2}$ und $\frac{1}{3}$ mit 15.
b. Addiere zu dem Quotienten aus $\frac{4}{7}$ und $\frac{2}{21}$ die Zahl $3\frac{1}{3}$.
c. Subtrahiere von 12 die Summe der Zahlen 2,6 und 4,9.
d. Dividiere die Differenz aus $8\frac{1}{6}$ und $5\frac{2}{3}$ durch das Produkt aus $\frac{5}{9}$ und $2\frac{1}{4}$.
e. Subtrahiere von der Summe der Zahlen 7,5 und 6 den Quotienten aus 1,44 und 0,15.
f. Addiere zu 17,3 das Produkt der Zahlen 3,5 und 0,4.
g. Subtrahiere vom Produkt der Zahlen 8,9 und 3,2 den Quotienten aus 2,8 und 0,7.

16. Schreibe in Worten; berechne auch den Term.
a. $\frac{3}{5}\cdot\frac{1}{6}+\frac{7}{10}$
b. $4-1\frac{1}{2}:\frac{6}{7}$
c. $0,625:0,75-0,625\cdot 0,75$
d. $2\frac{1}{3}:1\frac{1}{6}+2:1\frac{3}{5}$

17. Bei einer Klassenfeier werden $5\frac{5}{6}$ l Apfelsaft und $4\frac{2}{3}$ l Mineralwasser gemischt und dann in Glaskrüge abgefüllt, die je $\frac{7}{10}$ l fassen.
Wie viele Krüge werden gefüllt?

18. $\frac{3}{4}$ l Orangensaft und $\frac{1}{2}$ l Mineralwasser werden gemischt und sollen in Gläser eingeschenkt werden.
Die Gläser fassen jeweils $\frac{3}{10}$ l.
Wie viele Gläser kann man füllen und wie viel Liter bleiben im Mixbecher?

Teamarbeit

19. Fertigt euch die nebenstehenden Karten an.
Partner 1 stellt aus den vorhandenen Karten eine *lösbare* Aufgabe auf. Dabei müssen alle drei Zahlenkarten verwendet werden.
Partner 2 löst die Aufgabe.
Hat Partner 2 die Aufgabe richtig gerechnet, darf er die nächste Aufgabe aufstellen usw.

△ Doppelbrüche

△ **1.** Den Quotienten zweier Zahlen kann man auch als Bruch schreiben. Der Bruchstrich ersetzt das Divisionszeichen. Diese Schreibweise wollen wir auch dann verwenden, wenn gebrochene Zahlen dividiert werden sollen. Solche Brüche nennt man *Doppelbrüche*; berechne die Doppelbrüche.

 $3:4=\frac{3}{4}$

Aufgabe

a. $\dfrac{\frac{1}{3}}{\frac{5}{9}}$ b. $\dfrac{5}{\frac{3}{7}}$ c. $\dfrac{\frac{3}{4}}{8}$ d. $\dfrac{0{,}56}{0{,}8}$

Lösung

a. $\dfrac{\frac{1}{3}}{\frac{5}{9}} = \frac{1}{3} : \frac{5}{9}$
$= \frac{1}{3} \cdot \frac{9}{5}$
$= \frac{1 \cdot 9}{3 \cdot 5}$
$= \frac{3}{5}$

b. $\dfrac{5}{\frac{3}{7}} = 5 : \frac{3}{7}$
$= 5 \cdot \frac{7}{3}$
$= \frac{5 \cdot 7}{3}$
$= \frac{35}{3} = 11\frac{2}{3}$

c. $\dfrac{\frac{3}{4}}{8} = \frac{3}{4} : 8$
$= \frac{3}{4} \cdot \frac{1}{8}$
$= \frac{3 \cdot 1}{4 \cdot 8}$
$= \frac{3}{32}$

d. $\dfrac{0{,}56}{0{,}8} = 0{,}56 : 0{,}8$
$= 5{,}6 : 8$
$= 0{,}7$

Information

Ein **Doppelbruch** ist eine andere Schreibweise für einen Quotienten aus gebrochenen Zahlen. Bei einem Doppelbruch treten mehrere Bruchstriche auf. Der *Hauptbruchstrich* ersetzt das Divisionszeichen.

$\dfrac{a}{b} : \dfrac{c}{d} = \dfrac{\frac{a}{b}}{\frac{c}{d}}$

Zähler des Doppelbruches
Hauptbruchstrich
Nenner des Doppelbruches

Beispiel:
$\dfrac{\frac{1}{3}}{\frac{5}{9}} = \frac{1}{3} : \frac{5}{9}$

△ **2.** Schreibe den Doppelbruch als Quotient und berechne.

a. $\dfrac{\frac{3}{4}}{\frac{9}{2}}$ b. $\dfrac{\frac{8}{15}}{\frac{6}{25}}$ c. $\dfrac{5}{\frac{2}{3}}$ d. $\dfrac{\frac{4}{5}}{2}$ e. $\dfrac{1{,}08}{1{,}2}$ f. $\dfrac{2{,}4}{1{,}5}$

Zum Festigen und Weiterarbeiten

△ **3.** Schreibe mit Bruchstrichen; berechne auch.

a. $(3:5):(8:13)$ c. $7:(2:4)$ e. $(3:4):\frac{5}{6}$ g. $7{,}2:0{,}9$
b. $(5:8):11$ d. $\frac{3}{11}:(5:7)$ f. $(7:8):(16:21)$ h. $15{,}6:1{,}3$

△ **4.** Schreibe den Doppelbruch als Divisionsaufgabe und berechne dann.

Übungen

a. $\dfrac{\frac{2}{5}}{\frac{8}{15}}$ c. $\dfrac{\frac{1}{8}}{\frac{5}{12}}$ e. $\dfrac{4}{\frac{3}{10}}$ g. $\dfrac{12}{\frac{7}{8}}$ i. $\dfrac{\frac{3}{4}}{12}$ k. $\dfrac{\frac{2{,}5}{13}}{\frac{7{,}5}{3{,}9}}$

b. $\dfrac{\frac{3}{7}}{\frac{9}{14}}$ d. $\dfrac{\frac{4}{7}}{\frac{4}{15}}$ f. $\dfrac{\frac{4}{9}}{3}$ h. $\dfrac{\frac{4}{15}}{20}$ j. $\dfrac{15}{\frac{5}{6}}$ l. $\dfrac{\frac{3{,}6}{5{,}5}}{\frac{0{,}6}{1{,}1}}$

△ **5.** Schreibe mit Bruchstrich; berechne:

a. $(3:2):(9:4)$ b. $(7:3):(14:5)$ c. $(3:2):\frac{5}{9}$ d. $5{,}6:0{,}08$

Vorteilhaft rechnen mit gebrochenen Zahlen
Rechengesetze

Aufgabe

1. Sarah und Maria lösen die beiden Aufgaben. In ihren Heften stehen diese Ergebnisse:

   a. $\left(\frac{1}{9} + \frac{3}{9}\right) + \frac{2}{3}$

   b. $\left(\frac{2}{9} + \frac{5}{9}\right) \cdot \frac{9}{5}$

Sarah	Maria	Sarah	Maria
(1) $\frac{1}{9} + \frac{3}{9} = \frac{4}{9}$	(1) $\frac{3}{9} + \frac{2}{3} = 1$	(1) $\frac{2}{9} + \frac{5}{9} = \frac{7}{9}$	(1) $\frac{2}{9} \cdot \frac{9}{5} = \frac{2}{5}$
(2) $\frac{4}{9} + \frac{2}{3} = \frac{10}{9}$	(2) $\frac{1}{9} + 1 = 1\frac{1}{9}$	(2) $\frac{7}{9} \cdot \frac{9}{5} = \frac{7}{5}$	(2) $\frac{5}{9} \cdot \frac{9}{5} = 1$
			(3) $\frac{2}{5} + 1 = 1\frac{2}{5}$

   Was meinst du dazu?

Lösung

a.
$$\left(\frac{1}{9} + \frac{3}{9}\right) + \frac{2}{3} \quad\Big|\quad \frac{1}{9} + \left(\frac{3}{9} + \frac{2}{3}\right)$$
$$= \left(\frac{1}{9} + \frac{3}{9}\right) + \frac{6}{9} \quad\Big|\quad = \frac{1}{9} + \left(\frac{3}{9} + \frac{6}{9}\right)$$
$$= \frac{1+3}{9} + \frac{6}{9} \quad\Big|\quad = \frac{1}{9} + \frac{3+6}{9}$$
$$= \frac{(1+3)+6}{9} \quad\Big|\quad = \frac{1+(3+6)}{9}$$

Bruchstrich ersetzt Klammer

Beide Seiten in der Lösung müssen übereinstimmen, weil man beim Addieren natürlicher Zahlen (der Zähler) Klammern beliebig setzen darf.

Assoziativgesetz:
$(1+3)+6 = 1+(3+6)$

b.
$$\left(\frac{2}{9} + \frac{5}{9}\right) \cdot \frac{9}{5} \quad\Big|\quad \frac{2}{9} \cdot \frac{9}{5} + \frac{5}{9} \cdot \frac{9}{5}$$
$$= \frac{2+5}{9} \cdot \frac{9}{5} \quad\Big|\quad = \frac{2 \cdot 9}{45} + \frac{5 \cdot 9}{45}$$
$$= \frac{(2+5) \cdot 9}{45} \quad\Big|\quad = \frac{2 \cdot 9 + 5 \cdot 9}{45}$$

Beide Seiten in der Lösung müssen übereinstimmen, weil man für die Addition und Mulitplikation natürlicher Zahlen (der Zähler) das Verteilungsgesetz anwenden darf.

Distributivgesetz:
$(2+5) \cdot 9 = 2 \cdot 9 + 5 \cdot 9$

Zum Festigen und Weiterarbeiten

2. Für die Addition natürlicher Zahlen gilt außerdem das Vertauschungsgesetz, das bedeutet: In einer Summe darf man die Summanden vertauschen; z. B. $17 + 23 = 23 + 17$. Prüfe, ob dieses Gesetz auch für die Addition von gebrochenen Zahlen gilt. Berechne und vergleiche.

   a. $\frac{3}{7} + \frac{4}{7}$; $\frac{4}{7} + \frac{3}{7}$

   b. $\frac{5}{6} + \frac{1}{8}$; $\frac{1}{8} + \frac{5}{6}$

3. Herr Bienenstich sagt zu seinem Sohn Tim:
   „Du hast doch schon wieder $\frac{1}{4}$ vom halben Kuchen aufgegessen!"
   Darauf erwidert Tim:
   „Das stimmt gar nicht, es war nur die Hälfte von einem Kuchenviertel."
   Berechne und vergleiche.

4. Prüfe, ob das Kommutativ- und das Assoziativgesetz auch für die Multiplikation von gebrochenen Zahlen gelten. Berechne und vergleiche.

   a. $\frac{4}{15} \cdot \frac{5}{8}$; $\frac{5}{8} \cdot \frac{4}{15}$

   b. $\left(\frac{3}{7} \cdot \frac{4}{9}\right) \cdot \frac{5}{8}$; $\frac{3}{7} \cdot \left(\frac{4}{9} \cdot \frac{5}{8}\right)$

5. Prüfe, ob das Distributivgesetz auch für Multiplikation und Subtraktion gilt. Berechne und vergleiche:

   a. $\left(\frac{7}{10} - \frac{1}{2}\right) \cdot \frac{3}{4}$; $\frac{7}{10} \cdot \frac{3}{4} - \frac{1}{2} \cdot \frac{3}{4}$

   b. $\frac{1}{3} \cdot \left(\frac{5}{6} - \frac{1}{4}\right)$; $\frac{1}{3} \cdot \frac{5}{6} - \frac{1}{3} \cdot \frac{1}{4}$

6. Berechne und vergleiche.

a. $(\frac{1}{2} + \frac{2}{5}) : \frac{3}{4}$
$\frac{1}{2} : \frac{3}{4} + \frac{2}{5} : \frac{3}{4}$
$(\frac{1}{2} + \frac{2}{5}) \cdot \frac{4}{3}$

b. $(\frac{1}{2} - \frac{2}{5}) : \frac{3}{4}$
$\frac{1}{2} : \frac{3}{4} - \frac{2}{5} : \frac{3}{4}$
$(\frac{1}{2} - \frac{2}{5}) \cdot \frac{4}{3}$

c. $(\frac{9}{8} + \frac{3}{4}) : \frac{3}{2}$
$\frac{9}{8} : \frac{3}{2} + \frac{3}{4} : \frac{3}{2}$
$(\frac{9}{8} + \frac{3}{4}) \cdot \frac{2}{3}$

d. $(\frac{9}{8} - \frac{3}{4}) : 1\frac{1}{2}$
$\frac{9}{8} : 1\frac{1}{2} - \frac{3}{4} : 1\frac{1}{2}$
$(\frac{9}{8} - \frac{3}{4}) \cdot \frac{2}{3}$

Kommutativgesetze (Vertauschungsgesetze)

(1) *für die Addition*   (2) *für die Multiplikation*

$\frac{5}{6} + \frac{1}{8} = \frac{1}{8} + \frac{5}{6}$ $\frac{4}{15} \cdot \frac{5}{8} = \frac{5}{8} \cdot \frac{4}{15}$

Man darf in einer Summe und in einem Produkt zwei gebrochene Zahlen miteinander vertauschen.

Assoziativgesetze (Verbindungsgesetze)

(1) *für die Addition*   (2) *für die Multiplikation*

$(\frac{2}{5} + \frac{1}{4}) + \frac{3}{10} = \frac{2}{5} + (\frac{1}{4} + \frac{3}{10})$ $(\frac{3}{7} \cdot \frac{4}{9}) \cdot \frac{5}{8} = \frac{3}{7} \cdot (\frac{4}{9} \cdot \frac{5}{8})$

Man darf in einer Summe und in einem Produkt Klammern beliebig setzen.

Distributivgesetze (Verteilungsgesetze)

(1) *für Multiplikation und Addition*   (2) *für Multiplikation und Subtraktion*

$\frac{2}{5} \cdot (\frac{3}{4} + \frac{5}{8}) = \frac{2}{5} \cdot \frac{3}{4} + \frac{2}{5} \cdot \frac{5}{8}$ $\frac{2}{5} \cdot (\frac{3}{4} - \frac{5}{8}) = \frac{2}{5} \cdot \frac{3}{4} - \frac{2}{5} \cdot \frac{5}{8}$

---

7. Rechne vorteilhaft. Beachte Kommutativ- und Assoziativgesetz.

a. $\frac{4}{4} + \frac{3}{9} + \frac{5}{4}$
b. $(\frac{7}{6} + \frac{3}{5}) + \frac{5}{6}$
c. $\frac{3}{8} \cdot (\frac{5}{7} \cdot \frac{8}{3})$
d. $(\frac{15}{8} \cdot \frac{7}{11}) \cdot \frac{16}{25}$
e. $(0{,}97 + 2{,}4) + 0{,}03$
f. $(5{,}5 + 6{,}849) + 0{,}151$
g. $(2{,}5 \cdot 1{,}77) \cdot 0{,}4$
h. $(12{,}5 \cdot 1{,}35) \cdot 0{,}8$

Mögliche Ergebnisse: $\frac{5}{7}$; $\frac{16}{25}$; $\frac{42}{55}$; $2\frac{7}{12}$; $2\frac{3}{5}$; $1{,}77$; $3{,}06$; $3{,}4$; $12{,}5$; $13{,}5$

8. Rechne vorteilhaft. Beachte das Distributivgesetz.

a. $\frac{4}{5} \cdot (\frac{5}{8} + \frac{15}{4})$
b. $\frac{45}{14} \cdot (\frac{14}{15} - \frac{7}{9})$
c. $(\frac{25}{6} + \frac{15}{4}) \cdot \frac{12}{5}$
d. $(\frac{11}{6} - \frac{2}{9}) \cdot \frac{5}{4}$
e. $\frac{5}{6} \cdot (\frac{6}{5} + \frac{2}{3})$
f. $\frac{4}{9} \cdot \frac{3}{7} + \frac{4}{9} \cdot \frac{4}{7}$
g. $\frac{4}{5} \cdot \frac{7}{9} - \frac{4}{5} \cdot \frac{2}{9}$
h. $(\frac{8}{5} + \frac{2}{3}) : \frac{8}{15}$
i. $(\frac{3}{4} - \frac{1}{7}) : \frac{3}{28}$
j. $1{,}47 \cdot 3{,}7 + 1{,}47 \cdot 2{,}3$
k. $0{,}735 \cdot 8{,}4 - 0{,}735 \cdot 1{,}6$
l. $62{,}8 \cdot 0{,}75 + 0{,}75 \cdot 48{,}6$

9. Rechne vorteilhaft.

a. $\frac{3}{4} + \frac{5}{7} + \frac{1}{4}$
b. $\frac{5}{12} + \frac{4}{5} + \frac{7}{12}$
c. $\frac{7}{6} + \frac{3}{4} + \frac{5}{6}$
d. $\frac{4}{5} \cdot \frac{6}{5} \cdot \frac{3}{4}$
e. $\frac{2}{9} \cdot \frac{3}{7} \cdot \frac{9}{2}$
f. $\frac{5}{9} + (\frac{6}{11} + \frac{4}{9})$
g. $4\frac{1}{8} + (1\frac{4}{5} + 3\frac{7}{8})$
h. $(\frac{3}{5} \cdot \frac{4}{9}) \cdot \frac{5}{3}$
i. $(2\frac{1}{2} \cdot \frac{9}{14}) \cdot \frac{4}{5}$
j. $1\frac{1}{7} \cdot 7\frac{1}{2} \cdot 1\frac{3}{5}$
k. $\frac{5}{7} + \frac{1}{2} + \frac{4}{5}$
l. $\frac{5}{9} + \frac{3}{25} + \frac{9}{5}$

Übungen

Mögliche Ergebnisse: $\frac{3}{7}$; $\frac{18}{35}$; $\frac{4}{9}$; $\frac{16}{25}$; $1\frac{2}{7}$; $1\frac{6}{11}$; $1\frac{5}{7}$; $1\frac{4}{5}$; $2\frac{3}{4}$; $13\frac{5}{7}$; $9\frac{4}{5}$

10. Rechne vorteilhaft.

a. $14{,}83 + 12{,}096 + 0{,}17$ c. $11{,}9 + 12{,}75 + 1{,}2$ e. $4 \cdot 1{,}87 \cdot 0{,}25$ g. $17{,}07 \cdot 0{,}5 \cdot 0{,}2$

b. $5{,}94 + 80{,}867 + 0{,}04$ d. $1{,}915 + 2{,}8 + 1{,}2$ f. $9{,}83 \cdot 1{,}25 \cdot 0{,}8$ h. $0{,}4 \cdot 62{,}78 \cdot 0{,}5$

11. a. $\frac{8}{15} + \frac{10}{21} + \frac{2}{15} + \frac{4}{21}$ b. $\frac{4}{9} \cdot \frac{7}{8} \cdot \frac{9}{2} \cdot \frac{4}{7}$ c. $\frac{1}{3} + \frac{3}{8} + \frac{1}{6} + \frac{1}{8}$ d. $3\frac{3}{4} \cdot \frac{12}{25} \cdot 4\frac{1}{6} \cdot \frac{8}{15}$

12. Rechne vorteilhaft.

a. $(\frac{3}{7} + \frac{3}{4}) \cdot \frac{28}{33}$ d. $\frac{19}{16} \cdot \frac{5}{8} - \frac{3}{16} \cdot \frac{5}{8}$ g. $(3\frac{4}{7} + 6\frac{1}{4}) \cdot \frac{7}{25}$ i. $\frac{4}{15} \cdot \frac{5}{8} + \frac{2}{3} \cdot \frac{2}{8}$

b. $\frac{7}{12} \cdot \frac{4}{13} + \frac{7}{12} \cdot \frac{9}{13}$ e. $\frac{11}{16} \cdot 2\frac{1}{3} + \frac{11}{16} \cdot 5\frac{2}{3}$ h. $\frac{8}{9} \cdot (2\frac{1}{4} - 1\frac{4}{5})$ k. $\frac{2}{3} \cdot \frac{8}{11} - \frac{5}{11} \cdot \frac{2}{3}$

c. $\frac{45}{88} \cdot (\frac{4}{5} - \frac{4}{9})$ f. $\frac{7}{17} \cdot \frac{13}{9} - \frac{7}{17} \cdot \frac{16}{36}$ i. $\frac{63}{79} \cdot (\frac{8}{9} - \frac{7}{9})$ l. $\frac{4}{9} \cdot \frac{7}{13} - \frac{7}{9} \cdot \frac{4}{13}$

13. Rechne vorteilhaft.

a. $(\frac{12}{5} + \frac{3}{10}) : \frac{12}{5}$ c. $\frac{7}{9} \cdot \frac{5}{11} + \frac{2}{9} \cdot \frac{5}{11}$ e. $(\frac{7}{6} + \frac{7}{4}) : 3\frac{1}{2}$ g. $\frac{3}{5} \cdot \frac{1}{2} + \frac{3}{5} \cdot \frac{1}{4}$

b. $(\frac{4}{3} - \frac{2}{9}) : \frac{4}{3}$ d. $\frac{17}{7} \cdot \frac{2}{15} - \frac{3}{7} \cdot \frac{2}{15}$ f. $(\frac{17}{15} - \frac{13}{15}) : \frac{4}{5}$ h. $\frac{8}{9} : 2\frac{1}{3} - \frac{1}{9} : 2\frac{1}{3}$

14. a. $16{,}9 \cdot 7{,}15 + 16{,}9 \cdot 4{,}35$ d. $74{,}6 \cdot 0{,}9 + 0{,}9 \cdot 36{,}2$ g. $42{,}7 : 0{,}4 + 5{,}8 : 0{,}4$

b. $0{,}275 \cdot 14{,}6 + 0{,}275 \cdot 6{,}77$ e. $4{,}88 \cdot 0{,}62 - 0{,}62 \cdot 2{,}75$ h. $5{,}94 : 0{,}6 + 8{,}46 : 0{,}6$

c. $8{,}64 \cdot 19{,}47 - 8{,}64 \cdot 11{,}5$ f. $3{,}14 \cdot 12{,}3 + 12{,}3 \cdot 4{,}97$ i. $21{,}6 : 1{,}6 - 7{,}4 : 1{,}6$

Mögliche Ergebnisse: $1{,}3206$; $5{,}07$; $5{,}87675$; $8{,}875$; $68{,}8608$; 24; $99{,}72$; $99{,}753$; $121{,}25$; $190{,}9$

15. Rechne wie in den Beispielen.

a. $\frac{1}{2} \cdot 8\frac{6}{11}$ f. $8\frac{4}{7} : 2$

b. $\frac{1}{10} \cdot 30\frac{10}{13}$ g. $14\frac{21}{25} : 7$

c. $\frac{5}{6} \cdot 6\frac{12}{25}$ h. $6\frac{1}{2} : 2$

d. $\frac{3}{4} \cdot 12\frac{8}{17}$ i. $5\frac{1}{3} : 5$

e. $14\frac{7}{8} \cdot \frac{2}{7}$ j. $15\frac{1}{5} : 5$

$$\frac{2}{3} \cdot 15\frac{6}{7} \quad\bigg|\quad 15\frac{10}{11} : 5$$
$$= \frac{2}{3} \cdot 15 + \frac{2}{3} \cdot \frac{6}{7} \quad\bigg|\quad = 15 : 5 + \frac{10}{11} : 5$$
$$= 10 + \frac{4}{7} \quad\bigg|\quad = 3 + \frac{2}{11}$$
$$= 10\frac{4}{7} \quad\bigg|\quad = 3\frac{2}{11}$$

16. Rechne vorteilhaft durch Zerlegen. Beachte die Beispiele.

a. $6 \cdot 9{,}15$ c. $12 \cdot 15{,}8$ e. $60{,}76 : 8$

    $5 \cdot 15{,}13$ $15 \cdot 26{,}91$ $13{,}65 : 5$

b. $8 \cdot 6{,}12$ d. $26{,}35 : 5$ f. $45{,}9 : 6$

    $7 \cdot 19{,}14$ $27{,}84 : 6$ $28{,}72 : 8$

$$5 \cdot 18{,}74 \quad\bigg|\quad 75{,}2 : 8$$
$$= 5 \cdot (18 + 0{,}74) \quad\bigg|\quad = (72 + 3{,}2) : 8$$
$$= 5 \cdot 18 + 5 \cdot 0{,}74 \quad\bigg|\quad = 72 : 8 + 3{,}2 : 8$$
$$= 90 + 3{,}7 \quad\bigg|\quad = 9 + 0{,}4$$
$$= 93{,}7 \quad\bigg|\quad = 9{,}4$$

17. Auf einem Tisch stehen zwei Krüge mit Saft und mehrere leere Gläser. Der eine Krug enthält $2{,}5\,l$ Saft, der andere $1\frac{3}{4}\,l$. Jedes Glas kann mit $\frac{1}{8}\,l$ gefüllt werden. Wie viele Gläser kann man mit Saft aus beiden Krügen füllen? Rechne auf zweierlei Weise.

Gleichungen mit gebrochenen Zahlen

Aufgabe

1. Julia denkt sich eine gebrochene Zahl.
Sie multipliziert diese Zahl mit $\frac{5}{8}$ und subtrahiert danach $\frac{1}{12}$.
Als Ergebnis erhält sie $\frac{1}{6}$.
Welche Zahl hat sie sich gedacht? Stelle auch eine Gleichung auf.

Lösung

Ein Pfeilbild hilft dir.

$$x \;\xrightarrow[:\frac{5}{8}]{\cdot\frac{5}{8}}\; x \cdot \frac{5}{8} \;\xrightarrow[+\frac{1}{12}]{-\frac{1}{12}}\; \frac{1}{6}$$

Rechne schrittweise rückwärts:

1. Schritt: $\frac{1}{6} + \frac{1}{12} = \frac{3}{12} = \frac{1}{4}$

2. Schritt: $\frac{1}{4} : \frac{5}{8} = \frac{1}{4} \cdot \frac{8}{5} = \frac{2}{5}$

Gleichung: $x \cdot \frac{5}{8} - \frac{1}{12} = \frac{1}{6}$

Ergebnis: Julia hat sich die Zahl $\frac{2}{5}$ gedacht.

2. Bestimme die Lösung der Gleichung $\frac{x}{3} = \frac{4}{5}$

Lösung

1. Weg: (gleichnamig machen) $\quad \frac{x}{3} = \frac{4}{5}$

$\frac{5 \cdot x}{15} = \frac{12}{15}$

Zwei gleichnamige Brüche sind gleich, wenn auch die Zähler übereinstimmen
$5 \cdot x = 12$

Lösung: $\frac{12}{5}$

2. Weg: (Bruchstrich bedeutet dividieren) $\quad \frac{x}{3} = \frac{4}{5}$

Pfeilbild: $x \;\xrightarrow[\cdot 3]{:3}\; \frac{4}{5}$

Lösung: $\frac{12}{5}$

Übungen

3. Welche der Zahlen $\frac{4}{15};\ \frac{2}{3};\ \frac{1}{9};\ \frac{11}{6};\ \frac{9}{4}$ erfüllt die Gleichung? Prüfe durch Einsetzen.

a. $x + \frac{5}{3} = \frac{16}{9}$ **b.** $x - \frac{3}{40} = \frac{3}{2}$ **c.** $y \cdot \frac{3}{8} = \frac{1}{10}$ **d.** $z : \frac{2}{7} = \frac{7}{3}$

4. Bestimme die Lösungsmenge. Du kannst auch ein Pfeilbild verwenden. Führe auch die Probe durch.

a. $x + \frac{5}{6} = \frac{4}{3}$ **d.** $x : \frac{5}{12} = \frac{4}{15}$ **g.** $x \cdot 0{,}4 = 4{,}8$ **j.** $x \cdot \frac{2}{3} - \frac{3}{2} = \frac{1}{6}$

b. $x \cdot \frac{7}{8} = \frac{9}{4}$ **e.** $x + 0{,}8 = 1{,}3$ **h.** $x : 1{,}3 = 0{,}3$ **k.** $z : \frac{5}{8} + \frac{4}{5} = 2$

c. $x - \frac{1}{2} = \frac{3}{5}$ **f.** $x - 2{,}2 = 5{,}9$ **i.** $x + 0{,}7 - 0{,}4 = 0{,}8$ **l.** $y \cdot \frac{2}{3} + \frac{5}{8} = \frac{25}{24}$

5. Bestimme die Lösungsmenge.

a. $\frac{x}{4} = \frac{5}{6}$ **b.** $\frac{x}{5} = \frac{4}{25}$ **c.** $\frac{y}{7} = \frac{9}{14}$ **d.** $\frac{7}{9} = \frac{4}{15}$

6. Elke denkt sich eine Zahl.

a. Sie addiert zu dieser Zahl $\frac{3}{5}$ und erhält $\frac{5}{3}$.

b. Sie subtrahiert von dieser Zahl $\frac{5}{6}$ und erhält $\frac{3}{8}$.

c. Sie multipliziert diese Zahl mit 0,7 und erhält 5,25.

d. Sie dividiert diese Zahl durch 3 und addiert zu dem Quotienten 1,6. das Ergebnis ist 2.

e. Sie addiert zu dieser Zahl $\frac{1}{6}$ und multipliziert die Summe mit $\frac{3}{20}$. Das Ergebnis ist $\frac{1}{8}$.

Vermischte Übungen

1.
a. $\frac{5}{6}+\frac{7}{12}$ b. $\frac{7}{15}-\frac{1}{20}$ c. $\frac{1}{9}+\frac{1}{8}$ d. $8\cdot\frac{11}{12}$ e. $6\cdot 2\frac{4}{5}$ f. $1\frac{1}{2}+\frac{5}{6}$

$\frac{7}{10}-\frac{1}{3}$ $\frac{5}{12}+\frac{1}{5}$ $\frac{3}{10}:\frac{6}{17}$ $6\cdot\frac{3}{4}$ $3\frac{1}{3}:5$ $3\frac{1}{4}-\frac{3}{10}$

$\frac{8}{9}\cdot\frac{3}{7}$ $\frac{4}{9}\cdot\frac{8}{15}$ $\frac{5}{8}\cdot\frac{6}{25}$ $\frac{7}{15}:3$ $4:2\frac{1}{2}$ $2\frac{1}{2}\cdot 3\frac{1}{4}$

$\frac{4}{5}:\frac{3}{8}$ $\frac{3}{5}\cdot\frac{4}{11}$ $\frac{3}{4}-\frac{1}{10}$ $\frac{8}{15}\cdot 12$ $5\frac{1}{4}\cdot\frac{3}{14}$ $1\frac{3}{4}:4\frac{3}{8}$

2.
a. $8,7+1,9$ b. $7,8:3$ c. $0,93-0,63$ d. $6,4-0,75$ e. $0,6:0,05$

$0,35\cdot 1000$ $0,15\cdot 1,2$ $11,6:1000$ $5:0,002$ $0,14\cdot 1,2$

$0,75\cdot 0,002$ $2,03:1000$ $7,6:0,004$ $0,47+3,8$ $1:0,4$

$1,02:6$ $10,5-4,8$ $3,5\cdot 0,02$ $0,27\cdot 0,04$ $100:0,25$

3.
a. $1,5+\frac{2}{5}$ b. $0,9-\frac{1}{3}$ c. $0,24:\frac{3}{4}$ d. $0,45:\frac{3}{5}$ e. $\frac{11}{16}-0,4$ f. $\frac{7}{20}-0,3$

$\frac{5}{8}-0,5$ $\frac{5}{6}\cdot 0,6$ $\frac{2}{5}+1,75$ $0,3\cdot\frac{11}{15}$ $\frac{7}{10}:1,12$ $0,6:\frac{6}{7}$

$\frac{9}{10}\cdot 1,2$ $\frac{2}{3}:0,2$ $0,36\cdot\frac{5}{12}$ $2,7-1\frac{3}{4}$ $\frac{4}{25}+0,65$ $\frac{3}{8}+2,9$

$\frac{8}{15}:2,5$ $0,75+\frac{1}{3}$ $2,5-\frac{7}{8}$ $1,25+\frac{3}{16}$ $1,8\cdot\frac{5}{6}$ $\frac{13}{50}\cdot 0,25$

4. Bestimme die fehlenden Zahlen. Addiere die drei Zahlen. Was fällt dir auf?

5. Berechne. Runde das Ergebnis.
   a. $14,75\cdot 0,985$ (auf Hundertstel)   c. $42,356:15$ (auf Zehntel)
   b. $45,7\cdot 8,631$ (auf Hundertstel)   d. $8,459:13$ (auf Tausendstel)

6. Zwei Zahlen ergeben vier Aufgaben. Schreibe die Aufgaben auf und löse sie.
   a. $10,8$; $0,96$ c. $84,75$; $37,5$
   b. $0,927$; $0,72$ d. $0,1575$; $0,018$

| $17,5+0,56$ | $17,5\cdot 0,56$ |
| $17,5-0,56$ | $17,5:0,56$ |

7. Berechne die Quotienten. Multipliziere die beiden Ergebnisse. Was fällt dir auf?
   a. $5:0,2$ b. $0,12:3$ c. $2,5:4$ d. $20:0,8$ e. $5,6:0,07$ f. $3:0,75$
   $0,2:5$ $3:0,12$ $4:2,5$ $0,8:20$ $0,07:5,6$ $0,75:3$

8. Wähle jeweils zwei der vier Zahlen. Dividiere die eine Zahl durch die andere. *Hinweis:* Es gibt zwölf Aufgaben.

9. Gib das Ergebnis mit Komma an.
   a. $\frac{5,6}{7}$ c. $\frac{1,12}{1,4}$ e. $\frac{0,15}{0,3}$ g. $\frac{4,8:3}{10}$
   b. $\frac{12}{7,5}$ d. $\frac{0,66}{1,1}$ f. $\frac{9\cdot 1,4}{1,2}$ h. $\frac{0,9+6}{0,23}$

10. Berechne den Term.

- **a.** $\frac{5}{12} \cdot (\frac{8}{15} - \frac{2}{5})$
- **b.** $(\frac{7}{20} + \frac{3}{4}) : \frac{11}{25}$
- **c.** $8\frac{1}{2} - (3\frac{3}{4} + 2\frac{5}{8})$
- **d.** $\frac{4}{9} + \frac{2}{3} \cdot \frac{9}{10}$
- **e.** $(4\frac{2}{3} - 1\frac{5}{6}) \cdot \frac{9}{17}$
- **f.** $4\frac{3}{5} : (5\frac{1}{2} + 3\frac{7}{10})$
- **g.** $11\frac{1}{5} - 3\frac{1}{2} \cdot 2\frac{3}{7}$
- **h.** $\frac{7}{15} + 4\frac{1}{5} : 9\frac{1}{3}$

11. Erst genau hinsehen und dann rechnen.

- **a.** $(\frac{3}{7} + \frac{3}{4}) \cdot \frac{28}{33}$
- **b.** $\frac{7}{12} \cdot \frac{4}{13} + \frac{7}{12} \cdot \frac{9}{13}$
- **c.** $\frac{45}{88} \cdot (\frac{4}{5} - \frac{4}{9})$
- **d.** $6 \cdot \frac{3}{14} - 2 \cdot \frac{3}{14}$
- **e.** $\frac{11}{16} \cdot 2\frac{1}{3} + \frac{11}{16} \cdot 5\frac{2}{3}$
- **f.** $\frac{7}{17} \cdot \frac{13}{9} - \frac{7}{17} \cdot \frac{16}{36}$
- **g.** $\frac{4}{15} \cdot \frac{5}{8} + \frac{2}{3} \cdot \frac{2}{8}$
- **h.** $\frac{2}{3} \cdot \frac{8}{11} - \frac{5}{11} \cdot \frac{2}{3}$
- **i.** $\frac{4}{9} \cdot \frac{7}{13} - \frac{7}{9} \cdot \frac{4}{13}$
- **i.** $(\frac{12}{5} + \frac{3}{10}) : \frac{12}{5}$
- **k.** $(\frac{4}{3} - \frac{2}{9}) : \frac{4}{3}$
- **l.** $\frac{7}{9} \cdot \frac{5}{11} + \frac{2}{9} \cdot \frac{5}{11}$

12.
- **a.** $6{,}5 \cdot 1{,}7 + 0{,}18$
- **b.** $0{,}78 \cdot 3{,}7 + 6{,}3 \cdot 0{,}14$
- **c.** $3{,}8 \cdot (10{,}15 - 8{,}5)$
- **d.** $(9{,}35 + 12{,}88) \cdot (12{,}1 - 7{,}44)$
- **e.** $0{,}63 : 0{,}9 + 1{,}25$
- **f.** $1{,}65 : 0{,}5 - 0{,}46 : 0{,}2$
- **g.** $1{,}4 : (4 \cdot 1{,}875 - 6{,}7)$
- **h.** $(4{,}4 : 0{,}11 + 3{,}5) : 0{,}75$
- **i.** $7{,}8 \cdot 0{,}85 - 0{,}35 : 0{,}1$

13. Ein Lkw mit einer Ladefähigkeit von 3 t soll Dachziegel zu einer Baustelle bringen. Ein Dachziegel wiegt 2,5 kg. Wie viele Dachziegel kann er laden?

14. Die Klasse 6b hat ein Klassenfest gefeiert. Dabei sind 86,25 € Kosten entstanden. Wie viel muss jeder der 23 Schüler zahlen?

15. In der Bundesrepublik fallen jedes Jahr große Mengen an Verpackungsmüll an.

- **a.** Wie viel kg Glas, wie viel kg Papier und Pappe, wie viel kg Kunststoff entfielen auf jeden Bundesbürger im Jahre 1999?
- **b.** Wie viel kg sonstiger Verpackungsmüll wurden pro Bürger recycelt?
- **c.** Jan sagt: „Etwa $\frac{1}{7}$ des recycelten Verpackungsmülls entfällt auf sonstige Verpackungsstoffe; dazu gehört Holz, Weißblech, Aluminium u. a." Berechne den genauen Bruchteil.

16. Ein Roggenkorn wiegt ungefähr 0,08 g. In einer Roggenähre sind ungefähr 40 Körner. Auf 1 ha Roggenfeld stehen ungefähr 4 Mio. Ähren.

- **a.** Wie viel wiegen die Körner in einer Ähre?
- **b.** Wie viele Körner sind in 1 kg, wie viele in 1 t Roggen?
- **c.** Wie viele Körner reifen auf einem 1 ha großen Roggenfeld?
- **d.** Welche Masse haben die Körner auf 1 ha Roggenfeld? Rechne die Masse in t um.

1 t = 1000 kg
1 t = 1 000 000 g

Bist du fit?

1.
a. $\frac{3}{8}+\frac{5}{16}$ **b.** $\frac{5}{12}+\frac{1}{5}$ **c.** $\frac{7}{24}+\frac{3}{16}$ **d.** $1\frac{4}{5}+2\frac{7}{15}$ **e.** $3\frac{5}{6}+4\frac{7}{8}$
$\frac{8}{9}-\frac{2}{27}$ $\frac{12}{13}-\frac{2}{3}$ $\frac{52}{51}-\frac{16}{17}$ $4\frac{5}{12}-1\frac{1}{6}$ $5\frac{1}{12}-1\frac{7}{5}$

2.
a. $0{,}7+0{,}8$ **b.** $0{,}14+0{,}08$ **c.** $0{,}03+0{,}7$ **d.** $1{,}4+0{,}78$ **e.** $0{,}3+5+4{,}87$
$1{,}4-0{,}6$ $0{,}85-0{,}15$ $0{,}9-0{,}04$ $0{,}9-0{,}045$ $4{,}9-0{,}03-0{,}3$

3.
a. $0{,}5+\frac{3}{4}$ **b.** $\frac{1}{3}+0{,}3$ **c.** $1\frac{3}{10}-0{,}07$ **d.** $1\frac{7}{12}+0{,}75$ **e.** $0{,}43+2\frac{1}{5}-0{,}33$
$0{,}8-\frac{1}{5}$ $\frac{7}{9}-0{,}4$ $2\frac{1}{8}-0{,}25$ $4\frac{17}{18}-0{,}5$ $2\frac{3}{4}-\frac{3}{8}+0{,}125$

4. Bestimme die fehlende Zahl. Mache die Probe.
a. $\frac{1}{3}+x=1\frac{1}{9}$ **c.** $y+17{,}5=22$ **e.** $\frac{3}{4}+x=2{,}5$ **g.** $60-x=\frac{1}{4}$
b. $x-\frac{7}{12}=2\frac{1}{4}$ **d.** $8{,}14-x=5$ **f.** $4{,}5-x=2\frac{1}{4}$ **h.** $x-18{,}5=2\frac{3}{4}$

5. Tim hat eingekauft.
Wie schwer ist der Inhalt seiner Einkaufstasche?

6. Eine Kiste wiegt mit Inhalt $20\frac{3}{4}$ kg.
Die leere Kiste wiegt $3\frac{3}{12}$ kg.
Wie schwer ist der Inhalt?

7. Vergleiche. Setze das passende Zeichen $<$, $>$ bzw. $=$ ein.
a. $\frac{4}{5}+\frac{3}{20}$ ▪ 1 **b.** $2\frac{1}{8}-1\frac{1}{2}$ ▪ $\frac{10}{16}$ **c.** $\frac{1}{5}+\frac{1}{9}$ ▪ $\frac{1}{3}$
d. $0{,}37+4{,}53$ ▪ $4{,}89$ **e.** $0{,}83+0{,}57$ ▪ $2{,}38-0{,}98$

8. Rechne schriftlich.
a. $18{,}653+9{,}87$ **b.** $52{,}43-37{,}684$ **c.** $0{,}253+0{,}4875$ **d.** $20{,}91-13{,}077$
$567{,}034+746{,}69$ $85{,}3-7{,}438$ $28{,}95+1{,}753$ $50{,}2-10{,}375$

9.
a. $7{,}395+12{,}45+26{,}3+45{,}07$
b. $125{,}6+76{,}095+70{,}57+8{,}7578$
c. $6{,}845+3{,}966+0{,}96+1{,}34+0{,}8$
d. $95{,}5-37{,}752-20{,}67-8{,}1$
e. $113-85{,}87-19{,}545-0{,}908$
f. $125{,}6-18{,}04-6{,}536-52{,}9$

10. Sieh dir den Wagen an (Bild rechts).
a. Wie viel t sind geladen?
b. Ist der Wagen überladen?
Wenn nein, wie viel t dürfen noch zugeladen werden?

11. Als Frau Will einkaufen ging, hatte sie $80{,}53$ € in der Geldbörse. Mit $21{,}80$ € kommt sie zurück.
Wie viel Euro hat Frau Will ausgegeben?

12.
a. $\frac{3}{4} \cdot \frac{2}{5}$ b. $\frac{7}{6} \cdot \frac{5}{6}$ c. $\frac{8}{9} \cdot \frac{4}{5}$ d. $\frac{5}{7} \cdot \frac{5}{6}$ e. $5\frac{1}{2} \cdot 1\frac{4}{10}$ f. $3\frac{1}{3} - 2\frac{2}{5}$

$\frac{3}{4} : \frac{2}{5}$ $\frac{7}{6} + \frac{5}{6}$ $\frac{8}{9} + \frac{4}{5}$ $\frac{5}{7} - \frac{5}{6}$ $5\frac{1}{2} - 1\frac{4}{10}$ $3\frac{1}{3} : 2\frac{2}{5}$

$3\frac{3}{4} : \frac{5}{2}$ $\frac{7}{6} \cdot \frac{5}{6}$ $\frac{8}{9} \cdot \frac{4}{5}$ $\frac{5}{7} \cdot \frac{5}{6}$ $5\frac{1}{2} : 1\frac{4}{10}$ $3\frac{1}{3} \cdot 2\frac{2}{5}$

$3\frac{3}{4} \cdot \frac{5}{2}$ $\frac{7}{6} - \frac{5}{6}$ $\frac{8}{9} - \frac{4}{5}$ $\frac{5}{7} + \frac{5}{6}$ $5\frac{1}{2} + 1\frac{4}{10}$ $3\frac{1}{3} + 2\frac{2}{5}$

13.
a. $0{,}32 \cdot 3$ b. $0{,}13 \cdot 0{,}8$ c. $0{,}49 \cdot 100$ d. $5{,}2 \cdot 0{,}03$ e. $17 \cdot 0{,}4$ f. $300 \cdot 0{,}15$

$0{,}72 : 3$ $4{,}8 : 0{,}8$ $7{,}1 : 100$ $2{,}4 : 0{,}03$ $1 : 0{,}4$ $300 : 0{,}15$

14.
a. $1{,}5 + \frac{2}{5}$ b. $0{,}9 - \frac{1}{3}$ c. $0{,}24 : \frac{3}{4}$ d. $0{,}3 \cdot \frac{11}{15}$ e. $\frac{7}{20} - 0{,}3$ f. $0{,}6 : \frac{6}{7}$

$\frac{9}{10} \cdot 1{,}7$ $\frac{2}{3} : 0{,}2$ $2{,}5 - \frac{5}{4}$ $1{,}25 + \frac{8}{16}$ $1{,}8 \cdot \frac{5}{6}$ $\frac{13}{50} \cdot 0{,}25$

15. Rechne schriftlich.

a. $85{,}3 + 7{,}438$ b. $50{,}2 - 10{,}375$ c. $3{,}75 \cdot 1{,}4$ d. $94{,}08 : 6$ e. $21{,}28 : 0{,}04$

16. Runde die Ergebnisse auf Cent.

a. $19{,}25\ €\ \cdot 1{,}12$ b. $48{,}75\ €\ \cdot 0{,}93$ c. $80{,}75\ €:7$ d. $179\ €:2{,}4$

$28{,}70\ €\ \cdot 1{,}08$ $125{,}90\ €\ \cdot 0{,}83$ $430{,}55\ €:3$ $18{,}95\ €:1{,}7$

17.
a. Berechne die drei Zielzahlen.
b. Zeichne die Pfeilketten noch einmal ab. Anstelle von 0,5 schreibe 0,1. Rechne.

$2{,}5 \xrightarrow{\cdot 0{,}5} \square \xrightarrow{+ 0{,}5} \square \xrightarrow{: 0{,}5} \square \xrightarrow{- 0{,}5} \square$

$2{,}5 \xrightarrow{+ 0{,}5} \square \xrightarrow{: 0{,}5} \square \xrightarrow{- 0{,}5} \square \xrightarrow{\cdot 0{,}5} \square$

$2{,}5 \xrightarrow{: 0{,}5} \square \xrightarrow{+ 0{,}5} \square \xrightarrow{\cdot 0{,}5} \square \xrightarrow{- 0{,}5} \square$

18.
a. $\frac{2}{3}$ von 45 cm   b. $\frac{2}{7}$ von 105 m   c. $\frac{2}{3}$ von 5   d. $\frac{2}{3}$ von $\frac{1}{2}$ e. $\frac{2}{7}$ von $\frac{1}{3}$

19.
a. $\frac{3}{4}$ von 2,60 €   b. $\frac{7}{10}$ von 12,50 €   c. $\frac{1}{3}$ von 0,45 l   d. $\frac{2}{5}$ von 1,75 l

20. Nahrungsmittel enthalten Wasser. Wie viel kg Wasser sind enthalten

a. in 2,5 kg Kartoffeln,
b. in 0,75 kg Rindfleisch,
c. in 1,5 kg Butter?

Kartoffeln: $\frac{4}{5}$ Wasser

Rindfleisch: $\frac{2}{3}$ Wasser

Butter: $\frac{1}{6}$ Wasser

21.
a. $\frac{5}{12} \cdot \left(\frac{8}{15} - \frac{2}{5}\right)$ b. $\left(\frac{7}{20} + \frac{3}{4}\right) : \frac{11}{25}$ c. $8\frac{1}{2} - \left(3\frac{3}{4} + 2\frac{5}{8}\right)$ d. $\frac{4}{9} + \frac{2}{3} \cdot \frac{9}{10}$

22. Rechne vorteilhaft. Beachte die Rechengesetze.

a. $0{,}8 + 1{,}2 \cdot 0{,}5$ c. $2{,}5 \cdot 1{,}77 \cdot 0{,}4$ e. $5{,}41 : 0{,}8 - 1{,}41 : 0{,}8$

b. $0{,}35 \cdot 0{,}27 + 0{,}35 \cdot 0{,}73$ d. $2{,}4 \cdot (0{,}71 + 1{,}29)$ f. $0{,}63 : 0{,}9 + 1{,}25$

23. In der Albert-Schweitzer-Schule wird Milch und Kakao angeboten. In einer Schulwoche wurden verkauft: 237 Packungen Milch, 265 Packungen Kakao.

a. Wie viel Liter Milch wurden verkauft? Wie viel Liter Kakao wurden verkauft?
b. Berechne die Einnahmen aus dem Milchverkauf und aus dem Kakaoverkauf.

Kapitel 3 — 134

Im Blickpunkt

Plus- und Minuszahlen

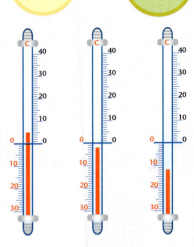

1. Seht euch die Thermometer rechts an. Sie sind in einen schwarzen und einen roten Bereich unterteilt.

   a. Was geben die schwarzen Zahlen an? Was bedeuten die roten Zahlen?

   b. Lest die Temperaturen an den Thermometern ab. Welche Namen könnt ihr den Temperaturen geben?

2. Die Thermometer zeigen euch, dass wir heute im Alltag auch Zahlen benutzen, die kleiner als null sind. Der Fachmann bezeichnet diese Minuszahlen als negative Zahlen; man kennzeichnet sie durch das Vorzeichen – (minus).
   Die Zahlen über dem Nullpunkt heißen positive Zahlen. Sie erhalten das Vorzeichen + (plus). Findet ihr weitere Beispiele aus dem Alltag, in denen man mit positiven und negativen Zahlen arbeitet?

3. Zeichnet die abgebildete Temperaturskala von –8°C bis +8°C jeweils in euer Mathematikheft. Wählt 1 cm für 1°C. Benutzt das Geodreieck.

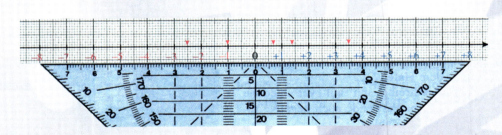

   a. Tragt durch Pfeile die angegebenen Temperaturen ein.
   (1) +3°C   (2) –4°C   (3) 0°C   (4) –7°C   (5) +6°C   (6) –2,5°C

   b. Stellt euch gegenseitig weitere Aufgaben und kontrolliert eure Lösungen. Ihr könnt die Temperaturskala auch erweitern oder 1 cm beispielsweise für 10°C wählen.

Drei Felder vor

4. Löst folgende Aufgaben mithilfe der Temperaturskala.
   a. Das Thermometer steht auf +3°C. Die Temperatur steigt um 2°C.
   b. Das Thermometer steht auf −7°C. Die Temperatur steigt um 2°C.
   c. Das Thermometer steht auf −2°C. Die Temperatur steigt um 5°C.
   d. Die Temperatur stieg um 4°C. Das Thermometer steht jetzt auf +15°C.
   e. Die Temperatur stieg um 9°C. Das Thermometer steht jetzt auf +6°C.
Stellt euch selbst weitere Aufgaben und kontrolliert eure Ergebnisse.

Einmal aussetzen

5. Wie hat sich die Temperatur insgesamt verändert? Ihr könnt die Temperaturskala benutzen.
   a. Die Temperatur steigt zunächst um 2°C und fällt dann um 3°C.
   b. Die Temperatur fällt zunächst um 2°C und dann nochmals um 5°C.
Stellt euch selbst weitere Aufgaben und kontrolliert eure Ergebnisse.

Zurück zum Start

Das Plus-Minus-Spiel

Ihr benötigt: 1 blauer Würfel (Pluswürfel)
                1 roter Würfel (Minuswürfel)
                für jeden Mitspieler eine Spielfigur

Spielregeln:
Setzt alle Figuren auf das Start-Feld. Würfelt reihum mit dem blauen Würfel. Der Spieler mit der höchsten Augenzahl beginnt das Spiel.
Würfelt mit beiden Würfeln gleichzeitig. Der Pluswürfel gibt an, wie viele Schritte ihr im Uhrzeigersinn ziehen dürft. Der Minuswürfel gibt die Anzahl der Schritte an, die ihr gegen den Uhrzeigersinn ziehen müsst.

Beispiele:

3 Schritte im Uhrzeigersinn   3 Schritte gegen den Uhrzeigersinn   Keine Schritte

Ziel ist es, als erster genau auf dem Geschafft-Feld zu landen. Es spielt keine Rolle, aus welcher Richtung es erreicht wird. Wer es durch seinen Zug allerdings überschreiten muss, scheidet aus. Ist nur noch ein Spieler im Spiel, so hat dieser gewonnen.

Hinweis für die gelben Felder:
Hier könnt ihr selbst Regeln festlegen.

Noch einmal würfeln

Geschafft!

Zuordnungen

- Was kann man aus den Tabellen ablesen?
- Was haben die Tabellen gemeinsam, worin unterscheiden sie sich?
- Suche selbst ähnliche Tabellen in Zeitungen, Illustrierten oder im Internet.

Wie man solche Tabellen aufstellt, wie man sie grafisch darstellen kann und was man dabei beachten muss, lernst du in diesem Kapitel.

Tabellen und Zuordnungen

Zuordnungstabellen lesen und aufstellen

Aufgabe

1. Für Fahrten zum Flughafen bieten private Reisedienste einen Bring- und Abholservice an.
Rechts siehst du die Fahrpreistabelle des Reisedienstes „Travel and Fly" für den Transfer von Chemnitz zum Flughafen Dresden.

Anzahl der Personen	Preis pro Person	
	Einfache Fahrt	Hin- und Rückfahrt
1	54,00 €	97,50 €
2	42,00 €	74,50 €
3	31,00 €	54,50 €
4	28,50 €	44,50 €
5	25,50 €	39,50 €
6	22,50 €	34,50 €
7	20,00 €	32,50 €
8	17,50 €	29,50 €

a. Lies aus der Tabelle ab:
Wie hoch ist der Preis pro Person für die einfache Fahrt, wenn 2, 7, 8 Personen mitfahren?

b. Familie Schwabe (3 Personen) und Familie Seifert (5 Personen) wollen zur selben Zeit zum Flughafen hin und zurückfahren.
Wie viel Euro pro Person kann jede Familie sparen, wenn sie gemeinsam fahren statt getrennt?

c. Familie Scholz: „Wir haben 44,50 € pro Person für Hin- und Rückfahrt bezahlt."
Wie viele Personen sind mitgefahren?

Lösung

a. Fahrpreis pro Person für die einfache Fahrt:
42 € bei 2 Personen; 20 € bei 7 Personen; 17,50 € bei 8 Personen

b. Familie Schwabe könnte 54,50 € − 29,50 €, also 25,00 € pro Person sparen;
Familie Seifert 39,50 € − 29,50 €, also 10 € pro Person.
Beachte: Zu jeder Personenzahl (1. Spalte) gehört ein ganz bestimmter Preis für die einfache Fahrt (2. Spalte) und auch ein ganz bestimmter Preis für Hin- und Rückfahrt (3. Spalte).

c. Es sind 4 Personen mitgefahren.

gemeint: Masse

Zum Festigen und Weiterarbeiten

2. Aus der Tabelle eines Paketdienstes kann man zu jedem Paketgewicht den zugehörigen Preis ablesen.
Die Tabelle stellt die **Zuordnung** *Paketgewicht ⟶ Preis* dar.

Paketdienst-Quick

bis 1 kg	3,50 €
über 1 bis 2 kg	4,00 €
über 2 bis 3 kg	4,50 €
über 3 bis 5 kg	5,00 €
über 5 bis 8 kg	5,50 €
über 8 bis 10 kg	6,00 €
über 10 bis 15 kg	7,00 €
über 15 bis 20 kg	8,50 €
über 20 bis 25 kg	9,00 €
über 25 bis 30 kg	12,50 €

a. Wie viel Euro kostet ein Paket, das 6,5 kg, 11,7 kg, 14 kg wiegt?

b. Wie schwer kann ein Paket sein, für das man 8,50 € bezahlt?

c. Was ist günstiger:
ein Paket zu 18 kg oder 2 Pakete zu je 9 kg?

3. In der Tabelle findest du für einen Sommertag Angaben zur Lufttemperatur.
Die Tabelle ist hier nicht in Spalten, sondern in Zeilen angelegt.

Zeitpunkt (Uhr)	6.00	9.00	12.00	15.00	18.00	21.00
Temperatur (in °C)	15	17	23	25	25	18

a. Welche Zuordnung ist in der Tabelle dargestellt?

b. Kann man aus der Tabelle entnehmen, wie die Temperatur um 11.00 Uhr, um 16.30 Uhr war? Welche Vermutungen sind möglich?

Information

Eine **Zuordnung** kann durch eine *Tabelle* mit zwei Spalten (oder zwei Zeilen) gegeben sein.

Zu jedem Wert der Größe in der ersten Spalte gehört der danebenstehende Wert der Größe in der zweiten Spalte. Wir schreiben:

Größe in der ersten Spalte → Größe in der zweiten Spalte

Die Größe in der ersten Spalte nennen wir *Ausgangsgröße*,
die entsprechende Größe in der zweiten Spalte nennen wir *zugeordnete Größe*.

Beispiele: (lies: wird zugeordnet)
Anzahl der Personen ⟶ Fahrpreis
Paketgewicht ⟶ Preis
Zeitpunkt ⟶ Temperatur

Anzahl der Personen	Fahrpreis
1	108 €
2	162 €

Übungen

4. Bei Sparkassen oder Banken kann man Umrechnungstabellen für ausländische Währungen erhalten.

a. Wie viel US-Dollar erhält man für 10 €, 50 €, 300 €?

b. Wie viel Euro erhält man für 10 $, 50 $, 300 $?

c. Welche Zuordnungen sind in der Tabelle dargestellt?

d. Besorgt euch bei einer Bank oder Sparkasse Umrechnungstabellen für andere Währungen.
Stellt euch abwechselnd Aufgaben zum Ablesen aus der Tabelle.

USA

€	$	$	€
0,1	0,09	0,1	0,11
1,00	0,91	1,00	1,10
2,00	1,82	2,00	2,19
3,00	2,74	3,00	3,29
4,00	3,65	4,00	4,39
5,00	4,56	5,00	5,48
6,00	5,47	6,00	6,58
7,00	6,38	7,00	7,67
8,00	7,30	8,00	8,77
9,00	8,21	9,00	9,87
10,00	9,12	10,00	10,96
20,00	18,24	20,00	21,93
30,00	27,36	30,00	32,89
40,00	36,48	40,00	43,85
50,00	45,61	50,00	54,82
60,00	54,73	60,00	65,78
70,00	63,85	70,00	76,74
80,00	72,97	80,00	87,70
90,00	82,09	90,00	98,67
100,00	91,21	100,00	109,63
300,00	273,63	300,00	328,89

5.

Abnahme von	Preis in € je 100 *l*
0 *l* bis 1000 *l*	48,10
1001 *l* bis 3000 *l*	47,30
3001 *l* bis 5000 *l*	41,72
5001 *l* bis 7000 *l*	38,77
7001 *l* bis 10 000 *l*	37,78

a. Firma Bülow liefert Frau Meyer 5 500 *l* und ihrem Nachbarn 3 600 *l* Heizöl. Wie viel Euro muss jeder zahlen?

b. Wie viel Euro hätte jeder gespart, wenn sie gemeinsam bestellt hätten?

c. Gib den Preis für 1600 *l* [5 980 *l*; 6 010 *l*; 9 850 *l*; 7 329 *l*] Heizöl an.

d. Welche Zuordnung ist in der Tabelle dargestellt?

6. Für den Stromverbrauch werden pro Jahr 30 € Grundgebühr und 0,14 € pro kWh (Kilowattstunde) berechnet.
Lege eine Tabelle für die Zuordnung *Stromverbrauch ⟶ Strompreis* an. Wähle als Ausgangsgrößen 1 000 kWh; 1 500 kWh; 2 000 kWh; 2 500 kWh; …; 5 000 kWh.

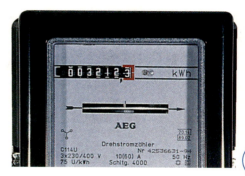

100 Yen kosten 0,76 €

7. In dem Foto rechts kannst du die amtlichen Devisenkurse in € (Preise für ausländische Währungen) ablesen; sie ändern sich täglich.
Lege für jede angegebene Währung eine Umrechnungstabelle an für 10, 20, …, 90, 100, 200, …, 900, 1 000 Yen [Dollar; Schweizer Franken].

🔴	Japan	100 Yen	0.7 6
🍁	Kanada	1 Dollar	0.5 7
➕	Schweiz	100 Sfrs.	6 1.8 4

8. Eine Algenart bedeckt 1 m² der Oberfläche eines Teiches. Die Algen vermehren sich so schnell, dass sich die von ihnen bedeckte Fläche jeden Tag verdoppelt.
a. Lege eine Tabelle für die Zuordnung *Anzahl der Tage ⟶ Größe der mit Algen bedeckten Fläche* an; wähle als Ausgangsgrößen 1, 2, 3, …, 12 Tage.
b. Wie groß ist die von den Algen bedeckte Fläche nach 15 Tagen?

9. Ein Telefonanbieter wirbt mit günstigen Preisen für Auslandstelefonate:
Ein Gespräch in ein Land der EU kostet nur 11 Cent pro Minute. Hinzu kommt eine monatliche Grundgebühr von 17,50 €.

a. Philipp ruft öfter seine Austauschschülerin in Frankreich an. Um sich einen Überblick über die monatlichen Kosten zu verschaffen, hat er die Tabelle links angefangen. Welche Zuordnung enthält die Tabelle? Ergänze sie für 100, 200, 300 Minuten.

b. Wie hoch sind die Kosten, wenn pro Monat Auslandsgespräche von 350 bis 750 Minuten geführt werden? Stelle eine Zuordnungstabelle auf.

Anzahl der Minuten	Telefongebühr (in €)
0	17,50
10	18,60
20	19,70
50	23,00

10. Ein Rechteck hat einen Umfang von 24 cm.
a. Ergänze die Zuordnungstabelle im Heft.

Breite	2 cm	4 cm	6 cm	8 cm	10 cm
Länge	10 cm				

b. Stelle für die Breiten 2 cm, 4 cm, 6 cm, 10 cm eine Zuordnungstabelle auf, aus der man den Flächeninhalt des entsprechenden Rechtecks ablesen kann.

Darstellung einer Zuordnung im Koordinatensystem

Aufgabe

1.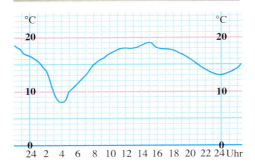

In Museen sind manche Gegenstände sehr temperaturempfindlich. Deshalb kontrolliert man den Temperaturverlauf mit Temperaturschreibern, die automatisch eine Temperaturkurve aufzeichnen. Aus der Kurve kann man wichtige Informationen „auf einen Blick" entnehmen.

a. Die Temperatur soll möglichst nicht unter 10 °C abfallen und nicht über 20 °C ansteigen.
Sind diese Bedingungen eingehalten worden?

b. (1) Welches ist der Tiefstwert, welches der Höchstwert?
Wann wurden sie erreicht?
(2) Wie hoch war die Temperatur um 13 Uhr?

c. Lege eine Zuordnungstabelle an für die Zuordnung *Zeitpunkt ⟶ Temperatur* für 12 Uhr, 14 Uhr, 16 Uhr, ..., 24 Uhr.

Lösung

a.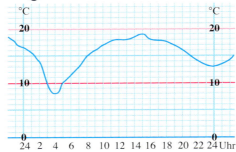

Die Temperatur hat die (rote) 10 °C-Linie in der Zeit von 3 Uhr bis 5 Uhr unterschritten.
Die rote 20 °C-Linie wurde nicht überschritten.

b.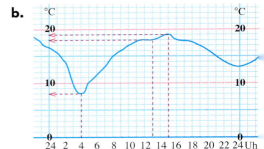

An den abgeknickten Pfeilen lesen wir ab:
(1) Tiefstwert: 4 Uhr: 8 °C
    Höchstwert: 15 Uhr: 19 °C
(2) Temperatur um 13.00 Uhr: 18 °C

c.

Zeitpunkt (Uhr)	12	14	16	18	20	22	24
Temperatur (in °C)	18	18,5	18	17,5	16	14	13

Zum Festigen und Weiterarbeiten

2. a. Erweitere die Zuordnungstabelle in Aufgabe 1 und trage die Temperaturen für 2 Uhr, 4 Uhr usw. bis 10 Uhr ein.

b. Wann betrug die Temperatur 15 °C? Woran erkennt man am Schaubild, dass diese Umkehrfrage mehrere Antworten hat?

3. In einer Gärtnerei werden Pflanzen verkauft, das Stück zu 2,50 €. Wenn man mehr als 4 Pflanzen kauft, kostet jede Pflanze nur noch 2,20 €.

a. Lies die Preise im Koordinatensystem ab und trage sie in folgende Tabelle ein. Prüfe die Rechnung.

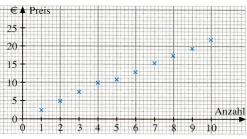

Anzahl	1	2	3	4	5	6	7	8	9	10
Preis (in €)										

b. Ist es sinnvoll, die Punkte im Koordinatensystem miteinander zu verbinden? Begründe deine Antwort.

4. In dem Feinkostladen Baum kostet 1 kg Käse 15 €.
Die Preistabelle für den Käse:

Masse (g)	100	200	300	400	500
Preis (€)	1,50	3,00	4,50	6,00	7,50

a. Übertrage die Tabelle ins Heft und ergänze sie bis 1 000 g.
b. Zeichne das Schaubild rechts auf Millimeterpapier und ergänze es.
c. Die einzelnen Punkte können geradlinig verbunden werden. Ermittle die Preise für 250 g, 150 g, 350 g, 450 g Käse.

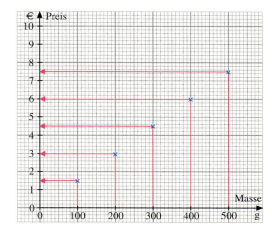

Information

Die Darstellung einer Zuordnung im Koordinatensystem heißt der **Graph der Zuordnung.**

Aus dem Graphen kann man auf einen Blick „Veränderungen" erkennen. Oft kann man auch den „Höchstwert" bzw. den „Tiefstwert" der Zuordnung ablesen.

Auf der Achse nach rechts (x-Achse) werden die Werte der Ausgangsgröße markiert, auf der Achse nach oben (y-Achse) die Werte der zugeordneten Größe. Jedem Größenpaar (Ausgangsgröße | zugeordnete Größe) entspricht ein Punkt des Graphen.
Der Graph kann eine durchgezogene Linie sein oder nur aus einzelnen Punkten bestehen.

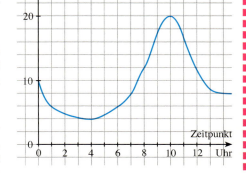

Übungen

5. Der Graph zeigt die Zuordnung *Flugzeit → Höhe über dem Meeresspiegel* für den Flug eines Segelflugzeuges.

a. Welche Höhe hatte das Segelflugzeug jeweils nach 5 min, 17 min, 21 min, 35 min, 40 min, 50 min Flugzeit?
Lege eine Tabelle an.

b. Welches ist die größte Höhe, die das Segelflugzeug erreicht hat? Wie lange ist es bis dahin geflogen?

c. Nach welcher Flugzeit erreichte das Segelflugzeug eine Höhe von 700 m?

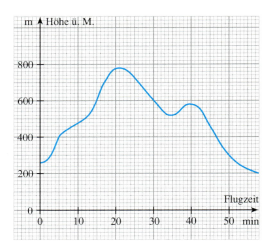

6.

Im Bild siehst du das Höhenprofil einer Etappe der Friedensfahrt 2000.

a. Mache dich mit der Zeichnung vertraut.
Welche Zuordnung kann man aus diesem Höhenprofil ablesen?

b. Gib für die drei Sprintwertungen (SW) und die Bergwertung (BW) jeweils an
(1) die Entfernung vom Start;
(2) die Höhe über dem Meeresspiegel;
(3) die Entfernung bis zum Etappenziel.

c. Vergleiche die Höhenskala (y-Achse) mit der Längenskala (x-Achse).
(1) Wie breit müsste die Zeichnung (120 km) sein, wenn für die Entfernungen der gleiche Maßstab gewählt würde wie für die Höhen?
(2) Wie hoch darf die Zeichnung (600 m) nur sein, wenn für die Höhen der gleiche Maßstab gewählt wird wie für die Längen?
(3) Warum vermittelt das Höhenprofil einen „falschen" Eindruck?

7. Ein Fotogeschäft bietet Farbfilme an.
Jeder Film kostet 2,25 €. Eine Doppelpackung kostet nur 4 €.

a. Lege eine Tabelle an für 1, 2, 3, ..., 6 Filme.
Zeichne dann für die Zuordnung *Stückzahl ⟶ Gesamtpreis (in €)* einen Graphen. Wähle auf der y-Achse (Hochachse) 1 cm für 1 €.

b. Überlege dir, ob es hier sinnvoll ist, die Punkte zu verbinden; denke an Zwischenwerte. Vergleiche mit Aufgabe 1.

Übungen

8. Eine Softwarefirma erstellt Programme zur Steuerung von Werkzeugmaschinen. Sie zahlt ihren Programmierern einheitlich 15 € pro Stunde.

a. Lege eine Tabelle für die Zuordnung *Anzahl der Stunden ⟶ Arbeitslohn* an.
(Wähle 10, 15, 20, ..., 40 Stunden).
Zeichne den Graphen der Zuordnung. Wähle auf der x-Achse 2 mm für 1 Stunde, auf der y-Achse 1 cm für 50 €.

b. Bestimme (ohne zu rechnen) mithilfe des Graphen den Arbeitslohn für 19 Stunden, 37 Stunden, 28 Stunden.
Überprüfe jeweils durch Rechnen.

9. Für den Sicherheitsabstand, den ein Kraftfahrer von seinem Vordermann einhalten muss, sind Mindestwerte vorgeschrieben. Als Mindestabstand wird der Weg gerechnet, den das Fahrzeug in $1\frac{1}{2}$ Sekunden zurücklegt.

Geschwindigkeit (in $\frac{km}{h}$)	Abstand (in m)
60	25
80	33
100	42
120	50
140	58
160	67
180	75

a. Zeichne einen Graphen für die Zuordnung *Geschwindigkeit ⟶ Abstand*.
Überlege, wie du die Einheiten auf den beiden Achsen wählst.

b. Bestimme aus dem Graphen den Sicherheitsabstand bei
70 $\frac{km}{h}$, 110 $\frac{km}{h}$, 130 $\frac{km}{h}$, 170 $\frac{km}{h}$.

10. Im Bild siehst du die Graphen von drei Zuordnungen.

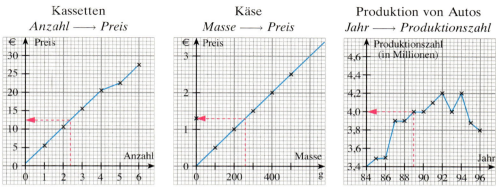

a. Welches Größenpaar gehört jeweils zu dem roten Pfeil?

b. Für welche Zuordnung haben die Zwischenwerte (Punkte der durchgezeichneten Strecken) eine Bedeutung, für welche nicht? Begründe deine Antwort.

Proportionale Zuordnungen – Regeln und Graph

Aufgabe

1. Auf Evas Schulfest werden gebrannte Mandeln in 100 g-Tüten zum Preis von 1,20 € verkauft. Es sollen aber auch andere Packungen (ohne Preisnachlass) angeboten werden:

Doppelpackung (200 g)
Riesenpackung (500 g)
Großpackung (125 g)
Mini-Pack (50 g)

Zu welchem Preis werden diese Packungen verkauft?
Beschreibe auch, was du dir dabei überlegst.

Lösung

	Masse (in g)	Preis (in €)
100-g-Tüte	100	1,20
Doppelpackung	200	2,40
Riesenpackung	500	6,00
Großpackung	125	1,50
Mini-Pack	50	0,60

Du überlegst:
- (P1): Wer doppelt soviel (dreimal soviel, viermal soviel, ...) kauft, der soll auch doppelt soviel (dreimal soviel, viermal soviel, ...) bezahlen.
- (P2): Wer halb soviel (ein Drittel, ein Viertel, ...) kauft, der braucht auch nur die Hälfte (ein Drittel, ein Viertel, ...) zu bezahlen.

Information

Bei manchen Zuordnungen gelten für Größenpaare die Regeln (P1) und (P2). Solche Zuordnungen heißen *proportionale Zuordnungen.*

Proportional bedeutet: mit demselben Faktor zunehmend

Proportionale Zuordnungen

Eine Zuordnung heißt **proportional**, wenn die folgenden Regeln gelten:

(P1) Verdoppelt (verdreifacht, vervierfacht usw.) man eine Ausgangsgröße, so muss man auch die zugeordnete Größe verdoppeln (verdreifachen, vervierfachen usw.).

(P2) Halbiert (drittelt, viertelt usw.) man eine Ausgangsgröße, so muss man auch die zugeordnete Größe halbieren (dritteln, vierteln usw.).

Beispiel: Benzin

Volumen (in l)	Preis (in €)
5	4,00
30	24,00
10	8,00

2. Vor der Autobahnfahrt tankt Frau Franz erst noch voll. Sie bezahlt 16,40 € für 16 Liter Normalbenzin.

Wie viel kosten 48 *l*, 24 *l*, 8 *l*, 32 *l* Benzin von derselben Sorte an derselben Tankstelle?

Begründe, dass du die Regeln (P1) und (P2) anwenden darfst.

Lege eine Tabelle wie oben an. Ergänze die fehlenden Werte und Rechenanweisungen.

Volumen (in *l*)	Preis (in €)
16	16,40
48	☐
24	☐
8	☐
32	☐

(·3, :2, :3 auf der linken Seite; ·3, ☐, ☐, ☐ auf der rechten Seite)

Zum Festigen und Weiterarbeiten

3. *Graph einer proportionalen Zuordnung*

Ein Autohersteller gibt für sein Modell M3 den Benzinverbrauch pro 100 km an. Nimm an, das Auto wird nur im Stadtverkehr benutzt.

a. Stelle eine Tabelle für die Zuordnung *zurückgelegte Weglänge (in km) ⟶ durchschnittlicher Benzinverbrauch (in l)* auf und zeichne den Graphen.
Wie liegen die Punkte des Graphen? Beschreibe.

b. Lies am Graphen ab:
Wie viel *l* Benzin werden durchschnittlich verbraucht, wenn man mit dem Auto im Stadtverkehr 250 km, 340 km, 70 km zurücklegt? Kontrolliere das rechnerisch.

c. Der Tankinhalt wird mit 55 *l* angegeben.
Wie weit kommt man im Stadtverkehr durchschnittlich mit einer Tankfüllung?

(Schild: Benzinverbrauch pro 100 km — städtisch .... 10,5 *l* — außerstädtisch ... 5,9 *l*)

4. „*Je mehr – desto mehr*", aber nicht proportional
Jans Mutter hat seine Körpergröße vom Tag seiner Geburt bis zum 11. Geburtstag notiert. Am 5. Geburtstag hat sie vergessen die Größe einzutragen.

Alter (in Jahren)	0	1	2	3	4	5	6	7	8	9	10	11
Körpergröße (in cm)	53	75	88	97	104		118	125	131	136	140	145

a. Betrachte die Zuordnung *Alter → Körpergröße* (von Jan). Was kannst du mit Sicherheit über Jans Größe im Alter von 5 Jahren und von 12 Jahren aussagen? Begründe.

b. Zeige an Beispielen, dass für die Zuordnung *Alter → Körpergröße* (von Jan) nicht die Regeln (P1) und (P2) von Seite 144 gelten.
Gilt für diese Zuordnung die folgende Regel?

> *Je größer die Ausgangsgröße ist, desto größer ist auch die zugeordnete Größe, kurz: je mehr – desto mehr.*

c. Gilt bei proportionalen Zuordnungen (z. B. beim Benzinkauf) die Regel: *je mehr – desto mehr?*

d. Zeichne den Graphen der Zuordnung *Alter ⟶ Körpergröße*.

Kapitel 4

Information

(1) Graph einer proportionalen Zuordnung

Bei jeder proportionalen Zuordnung liegen die Punkte des Graphen auf einem **Strahl**, der im Koordinatenursprung O(0|0) (Achsenschnittpunkt) beginnt. Man erhält alle Punkte des Graphen, indem man den Punkt P für ein Paar zugeordneter Größen markiert und dann den Strahl von O aus durch P zeichnet.

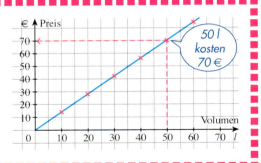

(2) Je mehr – desto mehr bedeutet nicht proportional

Für jede proportionale Zuordnung gilt auch die Regel „je mehr – desto mehr".
Aber: „Je mehr – desto mehr" bedeutet noch nicht „proportional".

„wachsend" bedeutet noch nicht „proportional".

Beachte:
Wenn man einen Mengenrabatt erhält, ist die Zuordnung *Warenmenge ⟶ Preis* nicht proportional. Auch beim Kauf von Minipackungen liegt meist keine proportionale Zuordnung vor.

Übungen

5. a. Wie viel kosten 400 g, 600 g, 100 g, 50 g Walnüsse?

b. Zeichne den Graphen der Zuordnung *Masse ⟶ Preis*. Wähle auf der x-Achse 1 cm für 100 g, auf der y-Achse 1 cm für 1 €.
Lies am Graphen ab: Wie viel kosten 300 g; 350 g; 500 g Walnüsse.
Wie viel g Walnüsse bekommt man für 1,50 € [2 €]?

6. Eine Waffel mit 3 Kugeln Eis kostet 1,65 €.
Berechne den Preis für eine Waffel mit 1, 2, 4, 5 Kugeln.

7. Fülle die Tabelle aus.

a.

Normal	
Volumen	Preis
28 l	28,40 €
14 l	
7 l	
21 l	
35 l	

b.

Diesel	
Volumen	Preis
36 l	30,60 €
9 l	
27 l	
12 l	
48 l	

c.

Super	
Volumen	Preis
32 l	33,44 €
8 l	
24 l	
6 l	
42 l	

8. Zucker wird aus Zuckerrüben gewonnen.
Aus 600 kg Zuckerrüben erhält man 100 kg Zucker.

   a. Wie viel kg Zucker kann man jeweils aus folgenden Mengen gewinnen:
   100 kg, 300 kg, 150 kg, 600 kg, 900 kg, 1 800 kg, 3 t, $1\frac{1}{2}$ t Zuckerrüben?
   Du kannst auch eine Tabelle anlegen.

   b. Es sollen 500 kg [7 000 kg; 1 500 kg; 2,5 t] Zucker produziert werden.
   Wie viel kg Zuckerrüben sind zu verarbeiten?

9. Auf einem Joghurt-Becher ist eine Nährwert-Tabelle abgebildet (kJ: Kilo-Joule).

   a. Welchen Energiewert enthalten 500 g, 250 g, 125 g, 625 g dieses Joghurts?
   Lege eine Tabelle an und verdeutliche dein Vorgehen durch Pfeile.

   b. Wie viel g Eiweiß [Fett; Kohlenhydrate] enthalten 500 g; 250 g; 125 g; 625 g dieses Joghurts?

10. Eine Heizölfirma wirbt mit nebenstehendem Preisangebot.
Frau Braun kauft 2 400 l für 586,80 €.
Frau Schwarz kauft doppelt soviel Öl wie Frau Braun.
Herr Weiß kauft ein Drittel der Füllmenge von Frau Braun.

Heizöl – jetzt bei günstigen Preisen kaufen	
Bei Abnahme von	**€ je 100 l**
bis 2 000 l	36,80
2 001 l bis 4 000 l	34,45
4 001 l bis 6 000 l	33,25

Wie viel muss Frau Schwarz, wie viel muss Herr Weiß bezahlen?
Prüfe, ob bei dieser Zuordnung die Regeln (P1) und (P2) gelten.

11. Wähle eine Obstsorte aus.

   a. Zeichne den Graphen der Zuordnung *Masse ⟶ Preis*.
   Nimm auf der x-Achse 1 cm für 1 kg, auf der y-Achse 1 cm für 1 €.

   b. Lies am Graphen ab:
   Wie viel kosten 1,5 kg; 2,3 kg; 0,7 kg?
   Wie viel kg Obst bekommt man für 2,5 € [3,75 €; 5 €]?

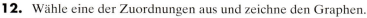

12. Wähle eine der Zuordnungen aus und zeichne den Graphen.

   (1) *Anzahl der Arbeitsstunden ⟶ Kosten*
   Die Arbeitsstunde eines Handwerkers kostet 30 €. Wähle 1 cm für 2 Stunden, 1 cm für 50 €.

   (2) *Wohnungsgröße ⟶ Mietpreis*
   Für 1 m² Wohnfläche muss man 4,50 € Miete zahlen.
   Lege eine Tabelle an für 50 m², 100 m², ... Wohnungsgröße. Wähle dann selbst eine geeignete Einteilung der Achsen.

13. Zeichne die Graphen der Zuordnungen *Volumen ⟶ Masse* für die nebenstehenden Stoffe in dasselbe Koordinatensystem.
Wie viel wiegen 10 cm³ von jedem Stoff?
Wie viel cm³ von jedem Stoff wiegen 14 g?

(1) Wasser: 1 cm³ wiegt 1 g
(2) Holz: 4 cm³ wiegen 2,8 g
(3) Glas: 2 cm³ wiegen 5,6 g

14. Entscheide mithilfe von (P1) und (P2), ob die Zuordnung proportional ist.

a.

Entfernung	Preis
2 km	2,20 €
6 km	4,60 €
8 km	5,80 €
14 km	9,40 €

b.

Masse	Preis
500 g	1,90 €
1,5 kg	5,70 €
250 g	0,95 €
3 kg	11,40 €

c.

Masse	Preis
1 kg	2,43 €
2 kg	4,86 €
5 kg	12,15 €
10 kg	24,30 €

15. Entscheide, ob für die Zuordnung die Regeln (P1) und (P2) gelten.
Prüfe auch, ob die Regel „je mehr – desto mehr" gilt.

a. *Masse ⟶ Preis* beim Kauf von Seelachsfilet
b. *Euro-Betrag ⟶ Dollar-Betrag* beim Geldumtausch
c. *Anzahl der Arbeitsstunden ⟶ Arbeitslohn*
d. *Briefgewicht ⟶ Porto* bei der Deutschen Post
e. *Seitenlänge ⟶ Flächeninhalt* bei Quadraten
f. *Alter ⟶ Körpergewicht* bei einem Menschen
g. *Volumen ⟶ Preis* beim Kauf von Milch

16. Eine Autofirma hat für ein neues Pkw-Modell den Benzinverbrauch bei verschiedenen Geschwindigkeiten gemessen.

Geschwindigkeit (in km je h)	80	100	120	140	160	180	200
Benzinverbrauch (in l je 100 km)	6	7	8,5	10,5	13	16,5	22

In der Betriebsanleitung soll grafisch dargestellt werden, die Zuordnung
Geschwindigkeit (in km je h) ⟶ durchschnittlicher Benzinverbrauch (in l je 100 km).

a. Zeichne den Graphen der Zuordnung (1 cm für 20 km je h; 1 cm für 2 l je 100 km).
Wie liegen die Punkte des Graphen?

b. Was kann man über den Benzinverbrauch bei 170 km je h aussagen?
Darf man den Graphen durchzeichnen?

c. Zeige am Graph und an der Zuordnungstabelle:
Es liegt eine „je mehr – desto mehr" Zuordnung vor, aber sie ist *nicht* proportional.
Vergleiche mit dem Graphen einer proportionalen Zuordnung.

d. Zeichne einen Strahl mit dem Koordinatenursprung als Anfangspunkt und durch den Punkt des Graphen, der zum Größenpaar
(100 km je h | 7 l je 100 km) gehört.
Erkläre mithilfe dieser Zeichnung die Aussage:
„Bei hohen Geschwindigkeiten nimmt der Benzinverbrauch *überproportional* zu."

Dreisatz bei proportionalen Zuordnungen – Berechnen von Größen mit einem Zwischenschritt

1. Anne hilft ihren Eltern bei der Vorbereitung einer Geburtstagsfeier.
„Ich habe ein tolles Rezept für einen Nudelsalat gefunden. Den mache ich für euch."
Zum Essen werden insgesamt 9 Personen erwartet.
Berechne, wie viel Nudeln Anne braucht. Beschreibe den Lösungsweg.

Nudelsalat mit Geflügelleber

Zutaten (für 4 Personen):

200 g Nudeln	6 Essl. Weißwein-Essig
150 g Bohnen	6 Essl. Öl
250 g Kirschtomaten	1 Teel. Senf
300 g Geflügelleber	½ Bund Petersilie
100 ml Gemüsebrühe	Pfeffer, Salz

Aufgabe

Lösung

Vorüberlegung:
Man nimmt an:
Für die doppelte (dreifache,…) Personenzahl braucht man doppelt soviel (dreimal soviel,…) Zutaten.
Das bedeutet: Die Zuordnung
Personenzahl ⟶ Bedarf an Zutaten
ist proportional.
Lösungsgedanke: 9 ist kein Vielfaches von 4. Deshalb kann man die Regel (P1) nicht unmittelbar anwenden. Aber man kann einen Zwischenschritt einschalten:

1. Satz: Für 4 Personen braucht man 200 g Nudeln *(gegebenes Größenpaar)*.
2. Satz: Für 1 Person braucht man 50 g Nudeln *(Zwischengröße)*.
3. Satz: Für 9 Personen braucht man 450 g Nudeln *(zu berechnende Größe)*.

Bei solchen Aufgaben treten „drei Sätze" auf. Deshalb heißen solche Aufgaben **Dreisatzaufgaben** für proportionale Zuordnungen.

2. Berechne die übrigen Zutaten für Annes Nudelsalat. Notiere für *eine* Zutat auch die drei Sätze des Dreisatzverfahrens. Für die übrigen Zutaten genügt die Dreisatztabelle (wie in der Lösung von Aufgabe 1).

Zum Festigen und Weiterarbeiten

3. *Umkehrfragen*
Frau Lohr hat 20 *l* Benzin getankt und dafür 20,60 € bezahlt.
Herr Scholz hat an derselben Tankstelle 25,75 € bezahlt.
Wie viel *l* Benzin hat er getankt?

Benzinvolumen (in *l*)	Preis (in €)
20	20,60
☐	☐
☐	25,75

4. *Wahl einer geeigneten Zwischengröße*

Adventskekse 40 Stück
100 g Margarine
150 g Zucker
2 Essl. saure Sahne
1 Päckchen Vanillezucker
225 g Mehl
25 g Zitronat
je 75 g Datteln, Rosinen, Nüsse
je $\frac{1}{2}$ Teelöffel Backpulver, Salz, *Muskat, Zimt*

Als Zwischengröße muss man nicht immer 1 (z. B. 1 Person; 1 *l* usw.) wählen. In dem folgenden Beispiel kann man vorteilhafter mit einer anderen Zwischengröße rechnen. Berechne vorteilhaft (möglichst im Kopf) die Zutaten für 60 Stück Adventskekse.

Anzahl der Kekse	Bedarf (in g)
40	100
20	
60	

Information

Lösungsverfahren für Dreisatzaufgaben bei proportionalen Zuordnungen

Vergewissere dich zuerst, dass die Zuordnung *proportional* ist.

Löse die Aufgabe dann mit einer *Tabelle* in folgenden Schritten:
– Schreibe in die erste Zeile das gegebene Größenpaar.
– Lass die zweite Zeile zunächst frei.
– Schreibe in die dritte Zeile die dritte bekannte Größe.
– Suche in der zweiten Zeile eine *passende Zwischengröße*.
– Fülle mithilfe der Regeln für proportionale Zuordnung die Lücken aus.

Volumen	Preis
100 *l*	32 €
10 *l*	
270 *l*	

Übungen

5. a. Tobias hat für 400 g frische Champignons 1,60 € bezahlt.
Die Waage zeigt für Markus Champignontüte 300 g an.
Wie viel muss er bezahlen?

b. Michael hat für 550 g Bananen 0,88 € bezahlt.
Lauras Bananen wiegen 850 g.
Wie viel muss sie bezahlen?

c. Marc hat 350 g Paprikaschoten für 1,61 € gekauft.
Philipp wiegt 950 g Paprikaschoten ab.
Wie viel muss er bezahlen?

d. Angela hat für 250 g Erdbeeren 0,95 € bezahlt. Peters Erdbeerschale wiegt 450 g.
Wie viel muss er bezahlen?

6. a. Herr Bauer hat für 13 m² Fliesen 279,50 € bezahlt. Herr Schulze kauft 9 m² Fliesen derselben Sorte. Wie viel muss er bezahlen?
Frau Wolf hat für dieselbe Sorte 365,50 € bezahlt. Wie viel m² Fliesen sind das?

b. Herr Weiß hat bei der Firma Baumeister für 7 Säcke Zement 50,75 € bezahlt. Er bestellt nochmals 5 Säcke. Wie viel muss er hierfür bezahlen?
Frau Bode hat für 58 € Zement gekauft. Wie viele Säcke sind das?

c. 17 Waschbetonplatten wiegen insgesamt 510 kg.
Wie schwer sind 12 [5; 10; 7] Platten derselben Sorte?
Ein Stapel mit Waschbetonplatten wiegt 420 kg. Wie viele Platten sind das?

7. a. 10 Musiker spielen einen Tanz in 4 Minuten.
Wie lange brauchen 5 Musiker?

b. Ein 12-l-Gefäß kann man aus einer Leitung in 2 Minuten füllen.
Wie lange braucht man aus derselben Leitung für ein 18-l-Gefäß?

c. Eine Henne braucht zum Ausbrüten von 6 Eiern 21 Tage.
Wie lange braucht sie, um 3 [4; 5] Eier auszubrüten?

d. Ein Läufer legt die 200-m-Strecke in 20,6 s zurück.
Wie lange braucht er für 1 500 m?

8. a. Maurer Schulz verdient in einer 38-Stunden-Arbeitswoche 484,50 €.
Wie viel Euro verdient er in 8 Stunden [36 Stunden; 48 Stunden; 54 Stunden]?

b. Monteur Schulze erhält für 8 Überstunden 116 €. Im nächsten Monat hat er bei gleichem Stundenlohn 174 € für Überstunden erhalten.
Wie viele Überstunden hat er gemacht?

9. Frau Lasch hat im Urlaub für 14 Tage (Übernachtung mit Frühstück) insgesamt 392 € bezahlt.
Wie viel Euro muss Herr Lohne in derselben Pension für 8 Tage [Herr Neitz für 18 Tage; Frau Froh für 21 Tage; Herr Kraft für 12 Tage] bezahlen?

10. a. Aus 50 kg Äpfeln erhält man 15 Flaschen Most.
Wie viele Flaschen Most erhält man aus 40 kg [30 kg; 80 kg; 70 kg; 35 kg] Äpfeln?

b. Aus 12 kg Johannisbeeren erhält man 8 l Saft.
Wie viel l Saft erhält man aus 9 kg [18 kg; 15 kg; 21 kg] Beeren?

c. Aus 12 kg Mehl erhält man 15 kg Brot.
Wie viel kg Brot erhält man aus 20 kg [27 kg; 7,5 kg; $18\frac{1}{2}$ kg] Mehl?

11. a. Aus 1 000-l-Altöl können 450 l Schmieröl und 140 l Heiz- und Dieselöl gewonnen werden. Bei einer Altölsammlung wurden 1 375 l [1 420 l] Altöl abgegeben.
Wie viel Liter Schmieröl bzw. Heiz- und Dieselöl können daraus gewonnen werden?

b. Altölreste sind eine Gefahr für das Trinkwasser. 1 ml Öl reicht, um 1 000 l Trinkwasser ungenießbar zu machen. Wie viel Kubikmeter Trinkwasser können durch die gesammelte Altölmenge in Teilaufgabe a ungenießbar werden?

12. Berechne. Verschiedene Lösungswege sind möglich.

a. $\frac{3}{4}$ kg Wurstsalat kosten 4,68 €.
 Wie viel kosten $1\frac{1}{2}$ kg [$2\frac{1}{4}$ kg]?

b. $1\frac{1}{2}$ kg Hackfleisch kosten 9,45 €.
 Wie viel zahlt man für $2\frac{1}{4}$ kg [$\frac{1}{2}$ kg]?

c. $\frac{3}{4}$ l Apfelsaft kosten 0,84 €.
 Wie teuer ist 1 l [$2\frac{1}{4}$ l; $1\frac{3}{4}$ l]?

d. $\frac{5}{8}$ kg Käse kosten 8,25 €.
 Wie viel kosten 2,5 kg Käse?

Masse (in kg)	Preis (in €)
$\frac{3}{4}$	4,68
1	6,24
$3\frac{1}{2}$	

13. a. 1 m Vorhangstoff kostet 15,90 €.
 Wie viel Euro kosten 0,8 m [4,2 m; 5,8 m; 9,3 m]?

b. 2,30 m Dekostoff kosten 33,35 €.
 Wie viel kosten 9,4 m dieses Stoffes?

c. Ein 0,8 m langes Antennenkabel kostet 0,96 €.
 Wie viel kosten 2,5 m [3,4 m; 7,2 m] dieses Kabels?

d. Ein 1,2 m langes Kupferrohr wiegt 4,9 kg.
 Wie schwer ist ein 50 cm [750 mm] langes Rohr?

Länge (in m)	Preis (in €)
0,75	8,40
1	11,20
3,5	39,20

14. Ein Fuhrunternehmer soll 180 m³ Erde abtransportieren. Mit 18 Fuhren hat er schon 108 m³ Erde abgefahren.

a. Wie viele Fuhren sind für den Rest erforderlich?

b. Wie viele Fuhren sind notwendig, um 258 m³ Erde abzutransportieren?

c. Wie viel m³ werden mit 27 Fuhren abtransportiert?

15. Herr Langovic arbeitet bei einer Baufirma. In einer Woche erhält er bei 38 Stunden Arbeitszeit 467,40 € Lohn.

a. Im Monat Mai hat er 168 Stunden gearbeitet.
 Berechne seinen Monatslohn für Mai.

b. Berechne den Monatslohn für die Monate Juni (152 Stunden) und Juli (173 Stunden).
 Im August hat er 2 164,80 € erhalten. Wie viele Stunden hat er gearbeitet?

16. Frau Söllner hat im Urlaub für 14 Tage Übernachtung mit Frühstück 371 € bezahlt.

a. Sie verlängert ihren Aufenthalt um 5 Tage.
 Wie viel muss sie noch bezahlen?

b. Frau Huber hat in der gleichen Pension 556,50 € bezahlt.
 Für wie viel Tage hat Frau Huber bezahlt?

17. Ein quaderförmiger Block aus Stahl (a = 25 cm, b = 22 cm, c = 17 cm) wiegt 73,860 kg. Wie schwer ist ein zweiter quaderförmiger Block aus dem gleichen Stahl mit den Maßen a = 35 cm, b = 32 cm, c = 27 cm?

Quotientengleichheit – Proportionalitätsfaktor

Aufgabe

1. Tanjas Mutter notiert regelmäßig, wie viel Liter Benzin sie getankt hat. Manchmal vergisst sie, auch den Preis zu notieren. Tanja findet diese Zettel.

  a. Wie kann Tanja erkennen, dass das Benzin im Juli teurer war?

  b. Tanja weiß: Die Benzinpreise haben sich nur am 1. Juli geändert. Wie kann Tanja möglichst einfach die fehlenden Preise berechnen?

Juni Benzin	Preis
22 l	22,66 €
25 l	25,75 €
31 l	
37 l	

Juli Benzin	Preis
49 l	51,45 €
39 l	
56 l	

Lösung

a. Aus den vollständig eingetragenen Größenpaaren kann Tanja den Preis für 1 l Benzin berechnen. Sie bildet den Quotienten aus den Maßzahlen und erhält:

Juni: $\frac{22,66}{22} = 1,03$ Juni: $\frac{25,75}{25} = 1,03$ Juli: $\frac{51,45}{49} = 1,05$

Aus diesen Quotienten kann man erkennen, dass sich der Preis pro Liter Benzin im Juli gegenüber Juni geändert hat.

Die Zuordnung *Volumen* ⟶ *Preis* ist nur dann proportional, wenn sich der Preis pro Liter nicht ändert.

b. Für den Monat Juni liegt eine proportionale Zuordnung vor.
Tanja benutzt den Preis pro Liter als Faktor zum Rechnen:

$31 \xrightarrow{\cdot 1,03} 31,93$ $37 \xrightarrow{\cdot 1,03} 38,11$

Für den Monat Juli liegt eine andere proportionale Zuordnung vor. Hier kann man den neuen Preis pro Liter als Rechenfaktor benutzen:

$39 \xrightarrow{\cdot 1,05} 40,95$ $56 \xrightarrow{\cdot 1,05} 58,80$

Information

Bei einer proportionalen Zuordnung haben die Quotienten einander zugeordneter Größen immer den gleichen Wert. Wir sagen: Es liegt **Quotientengleichheit** vor.
Dieser feste Quotient heißt **Proportionalitätsfaktor** der Zuordnung.

Beispiel:
getankte Benzinmenge (in *l*) ⟶ Preis (in €)
22 *l* ⟶ 22,66 €
25 *l* ⟶ 25,75 €

Beim Kauf von Benzin gibt dieser Wert den Preis pro Liter an.
Bei der Berechnung der Quotienten kann man auch die Maßeinheiten einbeziehen.
Wir bilden Quotienten:

(1) $\frac{22,66\ €}{22\ l} = 1,03\ \frac{€}{l}$ (1,03 € pro Liter)   (2) $\frac{25,75\ €}{25\ l} = 1,03\ \frac{€}{l}$

Es liegt also Quotientengleichheit vor. Der Proportionalitätsfaktor ist $1,03\ \frac{€}{l}$.

Kapitel 4

Zum Festigen und Weiterarbeiten

▲ 2. **a.** Für 32 l Super musste Tanjas Vater 33,92 € bezahlen. Wie viel € kosten 53 l. Aufgrund der Quotientengleichheit gilt: $\frac{x}{53} = \frac{33,92}{32}$. Berechne mit dieser Gleichung den Preis.

Benzinmenge	Preis
32 l	33,92 €
53 l	x

b. Berechne ebenso den Preis für 39 l [46 l].

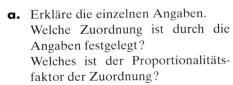

3. Alexander findet auf dem Kassenzettel seiner Mutter den nebenstehenden Ausdruck.

   a. Erkläre die einzelnen Angaben. Welche Zuordnung ist durch die Angaben festgelegt? Welches ist der Proportionalitätsfaktor der Zuordnung?

   b. Überprüfe, ob die Rechnung stimmt.

   c. Berechne mithilfe dieser Angaben: Wie viel kosten 0,150 kg, 0,268 kg, 0,375 kg, 0,537 kg Gouda-Käse.

   KÄSE – KISTE
   Löcherstr. 13

kg	€/kg	€
	Gouda 45%	
0,120	8,65	1,04

4. In der Tabelle rechts einer proportionalen Zuordnung
   (1) ist ein Größenpaar falsch;
   (2) wurde bei einem Paar gerundet.
   Welche Größenpaare sind das?

5. *Umkehrfragen*

   a. Lena hat für 1,30 € Emmentaler Käse gekauft. Der Preis pro kg beträgt 5,20 €.
   Wie schwer ist das Käsestück?

   b. Lena: „Ich kann Teilaufgabe a ganz leicht mithilfe des Proportionalitätsfaktors lösen." Wie rechnet Lena?

   c. Beantworte folgende Umkehrfragen mithilfe des Proportionalitätsfaktors in a.
   (1) Wie viel kg Gouda-Käse kosten 3,48 € (Aufgabe 3)?
   (2) Wie viel kg Leberpastete kosten 8,43 € (Aufgabe 4)?

Leberpastete	
Masse	**Preis**
0,125 kg	1,41 €
0,245 kg	2,85 €
0,293 kg	3,31 €
0,375 kg	4,23 €
0,625 kg	7,05 €

Information

Quotientengleichheit – Proportionalitätsfaktor

(1) Die Quotienten $\frac{\text{zugeordnete Größe}}{\text{Ausgangsgröße}}$ müssen bei proportionalen Zuordnungen für alle Größenpaare gleich sein (*Quotientengleichheit*).
Damit kann man prüfen, ob eine gegebene Zuordnung proportional ist.

(2) Mit dem Proportionalitätsfaktor kann man bei einer proportionalen Zuordnung zu jeder Ausgangsgröße die zugeordnete Größe berechnen und umgekehrt.

Ausgangsgröße $\xrightarrow{\cdot \text{Proportionalitätsfaktor}}_{: \text{Proportionalitätsfaktor}}$ zugeordnete Größe

37 l $\xrightarrow{\cdot 1,03 \frac{€}{l}}_{: 1,03 \frac{€}{l}}$ 38,11 €

Kapitel 4

6. Entscheide mithilfe der Quotientengleichheit, ob die Tabelle eine proportionale Zuordnung darstellt. Überprüfe auch mithilfe der Regeln (P1) und (P2) von Seite 144.
Bei Quotientengleichheit: Notiere den Proportionalitätsfaktor. Was gibt er an?

Übungen

a.
Masse (in kg)	Preis (in €)
1,5	6
4,5	18
0,5	2
2	8

b.
Volumen (in cm³)	Masse (in kg)
120	180
30	45
150	235
270	425

c.
Länge (in m)	Zeit (in s)
6	15,6
2	5,2
24	52,4
26	67,6

7. Banken benutzen *Devisenkurse* als Rechenfaktoren beim Geldumtausch. Die Abbildung rechts bedeutet:
„Der Wert eines US-Dollars ($) beträgt 0,85 €."
Der Kurs $0{,}85\ \frac{€}{\$}$ ist der Proportionalitätsfaktor der Zuordnung *Dollar-Betrag* ⟶ *Euro-Betrag*.
Lege eine Tabelle an:
Wie viel Euro muss man beim Umtausch für 75 $, 125 $, 475,80 $, 2 450 $, 7 368 $ bezahlen?

8. Frau Brede hat ein neues Auto. Im ersten Monat hat sie viermal getankt und jedesmal die Anzahl der gefahrenen Kilometer und den Benzinverbrauch in *l* notiert:

(1) 230 km / 20,5 l
(2) 315 km / 30,4 l
(3) 365 km / 36,2 l
(4) 348 km / 26,88 l

a. Prüfe, ob die Zuordnung *Kilometerzahl* ⟶ *Benzinverbrauch* proportional ist.
b. Frau Brede plant eine Urlaubsreise, bei der sie voraussichtlich 2 500 km mit ihrem Auto zurücklegen wird. Berechne, wie viel Liter Benzin sie voraussichtlich verbrauchen wird. Warum liefert eine solche Berechnung nur einen Schätzwert?

9. Prüfe, ob die gegebene Zuordnung proportional ist. Falls nicht, begründe, warum hier keine proportionale Zuordnung zu erwarten ist.

a. Beim Kauf derselben Sorte Wein werden in verschiedenen Geschäften diese Preise notiert:

6 Flaschen	26,94 €
12 Flaschen	45,90 €
3 Flaschen	19,44 €

b. Auf einer Autobahnfahrt notiert Frau Gruber die gefahrene Zeit für die verschiedenen Teilstrecken:

Erfurt – Gera (96 km)	1 h 05 min
Gera – Chemnitz (75 km)	0 h 58 min
Chemnitz – Dresden (69 km)	0 h 56 min

10. Beim Echoloten sendet man Schallwellen auf den Meeresgrund. Bei einer Wassertiefe von 1500 m kehren diese nach 2 s zurück.
Wie tief ist das Wasser, wenn die Schallwellen nach 1,5 s [2,9 s; 0,6 s; 0,2 s; 2,2 s] zurückkehren?

Indirekt proportionale Zuordnungen
Regeln und Graph

Aufgabe

1.  Bei der Apfelernte im Havelland werden viele Helfer benötigt, um eine Apfelplantage abzuernten. Der Plantagenbesitzer weiß: Wenn ich 12 Helfer einsetzen kann, dauert die Apfelernte 24 Tage.

a. Wie viele Tage müsste der Besitzer einplanen, wenn er
(1) doppelt so viele, (2) halb so viele Helfer einsetzen könnte?

b. Wie viele Tage müsste er einplanen, wenn er 4, 8, 16, 32 Helfer einsetzen könnte?
Lege eine Zuordnungstabelle an.

Lösung

a. Man nimmt an, dass alle Helfer pro Tag gleich viel Arbeit erledigen.
Dann gilt:
(A1) Doppelt so viele Helfer brauchen halb so viele Arbeitstage.
(A2) Halb so viele Helfer brauchen doppelt so viele Arbeitstage.
Eine solche Zuordnung heißt *indirekt proportional* oder *umgekehrt proportional*.

b. Entsprechend gilt:
Ein Drittel der Helfer braucht dreimal so viele Tage.
Dreimal so viele Helfer brauchen nur ein Drittel so viele Arbeitstage usw.

Anzahl der Helfer	Anzahl der Arbeitstage
12	24
4	72
8	36
16	18
32	9

Information

Indirekt proportionale Zuordnungen

Eine Zuordnung heißt **indirekt proportional**, wenn die folgenden Regeln gelten:

(A1) Verdoppelt (verdreifacht, vervierfacht usw.) man eine Ausgangsgröße, so muss man die zugeordnete Größe halbieren (dritteln, vierteln usw.).

(A2) Halbiert (drittelt, viertelt usw.) man eine Ausgangsgröße, so muss man die zugeordnete Größe verdoppeln (verdreifachen, vervierfachen usw.).

Beispiel: Teilnehmer an einer Busfahrt

Anzahl der Teilnehmer	Fahrpreis (in €)
20	40
10	80
40	20

2. Ein rechteckiges Feld ist 90 m lang und 28,5 m breit. Es soll gegen ein Feld von gleichem Flächeninhalt getauscht werden, das 45 m [30 m; 120 m] lang ist.

a. Bestimme die Breite im Kopf.

b. Bestimme entsprechend für die Länge 135 m [150 m; 60 m] die zugeordnete Breite.

c. Bestimme die Länge, die zur Breite 38 m [51,3 m] gehört.

Zum Festigen und Weiterarbeiten

3. *Graph einer indirekt proportionalen Zuordnung*

Eine rechteckige Schafweide soll 360 m² groß sein.

a. Lege eine Tabelle für die Zuordnung *Länge* ⟶ *Breite* an und zeichne den Graphen dieser Zuordnung. Beschreibe den Graphen.

b. Wie groß ist die Länge a, wenn die Breite 90 m, 180 m, 360 m, 4 m, 2 m, 1 m beträgt?
Kann man einen Punkt des Graphen angeben, der genau auf einer der Achsen liegt?

4. *„Je mehr – desto weniger",*
aber nicht indirekt proportional

In der untenstehenden Tabelle ist die Zuordnung *Zeit* ⟶ *Temperatur* für das Abkühlen eines Glasblocks festgehalten.

Zeit (in h)	0	1	2	3	4	5
Temperatur (in °C)	800	500	300	200		100

a. Was kann man mit Sicherheit über die Temperatur des Glasblocks nach 4 Stunden aussagen? Begründe.

b. Zeige an Beispielen, dass für diese Zuordnung die Regeln (A1) und (A2) im Kasten unten *nicht* gelten.

c. Gilt für diese Zuordnung die Regel „je mehr – desto weniger"?

d. Gilt für die Einsatzplanung von Helfern bei der Apfelernte (Aufgabe 1) die Regel „je mehr (Helfer) desto weniger (Tage)"?

e. Zeichne auch den Graphen der Zuordnung *Zeit* ⟶ *Temperatur*.
Vergleiche mit dem Graphen einer indirekt proportionalen Zuordnung wie in Aufgabe 3.

Kapitel 4

Information

(1) Graph einer indirekt proportionalen Zuordnung

Bei jeder indirekt proportionalen Zuordnung liegen die Punkte des Graphen auf einer Kurve. Sie trifft keine der beiden Achsen.
Einen solchen Graph nennt man *Hyperbel*.

Beispiel:
Länge eines Rechtecks ⟶ Breite des Rechtecks mit dem Flächeninhalt 500 m²

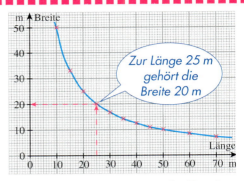

Zur Länge 25 m gehört die Breite 20 m

Graph einer indirekt proportionalen Zuordnung

(2) Je mehr – desto weniger bedeutet nicht indirekt proportional

Für jede indirekt proportionale Zuordnung gilt auch die Regel „je mehr – desto weniger".
Aber: „Je mehr – desto weniger" bedeutet noch nicht „indirekt proportional".

„abnehmend" bedeutet noch nicht „indirekt proportional"

Übungen

5. Im Lotto wird an jedem Wochenende eine bestimmte Geldsumme je Gewinnklasse ausgeschüttet. Eine Tippgemeinschaft aus 8 Personen teilt einen Gewinn (Gewinnklasse 4) gleichmäßig. Jedes Mitglied erhält 390 €.
  a. Wie viel Euro erhält jedes Mitglied einer Tippgemeinschaft aus 4, 2, 6, 12, 16 Personen (gleiche Ziehung, gleiche Gewinnklasse)? Lege eine Tabelle an.
  b. Wie hoch war die Gewinnsumme in der Gewinnklasse 4 bei dieser Ziehung?

6.

  a. Die Lebensmittelvorräte im Basislager einer Expedition reichen bei 10 Expeditionsteilnehmern 24 Tage.
  Wie lange reichen dieselben Vorräte bei 20, wie lange bei 5, 15, 3 Teilnehmern?
  b. Wie viele Teilnehmer dürfen sich im Basislager aufhalten, wenn der Vorrat 20 Tage, 32 Tage, 36 Tage reichen soll? (Runde das Ergebnis sachgemäß).
  c. Die Lebensmittelvorräte in einem Basislager reichen bei 12 Teilnehmern 36 Tage.
  Wie lange reichen dieselben Vorräte bei 6 Teilnehmern, wie lange bei 18, 9, 3, 24 Teilnehmern?

7. Der Hafervorrat eines Reitstalls reicht bei 10 Pferden für 24 Tage.
Wie lange reicht derselbe Vorrat bei 20 Pferden, wie lange bei 5, 15, 3, 12 Pferden?

8. In einer Fabrik sollen 1 000 Flaschen Limonade abgefüllt werden. Vier Abfüllmaschinen brauchen dafür 24 min.
Wie lange dauert das Abfüllen, wenn 2, 12, 6, 3, 1 Maschinen gleichzeitig arbeiten?

9. Durch eine Zuflussleitung kann man ein Wasserbecken in 90 Minuten füllen. Wie lange dauert es, wenn man das Becken durch 2, 3, 4, 5, 6 gleich starke Zuflussleitungen füllen würde?

10. Ein Schulgarten ist 120 m² groß. Es sollen gleich große Beete angelegt werden.
   a. Lege eine Tabelle für die Zuordnung *Anzahl der Beete* ⟶ *Größe eines Beetes* an. Zeichne den Graphen. Wähle 1 cm für 10 Beete.
   b. Lies am Graphen ab:
   (1) Es sollen 25 Beete entstehen. Wie groß wird jedes Beet?
   (2) Wie groß wird jedes Beet bei 17 Beeten insgesamt?
   (3) Jedes Beet soll 4 m² groß werden. Wie viele Beete erhält man?
   (4) Wie viele Beete erhält man bei 2,5 m² Beetgröße?
   Kontrolliere deine Antworten jeweils durch Rechnung.

11. Tanja und Lena wollen eine mehrtägige Radwanderung unternehmen. Die Strecke ist 180 km lang. Jeden Tag wollen sie eine gleich lange Strecke zurücklegen.
Lege eine Tabelle für die Zuordnung *Anzahl der Tage* ⟶ *Länge der Tagesstrecke (in km)* an. Zeichne den Graphen.
Ist es hier sinnvoll, den Graphen durchzuzeichnen?

12. Wähle eine der Zuordnungen aus und zeichne ihren Graphen.
   (1) *Anzahl der Helfer bei der Apfelernte* ⟶ *Arbeitstage* (Aufgabe 1, Seite 156)
   (2) *Anzahl der Mitglieder einer Tippgemeinschaft* ⟶ *Gewinn pro Mitglied* (Aufgabe 5, Seite 158)
   (3) *Anzahl der Mitglieder einer Expedition* ⟶ *Anzahl der Tage, für die ein Vorrat reicht* (Aufgabe 6a, Seite 158).

13. Entscheide, ob eine proportionale Zuordnung, eine *je mehr – desto mehr*-Zuordnung, eine indirekt proportionale Zuordnung, eine *je mehr – desto weniger*-Zuordnung vorliegt.
   a. *Geldwert in Euro* ⟶ *Geldwert in US-Dollar* (Geldwechsel zum gleichen Kurs)
   b. *Anzahl der Lkw* ⟶ *Zahl der Fahrten pro Lkw* (Abtransport einer Schutthalde)
   c. *Geldbetrag* ⟶ *Anzahl der Münzen* (Bezahlen mit möglichst wenigen Münzen)
   d. *Anzahl der Schüler* ⟶ *Betrag für jeden Schüler* (Ein Geldbetrag wird zu gleichen Teilen an die Schüler verteilt)
   e. *Volumen* ⟶ *Preis* (Kauf von Parfüm derselben Sorte)

Dreisatz bei indirekt proportionalen Zuordnungen

Aufgabe

1.  Zum Abtransport des Erdaushubs einer Baustelle hat eine Firma 5 Lastwagen eingeplant. Bei dieser Planung müsste jeder Lastwagen 24-mal fahren.
Wegen eines Motorschadens können aber nur 4 Lastwagen eingesetzt werden.
Wie oft muss jeder Lastwagen fahren?

Lösung

Vorüberlegung: Die Zuordnung *Anzahl der Lkw* ⟶ *Anzahl der Fahrten pro Lkw* ist indirekt proportional, denn bei der doppelten Anzahl von Lkw muss jeder Lkw nur halb so oft fahren usw.

Lösungsgedanke: 4 ist kein Teiler von 5. Daher kann man die Regel (A2) nicht unmittelbar anwenden. Aber man kann auch hier einen Zwischenschritt einschalten:

1. Satz: Beim Einsatz von 5 Lastwagen muss jeder Lastwagen 24-mal fahren *(gegebenes Größenpaar)*
2. Satz: Beim Einsatz von 1 Lastwagen müsste der Lastwagen 120-mal fahren *(Zwischengröße)*
3. Satz: Beim Einsatz von 4 Lastwagen muss jeder Lastwagen 30-mal fahren *(zu berechnende Größe)*

Anzahl der Lkw	Anzahl der Fahrten pro Lkw
5	24
1	120
4	30

Beachte: Wenn man in einer Spalte der Tabelle mit einer Zahl multipliziert [dividiert], so muss man in der anderen Spalte durch dieselbe Zahl dividieren [multiplizieren].

Solche Aufgaben heißen **Dreisatzaufgaben** für indirekt proportionale Zuordnungen.

Information

Lösungsverfahren für Dreisatzaufgaben bei indirekt proportionalen Zuordnungen

Vergewissere dich zuerst, dass die Zuordnung indirekt proportional ist.
Löse die Aufgabe dann mit einer *Tabelle* in folgenden Schritten:
– Schreibe in die erste Zeile das gegebene Größenpaar.
– Lass die zweite Zeile zunächst frei.
– Schreibe in die dritte Zeile die dritte bekannte Größe.
– Suche in der zweiten Zeile *eine passende Zwischengröße*.
– Fülle mithilfe der Regeln für indirekt proportionale Zuordnungen die Lücken aus.

Länge	Breite
9 m	8 m
3 m	☐
12 m	☐

Zum Festigen und Weiterarbeiten

2. Löse mithilfe des Dreisatzverfahrens.

a. Zur Erarbeitung eines Computerprogramms sollen 10 Programmierer eingesetzt werden. Bei dieser Planung wird mit 27 Arbeitstagen gerechnet. Tatsächlich können nur 9 Programmierer eingesetzt werden.
Wie viele Arbeitstage müssen jetzt eingeplant werden?

b. Ein Wasservorratsbecken wird durch 6 gleich starke Pumpen in 120 Minuten gefüllt. Zwei Pumpen fallen aus. Wie lange dauert das Füllen?

3. Als Zwischengröße muss man nicht immer „über 1 gehen". In Aufgabe 2b rechnet man vorteilhafter mit einer anderen Zwischengröße. Beschreibe diesen Lösungsweg.

Anzahl der Pumpen	Zeitdauer (in min)
6	120
2	
4	

4. Eine Tippgemeinschaft verteilt einen Lottogewinn zu gleichen Teilen an alle 12 Mitglieder. Jedes Mitglied erhält 360 €. Eine zweite Tippgemeinschaft verteilt einen gleich großen Betrag. Jedes Mitglied erhält 480 €.
Wie viele Mitglieder hat diese Tippgemeinschaft?

Anzahl der Mitglieder	Gewinn pro Mitglied in €
12	360
☐	☐
☐	480

Übungen

5. Fünf Planierraupen benötigen zum Einebnen eines Geländes 20 Stunden.
 a. Es stehen nur vier [sechs] Planierraupen für dieselbe Arbeit zur Verfügung. Mit wie vielen Stunden kann man rechnen?
 b. Die Arbeit soll in 8 Stunden erledigt sein. Wie viele Planierraupen werden gebraucht?

6. Drei Lastwagen transportieren einen Schuttberg ab. Jeder Wagen muss 36-mal fahren.
 a. Wie viele Fahrten müsste jedes Fahrzeug durchführen, wenn vier Lastwagen zur Verfügung stehen?
 b. Jedes Fahrzeug soll höchstens 8-mal fahren. Wie viele sind dann erforderlich?

7. Ein Wasservorratsbecken wird durch 5 gleich starke Pumpen in 9 Stunden gefüllt.
 a. Es sind nur 3 Pumpen in Betrieb. Wie lange dauert das Füllen?
 b. Das Becken soll in 5 Stunden gefüllt sein. Wie viele Pumpen müssen eingesetzt werden?

8. Ein Buch hat 520 Seiten. Auf jeder Seite sind 32 Zeilen.
Wie viele Seiten hätte das Buch, wenn auf jeder Seite 40 Zeilen [36 Zeilen; 28 Zeilen] wären? (Die Anzahl der Buchstaben pro Zeile bleibt unverändert.)

9. Für eine Klassenfahrt erhält jede der 5 Parallelklassen des Jahrgangs 6 den gleichen Betrag als Zuschuss. Jeder der 27 Schüler der Klasse 6a erhält 6 €.
Wie viel Euro erhält jeder Schüler der Klasse 6b (24 Schüler), 6c (25 Schüler), 6d (30 Schüler) und 6e (33 Schüler)?

10. Die Fläche eines Neubaugebietes wird in 35 gleich große Bauplätze aufgeteilt. Jeder Bauplatz ist 680 m^2 groß.
 a. Die Anzahl der Bauplätze soll auf 40 erhöht werden. Wie groß ist jetzt jeder?
 b. Nach einem anderen Plan soll jeder Bauplatz 850 m^2 groß werden. Wie viele Bauplätze können jetzt entstehen?

11. a. Ein Testfahrzeug durchfährt eine Teststrecke in 24 s mit einer gleichbleibenden Geschwindigkeit von 25 m je s.
Bei welcher Geschwindigkeit legt es die Teststrecke in 15 s zurück?

b. Ein anderes Testfahrzeug durchfährt eine Teststrecke mit einer gleichbleibenden Geschwindigkeit von 36 m je s in 48 s.
Wie lange braucht es für dieselbe Strecke, wenn es mit 24 m je s fährt?

c. Die Zwischengröße 1 min kann manchmal ungeschickt sein. Wähle geeignete Zwischengrößen.

(1)

Fahrzeit (in min)	Geschwindigkeit (in km je h)
12	80
□	□
10	□

(2)

Fahrzeit (in min)	Geschwindigkeit (in km je h)
12	80
□	□
9	□

(3)

Fahrzeit (in min)	Geschwindigkeit (in km je h)
12	80
□	□
□	60

12.  Zwei Bagger benötigen zum Ausbaggern einer Hafeneinfahrt 14 Monate.

a. Die Arbeit soll in 4 Monaten erledigt sein. Wie viele Bagger muss man einsetzen?

b. In welchem Zeitraum ist die Arbeit voraussichtlich getan, wenn 8 Bagger eingesetzt werden?

c. Von den beiden Baggern fällt einer nach 7 Monaten wegen eines Defektes aus. Wie lange muss der andere insgesamt baggern?

13. Das Arbeitspensum, das für das Erstellen von Computerprogrammen erforderlich ist, wird in *Mann-Tagen, Mann-Wochen* usw. angegeben. Wenn 3 Programmierer für ein Programm 6 Tage brauchen, sagt man:
Für das Erstellen des Programms sind 18 Mann-Tage erforderlich.

a. Für das Erstellen eines Computerprogramms plant eine Firma für die 16 Programmierer 24 Tage ein. Kurzfristig müssen 4 Programmierer andere Arbeiten erledigen.
Wie lange brauchen die restlichen 12 Programmierer für die Arbeit?

b. Für das Erstellen eines anderen Programms müssen 15 Programmierer 36 Wochen arbeiten. In welcher Zeit können 9 Programmierer das Programm erstellen?

Vermischte Übungen

1. a. 500 g Erdbeeren kosten 1,24 €.
Gib den Preis für 3 kg [1,5 kg; 750 g; $2\frac{1}{2}$ kg] Erdbeeren an.
Wie viel kg Erdbeeren bekommt man für 10 €?

b. Ein Draht wird in 7 gleich lange Stücke zerschnitten; jedes Stück ist 35 cm lang.
Wie lang wird ein Stück, wenn man den Draht nur in 5 gleich lange Stücke zerschneidet?
Jedes Drahtstück soll 7 cm lang sein. Wie viele Stücke erhält man?

c. Eine Wandergruppe legt täglich 21 km zurück. Für die gesamte Wanderung benötigt sie 4 Tage.
Wie viel km müsste die Gruppe zurücklegen, wenn sie nur 3 Tage unterwegs sein will?
Wie viele Tage benötigt die Wandergruppe, wenn sie täglich nur 14 km zurücklegt?

d. 9 Rollen Struktur-Tapete kosten 76,23 €.
Wie viel Euro kosten 12 Rollen? Wie viele Rollen erhält man für 127,05 €?

e. 5 l Wandfarbe reichen für 60 m².
Wie viel m² kann man mit 7,5 l Farbe streichen?
Wie viel l Farbe benötigt man für 80 m²?

2. a. Der Korntankinhalt eines Mähdreschers wird in Liter angegeben. Ein Korntank mit 5 200 l Inhalt fasst 4,1 t Weizen [3,2 t Gerste; 2,4 t Hafer].
Wie viel t Weizen [Gerste; Hafer] fasst ein Korntank mit einem Inhalt von 2 700 l, 6 500 l, 2 100 l, 4 600 l, 2 400 l?

b. 4 Mähdrescher benötigen zum Abernten der gesamten Getreidefläche eines Landwirts 35 Stunden.
Wie viel Stunden benötigen dazu 3 [2; 1] Mähdrescher?

c. 3 Mähdrescher benötigen zum Abernten einer Getreidefläche 21 Stunden. Nach 5 Stunden fällt ein Mähdrescher aus.
Wie viel Zeit benötigen die beiden Mähdrescher noch?

3. Vor einer Wahl will eine Wählerinitiative aus 12 Personen eine Anzeige in einer Tageszeitung veröffentlichen. Es war errechnet worden, dass jedes Mitglied sich mit 35 € an den Anzeigenkosten beteiligen sollte.
Es gelingt, 3 neue Mitglieder zu werben. Jetzt muss neu berechnet werden, welche Kosten jedes Mitglied übernehmen muss. (Die Gesamtkosten ändern sich nicht.)

4. a. 20 Flaschen Orangensaft kosten 11 €.
Wie viel kosten 6 [5; 8; 9] Flaschen Orangensaft?

b. 12 Flaschen Limonade kosten 7,20 €.
Wie viel kosten 8 [10; 5; 4; 7] Flaschen Limonade?

5. Ein Hausbesitzer hat seine Ölheizung so eingestellt, dass sie täglich 14 Stunden in Betrieb ist. Er weiß, dass sein Heizölvorrat bei dieser Einstellung 5 Monate reicht.

a. Er beschließt, die Heizung auf einen Betrieb von täglich 16 Stunden einzustellen. Wie lange reicht dann der Heizölvorrat?

b. Das Öl soll 6 Monate reichen. Wie lange kann die Heizung täglich in Betrieb sein?

c. Welche Zuordnung hast du zur Lösung von Teilaufgabe a und b benutzt? Welche Voraussetzung über diese Zuordnung hast du gemacht? Wie sieht es damit in der Praxis aus?

6. Zwei Familien kaufen gemeinsam 250 kg Einkellerungskartoffeln für 82,50 € ein. Die eine Familie erhält 175 kg, die andere den Rest. Wie viel € zahlt jede Familie?

7. Lies am Graphen ab. Kontrolliere durch Rechnung.

a. Wie teuer sind hier 5,5 kg?

b. Wie breit ist hier ein 10 m langes Rechteck?

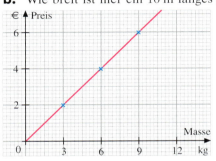 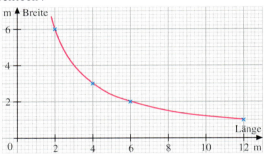

8. Prüfe, ob eine proportionale bzw. indirekt proportionale Zuordnung vorliegt. Begründe.

a. Volumen (in m³)	Masse (in t)	b. Länge (in cm)	Masse (in kg)	c. Anzahl der Maschinen	Arbeitszeit (in Stunden)
3	7,5	178	76	5	48
5	12,5	158	36	12	20
2,5	6,25	185	105	8	30
11	27,5	170	70	6	40

9. Wenn man einen *Preisvergleich* für Waren mit unterschiedlicher Menge bzw. unterschiedlicher Masse durchführen will, wählt man eine günstige Vergleichsmasse (Vergleichsmenge) und berechnet für jede Sorte den Preis für die Vergleichsmasse. Führe wie beim Einkaufen für einzelne Sorten einen Preisvergleich durch.
Rechne, wenn möglich, im Kopf. Runde dabei gegebenenfalls geschickt.

a. *Duschgel*   **b.** *Waschmittel*

Bist du fit?

1. a. Frau Kraft hat für 35 Erdbeerpflanzen 22,75 € bezahlt. Herr Krug kauft 45 Pflanzen. Wie viel muss er bezahlen?

b. Frau Schulz kauft 7 Becher Saure Sahne und bezahlt 1,89 €. Herr Schäfer kauft 9 Becher. Wie viel zahlt er?

c. 100 g Rotbarschfilet kosten 1,74 €. Wie viel g bekommt man für 10 €?

2. a. Familie Lohne bezahlt für ihre 112 m² große Wohnung 548,80 € Miete. Familie Franke bezahlt 470,40 € für 98 m². Welche Wohnung ist preisgünstiger? Begründe.

b. Frau Engel kauft ein Dutzend (zwölf) Eier für 1,56 € auf dem Wochenmarkt. Zwei Tage später zahlt sie bei ihrem Lebensmittelhändler für 10 Eier der gleichen Gewichtsklasse 1,35 €. Wo hat sie die Eier günstiger gekauft?

3. a. Lege für jedes Lebensmittel rechts eine Tabelle der Zuordnung *Masse ⟶ Energiewert* an für 100 g, 200 g, 300 g, ..., 1000 g.

b. Zeichne jeweils einen Graphen der Zuordnungen in einem Koordinatensystem. Wähle für jedes Lebensmittel einen geeigneten Maßstab.

Energiewerte für Lebensmittel		
Butter	100 g	3 250 Kilojoule
Schlagsahne	100 g	1 260 Kilojoule
Joghurt	100 g	290 Kilojoule
Pommes frites	100 g	1 780 Kilojoule

4. Die Vorräte in einem Basislager reichen bei 15 Expeditionsteilnehmern 24 Tage. Wie lange reichen dieselben Vorräte bei 18, 12, 9, 8, 24 Teilnehmern?

5. Ein Frachtschiff kann Trinkwasser mitnehmen, das für 18 Personen 48 Tage reicht.

a. Eine Fahrt dauert nur 40 Tage. Wie viele Personen können zusätzlich mitgenommen werden?

b. Die Besatzung wird von 18 auf 22 Personen erhöht. Wie viele Tage kann das Schiff höchstens unterwegs sein?

c. Welche Zuordnung hast du zur Lösung benutzt? Welche Voraussetzung über diese Zuordnung hast du gemacht?

6. Fülle die Tabelle aus. Zeichne auch den Graphen der Zuordnung.

a. Rechteck mit gleichem Flächeninhalt

Länge (in cm)	Breite (in cm)
72	36
96	
84	
	48
	15
	24,5

b. Fester Hafervorrat

Zahl der Pferde	Anzahl der Tage
15	36
18	
12	
	60
	27
	45

c. Fester Geldbetrag

Personenzahl	Kosten pro Person
12	120,00 €
15	€
32	€
	80,00 €
	65,45 €
	49,66 €

Spiegelung, Verschiebung Drehung

Wenn du dich aufmerksam umsiehst, kannst du in deiner Umwelt viele regelmäßige Figuren entdecken. Einige Beispiele hierzu findest du auf dieser Seite.

Solche regelmäßigen Figuren üben auf die meisten Menschen einen eigentümlichen Reiz aus, insbesondere dann, wenn sie zu Mustern angeordnet sind. Menschen, die gestalterisch tätig sind, z.B. Künstler oder Architekten, nützen diese Wirkung gerne aus. Bei den Elefanten auf dem Bild solltest du genau hinschauen. Es gibt da etwas Seltsames zu entdecken.

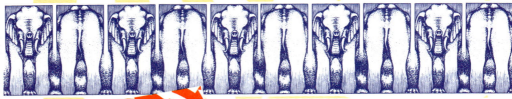

In diesem Kapitel wollen wir uns mit regelmäßigen, insbesondere symmetrischen Figuren beschäftigen. Wir werden auch lernen, wie man solche Figuren herstellt.

Geradenspiegelung – Achsensymmetrie

1. a. Ergänze das Viereck ABCD zu einer achsensymmetrischen Figur mit der Symmetrieachse g.
Erkläre, wie man die andere Hälfte der Figur
(1) durch Falten,
(2) mithilfe des Geodreicks
erhält.
Färbe die Gesamtfigur.

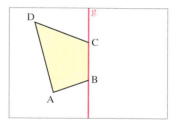

Aufgabe

b. Gegeben sind eine Gerade g und ein Dreieck ABC. Zeichne mithilfe des Geodreiecks das Spiegelbild A'B'C' des Dreiecks ABC bei der Spiegelung an der Gerade g.
Beschreibe die Konstruktion.

Lösung

a. (1) Falte das Blatt längs der Symmetrieachse g.
Markiere die Eckpunkte und durchstich das doppelt liegende Blatt in diesen Punkten mit einer Nadel.
Falte dann das Blatt wieder auseinander und zeichne die fehlenden Verbindungsstrecken.

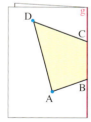 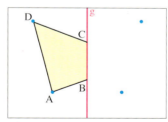 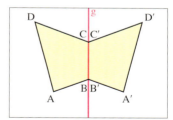

Auf diese Weise erhältst du das achsensymmetrische Sechseck ABA'D'CD.

(2) Die Punkte A und A' sind Symmetriepartner; sie liegen symmetrisch zur Gerade g.
Das bedeutet:
– Die Punkte A und A' liegen auf verschiedenen Seiten der Symmetrieachse g.
– Die Symmetrieachse g und die Verbindungsgerade AA' sind senkrecht zueinander; zeichne also mit dem Geodreieck die Senkrechte zu g durch A.
– Der Punkte A' hat von der Symmetrieachse g denselben Abstand wie der Punkt A.

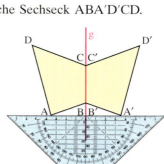

Markiere so mit der Messskala des Geodreiecks den Punkt A'.

Entsprechendes gilt für die Punkte D und D'.

Der Punkt B liegt auf der Achse. Er ist Symmetriepartner von sich selbst.
B und B' fallen zusammen. Entsprechendes gilt für die Punkte C und C'.

So erhältst du das achsensymmetrische Sechseck ABA'D'CD.

b. (1) 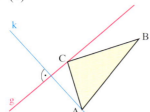 (2) 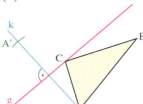 (3)

Zeichne die Senkrechte zu der Gerade g durch den Punkt A; nenne sie k.

Zeichne auf der Senkrechten k den Punkt A' so, dass die Punkte A und A' auf verschiedenen Seiten der Geraden g liegen und beide Punkte von g denselben Abstand haben.

Zeichne den Bildpunkt B' entsprechend.
C' und C fallen zusammen.
Verbinde die Bildpunkte zum Bilddreieck A'B'C'.

Information

Eine **Achsenspiegelung** wird festgelegt durch eine **Spiegelgerade g**.
Zu einem Punkt P erhältst du den Bildpunkt P' wie folgt:

(1) 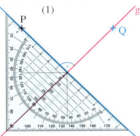 (2)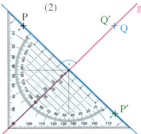

Zeichne die Senkrechte zur Spiegelgerade g durch den Punkt P.

Markiere auf der anderen Seite von g den Bildpunkt P' so, dass er
- auf der Senkrechten liegt und
- von g denselben Abstand hat wie P.

Das *Bilddreieck* A'B'C' entsteht durch **Spiegeln** des *Originaldreiecks* ABC an der **Spiegelgerade g**.

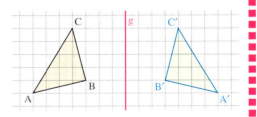

Zum Festigen und Weiterarbeiten

2. Betrachte die Figur in der Lösung von Aufgabe 1a. Jeder Eckpunkt des Sechsecks hat bei der Spiegelung an der Spiegelgerade g einen Bildpunkt.
Fülle die Tabelle aus.

Punkt	A	B	C	D	B'	C'
Bildpunkt						

3. Stelle in der Aufgabe 1 einen Spiegel senkrecht zur Ebene auf die Spiegelgerade g.
Was stellst du fest? Erläutere den Namen „Spiegelung".

4.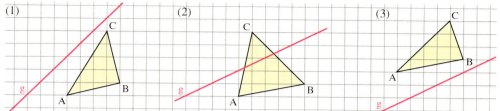

a. Konstruiere mithilfe des Geodreiecks das Bild A′B′C′ des Dreiecks ABC bei der Achsenspiegelung an der Gerade g.
Wähle weitere Punkte innerhalb und außerhalb des Dreiecks ABC und konstruiere auch ihre Bildpunkte.

b. Wie liegen die Geraden AA′, BB′ und CC′ (1) zur Spiegelgerade g; (2) zueinander?

5. a. Konstruiere die Bildfigur bei Spiegelung an der Gerade g. Zeichne die Originalfigur auf Transparentpapier. Lege sie auf die Bildfigur. Was stellst du fest?

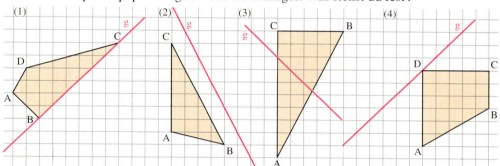

b. In welchen Fällen in der Lösung zu Teilaufgabe a entsteht eine achsensymmetrische Gesamtfigur?

6. a. Rechts siehst du den Teil einer Maske. Zeichne die Figur mit dem Lineal nach Augenmaß ab und ergänze sie zu einer achsensymmetrischen Figur mit der Symmetrieachse a.

b. Spiegele die unter Teilaufgabe a erhaltene achsensymmetrische Figur an der Spiegelgeraden g. Was stellst du fest?

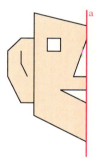

(1) Eigenschaft von Originalfigur und Bildfigur

Die Lösung von Aufgabe 5a zeigt uns:

> Originalfigur und Bildfigur bei einer Spiegelung sind zueinander *deckungsgleich*; das bedeutet: Beide Figuren besitzen dieselbe Form und dieselben Maße.

Information

Hieraus folgt unmittelbar. Bei einer Achsenspiegelung sind:
- Originalstrecke und Bildstrecke gleich lang.
- Originalwinkel und Bildwinkel gleich groß.

(2) Achsensymmetrie und Geradenspiegelung

Die Lösung der Aufgabe 6 zeigt den Zusammenhang zwischen **Achsensymmetrie** und **Geradenspiegelung**. Dies ermöglicht uns, die Achsensymmetrie einer Figur mithilfe der Geradenspiegelung zu erklären.

Kapitel 5

Information

Wenn eine Figur bei einer Spiegelung an einer Gerade g mit sich zur Deckung kommt, dann ist die Figur **achsensymmetrisch.** Die Symmetrieachse ist die Spiegelgerade.

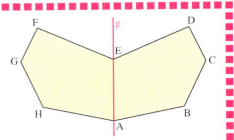

Übungen

7. Zeichne die Figur ins Heft. Zeichne das Spiegelbild bei Spiegelung an der Gerade g.

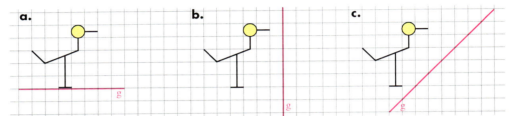

8. Erzeuge symmetrisch zueinander liegende Figuren.

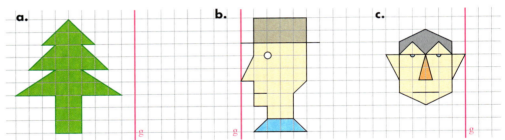

9. Zeichne die Figur ins Heft. Konstruiere das Bild des Vielecks bei Spiegelung an der Gerade g. Wie kann man die Genauigkeit der Konstruktion überprüfen?

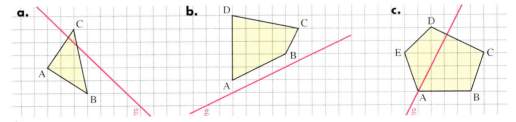

10. Zeichne in ein Koordinatensystem das Dreieck ABC mit A(2|1), B(5|3) und C(3|5). Konstruiere das Bild des Dreiecks bei der Spiegelung an der Gerade PQ mit:

    a. P(0|7)   **b.** P(3|5)   **c.** P(2|3)   **d.** P(2|1)   **e.** P(3|5)
        Q(5|5)   Q(7|4)   Q(4|4)   Q(5|3)   Q(5|1)

11. Zeichne ein Quadrat ABCD mit der Seitenlänge 4 cm. Konstruiere dann das Bild des Quadrates bei Spiegelung an

    a. der Gerade AB;   **b.** der Diagonale AC;   **c.** der Parallele zu BD durch C.

12. Zeichne ein Rechteck ABCD; die Seite $\overline{AB}$ soll 4,8 cm und die Seite $\overline{BC}$ 3,2 cm lang sein.
Konstruiere das Bild des Rechtecks bei Spiegelung an der Diagonale AC [BD].

13. Zeichne in ein Koordinatensystem (Einheit 1 cm) einen Kreis mit dem Mittelpunkt M(4|3) und dem Radius r = 2,5 cm. Konstruiere dann das Bild des Kreises bei Spiegelung an der Gerade PQ mit:
   a. P(9|1), Q(5|7)   **b.** P(1|6), Q(7|3)   **c.** P(6|1,5), Q(9|5,5)

14.

Hier siehst du einige achsensymmetrische Figuren aus der Natur.
  a. *Gehe auf Entdeckungsreise:* Gib achsensymmetrische Figuren aus deiner Umwelt an. Denke an Spielfelder beim Sport, bei Brettspielen, an Firmenzeichen (z. B. von Autos), an Verkehrsschilder und an Wappen.
  b. Welche Ziffern sind achsensymmetrisch?
  c. Welche Großbuchstaben der Druckschrift sind achsensymmetrisch?
  d. Gib Worte wie UHU und Zahlen wie 808 an, die achsensymmetrisch sind.

15. Ergänze durch Geradenspiegelung zu einer achsensymmetrischen Figur.

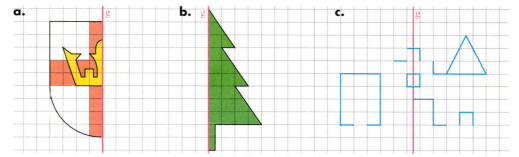

16. Stelle ein achsensymmetrisches Vieleck mit der Symmetrieachse g her.

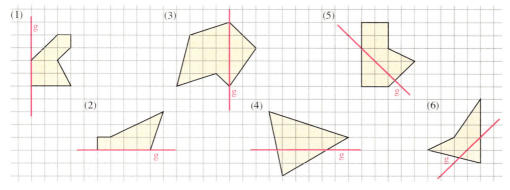

17. Untersuche, ob die Spielkarten achsensymmetrisch sind.

(1)  (2) 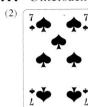 (3) 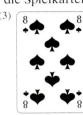 (4)  (5)  (6)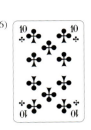

18. Betrachte die Teilfiguren aus einem Wabenmuster. Welche der Figuren haben eine, zwei, drei Symmetrieachsen? Zeichne diese Figuren ab und trage die Symmetrieachse(n) ein.

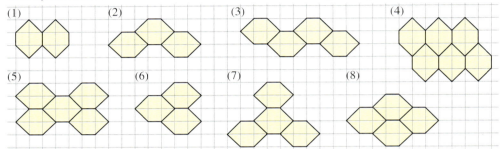

19. Die grüne Figur ist durch eine Spiegelung aus der gelben Figur entstanden.
Zeichne die Spiegelgerade.

(1) 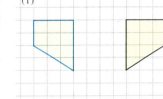 (2)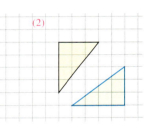

20. Markiere die Punkte P und P′ in einem Koordinatensystem (Einheit 1 cm). Konstruiere dann eine Gerade g so, dass P′ das Bild von P bei Spiegelung an g ist.

a. P(0|2), P′(5|1)   **b.** P(2|0), P′(6|4)   **c.** P(7|3), P′(2|4)

21. Gegeben sind in einem Koordinatensystem (Einheit 1 cm) das Dreieck ABC mit A(3|2), B(6|5) und C(1|6) sowie das Bild A′ bei der Spiegelung an einer Gerade g. Konstruiere die Gerade g sowie das Bilddreieck A′B′C′.

a. A′(9|0)   **b.** A′(7|4)   **c.** A′(6|5)   **d.** A′(4|4)   **e.** A′(2|4)   **f.** A′(5|5)

22. Zeichne das Dreieck ABC in ein Koordinatensystem.
Spiegele das Dreieck an der Gerade g. Bezeichne die Bildpunkte. Trage alle fehlenden Koordinaten ein.

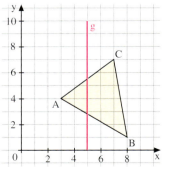

Dreieck		Bilddreieck
A(3|4)	Spiegelung an g	A′( )
B(8|1)		B′( )
C(7|7)		C′( )

Verschiebung

Hier findest du verschiedene Bandverzierungen. Man findet solche Muster schon in vorgeschichtlicher Zeit. Betrachte die obigen Muster. Jedes enthält eine Grundfigur.
Wie entsteht die Bandverzierung aus der Grundfigur?

1. Die Wand eines Blumenladens soll mit folgendem Blütenmuster verziert werden. **Aufgabe**

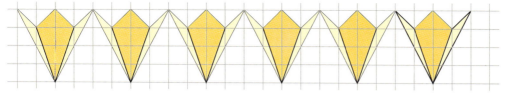

   a. Fertige eine Schablone aus Pappe an und zeichne damit die Verzierung auf unliniertes Papier.

   b. Zeichne nun eine solche Blüte auf kariertes Papier.
   Stelle dann eine schräg verlaufende Bandverzierung her:
   Die untere Ecke einer Blüte soll immer an der rechten oberen Ecke der vorherigen Blüte ansetzen.

   c. Zeichne nochmals einen Ausschnitt von 2 Blüten aus einer Verzierung von Teilaufgabe b. Verbinde in diesen beiden Blüten einander entsprechende Eckpunkte durch Pfeile.
   Welche Aussage kannst du über diese Pfeile machen?

   ### Lösung
   a. Jede Blüte muss genau richtig an der vorherigen angesetzt werden. Um das zu erreichen, gibt es zwei Möglichkeiten:

   (1) Du kannst die Schablone an einem festgehaltenen Lineal entlangschieben.

   (2) Du kannst als erste die beiden parallelen Begrenzungsstreifen der Verzierung zeichnen. Dann wird immer eine Blüte gezeichnet und die Schablone so weit verschoben, dass die nächste Blüte genau an der vorherigen ansetzt.

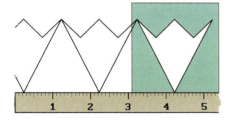 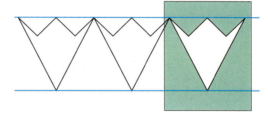

b. Auf Karopapier kann man sofort jeden Eckpunkt der Blüte durch Abzählen um 2 Kästchen nach rechts und 4 Kästchen nach oben verschieben.
Die Richtung der Verschiebung und die Länge wird angegeben durch den roten Pfeil.

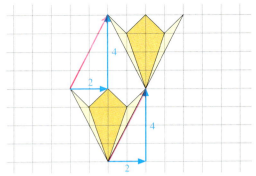

c. Alle diese Pfeile sind parallel zueinander.
Alle haben die gleiche Länge.
Sie zeigen alle in die gleiche Richtung.

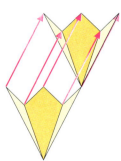

Information

Das Fünfeck A'B'C'D'E' entsteht durch *(paralleles) Verschieben* des Originalfünfecks ABCDE. Man nennt A'B'C'D'E' das *Bild* von ABCDE.

Ein **Verschiebungspfeil** (z. B. $\overrightarrow{AA'}$) gibt die **Richtung** und durch seine Länge die **Weite der Verschiebung** an.

Alle Verschiebungspfeile weisen in dieselbe Richtung, sind gleich lang und parallel zueinander.

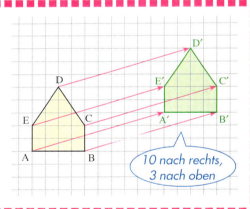

Aufgabe

2. Gegeben sind ein Verschiebungspfeil von R nach S und ein Dreieck ABC. Zeichne mithilfe des Geodreiecks das Bild A'B'C' bei der Verschiebung von R nach S.
Beschreibe die Konstruktion.

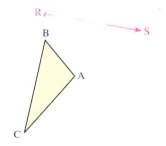

Lösung

(1)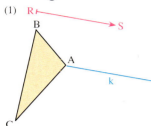
(2)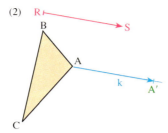
(3)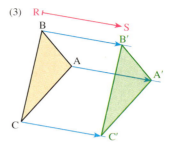

Zeichne den Strahl k, der A als Anfangspunkt und dieselbe Richtung wie der Verschiebungspfeil $\overrightarrow{RS}$ hat.

Zeichne auf k den Punkt A' so, dass die Strecke $\overline{AA'}$ ebenso lang ist wie die Strecke $\overline{RS}$.

Zeichne die Bildpunkte B' und C' entsprechend. Verbinde die Bildpunkte zum Dreieck A'B'C'.

Information

Eine **Verschiebung** wird festgelegt durch einen Verschiebungspfeil $\overrightarrow{RS}$, der vom Punkt R zum Punkt S zeigt.
Zu einem Punkt P erhältst du den Bildpunkt P' wie folgt:

(1)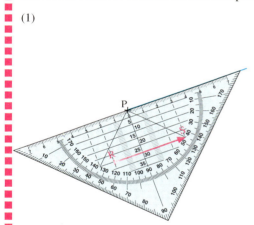
(2)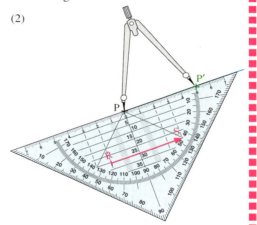

Zeichne den Strahl mit dem Anfangspunkt P, der zum Verschiebungspfeil $\overrightarrow{RS}$ parallel ist und in dieselbe Richtung weist.

Trage auf dem Strahl von P aus eine Strecke ab, die genauso lang ist wie der Verschiebungspfeil $\overrightarrow{RS}$. Der Endpunkt ist P'.

Zum Festigen und Weiterarbeiten

3. Zeichne das Bandornament in dein Heft und setze es fort. Gib seine Grundfigur und den Verschiebungspfeil außerhalb des Ornaments an.

a.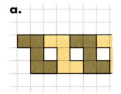
b.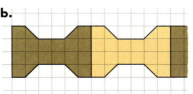
c.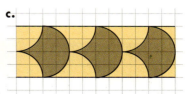

4. a. Übertrage die Figur in dein Heft. Verschiebe das Dreieck ABC mit dem Verschiebungspfeil $\overrightarrow{RS}$. Wähle drei weitere Punkte innerhalb und außerhalb des Dreiecks und konstruiere ihre Bildpunkte.

b. Wie liegen die Geraden AA′, BB′ und CC′ zueinander?

c. Vergleiche die Längen der Verbindungsstrecken $\overline{AA'}$, $\overline{BB'}$ und $\overline{CC'}$.

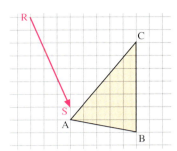

5. Das Dreieck A′B′C′ ist ein Bild des Dreiecks ABC bei einer Verschiebung. Gib mehrere Verschiebungspfeile an. Vergleiche sie.

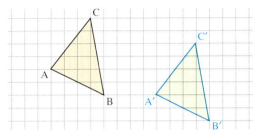

6. Übertrage die Figur in dein Heft. Die Verschiebung ist durch einen Pfeil angegeben. Zeichne die Bildfigur. Zeichne die Originalfigur auf Transparentpapier. Lege sie dann auf die Bildfigur. Was stellst du fest?

a. **b.** **c.** **d.** **e.**

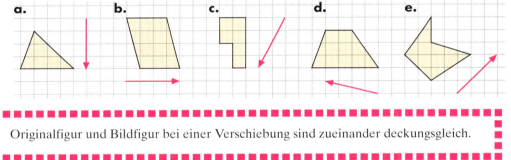

> Originalfigur und Bildfigur bei einer Verschiebung sind zueinander deckungsgleich.

Übungen

7. Zeichne das Bandornament in dein Heft und setze es fort. Gib seine Grundfigur und den Verschiebungspfeil außerhalb des Ornaments an.

a. **b.** **c.**

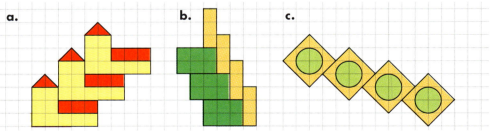

8. Bestimme die Grundfigur und gib die Länge der Verschiebung an.

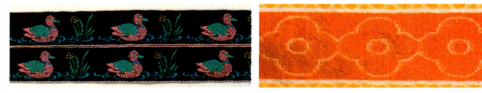

9. Erzeuge Ornamente. Verschiebe dazu die Figur wiederholt um 2 cm nach rechts.

   a.   b.   c.   d.   e.

10. Zeichne die Figur ab. Konstruiere dann ihr Bild bei der Verschiebung mit dem Verschiebungspfeil $\overrightarrow{RS}$. Beschreibe auch die Konstruktion.

    a.   b.   c.

11. Zeichne in ein Koordinatensystem (Einheit 1 cm) das Dreieck ABC mit A(2|1), B(6|2) und C(5|5). Konstruiere dann sein Bild bei der Verschiebung mit dem Verschiebungspfeil $\overrightarrow{RS}$. Gib auch die Koordinaten der Bildpunkte an.

    a. R(4|2,5); S(1|5,5)   b. R(3|0); S(6,5|2,5)   c. R(5|4); S(4,5|2)

12. Zeichne in ein Koordinatensystem (Einheit 1 cm) das Viereck ABCD mit A(2|1), B(5|2), C(3|6) und D(0|4).
    Konstruiere dann sein Bild bei der Verschiebung mit dem Verschiebungspfeil $\overrightarrow{RS}$.

    a. R(7|2); S(6|4) b. R(0|0); S(3|3) c. R(4|6); S(6|6) d. R(3|7); S(5,5|5)

13. Zeichne in ein Koordinatensystem (Einheit 1 cm) das Dreieck ABC mit A(2|3), B(6|1) und C(1|7).
    Konstruiere dann das Bilddreieck A'B'C', wenn für den Bildpunkt A' von A gilt:

    a. A'(2,5|4)   b. A'(3|4,5)   c. A'(6|1)   d. A'(1|1)

14. Zeichne das Dreieck ABC in ein Koordinatensystem (Einheit 1 cm). Führe die angegebene Verschiebung durch. Bezeichne die Bildpunkte und gib ihre Koordinaten an.

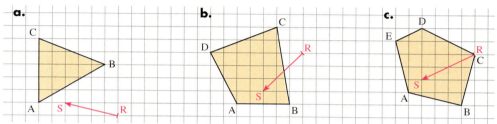

15. Konstruiere auf unliniertem Papier ein Quadrat ABCD mit der Seitenlänge 3,4 cm. Konstruiere dann das Bild bei der Verschiebung mit dem Verschiebungspfeil:

    a. $\overrightarrow{AB}$ b. $\overrightarrow{BA}$ c. $\overrightarrow{BC}$ d. $\overrightarrow{AC}$ e. $\overrightarrow{DB}$

16. Zeichne ein Dreieck ABC. Konstruiere dann das Bild A'B'C' bei der Verschiebung:

    a. von A in Richtung B um 4 cm   d. von B in Richtung A um 3 cm
    b. von A in Richtung C um 7,5 cm   e. von C in Richtung B um 5,4 cm
    c. von B in Richtung C um 5 cm   f. von C in Richtung A um 3,7 cm

Drehung

Drehsymmetrie – Drehung

Im Bild links siehst du ein kreisförmiges Ornament, auch Rosette (frz.: Röschen) genannt. Dreht man diese Rosette um den Mittelpunkt um 36° im oder entgegen dem Uhrzeigersinn, so kommt die Figur mit sich selbst zur Deckung. Du kannst das mit Transparentpapier nachprüfen.
Man sagt: Die Rosette ist *drehsymmetrisch*.
Betrachte die Bilder auf Seite 166. Welches Muster ist auch drehsymmetrisch?
Gib den kleinsten Drehwinkel an. Welche weiteren Drehwinkel führen zum selben Ergebnis?

Aufgabe

1. Auf dem Bild siehst du eine Windkraftanlage. Das Flügelrad einer solchen Anlage ist rechts oben vereinfacht dargestellt. Übertrage diese Figur auf Transparentpapier. Hefte das Transparentpapier mit der Zirkelspitze im Punkt Z fest und drehe es entgegen dem Uhrzeigersinn (Linksdrehung) mit Z als Drehpunkt.
Bei welchen Drehungen kommt die Figur mit sich zur Deckung?

Lösung

Bei den Drehungen um 120°, um 240° und um 360° kommt die Figur mit sich zur Deckung.
Man sagt auch:
Die Figur wird auf sich selbst abgebildet.

2. Drehe das Dreieck ZAB um den Punkt Z entgegen dem Uhrzeiger mit einem Drehwinkel von 45°.
Verwende Transparentpapier.

Lösung

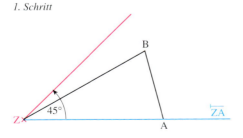

1. Schritt

Drehen des Strahls $\overrightarrow{ZA}$ um Z mit 45° entgegen dem Uhrzeiger durch Antragen des Winkels von 45° an $\overrightarrow{ZA}$ in Z.

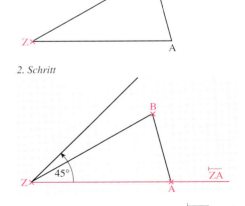

2. Schritt

Übertragen von Z, A, B und $\overrightarrow{ZA}$ auf Transparentpapier.

3. Schritt   *4. Schritt*   *5. Schritt*

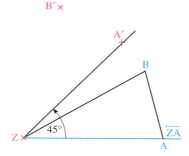

Drehen des Transparentpapiers um 45°.

Markieren der Bildpunkte A' und B'.

Zeichnen des Bilddreiecks MA'B'.

3. a. Übertrage die Figur auf Transparentpapier und drehe sie um den Punkt Z entgegen dem Uhrzeigersinn (Linksdrehung).
Wie viele solche Drehungen gibt es, bei denen die Figur auf sich abgebildet wird? Gib auch die *Drehwinkel* an.

b. Versuche, die Figur in Teilaufgabe a durch Drehungen im Uhrzeigersinn (Rechtsdrehungen) auf sich abzubilden. Gib zu jeder Drehung im Uhrzeigersinn an, welche Drehung entgegen dem Uhrzeigersinn (Linksdrehung) ihr entspricht.

Zum Festigen und Weiterarbeiten

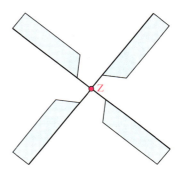

4. Drehe das Dreieck ABC entgegen dem Uhrzeigersinn [im Uhrzeigersinn] um das *Drehzentrum* Z mit dem *Drehwinkel* (1) 90°; (2) 270°.

a. Zeichne das Bilddreieck A'B'C'.

b. Auf was für Linien wandern beim Drehen die Punkte A, B und C? Um wie viel Grad wird die Strecke $\overline{ZA}$, die Strecke $\overline{ZB}$ sowie die Strecke $\overline{ZC}$ gedreht?

c. Zeichne das Originaldreieck auf Transparentpapier, lege es auf das Bilddreieck. Was stellst du fest?

(1) Festlegung von Drehungen – Eigenschaften

Information

(a) Man kann eine Figur sowohl entgegen dem Uhrzeiger als auch mit dem Uhrzeiger drehen. Wir wollen im Folgenden nur Drehungen entgegen dem Uhrzeiger (Linksdrehung) durchführen.
(b) Das Bilddreieck A'B'C' entsteht durch **Drehung** des Originaldreiecks ABC um das **Drehzentrum Z** und den **Drehwinkel** δ (im Bild 90°).
(c) Beim Drehen sind Originalfigur und Bildfigur zueinander deckungsgleich.
(d) Bei der Drehung „wandern" die Punkte auf einem Kreis um das Drehzentrum Z.

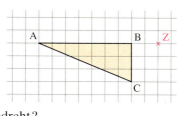

(2) Drehsymmetrie und Drehung

Wenn eine Figur bei einer Drehung um einen Punkt Z mit einem Drehwinkel zwischen 0° und 360° mit sich zur Deckung kommt, dann ist die Figur **drehsymmetrisch zum Punkt Z.**

Übungen

5. Die Figur ist drehsymmetrisch.
Bei welchen Drehwinkeln kommt die Figur mit sich selbst zur Deckung?

a.   b.   c. 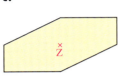 d.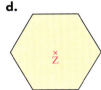

6. Mache eine Aussage über die Drehsymmetrie der Figur. Gib den kleinsten Drehwinkel an, bei dem die Figur mit sich selbst zur Deckung kommt. Zeichne die Figur vergrößert in dein Heft und färbe sie.

a.  b.  c.

7. Ist die Figur drehsymmetrisch?
Gib gegebenenfalls den kleinsten Drehwinkel an.

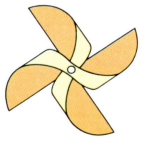 

8. Zeichne das Bild der Figur bei einer Drehung (1) um 90°; (2) um 180°; (3) um 270°. Der Punkt Z ist das Drehzentrum. Überprüfe mit Transparentpapier, ob Figur und Bildfigur zueinander deckungsgleich sind.

a.   b.   c. d. e.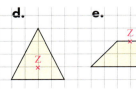

9. Übertrage die Figur in dein Heft. Zeichne die Bildfigur bei Drehung um das Drehzentrum Z mit dem Drehwinkel 90° [180°; 270°].

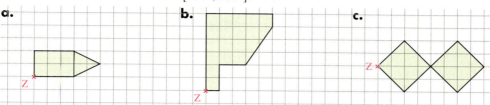

10. Gib die Bildpunkte an bei einer Drehung um das Drehzentrum Z mit dem Drehwinkel

a. 90°; d. 360°; g. 225°;
b. 180°; e. 45°; h. 315°;
c. 270°; f. 135°; i. 340°.

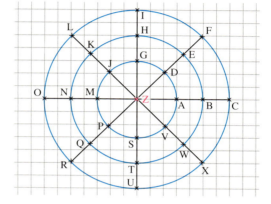

Originalpunkt	A	B	C	D	Z
Bildpunkt					

11. Führe nacheinander drei Drehungen um jeweils 90° mit Z als Drehzentrum aus. Zeichne jeweils die Bildfigur. Färbe die Gesamtfigur.
Bei welchen Drehwinkeln wird die Gesamtfigur auf sich abgebildet?

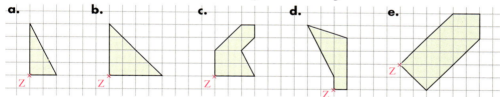

12. In einem Koordinatensystem haben die Eckpunkte des Dreiecks ABC die Koordinaten A(6|6), B(12|6) und C(6|9). Zeichne das Dreieck, drehe es dreimal um A mit dem Drehwinkel 90°.

13. Zeichne die Figur ins Heft und konstruiere das Bild des Vielecks bei der Drehung um Z mit dem Drehwinkel δ = 70° [135°; 200°].
Beschreibe die Konstruktion.

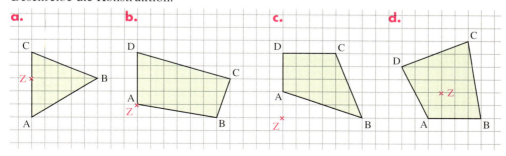

Punktsymmetrie

Betrachte die Spielkarte rechts.
Welche Besonderheit findest du bei solchen Spielkarten?
Die Spielkarte ist nicht achsensymmetrisch, aber drehsymmetrisch. Dreht man die Karte nämlich um 180° (*Halbdrehung*), so kann man das Bild auf der Karte nicht von der Ausgangslage unterscheiden. Sie kommt also mit sich selbst zur Deckung.

Drehsymmetrie mit dem kleinsten Drehwinkel von 180° nennt man auch *Punktsymmetrie*. Statt von Drehung um 180° spricht man von *Punktspiegelung*.

Wir wollen nun eine einfache Konstruktionsvorschrift für die Herstellung punktsymmetrischer Figuren erarbeiten.
Dabei wählen wir zunächst einfache Figuren.

Aufgabe

1. a. Ergänze das Dreieck ABC zu einer punktsymmetrischen Figur. Drehe dazu das Dreieck ABC um den Eckpunkt A mit dem Drehwinkel 180°.

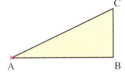

b. In Teilaufgabe a erhältst du zu dem Eckpunkt C den Symmetriepartner C′. Wie liegen beide Punkte zum Drehzentrum A?

Lösung

a.

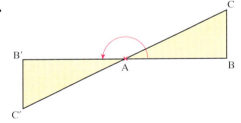

Wir drehen die Seite $\overline{AB}$ um A um 180° bzw. wir verlängern die Strecke $\overline{BA}$ über A hinaus um die gleiche Länge und erhalten die Seite $\overline{AB'}$.
Ebenso drehen wir die Seite $\overline{AC}$ um A um 180° bzw. wir verlängern die Seite $\overline{CA}$ über A hinaus um die gleiche Länge und erhalten die Strecke $\overline{AC'}$.
Wir verbinden schließlich B′ und C′. Das Dreieck ABC und das Bilddreieck AB′C′ bilden zusammen eine punktsymmetrische Figur.

b. Der Punkt C und sein Symmetriepartner C′ liegen auf einer Geraden durch das Drehzentrum A. Außerdem sind C und C′ vom Drehzentrum A gleich weit entfernt: $\overline{CA}$ ist genauso lang wie $\overline{C'A}$.

Information

Eine Figur heißt **punktsymmetrisch** zum Punkt Z, wenn sie bei Drehung um 180° (Halbdrehung) um Z mit sich zur Deckung kommt.
Der Punkt Z heißt **Symmetriezentrum.**
Ein Punkt P und sein Symmetriepartner P′ liegen auf einer Geraden durch Z und sind von Z gleich weit entfernt.

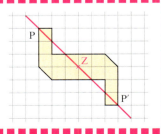

Kapitel 5

2. Übertrage die Figur in dein Heft. Ergänze sie zu einer punktsymmetrischen Figur.

Zum Festigen und Weiterarbeiten

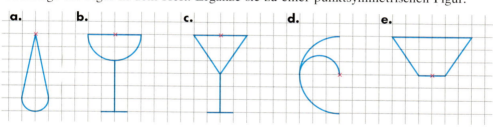

3.

Nicht alle Spielkarten sind punktsymmetrisch.
  a. Welche dieser Spielkarten sind punktsymmetrisch?
  b. Welche dieser Spielkarten sind achsensymmetrisch?
  Wie viele Symmetrieachsen besitzen sie?

4. Übertrage in dein Heft. Ergänze sie zu einer punktsymmetrischen Figur. Färbe die Gesamtfigur.

Übungen

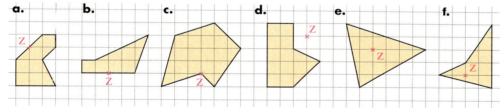

5. Welche der Figuren sind punktsymmetrisch? Gib – falls möglich – das Symmetriezentrum an.

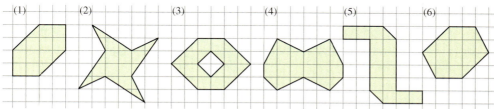

6. Betrachte die Teilfiguren aus einem Wabenmuster.
Welche der Figuren sind punktsymmetrisch, welche achsensymmetrisch?
Zeichne gegebenenfalls das Symmetriezentrum ein.
Übertrage dazu das Muster in dein Heft.

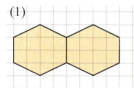
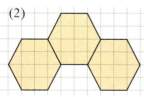
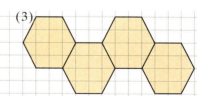

7. Hier siehst du einige punktsymmetrische Figuren.

a. *Gehe auf Entdeckungsreise.*
Versuche punktsymmetrische Figuren in deiner Umwelt zu finden. Denke auch an Spielfelder beim Sport, an Brettspiele, an Markenzeichen von Autos, an Flaggen.
b. Welche Druckbuchstaben sind punktsymmetrisch?
c. Welche Ziffern sind punktsymmetrisch?

8.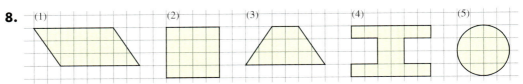

a. Welche Figur ist punktsymmetrisch? Gib – falls möglich – das Symmetriezentrum an.
b. Welche Figur ist achsensymmetrisch? Gib – falls möglich – die Symmetrieachse(n) an.

9. Färbe im Heft den Rest der Figur so, dass ein punktsymmetrisches Muster entsteht.

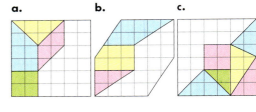

10. Färbe mit zwei Farben die Teile des Rechtecks so, dass das gefärbte Muster
  a. achsensymmetrisch, aber nicht punktsymmetrisch ist;
  b. punktsymmetrisch, aber nicht achsensymmetrisch ist;
  c. weder achsensymmetrisch noch punktsymmetrisch ist.

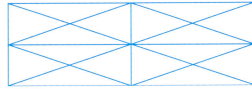

11. Aus welcher Teilfigur kannst du das punktsymmetrische Vieleck durch Punktspiegelung erzeugen?

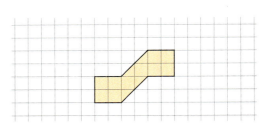

12. Zeichne
  a. zwei Kreise,   c. drei Geraden
  b. einen Kreis und eine Gerade,
so, dass sie zusammen eine punktsymmetrische Figur ergeben.

Nacheinanderausführung von Spiegelung, Verschiebung und Drehung

1. Gegeben sind ein Dreieck ABC, eine Gerade g und ein Verschiebungspfeil $\overrightarrow{RS}$.
Zeichne das Bild des Dreiecks ABC bei der Nacheinanderausführung der Spiegelung an g und der Verschiebung mit $\overrightarrow{RS}$, d.h. konstruiere zuerst das Bild A'B'C' von Dreieck ABC bei der Spiegelung, dann das Bild A''B''C'' von A'B'C' bei der Verschiebung.

Aufgabe

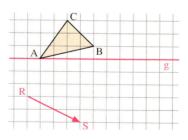

Lösung

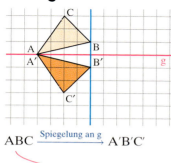

ABC $\xrightarrow{\text{Spiegelung an g}}$ A'B'C'

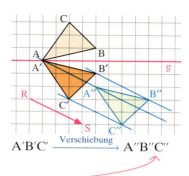

A'B'C' $\xrightarrow{\text{Verschiebung}}$ A''B''C''

Erst Spiegelung, dann Verschiebung

2. Gegeben sind ein Dreieck ABC, ein Punkt Z und ein Verschiebungspfeil $\overrightarrow{RS}$. Zeichne das Bild von ABC bei der Nacheinanderausführung:

Übungen

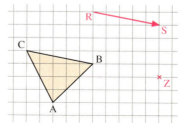

a. Drehung um Z mit dem Drehwinkel 180° (Halbdrehung), dann Verschiebung mit $\overrightarrow{RS}$
b. Verschiebung mit $\overrightarrow{RS}$, dann Drehung um Z mit dem Drehwinkel 180° (Halbdrehung)
c. Drehung um Z um 90°, dann Verschiebung mit $\overrightarrow{RS}$
d. Verschiebung mit $\overrightarrow{RS}$, dann Drehung um Z um 90°

3. Gib eine Nacheinanderausführung von Geradenspiegelung, Verschiebung oder Drehung an, die
(1) die Figur K auf die Figur L abbildet;   (2) die Figur L auf die Figur K abbildet.

a.

b.

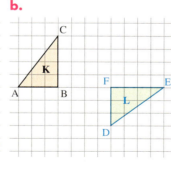

c.

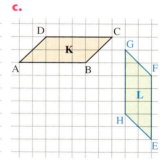

Winkel an Geradenkreuzungen
Sätze über Winkelbeziehungen

Winkelsätze an einer Geradenkreuzung

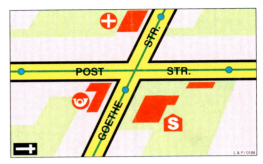

Im Stadtplan rechts ist die Kreuzung der beiden Straßenbahnlinien als Kreuzung zweier Geraden dargestellt.
Was muss man angeben, um eine solche Geradenkreuzung zu zeichnen?

Aufgabe

1. Zwei sich schneidende Geraden nennt man eine *Geradenkreuzung*.
   Es sei $\alpha = 34°$. Wie groß sind die anderen drei Winkel? Begründe.

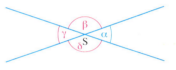

Lösung

Es gilt $\gamma = \alpha = 34°$, denn bei einer Drehung um 180° (Halbdrehung) um S kommt die Geradenkreuzung und damit die Winkel mit sich selbst zur Deckung.
Es gilt $\beta = 180° - \alpha = 180° - 34° = 146°$, da α und β zusammen einen gestreckten Winkel bilden.
Es gilt $\delta = \beta = 146°$, denn bei einer Drehung um 180° (Halbdrehung) um S kommt die Geradenkreuzung und damit die Winkel mit sich selbst zur Deckung.

Information

(1) Scheitelwinkelsatz
Gegenüberliegende Winkel an sich schneidenden Geraden sind **Scheitelwinkel** zueinander (Figur (1)).
Sie sind stets gleich groß.

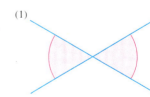

(2) Nebenwinkelsatz
Je zwei benachbarte Winkel an sich schneidenden Geraden sind **Nebenwinkel** zueinander (Figur (2)).
Sie ergänzen sich stets zu 180°.

Kapitel 5

2. a. Welche der Winkel sind Scheitelwinkel zueinander, welche Nebenwinkel zueinander?
b. Es soll β = 138° sein. Berechne die Größe der übrigen Winkel.

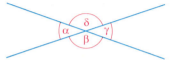

Zum Festigen und Weiterarbeiten

3. (1)   (2)   (3)

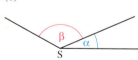 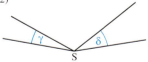 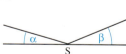

a. In Figur (1) besitzen beide Winkel denselben Scheitel S. Begründe, warum sie *keine* Nebenwinkel zueinander sind.

b. In den Figuren (2) und (3) sind beide Winkel gleich groß. Beide Winkel besitzen denselben Scheitel S. Begründe, warum sie *keine* Scheitelwinkel zueinander sind.

4. Zeichne die Winkel   (1) α = 36°;   (2) β = 90°;   (3) γ = 152°;   (4) δ = 210°.

a. Zeichne jeweils – falls möglich – den zugehörigen Scheitelwinkel sowie die zugehörigen Nebenwinkel. Wie groß sind diese jeweils?

b. Wie viele Nebenwinkel [Scheitelwinkel] gehören zu einem Winkel höchstens?

c. Gehört zu jedem Winkel ein Nebenwinkel [Scheitelwinkel]?

5. Berechne die Größe der anderen drei Winkel der Geradenkreuzung.

a. α = 150°   **c.** β = 179°   **e.** α = 60°
b. γ = 23°   **d.** δ = 90°   **f.** γ = 60°

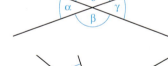

Übungen

6. Berechne in der Figur rechts die Größe der übrigen Winkel.

a. α = 37°; γ = 52°   **c.** ε = 24°; γ = 96°
b. β = 19°; δ = 63°   **d.** δ = 42°; φ = 51°

7. Begründe: Wenn an einer Geradenkreuzung ein Winkel ein rechter ist, dann sind alle Winkel rechte.

8. Berechne die Winkel α und β.

a. 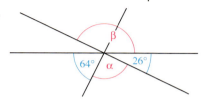   **b.**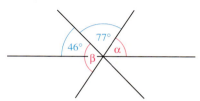

9. Berechne den Winkel α.

a. 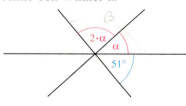   **b.**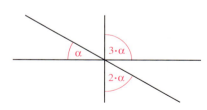

Winkel an geschnittenen Geraden

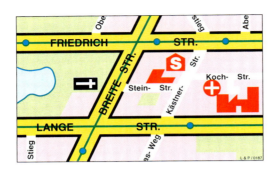

Links siehst du einen Stadtplan. Die Langestraße und die Friedrichstraße verlaufen parallel zueinander. Die Breitestraße kreuzt beide. Die Straßenbahnlinien sind durch eine *doppelte Geradenkreuzung* dargestellt.

Wie viele Winkel musst du messen, um die doppelte Geradenkreuzung zu zeichnen?

Aufgabe

1. In den nachfolgenden Figuren werden zwei Geraden a und b von einer dritten Geraden g geschnitten. Es entsteht eine doppelte Geradenkreuzung mit 8 Winkeln.
Es sei $\alpha_1 = 56°$. Versuche, die übrigen Winkel zu bestimmen ohne zu messen.

(1) a ∥ b (2) a ∦ b

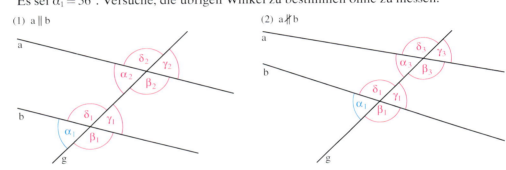

Lösung

Die übrigen Winkel an der Geradenkreuzung von a und g lassen sich sofort berechnen:
$\gamma_1 = \alpha_1 = 56°$, da α_1 und γ_1 Scheitelwinkel zueinander sind.
$\beta_1 = 180° - 56° = 124°$; da α_1 und β_1 Nebenwinkel zueinander sind.
$\delta_1 = \beta_1 = 124°$; da β_1 und δ_1 Scheitelwinkel zueinander sind.

In Figur (1) können wir auch die Winkel an der Geradenkreuzung von b und g angeben:
$\alpha_2 = \alpha_1 = 56°$; $\beta_2 = \beta_1 = 124°$; $\gamma_2 = \gamma_1 = 56°$; $\delta_2 = \delta_1 = 124°$.
Denke dir dazu die Geradenkreuzung von a und g so parallel verschoben, dass a auf b fällt. Dies ist möglich, da a und b parallel zueinander sind.

Dies ist bei Figur (2) nicht möglich, da a ∦ b. Die Winkel an der Geradenkreuzung von b und g können wir ohne zu messen nicht bestimmen.

Information

Gegeben sind zwei zueinander *parallele* Geraden a und b, die von einer dritten Geraden geschnitten werden.

Die beiden Winkel α und β in der Figur rechts sind **Stufenwinkel** zueinander.

Stufenwinkelsatz
Stufenwinkel *an geschnittenen Parallelen* sind gleich groß.

Gegeben sind zwei zueinander *parallele* Geraden a und b, die von einer dritten Geraden geschnitten werden.

Die beiden Winkel α und β in der Figur rechts sind **Wechselwinkel** zueinander.

Wechselwinkelsatz
Wechselwinkel *an geschnittenen Parallelen* sind gleich groß.

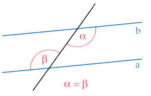

2. Die Geraden a und b sind parallel zueinander.
Die Gerade g schneidet a und b.

   a. Welche der Winkel sind Wechselwinkel zueinander, welche Stufenwinkel zueinander?

   b. Wähle $α_1 = 37°$.
Bestimme die Größe der übrigen Winkel.

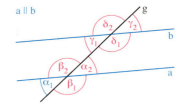

Zum Festigen und Weiterarbeiten

3. Die Geraden a und b sind parallel zueinander.
Die Gerade g schneidet a und b.

   a. $β_1 = 123°$ **b.** $γ_1 = 51°$ **c.** $δ_2 = 111°$

Berechne die Größe der übrigen Winkel.

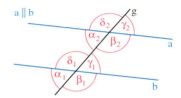

Übungen

4. Zeichne zwei zueinander parallele Geraden a und b im Abstand von 3,5 cm.
Zeichne eine Gerade g so, dass gilt:

   a. $α = 33°$ **b.** $β = 125°$ **c.** $γ = 137°$ **d.** $δ = 68°$

Markiere farbig den zugehörigen Stufenwinkel [Wechselwinkel]. Berechne die Größe der übrigen sieben Winkel. Trage die Ergebnisse in deine Figur ein.

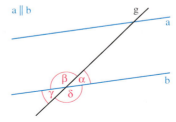

5. a. Zeichne eine entsprechende Figur in dein Heft.
Wähle $β = 50°$. Berechne die Größe der übrigen 15 Winkel und notiere die Ergebnisse in der Figur.

   b. Welche der Winkel α, β, γ und δ sind Scheitelwinkel, welche Nebenwinkel, welche Stufenwinkel, welche Wechselwinkel zueinander.

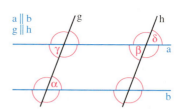

6. Gegeben ist eine Gerade g und ein Punkt P, der nicht auf g liegt. Zeichne eine Gerade h durch den Punkt P, die mit der Geraden g einen Winkel der Größe 35° [115°] bildet. Begründe.

7. Gegeben sind zwei Geraden a und b, die sich außerhalb des Zeichenblattes schneiden. Wie kann man dennoch alle vier Winkel der Geradenkreuzung bestimmen?

8.
   a. Bestimme die Größe der Winkel α_1, α_2 und α_3.
   b. Bestimme die Größe der Winkel γ_1, γ_2 und γ_3.

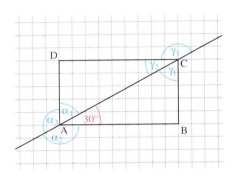

9. Wie groß sind die jeweiligen Winkel? Es soll $g \parallel h$ sein.

a.

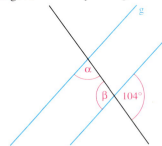

c.

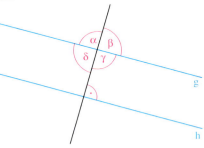

b.

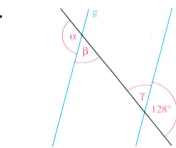

d.

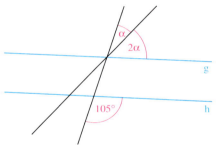

10. Sind die Geraden g und h parallel zueinander?

a.

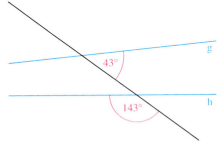

b.

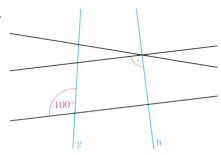

▲ **11.** Die Winkel α_1 und δ_2 heißen entgegengesetzte Winkel.

   a. Gib weitere Paare mit entgegengesetzten Winkeln an. Zeichne die Figur ins Heft; färbe entgegengesetzte Winkel jeweils mit derselben Farbe.

   b. Was kannst du über entgegengesetzte Winkel aussagen, wenn $a \parallel b$ ist? Begründe auch.

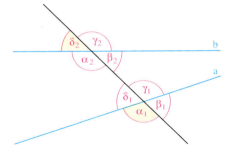

Vermischte Übungen

1. Betrachte die Bilder. Welche Art von Symmetrie erkennst du jeweils?

2. Welche Figuren sind achsensymmetrisch, welche punktsymmetrisch, welche drehsymmetrisch?

a.   **b.**   **c.**   **d.**

3. Zeichne ein Viereck ABCD. Zeichne dann mithilfe des Geodreiecks das Bild des Vierecks bei der Spiegelung an

a. der Gerade AD;   **b.** der Gerade BD.

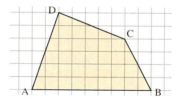

4. Zeichne ein Rechteck ABCD; dabei soll die Seite $\overline{AB}$ 4,2 cm und die Seite $\overline{BC}$ 3,1 cm lang sein. Zeichne das Bild des Rechtecks bei der Verschiebung

a. von B in Richtung D um 5,4 cm   **b.** von A in Richtung C um 2,7 cm

5. Zeichne ein Dreieck ABC mit A(3|5), B(7|5) und C(5|8). Konstruiere das Bild des Dreiecks ABC bei der Drehung um Z(8|8) mit dem Drehwinkel

a. 90°;   **b.** 270°;   **c.** 45°

6. Zeichne das Viereck ABCD in ein Koordinatensystem (Einheit 1 cm).
Spiegele das Viereck an der Geraden g, die durch die Punkte P(10|2) und Q(10|10) geht. Gib die Koordinaten der Bildpunkte an.

Viereck		Bildviereck
A(4|6)	Spiegelung an g	A'( )
B(16|2)		B'( )
C(19|16)		C'( )
D(8|14)		D'( )

7. Zeichne das Dreieck ABC und sein Bilddreieck A'B'C' in ein Koordinatensystem.
Zeichne die Spiegelgerade g ein und gib drei Punkte auf dieser Gerade g durch ihre Koordinaten an.

Dreieck		Bilddreieck
A(2|12)	Spiegelung an g	A'(12|2)
B(12|8)		B'(8|12)
C(11|19)		C'(19|11)

8. Zeichne das Dreieck ABC und das Dreieck A′B′C′ in ein Koordinatensystem (Einheit 1 cm). Gib die Verschiebung an, die das Dreieck ABC auf das Dreieck A′B′C′ abbildet.

(1)
Dreieck	v( )	Bilddreieck
A(3|4)		A′(8|0)
B(6|9)		B′(11|5)
C(0|10)		C′(5|6)

(2)
Dreieck	v( )	Bilddreieck
A(7|4)		A′(2|8)
B(12|0)		B′(7|4)
C(11|6)		C′(6|10)

9. Gegeben ist das Dreieck ABC mit A(3|2), B(6|2) und C(6|7).
  a. Spiegle das Dreieck ABC an der Geraden g, die durch die Punkte P(0|2) und Q(3|5) geht.
  b. Konstruiere das Bild von Dreieck ABC bei der Verschiebung $\overrightarrow{PQ}$.
  c. Drehe das Dreieck ABC entgegen dem Uhrzeigersinn um das Drehzentrum B mit dem Drehwinkel 90°.
  d. Drehe das Dreieck ABC um P um 180° (Halbdrehung).

10. Bestimme die Größe aller Winkel an den Geradenkreuzungen. Es soll stets g ∥ h sein.

a. 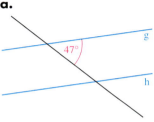 **b.** 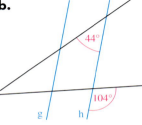 **c.**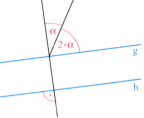

11. Zeichne ab und ergänze in Teilaufgabe a alle Winkelgrößen.
Nutze bei Teilaufgabe b auch eine weitere Parallele, um den Winkel α zu bestimmen.

a. g ∥ h ∥ l

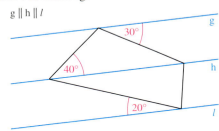

b. a ∥ b

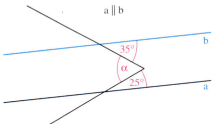

12. a. Ergänze die Muster zu achsensymmetrischen Mustern.

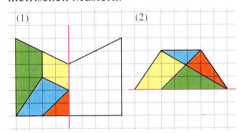

b. Ergänze die Muster zu punktsymmetrischen Mustern.

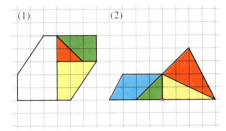

Bist du fit?

1. Welche der Fahnen sind achsensymmetrisch, welche punktsymmetrisch?

Kanada

Israel

Südafrika

Europarat

2. Ist die abgebildete Figur eine drehsymmetrische Figur? Gib gegebenenfalls den kleinsten Drehwinkel an.

a.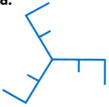

b.

c.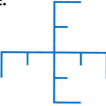

3. Gegeben ist das Dreieck ABC mit A(1|3), B(5|1) und C(4|6). Konstruiere das Bild von ABC bei einer
  a. Spiegelung an der Gerade PQ mit P(0|1) und Q(7|5);
  b. Verschiebung mit dem Verschiebungspfeil $\overrightarrow{RS}$, wobei R(4|8) und S(6|7);
  c. Drehung um Z(3|4) um 90° [270°].
Gib die Koordinaten der Bildpunkte an.

4. Zeichne aus der Grundfigur und dem Verschiebungspfeil ein Bandornament.

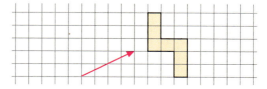

5. In einem Koordinatensystem haben die Eckpunkte des Dreiecks ABC die Koordinaten A(6|6), B(10|10) und C(3|9). Drehe das Dreieck dreimal nacheinander um 90° um den Punkt A so, dass eine drehsymmetrische Figur entsteht.

6. Ergänze in einem Koordinatensystem die Punkte A(4|5), B(1|10) und C(0|3) [C(1|5)] so durch einen Punkt D, dass eine achsensymmetrische Figur entsteht.

7. Bestimme soweit wie möglich die übrigen Winkel. Es soll stets g parallel h sein.

a.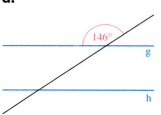

b.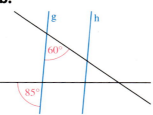

c.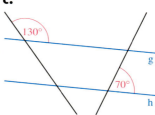

Dreiecke - Kongruenz von Figuren

Du siehst hier Dreiecke, die du im Alltag findest.
Vergleiche und beschreibe sie.
Suche weitere Beispiele.

In diesem Kapitel wollen wir Dreiecke genauer
untersuchen und sie konstruieren.

Winkelsätze am Dreieck – Einteilung der Dreiecke nach Winkeln

Rechts siehst du Parkette (1) aus zueinander deckungsgleichen Quadraten und (2) aus zueinander deckungsgleichen Rechtecken. (Denke z. B. an Fliesen im Bad.)
An einer Ecke (einem Gitterpunkt) stoßen stets vier Quadrate bzw. Rechtecke zusammen.
Warum lassen sie keine Lücke?
Begründe.

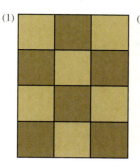
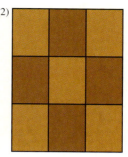

1. Untersucht, ob man aus Dreiecken mit denselben Maßen, d.h. aus *deckungsgleichen* Dreiecken ein Parkett herstellen kann. Stellt euch dazu Musterdreiecke mit denselben Maßen aus Karton her, färbt gleich große Innenwinkel mit derselben Farbe und versucht die Dreiecke geeignet zusammenzulegen.
Findet heraus:
Wie groß sind die drei Innenwinkel im Dreieck zusammen? Begründet.

Teamarbeit

Lösung

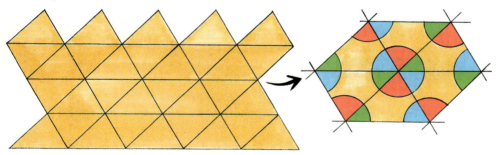

Dem Augenschein nach kann man mit zueinander deckungsgleichen Dreiecken ein Parkettmuster herstellen. In jedem Gitterpunkt stoßen 6 Winkel aneinander:
Je zwei sind als Scheitelwinkel gleich groß; drei unterschiedlich gefärbte Innenwinkel bilden offenbar jeweils einen gestreckten Winkel (180°).

(1) Bezeichnungen am Dreieck

Information

- (1) Ein **Dreieck** wird durch drei **Eckpunkte**, z. B. A, B und C, festgelegt, die nicht auf einer Geraden liegen.

- (2) α, β und γ sind die Innenwinkel des Dreiecks.

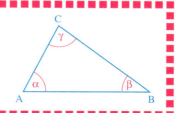

Kapitel 6

Information

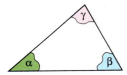

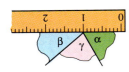

(2) Innenwinkelsatz für Dreiecke

In jedem Dreieck sind die Innenwinkel zusammen 180° groß.

$\alpha + \beta + \gamma = 180°$

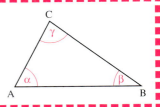

Begründung des Innenwinkelsatzes für Dreiecke
Zur Begründung des Innenwinkelsatzes zeichnen wir zur Seite $\overline{AB}$ des Dreiecks ABC die Parallele durch C.
Dann gilt: $\alpha^* + \gamma + \beta^* = 180°$
$\alpha^* = \alpha$, da α^* und α Wechselwinkel an geschnittenen Parallelen sind.
$\beta^* = \beta$, da β^* und β Wechselwinkel an geschnittenen Parallelen sind.
Damit erhalten wir: $\alpha + \gamma + \beta = 180°$
Folgerung: Mit deckungsgleichen Dreiecken kann man parkettieren.

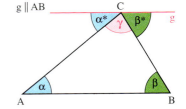

Zum Festigen und Weiterarbeiten

2. a. Berechne den dritten Winkel des Dreiecks ABC.
(1) $\alpha = 112°$; $\beta = 25°$ (2) $\alpha = 56°$; $\gamma = 85°$ (3) $\alpha = 90°$; $\gamma = 61°$

b. Gegeben sind im Dreieck ABC die Winkel α und β. Wie kann man daraus den Winkel γ berechnen? Stelle eine Formel auf.

c. Stelle ebenso eine Formel für β auf, wenn die Innenwinkel α und γ gegeben sind.

3. a. Kann ein Dreieck einen überstumpfen Winkel besitzen?

b. Wie viele spitze Winkel, wie viele rechte Winkel, wie viele stumpfe Winkel kann ein Dreieck besitzen?

4.

Ein Dreieck heißt **spitzwinklig,** wenn alle *drei* Innenwinkel kleiner als 90° sind.
Ein Dreieck heißt **stumpfwinklig,** wenn es *einen* stumpfen Innenwinkel (zwischen 90° und 180°) hat.
Ein Dreieck heißt **rechtwinklig,** wenn es *einen* Innenwinkel von 90° besitzt.

spitzwinklig   stumpfwinklig   rechtwinklig

Entscheide, ob das Dreieck spitzwinklig, rechtwinklig oder stumpfwinklig ist.
(1) $\alpha = 67°$; $\beta = 90°$ (3) $\beta = 60°$; $\gamma = 60°$ (5) $\beta = 160°$; $\gamma = 10°$
(2) $\gamma = 19°$; $\beta = 54°$ (4) $\alpha = 27°$; $\beta = 53°$ (6) $\alpha = 45°$; $\beta = 45°$

Kapitel 6

Information

Einteilung der Dreiecke nach Winkeln

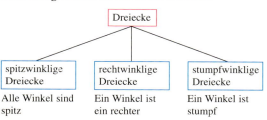

Übungen

5. α, β und γ sind die Winkel eines Dreiecks. Berechne, falls möglich, die Größe des dritten Winkels.

α	38°	126°		90°	33°		45°	60°		80°	5°
β	81°		77°		57°	132°		60°	30°	120°	90°
γ		44°	56°	27°		48°	45°		90°	65°		2°

6. Es sei ABC ein rechtwinkliges Dreieck mit γ = 90°.
   a. Es gilt α = 37°. Berechne den Winkel β.
   b. Es gilt β = 49°. Berechne den Winkel α.
   c. Wie kann man den Winkel β aus dem Winkel α berechnen. Stelle eine Formel auf. Stelle ebenso eine Formel für α auf, wenn man β kennt.

7. Berechne die rot markierten Winkel.

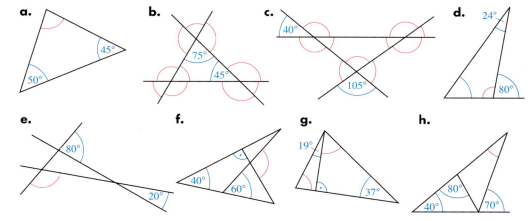

8. Die Geraden g und h sind parallel zueinander.
Berechne die Innenwinkel α und γ des Dreiecks ABC.

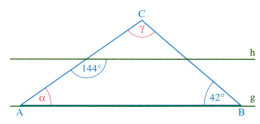

9. Die Schenkel der beiden Winkel stehen paarweise senkrecht aufeinander. Der Winkel α ist gegeben, z. B. 35°. Berechne den rot markierten Winkel und vergleiche ihn mit α. Was stellst du fest?

10. Tanja und Tim wollen den Steigungswinkel α einer Straße bestimmen. Mithilfe eines Geodreiecks und eines Senkbleis haben sie sich das nebenstehende Gerät gebaut. Wie funktioniert es?

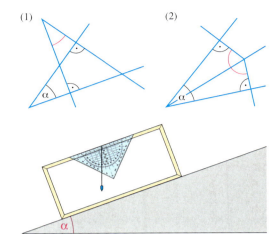

▲ Außenwinkelsatz beim Dreieck

▲ ABC ist ein beliebiges Dreieck, die sechs rot gefärbten
▲ Winkel heißen *Außenwinkel* des Dreiecks.
▲ Zu jedem Innenwinkel gibt es zwei Außenwinkel. So sind
▲ $α'_1$ und $α'_2$ die Außenwinkel zum Innenwinkel α.
▲ $α'_1$ und $α'_2$ sind Scheitelwinkel zueinander, also sind beide
▲ gleich groß.

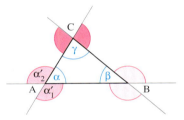

Ein **Außenwinkel** eines Dreiecks ist ein Nebenwinkel eines Innenwinkels.
Zu jedem Innenwinkel gehören zwei Außenwinkel.

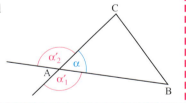

Aufgabe

▲ **1.** Gegeben ist ein Dreieck ABC mit den Innenwinkeln β = 40° und γ = 80°.
Wie groß ist ein Außenwinkel, z. B. α' des Innenwinkels α.

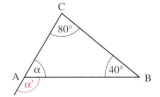

Lösung

Wir berechnen mithilfe des Innenwinkelsatzes zunächst die Größe des Winkels α.
α = 180° − (40° + 80°) = 180° − 120° = 60°
Da α' ein Nebenwinkel von α ist, gilt:
α' = 180° − 60° = 120°
Der andere Außenwinkel zu α ist genau so groß.

▲ Die Lösung von Aufgabe 1 lässt folgenden Satz vermuten:

Information

Außenwinkelsatz für Dreiecke

Die Größe eines Außenwinkels eines Dreiecks ist gleich der Summe der Größen der beiden nicht anliegenden Innenwinkel.

Beispiel: $\alpha' = \beta + \gamma$

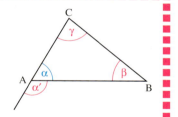

Begründung:
Wir zeichnen zu $\overline{BC}$ die Parallele g durch A. Sie zerlegt den Außenwinkel α' in zwei Teilwinkel β^* und γ^*. Es gilt:

$\beta^* = \beta$, denn β^* und β sind Wechselwinkel an den von der Geraden AB geschnittenen Parallelen g und BC und somit gleich groß.

$\gamma^* = \gamma$, denn γ^* und γ sind Stufenwinkel an den von der Geraden AC geschnittenen Parallelen g und BC und somit gleich groß.

Also: $\alpha' = \beta^* + \gamma^* = \beta + \gamma$

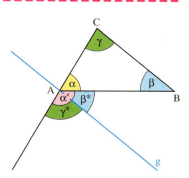

▲ **2. a.** Gegeben sind die Innenwinkel $\alpha = 80°$ und $\gamma = 65°$ eines Dreiecks. Berechne den Außenwinkel β.

b. Gegeben sind die Außenwinkel $\alpha' = 127°$ und $\beta' = 64°$ eines Dreiecks. Berechne den Innenwinkel γ.

Zum Festigen und Weiterarbeiten

▲ **3.** Gegeben sind zwei Innenwinkel eines Dreiecks ABC. Berechne alle Außenwinkel des Dreiecks.

a. $\beta = 52°; \gamma = 59°$ **b.** $\alpha = 109°; \gamma = 51°$ **c.** $\alpha = 90°; \beta = 37°$

Übungen

▲ **4.** Gegeben sind ein Innenwinkel und ein Außenwinkel eines Dreiecks ABC. Berechne die übrigen Innen- und Außenwinkel.

a. $\alpha' = 124°; \beta = 57°$ **b.** $\beta' = 73°; \gamma = 48°$ **c.** $\gamma' = 156°; \alpha = 112°$

▲ **5.** Gegeben sind zwei Außenwinkel eines Dreiecks ABC. Berechne alle Innenwinkel des Dreiecks.

a. $\alpha' = 147°; \beta' = 114°$ **b.** $\beta' = 163°; \gamma' = 62°$ **c.** $\gamma' = 99°; \alpha' = 129°$

▲ **6. a.** Kann ein Außenwinkel eines Dreiecks ein spitzer Winkel [ein überstumpfer Winkel] sein? Begründe deine Feststellung.

b. Können ein Innenwinkel und ein zugehöriger Außenwinkel gleich groß sein? Begründe.

▲ **7.** Es sollen α', β' und γ' Außenwinkel zu den Innenwinkeln α, β und γ eines Dreiecks ABC sein. Dann gilt: $\alpha' + \beta' + \gamma' = 360°$. Begründe das.

Einteilung der Dreiecke nach Seiten – gleichschenklige Dreiecke

Betrachte die Bilder auf Seite 194. In den beiden unteren Bildern siehst du verschiedene Dachgiebel. Sie haben die Form von Dreiecken.
Im Bild unten links sind zwei Seiten gleich lang. Solche Dreiecke heißen *gleichschenklig*.
Im Bild unten rechts sind alle Seiten verschieden lang; es handelt sich um ein unregelmäßiges Dreieck.

Im Dreieck ABC werden die Seiten mit a, b, c bezeichnet.

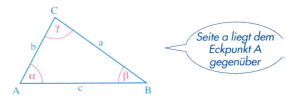

Seite a liegt dem Eckpunkt A gegenüber

Information

Bei einem **gleichschenkligen Dreieck** sind (wenigstens) zwei Seiten gleich lang.
Die beiden gleich langen Seiten heißen **Schenkel**; die dritte Seite heißt **Basis**.
Die der Basis anliegenden Winkel heißen **Basiswinkel**.

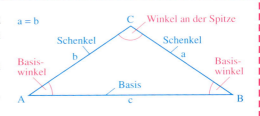

Aufgabe

1. Aus Sperrholz soll ein Haus nach einer Bastelanleitung gebaut werden. Der Dachgiebel (Bild rechts) ist ein gleichschenkliges Dreieck.

   a. Konstruiere das gleichschenklige Dreieck; miss dazu geeignete Strecken und Winkel.
   Überlege vorher, wie viele und welche Stücke du nur zu messen brauchst.

   b. Untersuche gleichschenklige Dreiecke auf Achsensymmetrie.
   Zeichne gegebenenfalls die Symmetrieachse ein.
   Um was für eine besondere Gerade handelt es sich?

   c. Welche Eigenschaften gleichschenkliger Dreiecke ergeben sich aus dem Ergebnis von Teilaufgabe b?

Lösung

a. Im Dreieck ABC sind die Seiten $\overline{AC}$ und $\overline{BC}$ gleich lang. Daher genügt es z.B. nur die Länge der Seiten $\overline{BC}$ und $\overline{AB}$ zu messen:
a = 3,0 cm;   c = 3,8 cm.

Konstruktionsbeschreibung:
(1) Zeichne die Strecke $\overline{AB}$ mit c = 3,8 cm.
(2) Zeichne um A und um B jeweils den Kreis mit dem Radius a = 3,0 cm.
  Sie schneiden sich im Punkt C.
ABC ist das gesuchte Dreieck.

Konstruktion

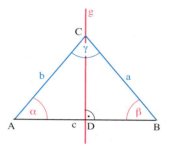

b. Das gleichschenklige Dreieck ABC mit der Basis $\overline{AB}$ ist achsensymmetrisch. Die Symmetrieachse g geht durch den Eckpunkt C und halbiert den Winkel γ; ferner ist sie senkrecht zur Basis $\overline{AB}$ und halbiert sie.
Denkt man sich nämlich das Dreieck ABC längs der Geraden g gespiegelt, so passen offenbar die Teildreiecke ADC und DBC genau aufeinander.

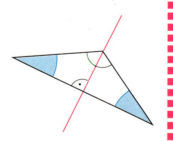

c. Aufgrund der Symmetrie erkennen wir:
Die Basiswinkel sind gleich groß.

Information

Eigenschaften des gleichschenkligen Dreiecks

Für jedes *gleichschenklige Dreieck* gilt:
(a) Die Symmetrieachse halbiert den Winkel an der Spitze.
(b) Die Symmetrieachse steht senkrecht auf der Basis und halbiert sie.
(c) Die beiden Basiswinkel sind gleich groß (**Basiswinkelsatz**).

2. Konstruiere ein gleichschenkliges Dreieck ABC mit

a. a = 4,6 cm;
  b = c = 3,1 cm;

b. a = c = 5 cm;
  β = 45°;

c. a = b = 4,6 cm;
  γ = 57°.

Zeichne auch die Symmetrieachse ein.

Zum Festigen und Weiterarbeiten

3. a. In einem gleichschenkligen Dreieck beträgt der Winkel an der Spitze 36°. Wie groß sind die anderen Innenwinkel?

b. In einem gleichschenkligen Dreieck soll ein Winkel 56° groß sein. Wie groß sind dann die anderen Innenwinkel?

▲ **c.** In einem gleichschenkligen Dreieck beträgt der Winkel an der Spitze 100°. Wie groß ist ein Außenwinkel eines Basiswinkels?

Kapitel 6

4. Im linken Bild siehst du ein dreieckiges Verkehrsschild. Es ist ein besonderes gleichschenkliges Dreieck. Alle drei Seiten sind gleich lang. Man bezeichnet es als *gleichseitiges* Dreieck.

   a. Konstruiere ein gleichseitiges Dreieck aus c = 4,1 cm.
   b. Was kannst du über die Achsensymmetrie eines gleichseitigen Dreiecks aussagen?
   Was ergibt sich deshalb für die Winkel des gleichseitigen Dreiecks?

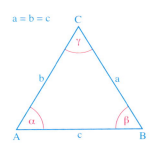

Information

Bei einem **gleichseitigen Dreieck** sind alle drei Seiten gleich lang.

Eigenschaften des gleichseitigen Dreiecks

Für jedes *gleichseitige* Dreieck gilt:
(a) Es gibt drei Symmetrieachsen. Jede steht senkrecht auf einer Seite und halbiert sie. Jede Symmetrieachse halbiert auch einen Innenwinkel.
(b) Alle drei Winkel sind gleich groß, nämlich 60°.

Gleichseitige Dreiecke sind auch gleichschenklig; jede Seite kann Basis sein

Einteilung der Dreiecke nach Seiten

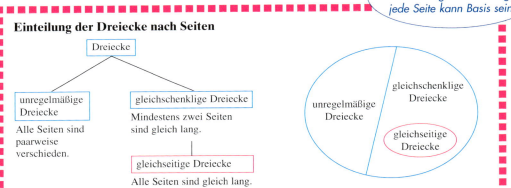

Übungen

5. An der Cheopspyramide findest du gleichschenklige Dreiecke.
   Gehe auf Entdeckungsreise: Gleichschenklige Dreiecke und insbesondere gleichseitige Dreiecke findest du auch in deiner Umwelt. Gib Beispiele für solche Dreiecke an.

6. Rechts siehst du ein Dreieck ABC mit γ = 90°. Zeichne ein solches Dreieck ABC ins Heft. Spiegele das Dreieck ABC an der Geraden AC [BC; AB]. Färbe die Figur, die aus dem Dreieck und seinem Spiegelbild entstanden ist.
   Um was für eine Figur handelt es sich?

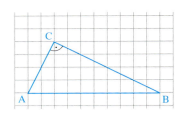

7. Konstruiere aus den gegebenen Stücken ein gleichschenkliges Dreieck ABC. Zeichne auch die Symmetrieachse.

  a. a = b = 5 cm und c = 4 cm
  b. a = c = 4,5 cm und b = 3,8 cm
  c. b = c = 4 cm und α = 70°
  d. a = b = 5 cm und γ = 120°
  e. c = 4,8 cm und α = β = 52°
  f. a = 3,9 cm und γ = β = 34°

8. Die beiden Dachflächen eines Hausgiebels haben eine Neigung von 40°. Wie hoch ist der Dachraum? Lege eine Zeichnung an; wähle 1 cm für 1 m in der Wirklichkeit.
Miss die Höhe.

9. Konstruiere ein gleichseitiges Dreieck ABC mit
  a. a = 4 cm;   **b.** b = 3,4 cm.
  Konstruiere dann die drei Symmetrieachsen.

10. Gib bei den gleichschenkligen Dreiecken an, welches die Basis, welches die Basiswinkel, welches der Winkel an der Spitze, welches die Schenkel sind.
Berechne die Größe der rot markierten Winkel.

a. 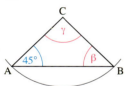   **b.**   **c.** 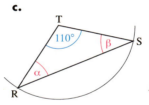   **d.**

11. Für ein gleichschenkliges Dreieck ABC gelte α = β, ferner sei
  a. α = 34°;   **b.** β = 57°;   **c.** γ = 88°.
  Berechne die Größe des dritten Innenwinkels.

12. Konstruiere ein gleichschenkliges Dreieck ABC mit einer 4 cm langen Basis und
  a. α = β = 40°;   **b.** α = γ = 57°;   **c.** γ = β = 71°.
  Wie groß ist der Winkel γ?

13. Konstruiere ein gleichschenkliges Dreieck ABC mit a = b = 3,5 cm und
  a. γ = 50°;   **b.** γ = 22°;   **c.** γ = 124°.
  Zeichne die Symmetrieachse ein. Wie groß sind die beiden Basiswinkel?

14. Konstruiere das Dreieck ABS mit den angegebenen Maßen.

  a. 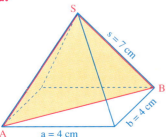   **b.** 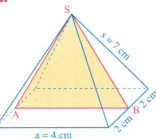   **c.**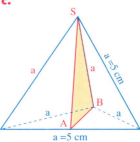

Seiten-Winkel-Beziehung im Dreieck

Wir wissen:
In einem gleichseitigen Dreieck sind alle Winkel gleich groß. In einem gleichschenkligen, aber nicht gleichseitigen Dreieck sind zwei Winkel gleich groß.
Gibt es auch eine Beziehung zwischen den Seitenlängen und den Innenwinkeln in einem nicht gleichschenkligen Dreieck?
Das wollen wir genauer untersuchen.

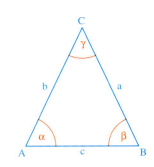

Aufgabe

1. a. Die Entfernung zwischen drei Burgen A, B und C beträgt:
c = 5,1 km, a = 4,4 km und b = 3,6 km.
Anne fotografiert gern. Sie möchte von einer Burg aus die beiden anderen Burgen auf einem Bild aufnehmen. Auf welcher Burg muss sie dazu den größeren Bildwinkel (durch Zoomen) einstellen?

b. Konstruiere ein Dreieck aus c = 4,5 cm, α = 35° und β = 75°. Beginne die Konstruktion mit der Seite c.
Wie groß ist γ? Miss die Seitenlängen a und b; vergleiche. Was fällt auf?

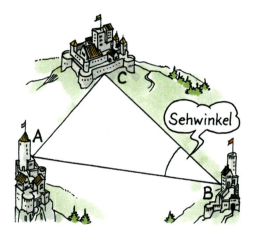

Lösung

a. Die drei Burgen bilden ein Dreieck ABC. Wir zeichnen dieses Dreieck im Maßstab 1 : 100 000, das bedeutet: 1 cm in der Zeichnung sind 100 000 cm, also 1 km in der Wirklichkeit. Für die Seitenlängen in der Zeichnung wählen wir c = 5,1 cm, a = 4,4 cm und b = 3,6 cm und messen dann die Innenwinkel (hier Seh- bzw. Bildwinkel).

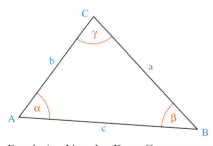

Seitenlängen	Innenwinkel
a = 4,4 cm	α = 58°
b = 3,6 cm	β = 44°
c = 5,1 cm	γ = 78°

Ergebnis: Von der Burg C aus muss man den größten Bildwinkel einstellen.

b.

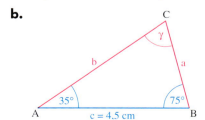

Wir messen:
γ = 70°; a = 3,0 cm; b = 5,0 cm
Zum größten Winkel β gehört die längste Gegenseite b.
Zum kleinsten Winkel α gehört die kürzere Gegenseite a.

2. Überprüfe die Ergebnisse in der Aufgabe 1 auch an anderen Dreiecken
   (1) mit verschieden langen Seiten;   (2) mit verschieden großen Winkeln.
   Wir stellen stets fest:

Zum Festigen und Weiterarbeiten

Seiten-Winkel-Beziehung im Dreieck
(1) Für jedes Dreieck mit verschieden langen Seiten gilt:
   Zur längeren Seite gehört der größere Gegenwinkel,
   z. B.: Wenn a > b, dann α > β.
(2) Für jedes Dreieck mit verschieden großen Winkeln gilt:
   Zum größeren Winkel gehört die längere Gegenseite,
   z. B. Wenn α > β, dann a > b.

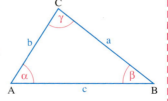

---

3. a. In einem Dreieck ABC ist a = 3,7 cm; b = 5,1 cm. Was kannst du über die Winkel α und β aussagen?

   b. In einem Dreieck ABC ist α = 117°, β = 28°. Was kannst du über die Länge der Seiten a, b und c aussagen?

4. Begründe: In einem rechtwinkligen Dreieck ist die dem rechten Winkel gegenüberliegende Seite stets die längste der drei Seiten.

5. In einem Dreieck ABC ist:

Übungen

   a. a = 4,9 cm;   b = 3,9 cm;   c = 5,8 cm   **b.** a = c = 4,1 cm;   b = 2,9 cm
   Was kannst du über die Winkel α und β, α und γ, β und γ aussagen?

6. In einem Dreieck ABC ist:
   a. γ = 32°;   β = 57°   **b.** α = 52°;   γ = 76°
   Was kannst du über die Längen der Seiten b und c, der Seiten a und b sowie der Seiten a und c aussagen?

7. In einem gleichschenkligen Dreieck ABC ist der Winkel an der Spitze bekannt:
   γ = 67°   [γ = 141°].
   Vergleiche die Längen von Schenkel und Basis.

8. Für ein Dreieck ABC gilt: β = 68°;   γ = 55° [α = 78°;   β = 68°].
   Welche Seite des Dreiecks ist die kleinste?

9. Gegeben ist ein Dreieck ABC mit α = 42°, γ = 82° und b = 5 cm.
   Welche der fehlenden Seiten ist länger bzw. kürzer als 5 cm?

10. Anne behauptet: In einem Dreieck liegt der kürzesten Seite stets ein spitzer Winkel gegenüber. Was meinst du dazu?

11. Welcher Punkt auf der Geraden g hat vom Punkt P die geringste Entfernung?
   Begründe deine Aussage.

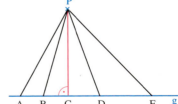

Kapitel 6

Grundkonstruktionen mit Zirkel und Lineal

Bei den bisherigen Konstruktionen haben wir das Geodreieck, das Lineal mit Messskala und den Zirkel als Konstruktionsmittel zugelassen.

Es ist eine alte Tradition in der Geometrie als Konstruktionsmittel nur Zirkel und Lineal *ohne* Messskala zu verwenden. Dies soll von dem griechischen Philosophen Platon (427–347 v. Chr.) angeregt worden sein.

In diesem Abschnitt wollen wir einige Konstruktionen kennen lernen, zu deren Durchführung *nur* der Zirkel und das Lineal (ohne Messskala) zugelassen sind.

Mittelpunkt einer Strecke – Mittelsenkrechte einer Strecke

Aufgabe

1. Gegeben ist eine Strecke $\overline{AB}$.
   Konstruiere *nur* mit Zirkel und Lineal (ohne Verwendung der Messskala) den **Mittelpunkt der Strecke $\overline{AB}$**.

Lösung

Vorüberlegung: Die Symmetrieachse im gleichschenkligen Dreieck halbiert die Basis, sie steht senkrecht auf der Basis und geht durch die Spitze des Dreiecks. Wir wählen die gegebene Strecke $\overline{AB}$ als Basis zweier gleichschenkliger Dreiecke ABP und ABQ. Die Verbindungsgerade PQ ist die Symmetrieachse und halbiert die Strecke $\overline{AB}$.

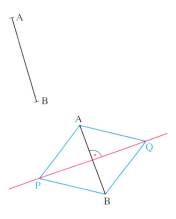

Konstruktionsbeschreibung:
(1) Zeichne um A und um B je einen Kreis mit demselben (genügend großen) Radius. Bezeichne die Schnittpunkte der beiden Kreise mit P und Q.
(2) Zeichne die Verbindungsgerade PQ. Bezeichne den Schnittpunkt von PQ und $\overline{AB}$ mit M.
M ist der gesuchte *Mittelpunkt* der Strecke $\overline{AB}$.

Konstruktion

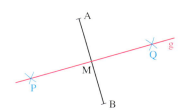

Information

Gegeben ist eine Strecke $\overline{AB}$.
Unter der **Mittelsenkrechten** m der Strecke $\overline{AB}$ versteht man die Gerade, die *senkrecht* zur Strecke $\overline{AB}$ ist und durch deren *Mittelpunkt* M geht.

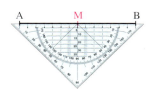
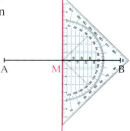

2. Zeichne eine Strecke $\overline{CD}$ mit der Länge 5,2 cm [4,8 cm; 7,6 cm]. Konstruiere *nur* mit Zirkel und Lineal den Mittelpunkt M dieser Strecke.

Zum Festigen und Weiterarbeiten

3. a. Zeichne eine Strecke $\overline{AB}$ mit der Länge 6 cm. Konstruiere *nur* mit Zirkel und Lineal die Mittelsenkrechte von $\overline{AB}$.

b. Wähle auf der Mittelsenkrechten m verschiedene Punkte. Bestätige durch Messen den folgenden Satz. Überlege auch, was für Figuren jeweils entstehen.

Eigenschaften der Mittelsenkrechten einer Strecke

Jeder Punkt P der Mittelsenkrechten einer Strecke $\overline{AB}$ ist von den beiden Endpunkten A und B gleich weit entfernt; das bedeutet: die Strecken $\overline{PA}$ und $\overline{PB}$ sind gleich lang.

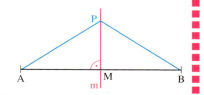

---

c. Zeichne noch einmal die Strecke $\overline{AB}$. Zeichne Punkte, die von A und B gleich weit entfernt sind. Wo liegen diese Punkte?

4. Gegeben ist die Strecke $\overline{AB}$ im Koordinatensystem (Einheit 1 cm). Konstruiere nur mit Zirkel und Lineal den Mittelpunkt der Strecke.

Übungen

    a. A(1|5); B(5|1)   **b.** A(0|7); B(8|0)   **c.** A(1|2); B(5|8)

5. Konstruiere nur mit Zirkel und Lineal zu einer 4,3 cm [5,7 cm; 2,8 cm] langen Strecke $\overline{AB}$ die Mittelsenkrechte.

6. a. Zeichne ein Quadrat ABCD mit der Seitenlänge a = 4,5 cm. Konstruiere zu jeder Seite des Quadrates die Mittelsenkrechte.

b. Zeichne ein Rechteck mit den Seitenlängen a = 5,2 cm; b = 3,8 cm. Konstruiere zu jeder Seite des Rechtecks die Mittelsenkrechte.

c. Zeichne ein Parallelogramm. Konstruiere zu jeder Seite des Parallelogramms die Mittelsenkrechte.

7. Gegeben ist ein Dreieck ABC. Konstruiere die Mittelpunkte der drei Dreiecksseiten. Verbinde diese zu einem neuen Dreieck.
Was fällt dir auf?

8. Gegeben sind im Koordinatensystem (Einheit 1 cm) die Punkte A(1|5), B(3|2,5) und C(5|4,5).
Konstruiere nur mit Zirkel und Lineal die Punkte, die von A und B gleich weit entfernt sind sowie vom Punkt C den Abstand 2,5 cm haben.

Senkrechte zu einer Geraden

1. Gegeben sind eine Gerade g und ein Punkt P.
Konstruiere *nur* mit Zirkel und Lineal die **Senkrechte zu g durch P.**

Aufgabe

    a. P liegt auf der Geraden g;   **b.** P liegt nicht auf der Geraden g.

Lösung

a. *Vorüberlegung:* Wir konstruieren zwei Punkte A und B auf der Geraden g, sodass P Mittelpunkt der Strecke $\overline{AB}$ ist. Über $\overline{AB}$ als Basis zeichnen wir ein gleichschenkliges Dreieck ABQ. Die Symmetrieachse PQ ist die gesuchte Senkrechte.

Planfigur

Konstruktionsbeschreibung:
(1) Zeichne um P einen Kreis. Bezeichne die Schnittpunkte von Kreis und Gerade g mit A und B.
(2) Zeichne um A und um B je einen Kreis mit demselben (genügend großen) Radius. Bezeichne einen der Schnittpunkte mit Q.
(3) Zeichne die Verbindungsgerade PQ.
PQ ist die gesuchte Senkrechte zu g durch P.

Konstruktion

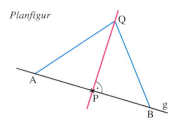

b. *Vorüberlegung:* Wir fassen P als Spitze eines gleichschenkligen Dreiecks auf, dessen Basis auf der Geraden g liegt. Einen zweiten Punkt der Senkrechten erhalten wir als Spitze eines zweiten gleichschenkligen Dreiecks mit der Basis $\overline{AB}$.

Planfigur

Konstruktionsbeschreibung:
(1) Zeichne um P einen Kreis mit genügend großem Radius. Bezeichne die Schnittpunkte des Kreises und der Geraden g mit A und B.
(2) Zeichne einen Kreis um A und um B mit demselben (genügend großen) Radius. Bezeichne einen der Schnittpunkte mit Q.
(3) Zeichne die Verbindungsgerade PQ.
PQ ist die gesuchte Senkrechte zu g durch P.

Konstruktion

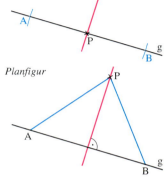
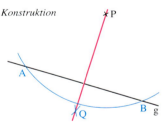

Übungen

2. Gegeben sind im Koordinatensystem (Einheit 1 cm) eine Gerade g durch A(0|7) und B(7|0) sowie ein Punkt P auf g.
   a. P(2|5);   **b.** P(4|3);   **c.** P(6|1)
   Konstruiere nur mit Zirkel und Lineal die Senkrechte zu g durch P.

3. Gegeben sind im Koordinatensystem (Einheit 1 cm) eine Gerade g durch die Punkte A(1|6) und B(6|2) sowie ein Punkt P(5|7) [P(0|0); P(3|1)], der nicht auf g liegt. Konstruiere nur mit Zirkel und Lineal die Senkrechte zu g durch P.

4. Die Strecke $\overline{AB}$ sei 4 cm [5,2 cm; 4,3 cm] lang.
   Konstruiere durch jeden der beiden Endpunkte A und B nur mit Zirkel und Lineal die Senkrechte zu $\overline{AB}$.

5. Konstruiere nur mit Zirkel und Lineal
   a. ein Quadrat mit a = 5,5 cm;   **b.** ein Rechteck mit a = 5,2 cm und b = 3,7 cm.

6. Zeichne ein beliebiges Rechteck ABCD.

  a. Konstruiere die Senkrechte zu der Geraden AC
  (1) durch D;   (2) durch B.

  b. Konstruiere die Senkrechte zu der Geraden BD
  (1) durch A;   (2) durch C.

7. Gegeben sind eine Gerade g und ein Punkt P, der nicht auf g liegt. Konstruiere nur mit dem Zirkel den Bildpunkt von P bei der Achsenspiegelung an der Geraden g.

8. Zeichne ein beliebiges Dreieck ABC. Spiegele nacheinander die Eckpunkte des Dreiecks an den gegenüberliegenden Seiten. Benutze dazu nur Zirkel und Lineal.

Halbieren eines Winkels – Winkelhalbierende

Information

Der Strahl, der den Winkel α in zwei gleich große Teilwinkel zerlegt, heißt **Winkelhalbierende**.

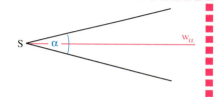

1. Gegeben ist ein Winkel α. Konstruiere *nur* mit Zirkel und Lineal die Winkelhalbierende des Winkels α, halbiere also den Winkel α.

Aufgabe

Lösung

Vorüberlegung: Die Symmetrieachse eines gleichschenkligen Dreiecks halbiert den Winkel an der Spitze.
Wir konstruieren zunächst ein gleichschenkliges Dreieck mit α als Winkel an der Spitze und konstruieren dann die Senkrechte zur Basis durch den Scheitelpunkt.

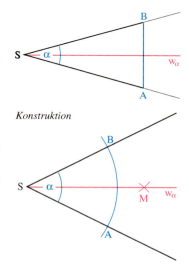

Konstruktion

Konstruktionsbeschreibung:
(1) Nenne den Scheitelpunkt des Winkels S.
    Zeichne um S einen Kreis mit beliebigem Radius. Nenne die Schnittpunkte des Kreises mit den beiden Schenkeln A bzw. B.
(2) Zeichne um Punkt A und um Punkt B je einen Kreis mit gleichem (genügend großem) Radius.
    Nenne einen der beiden Kreisschnittpunkte M.
(3) Zeichne den Strahl $\overrightarrow{SM}$.
    Der Strahl $\overrightarrow{SM}$ halbiert den Winkel α.

Zum Festigen und Weiterarbeiten

2. Zeichne einen (1) spitzen Winkel, (2) stumpfen Winkel, (3) überstumpfen Winkel. Konstruiere nur mit Zirkel und Lineal die Winkelhalbierende des Winkels.

3. Gegeben ist der Winkel $\alpha = 63°$ [$\beta = 127°$; $\gamma = 239°$]. Konstruiere nur mit Zirkel und Lineal die Winkelhalbierende.

4. Zeichne den Winkel $\alpha = 73°$ und die Winkelhalbierende w_α. Wähle auf w_α verschiedene Punkte und bestimme durch Messen jeweils den Abstand von den beiden Schenkeln. Überprüfe so den folgenden Satz.

Information

Eigenschaft der Winkelhalbierenden eines Winkels

Jeder Punkt der Winkelhalbierenden eines Winkels α ($\alpha < 180°$) hat von den beiden Schenkeln *denselben Abstand*.

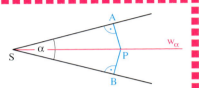

$\overline{PA}$ und $\overline{PB}$ sind gleich lang.

Übungen

5. a. Konstruiere nur mit Zirkel und Lineal die Winkelhalbierende w_α eines Winkels der Größe $\alpha = 43°$ [$\alpha = 81°$; $135°$; $217°$; $349°$].

b. Zerlege nur mit Zirkel und Lineal einen Winkel $\alpha = 124°$ in vier gleich große Winkel.

c. Zeichne einen Winkel α mit $\alpha = 37°$. Verdopple diesen nur mit Zirkel und Lineal.

6. Zeichne zwei sich schneidende Geraden a und b. Konstruiere die Winkelhalbierenden aller vier Winkel. Welche Beziehung zwischen den Winkelhalbierenden erkennst du?

7. Konstruiere die Winkelhalbierenden der vier Winkel α, β, γ und δ
a. eines Rechtecks mit $a = 6$ cm; $b = 4$ cm; **b.** eines Quadrates mit $a = 5$ cm.
Was fällt dir auf?

8. Konstruiere mit Zirkel und Lineal einen Winkel von
a. $90°$ [$45°$; $22,5°$];   **b.** $60°$ [$30°$; $15°$; $120°$].

9. Konstruiere nur mit Zirkel und Lineal die drei Winkelhalbierenden des Dreiecks ABC.
a. A(3|2); B(9|3); C(2|9)   **c.** A(2|7); B(7|2); C(5|10)
b. A(6|1); B(12|2); C(2|3)   **d.** A(5|2); B(10|5); C(1|9)

10. Zeichne einen spitzen Winkel. Konstruiere die Winkelhalbierende w. Wähle dann einen Punkt P auf w und konstruiere die Senkrechte durch P zu den beiden Schenkeln.

11. Gegeben sind im Koordinatensystem zwei Geraden AB und CD mit A(0|3,5), B(7|5,5), C(0,5|8) und D(7|2,5).
Konstruiere die Punkte, die von AB und CD denselben Abstand haben sowie 3,5 cm vom Schnittpunkt beider Geraden entfernt sind.

Besondere Linien beim Dreieck – Umkreis und Inkreis

Mittelsenkrechte im Dreieck – Umkreis

1. Zeichne (1) ein spitzwinkliges, (2) ein stumpfwinkliges, (3) ein rechtwinkliges Dreieck ABC.
Konstruiere jeweils die Mittelsenkrechten aller drei Seiten. Was fällt dir auf?

Aufgabe

Lösung

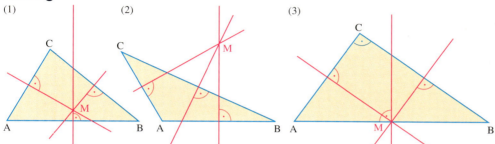

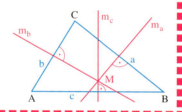

Information

In jedem Dreieck schneiden sich die Mittelsenkrechten der drei Seiten in *einem* Punkt.
Dieser Punkt kann innerhalb des Dreiecks, außerhalb des Dreiecks oder auf einer Dreieckseite liegen.

2. a. Gegeben ist ein Dreieck ABC mit:

(1) A(1|0)   (2) A(3|6)   (3) A(5|0)   (4) A(2|1)
    B(7|1)   B(8|1)   B(11|1)   B(7|0)
    C(0|7)   C(6|9)   C(1|2)   C(0|8)

Konstruiere die drei Mittelsenkrechten des Dreiecks ABC.
Zeichne um den Schnittpunkt M der Mittelsenkrechten den Kreis durch den Eckpunkt A des Dreiecks. Was fällt auf?

b. Für die drei Ortschaften A, B und C wird ein gemeinsames Schwimmbad geplant. Es soll ein Ort M gefunden werden, der von allen drei Ortschaften gleich weit entfernt ist.
Stelle die drei Ortschaften durch drei Punkte A, B, C dar und konstruiere einen solchen Punkt M. Beschreibe die Konstruktion und begründe sie.

Zum Festigen und Weiterarbeiten

Der Kreis, der durch die drei Eckpunkte eines Dreiecks geht, heißt **Umkreis** des Dreiecks. Der Mittelpunkt des Umkreises ist der Schnittpunkt der Mittelsenkrechten.

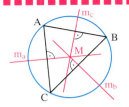

Übungen

3. Konstruiere den Umkreis des Dreiecks ABC. Miss den Radius des Umkreises.
   a. A(1|3); B(10|4); C(6|8)
   b. A(1|1); B(8|2); C(11|5)
   c. A(5|1); B(10|9); C(2|8)
   d. A(1|0,5); B(6|3,5); C(2,5|5)

4. Zeichne ein
   a. gleichschenkliges Dreieck;
   b. gleichseitiges Dreieck.

   Konstruiere die Mittelsenkrechten der Dreiecksseiten. Womit fällt die Symmetrieachse zusammen?

5. Zeichne einen Kreis, indem du eine Tasse mit einem Bleistift umfährst. Konstruiere nur mit Zirkel und Lineal den Mittelpunkt des Kreises.

Winkelhalbierende im Dreieck – Inkreis

Aufgabe

1. Zeichne (1) ein spitzwinkliges, (2) ein stumpfwinkliges, (3) ein rechtwinkliges Dreieck ABC.
   Konstruiere die Winkelhalbierenden aller drei Innenwinkel. Was fällt auf?

Lösung

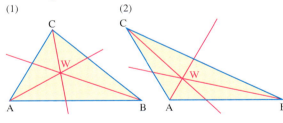
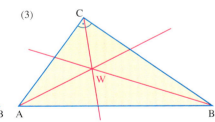

Information

In jedem Dreieck schneiden sich die drei Winkelhalbierenden der Innenwinkel in *einem* Punkt.

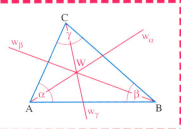

2. a. Gegeben ist ein Dreieck ABC mit:

(1) A(1|0)
B(7|1)
C(0|7)

(2) A(3|6)
B(8|1)
C(6|9)

(3) A(5|0)
B(11|1)
C(1|2)

(4) A(2|1)
B(7|0)
C(0|8)

Konstruiere die Winkelhalbierenden.

△ **b.** Zeichne bei den Dreiecken von Teilaufgabe a. den Kreis um den Schnittpunkt W der Winkelhalbierenden, der die Seiten $\overline{AB}$ und $\overline{AC}$ berührt. Was fällt dir auf?

Zum Festigen und Weiterarbeiten

Information

Der Kreis, der die drei Seiten eines Dreiecks berührt, heißt der **Inkreis** des Dreiecks.
Der Mittelpunkt des Inkreises eines Dreiecks ist der Schnittpunkt der Winkelhalbierenden der drei Innenwinkel. Der Radius ist der Abstand des Mittelpunktes von einer Seite.

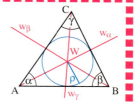

3. Konstruiere den Schnittpunkt W der Winkelhalbierenden des Dreiecks ABC. Wie lauten seine Koordinaten?

a. A(0|2); B(7|3); C(10|6)
b. A(0|5); B(9|6); C(7|10)
c. A(4|3); B(9|11); C(1|10)
d. A(3|0); B(8|2); C(0|9)

△ Zeichne auch den Inkreis; miss seinen Radius.

Übungen

4. Zeichne ein gleichschenkliges Dreieck [gleichseitiges Dreieck]. Konstruiere die drei Winkelhalbierenden. Womit fällt die Symmetrieachse zusammen?

5. Zeichne ein Dreieck ABC. Konstruiere einen Punkt P, der von den drei Dreiecksseiten denselben Abstand hat.

▲ **6.** Auf einer dreieckigen Rasenfläche in einem Park soll ein möglichst großes kreisförmiges Blumenbeet angelegt werden. Wo muss der Mittelpunkt des Kreises liegen?

7. In das Dreieck ist eine Winkelhalbierende eingezeichnet. Berechne die rot gezeichneten Winkel.

a. $\overline{AC} = \overline{BC}$

b. $\overline{PR} = \overline{RQ}$

c. $\overline{BC} = \overline{BA}$

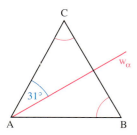
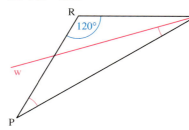
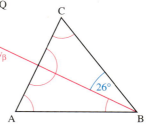

▲ **8.** Gegeben sind ein spitzer Winkel und ein Punkt A, der auf einem der beiden Schenkel liegt. Konstruiere einen Kreis, der die beiden Schenkel berührt und durch den Punkt A geht. Beschreibe die Konstruktion.

▲ **9.** Zeichne drei Geraden a, b und c, die sich in drei Punkten schneiden. Konstruiere die Mittelpunkte von vier Kreisen, welche jeweils alle drei Geraden berühren.

▲ **10. a.** Unter welchem Winkel schneiden sich die Winkelhalbierenden w_α und w_β in Abhängigkeit von α und β?

b. Unter welchem Winkel schneiden sich die Winkelhalbierenden im gleichseitigen Dreieck?

Höhen beim Dreieck

Aufgabe

1. Zeichne (1) ein spitzwinkliges, (2) ein stumpfwinkliges, (3) ein rechtwinkliges Dreieck ABC.
Konstruiere dann zu jeder Seite bzw. deren Verlängerung die Senkrechte durch den gegenüberliegenden Punkt. Was fällt auf?

Lösung

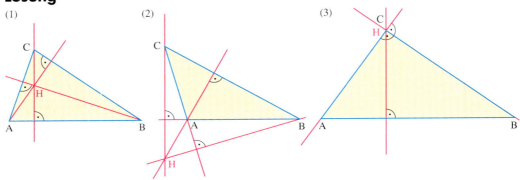

In diesen Dreiecken schneiden sich die Senkrechten zu den Seiten bzw. deren Verlängerungen durch die gegenüberliegenden Eckpunkte in *einem* Punkt H. Dieser Schnittpunkt kann auch außerhalb des Dreiecks oder in einem Eckpunkt liegen.

Information

Die Strecken $\overline{AH_a}$, $\overline{BH_b}$, $\overline{CH_c}$ nennt man die **Höhen** des Dreiecks ABC. Ihre Längen h_a, h_b, h_c geben den Abstand eines Punktes von der gegenüberliegenden Seite bzw. deren Verlängerung an.

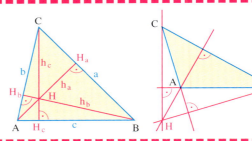

Die Aufgabe 1 hat uns gezeigt:

In jedem Dreieck schneiden sich die drei Höhen in einem Punkt.
Beim stumpfwinkligen Dreieck liegen zwei Höhen außerhalb des Dreiecks.
Beim rechtwinkligen Dreieck sind die Seiten, die den rechten Winkel bilden, zugleich auch Höhen.

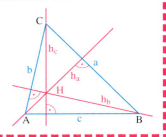

Übungen

2. Gegeben ist ein Dreieck ABC mit:
   a. A(2|1); B(8|2); C(1|8)   **c.** A(4|2); B(10|3); C(0|4)
   b. A(0|5); B(5|0); C(3|8)   **d.** A(3|2); B(8|1); C(1|9)
   Konstruiere die drei Höhen.

3. Zeichne **a.** ein gleichschenkliges Dreieck; **b.** ein gleichseitiges Dreieck.
   Konstruiere die Höhen. Auf welchen Geraden können sie liegen?

4. Zeichne ein Dreieck ABC und durch die Eckpunkte jeweils die Parallelen zur gegenüberliegenden Seite. Bezeichne die Schnittpunkte der Parallelen mit R, S, T.
   a. Konstruiere für das Dreieck ABC die Höhen.
   b. Was sind die durch die Höhen bestimmten Geraden im Dreieck RST?

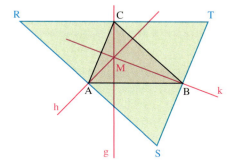

5. Berechne die rot eingezeichneten Winkel.

a. 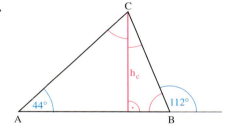   **b.**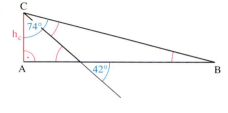

Seitenhalbierende im Dreieck

Aufgabe

1. Zeichne (1) ein spitzwinkliges, (2) ein stumpfwinkliges, (3) ein rechtwinkliges Dreieck ABC.
Konstruiere die Mittelpunkte der Seiten. Verbinde jeden Mittelpunkt mit dem der Seite gegenüberliegenden Eckpunkt.
Was fällt auf?

Lösung

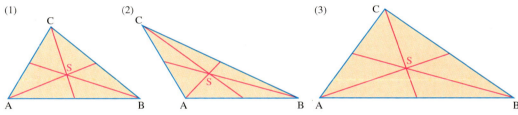

Die Strecken schneiden sich in einem Punkt.

Information

(1) Seitenhalbierende eines Dreiecks

Es sollen M_a, M_b und M_c die Mittelpunkte der Seiten a, b und c sein. Die Verbindungsstrecken $\overline{AM_a}$, $\overline{BM_b}$ und $\overline{CM_c}$ der Eckpunkte mit den Mittelpunkten der gegenüberliegenden Seiten nennt man **Seitenhalbierende** des Dreiecks.

In jedem Dreieck schneiden sich die drei Seitenhalbierenden in einem Punkt S.

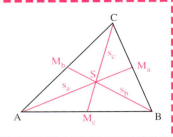

△ **(2) Schwerpunkt eines Dreiecks**
△ Zeichne auf Pappe ein großes Dreieck und schneide das
△ Dreieck aus. Zeichne den Schnittpunkt S der drei Seitenhal-
△ bierenden. Versuche nun, das Pappdreieck im Punkt S mit
△ einer Stricknadel zu balancieren. Das gelingt; daher kommt
△ der Name *Schwerpunkt* des Dreiecks. Die Seitenhalbieren-
△ den eines Dreiecks heißen auch *Schwerelinien*.

Übungen

△ **2.** Konstruiere die Seitenhalbierenden im Dreieck ABC. Verwende Millimeterpapier. Gib auch die Koordinaten des Schwerpunktes an.

a. $A(1|1)$; $B(7|2)$; $C(0|8)$ **c.** $A(0|6)$; $B(5|1)$; $C(3|9)$
b. $A(4|3)$; $B(10|4)$; $C(0|5)$ **d.** $A(4|0)$; $B(9|3)$; $C(0|7)$

3. Zeichne ein gleichschenkliges Dreieck. Konstruiere die Seitenhalbierenden der beiden Schenkel und vergleiche ihre Längen. Was stellst du fest? Begründe.

4. a. Zeichne ein gleichschenkliges Dreieck. Konstruiere die Seitenhalbierenden. Auf welchen Geraden können sie liegen?

b. Zeichne ein gleichseitiges Dreieck. Konstruiere die Seitenhalbierenden. Auf welchen Geraden können sie liegen?

Zusammenfassung

Linien am Dreieck

   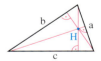

Die *Mittelsenkrechten* schneiden sich im **Umkreismittelpunkt M**.

Die *Winkelhalbierenden* schneiden sich im **Inkreismittelpunkt W**.

Die *Seitenhalbierenden* schneiden sich im **Schwerpunkt S**.

Die *Höhen* schneiden sich im gemeinsamen **Höhenschnittpunkt H**.

Kongruente Figuren

Hier siehst du zwei Bilder des niederländischen Grafikers und Künstlers M. C. Escher (1898–1972). In jedem Bild verwendet er nur eine Tierart.
Was ist das Besondere an diesen Bildern? Worin unterscheiden sie sich?

M.C. Escher's „Fische" © 1998 Cordon Art B.V. – Baarn · Holland ·
All Rights Reserved

M.C. Escher's „Schwäne" © 1998 Cordon Art B.V. – Baarn · Holland ·
All Rights Reserved

Im linken Escher-Bild stimmen die Fische in der Form, aber nicht in den Maßen überein.
Die Schwäne im rechten Escher-Bild stimmen in der Form *und* in den Maßen überein; sie passen daher genau aufeinander.
Übertrage einen Schwan auf Transparentpapier und überprüfe das; gegebenenfalls musst du das Transparentpapier wenden.
Passen zwei Figuren genau aufeinander, so sagt man auch, sie sind **kongruent** (*deckungsgleich*) zueinander. Die Schwäne im Escher-Bild sind kongruent zueinander, die Fische nicht.

1. Prüfe, welche der folgenden Figuren kongruent zueinander sind. **Aufgabe**
Wie kann man das überprüfen?

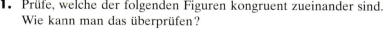

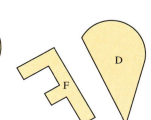

Lösung

Die Figuren A, B und F passen offenbar genau aufeinander; sie sind deckungsgleich zueinander. Ebenso sind die Figuren E und H sowie die Figuren C und D deckungsgleich zueinander. Man kann die Figuren ausschneiden und aufeinander legen.
Man kann auch mithilfe von Transparentpapier versuchen z. B. das Pausbild von A mit der Figur B zur Deckung zu bringen.
Will man die Figuren A und F zur Deckung bringen, so muss man eine Figur umwenden. Bei Vielecken kann man die Kongruenz aber auch durch Messen und Vergleich der Längen entsprechender Seiten und der Größe entsprechender Winkel der Vielecke überprüfen.

Kapitel 6

Information

> Zwei Figuren A und B sind **kongruent** (*deckungsgleich*) zueinander, wenn sie in der Form *und* in den Maßen übereinstimmen. Zueinander kongruente Figuren passen genau aufeinander.
> Man schreibt
> A ≅ B, gelesen: *A kongruent zu B*.

Zum Festigen und Weiterarbeiten

2. In einer Gärtnerei wurden Pflanzen gestohlen. Die Polizei sichert die Spuren und vergleicht sie mit den Schuhabdrücken von drei Verdächtigen.
Welche Abdrücke passen zueinander?
Wer kann zu den Tätern gehören?

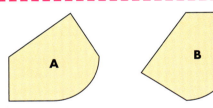

3. a. Welche der Vielecke sind kongruent zueinander? Prüfe das
  (1) mithilfe von Transparentpapier;
  (2) durch Messen und Vergleichen der Längen einander entsprechender Seiten und der Größe einander entsprechender Winkel.

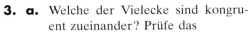

b. Wähle zwei zueinander kongruente Figuren aus und übertrage sie in dein Heft. Färbe einander entsprechende Seiten und Winkel jeweils in derselben Farbe.

4. Gegeben ist ein Dreieck ABC. Konstruiere sein Bild A'B'C'

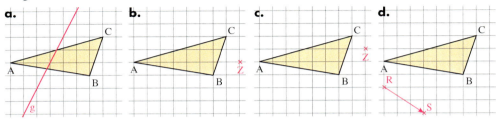

a. bei der Achsenspiegelung an einer Geraden g;

b. bei der Drehung um das Drehzentrum Z mit dem Drehwinkel 90°;

c. bei der Spiegelung am Punkt Z;

d. bei der Verschiebung mit dem Verschiebungspfeil $\overrightarrow{RS}$

Vergleiche ABC mit A'B'C'. Begründe deine Antwort.

(1) Kongruenz bei Vielecken

Die Lösung der Aufgabe 1 macht deutlich:

> Zwei Vielecke F und G sind **kongruent** (*deckungsgleich*) zueinander, wenn die entsprechenden Seiten dieselbe Länge *und* wenn die entsprechenden Winkel dieselbe Größe haben, sonst nicht.

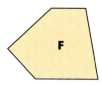 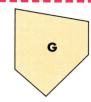

Information

(2) Kongruenz bei Spiegelung, Verschiebung, Drehung

Die Lösung der Aufgabe 4 auf Seite 218 zeigt uns noch einmal:

> Bei einer Spiegelung an einer Geraden, einer Drehung, Verschiebung oder deren Nacheinanderausführung erhält man zu einer Figur eine Bildfigur, die zur Originalfigur kongruent ist.

(3) Bezeichnung von Winkeln

Den Innenwinkel α des Dreiecks bezeichnet man häufig auch mithilfe der Punkte A, B, C so: ∢ BAC.

Dies ist der Winkel mit dem Scheitelpunkt A und den beiden Schenkeln $\overline{AB}$ und $\overline{AC}$.

(4) Entsprechende Stücke

In den Dreiecken ABC und GHJ sind die Seiten $\overline{AB}$ und $\overline{GJ}$, $\overline{BC}$ und $\overline{JH}$ sowie $\overline{AC}$ und $\overline{GH}$ jeweils einander entsprechende Seiten; es handelt sich z.B. bei einer Spiegelung um Originalstrecke und Bildstrecke.
Entsprechend sind die Winkel ∢ BAC und ∢ HGJ, ∢ CBA und ∢ GJH sowie ∢ ACB und ∢ JHG jeweils einander entsprechende Winkel. Bei einer Spiegelung z.B. handelt es sich um Originalwinkel und Bildwinkel.

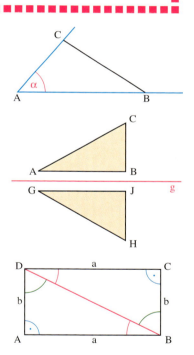

(5) Beispiel für den Nachweis der Kongruenz

Bei einem Rechteck wissen wir: Gegenüberliegende Seiten sind gleich lang; sie sind parallel zueinander, z.B. haben die Seiten $\overline{AB}$ und $\overline{DC}$ den Abstand b. Alle Winkel sind rechte. Die Strecke $\overline{BD}$ zerlegt das Rechteck ABCD in zwei Dreiecke ABD und BCD. Diese sind offenbar kongruent, denn:

Stücke in ABD	Entsprechende Stücke in BCD	Gleiche Größe entsprechender Stücke	
$\overline{AB}$	$\overline{CD}$	$\overline{AB} = \overline{CD}$	denn gegenüberliegende Seiten im Rechteck sind gleich lang.
$\overline{AD}$	$\overline{BC}$	$\overline{AD} = \overline{BC}$	
$\overline{BD}$	$\overline{BD}$	$\overline{BD} = \overline{BD}$, denn gemeinsame Seite	
∢ BAD	∢ DCB	∢ BAD = ∢ DCD = 90°	
∢ DBA	∢ BDC	∢ DBA = ∢ BDC	denn Wechselwinkel an geschnittenen Parallelen sind gleich groß.
∢ ADB	∢ CBD	∢ ADB = ∢ CBD	

Übungen

5. a. Welche der Dreiecke sind kongruent zueinander? Prüfe.

b. Wähle zwei zueinander kongruente Dreiecke aus und übertrage sie in dein Heft. Färbe einander entsprechende Seiten und Winkel jeweils in derselben Farbe.

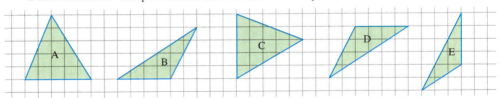

6. Zeichne die Dreiecke ABC und PQR in ein Koordinatensystem (Einheit 1 cm). Überprüfe, ob die Dreiecke kongruent zueinander sind. Falls sie kongruent zueinander sind, gib einander entsprechende Seiten und Winkel an. Du kannst auch einander entsprechende Stücke mit derselben Farbe färben.

a. A(0|1) P(8|1)
B(3|1) Q(5|1)
C(1|3) R(7|3)

b. A(8|4) P(5|4)
B(8|7) Q(2|4)
C(6|7) R(5|6)

c. A(3|11) P(3|1)
B(6|7)   Q(6|5)
C(7|10) R(7|3)

7. Übertrage in dein Heft. Färbe zueinander kongruente Teilflächen mit derselben Farbe.

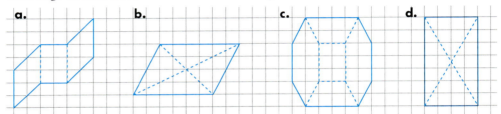

8. a. Gib beim Quader ABCDEFGH rechts Seitenflächen an, die kongruent zueinander sind.

b. Die Pyramide ABCDS hat ein Rechteck als Grundfläche. Gib zueinander kongruente Seitenflächen an.

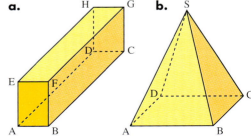

9. a. Zeichne ein Quadrat mit der Seitenlänge a = 4,6 cm. Zerlege es in zwei [vier; acht] zueinander kongruente Dreiecke.

b. Zeichne ein Rechteck mit den Seitenlängen a = 5,4 cm und b = 3,8 cm. Zerlege es in zwei [vier; acht] zueinander kongruente Teilflächen.

10. Übertrage das Dreieck ABC auf Karopapier und zeichne ein dazu kongruentes Dreieck mithilfe der angegebenen Abbildung.

a. Spiegelung an der Gerade g

b. Verschiebung mit dem Pfeil $\overrightarrow{RS}$

c. Spiegelung am Punkt Z

d. Drehung um Z mit dem Winkel 90°

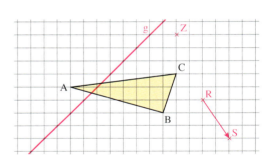

Dreieckskonstruktionen – Kongruenzsätze

Aus einer Bastelanleitung:

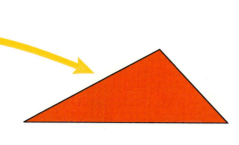

Das Haus links ist aus einem Bastelbogen entstanden und soll aus Holz nachgebaut werden.
Der gefärbte Teil des Daches ist ein Dreieck. Um es aus einer dünnen Holzplatte auszusägen, muss es zunächst auf der Platte genau nachgezeichnet werden. Es muss also ein zum Dreieck in der Bastelanleitung kongruentes Dreieck konstruiert werden.

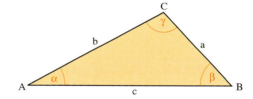

Welche der sechs Stücke a, b, c, α, β und γ eines Dreiecks ABC müssen gemessen werden, damit man ein dazu kongruentes Dreieck konstruieren kann?

Das Messen *eines* Stücks (z.B. der Seite a), aber auch *zweier* Stücke (z.B. der Seite c und des Winkels α) reicht nicht aus. Hierzu kann man jeweils viele Dreiecke zeichnen, die *nicht* kongruent zueinander sind.
Probiere das aus.
Wir versuchen es jetzt mit dem Messen bzw. der Vorgabe der Größe von *drei* Stücken. Welche Fälle sind möglich?
Wähle selbst Beispiele und probiere.

Konstruktion aus drei Seiten – Kongruenzsatz sss

1. Von einem Dreieck ABC sind die drei Seitenlängen gegeben, z.B.
a = 5,2 cm; b = 3,6 cm; c = 6,4 cm.

a. Konstruiere das Dreieck ABC.
b. Vergleiche die Lösungsdreiecke auch mit denen deiner Mitschüler. Was stellst du fest?

Planfigur

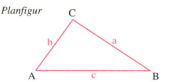

Aufgabe

Lösung

a. *Konstruktionsbeschreibung (mit Begründung)*
(1) Zeichne die Strecke $\overline{AB}$ mit der Länge c.
(2) Zeichne um A den Kreis mit dem Radius b (denn auf ihm liegen alle Punkte, die von A die Entfernung b haben).
(3) Zeichne nun um B den Kreis mit dem Radius a (denn auf ihm liegen alle Punkte, die von B die Entfernung a besitzen).
(4) Bezeichne die Schnittpunkte der Kreise mit C_1 bzw. C_2.
(5) Zeichne ABC_1 und ABC_2.

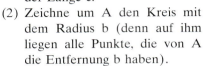
Konstruktion
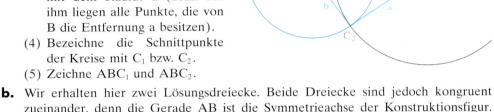

b. Wir erhalten hier zwei Lösungsdreiecke. Beide Dreiecke sind jedoch kongruent zueinander, denn die Gerade AB ist die Symmetrieachse der Konstruktionsfigur. Das Dreieck ABC_2 ist das Spiegelbild des Dreiecks ABC_1.
Diese Lösungsdreiecke sind auch kongruent zu den Lösungsdreiecken deiner Mitschüler; auf die Lage der Strecke $\overline{AB}$ kommt es nicht an.

Kongruenzsatz sss

Dreiecke sind schon kongruent zueinander, wenn sie paarweise in den Längen der drei Seiten übereinstimmen.

Die einander entsprechenden drei Winkel stimmen dann auch überein

Zum Festigen und Weiterarbeiten

2. Konstruiere ein Dreieck ABC aus $a = 5{,}0$ cm, $b = 4{,}0$ cm und $c = 3{,}5$ cm. Beginne mit der Seite $\overline{AC}$. Beschreibe die Konstruktion.
Miss die drei Innenwinkel; kontrolliere mit dem Innenwinkelsatz.

3. a. Versuche ein Dreieck ABC aus folgenden Längen zu konstruieren.
(1) 4 cm; 5 cm; 6 cm
(2) 2 cm; 3 cm; 5 cm
(3) 2 cm; 3 cm; 6 cm
Was stellst du fest?

b. Von einem Dreieck ABC sind gegeben: $a = 7$ cm und $b = 4$ cm.
Welche der Längen 1 cm, 2 cm, 3 cm, …, 12 cm, 13 cm kannst du für c wählen?

Information

Wir erkennen bei der Lösung der Aufgabe 3: Wenn für drei Längen gilt, dass die Summe zweier Längen größer als die dritte Länge ist, dann können wir aus diesen Längen ein Dreieck konstruieren. Hat man nun umgekehrt ein Dreieck, dann gilt:

Dreiecksungleichung

In jedem Dreieck ist die Summe zweier Seitenlängen stets größer als die Länge der dritten Seite:
$a + b > c$; $a + c > b$; $b + c > a$

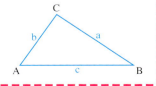

4. a.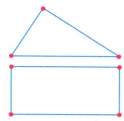

Das Dreieck [Rechteck] hat in den roten Eckpunkten Gelenke.
Kann man die Form verändern?

b.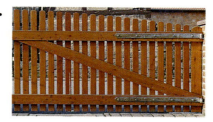

Warum ist bei dem Tor die diagonale Verstrebung angebracht worden?

c. Untersuche, ob zwei Rechtecke schon kongruent zueinander sind, wenn sie paarweise in den Längen aller vier Seiten übereinstimmen.

5. Woran kann man erkennen, ob man ein Dreieck aus den Längen (in cm) zeichnen kann? **Übungen**
Konstruiere, falls möglich. Beginne jeweils mit der längsten Seite.

	a.	b.	c.	d.	e.	f.	g.	h.	i.
Seite a	6	12	9	4	9,5	3	5	13	7,4
Seite b	7	4	15	3	3	6	12	10	3,1
Seite c	10	8	5	2	7,5	10	7	5	4,3

6. Konstruiere in einem Koordinatensystem (Einheit 1 cm) das Dreieck ABC.
Gib näherungsweise die Koordinaten des fehlenden Punktes an.
Miss die Größe der drei Innenwinkel; kontrolliere mit dem Innenwinkelsatz.

a. A (1|2); B (6|3)
b = 5,4 cm; a = 5,0 cm

b. B (3|4); C (8|1)
b = 3,5 cm; c = 5,0 cm

c. A (5|1); C (2|6);
a = 2,6 cm; c = 7,2 cm

7. Die Entfernungen zwischen den drei Burgen A, B und C betragen c = 6,3 km, a = 4,8 km und b = 9,1 km.
Wie groß ist der Sehwinkel α, unter dem man von der Burg A aus die beiden anderen Burgen B und C sieht?
Konstruiere dazu ein geeignetes Dreieck.

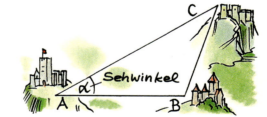

8. Es sollen M_1 und M_2 die Mittelpunkte zweier Kreise sein; ihr Abstand beträgt 6,8 cm.
Zeichne die beiden Kreise mit den Radien

(1) $r_1 = 2{,}7$ cm; $r_2 = 4{,}1$ cm
(2) $r_1 = 3{,}4$ cm; $r_2 = 5{,}1$ cm
(3) $r_1 = 4{,}4$ cm; $r_2 = 1{,}3$ cm

Gib eine Bedingung an, unter der die beiden Kreise zwei Schnittpunkte [genau einen Schnittpunkt; keinen Schnittpunkt] besitzen.

9. Versuche ein gleichschenkliges Dreieck zu zeichnen.

a. Die Basis soll doppelt so lang wie ein Schenkel sein. Wähle zunächst eine Länge für den Schenkel.
Begründe.

b. Ein Schenkel soll doppelt so lang wie die Basis sein. Wähle zunächst eine Länge für die Basis.
Begründe.

Konstruktion aus zwei Seiten und einem Winkel
Kongruenzsatz sws

Aufgabe

1. *Planfigur*

Von einem Dreieck ABC sind zwei Seiten und der eingeschlossene Winkel gegeben, z. B.
b = 3,6 cm, c = 5,4 cm und α = 32°.

a. Konstruiere das Dreieck ABC.

b. Warum sind alle Lösungsdreiecke zueinander kongruent?

Lösung

a. *Konstruktionsbeschreibung (mit Begründung)*

(1) Zeichne eine Strecke $\overline{AB}$ der Länge c.

(2) Trage im Punkt A von $\overline{AB}$ Winkel α an (2 Möglichkeiten).

(3) Zeichne den Kreis um A mit dem Radius b (denn auf ihm liegen alle Punkte, die von A die Entfernung b haben, auch C).

(4) Bezeichne die Schnittpunkte des Kreises mit den beiden freien Schenkeln der Winkel mit C_1 bzw. C_2.

Konstruktion

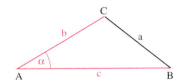

(5) Zeichne die beiden Dreiecke ABC_1 und ABC_2.

b. Beide Lösungsdreiecke sind zueinander kongruent, denn die Konstruktionsfigur ist achsensymmetrisch zu AB. ABC_2 ist der Symmetriepartner des Dreiecks ABC_1. Da es auf die Lage der Strecke $\overline{AB}$ nicht ankommt, sind *alle* Lösungsdreiecke der Konstruktionsaufgabe kongruent zueinander.

Information

Kongruenzsatz sws

Dreiecke sind schon kongruent zueinander, wenn sie paarweise in den Längen zweier Seiten und der Größe des eingeschlossenen Winkels übereinstimmen.

Sie stimmen dann auch in den übrigen Stücken überein.

Zum Festigen und Weiterarbeiten

2. a. Konstruiere ein Dreieck ABC mit a = 3,5 cm, b = 5,5 cm und γ = 110°.
Beschreibe die Konstruktion. Miss die übrigen Stücke.
Kontrolliere die Winkelgrößen mit dem Innenwinkelsatz.

b. Bilde selber Aufgaben zum Kongruenzsatz sws.
Welche Seiten und welcher Winkel können gegeben sein?
Welche Bedingung muss der Winkel erfüllen, damit ein Dreieck überhaupt konstruierbar ist?

3. Bestimme zeichnerisch die Längen e und d des Würfels links.

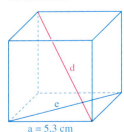

4. Konstruiere das Dreieck ABC; bestimme die Größe der übrigen Stücke durch Messen.
  a. $b = 6{,}9$ cm; $c = 4{,}7$ cm; $\alpha = 100°$
  b. $a = 3{,}6$ cm; $c = 7{,}1$ cm; $\beta = 55°$
  c. $a = 4{,}1$ cm; $b = 3{,}2$ cm; $\gamma = 81°$
  d. $a = 6{,}4$ cm; $c = 2{,}7$ cm; $\beta = 126°$

Denke an die Planfigur.

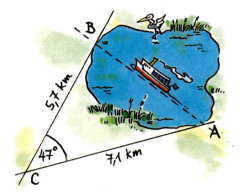

5. An den Stellen A und B befinden sich Anlegestellen für ein Ausflugsschiff. Wie lang ist der Weg, den das Schiff zurücklegen muss?

6. Konstruiere ein rechtwinkliges Dreieck aus den angegebenen Stücken. In Klammern ist die Seite angegeben, die dem rechten Winkel gegenüberliegt.
  a. $a = 4{,}5$ cm; $b = 2{,}8$ cm (Seite $\overline{AB}$)
  b. $b = 3{,}2$ cm; $c = 1{,}9$ cm (Seite $\overline{BC}$)

7. Bestimme durch Zeichnen die Längen e und d des Quaders.

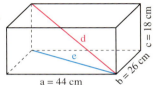

Konstruktion aus zwei Seiten und einem Winkel
Kongruenzsatz SsW

Aufgabe

1. Von einem Dreieck ABC sind zwei Seitenlängen und die Größe des Gegenwinkels einer der beiden Seiten gegeben, z. B.
  a. $a = 3{,}3$ cm; $c = 2{,}8$ cm; $\alpha = 55°$;
  b. $a = 2{,}3$ cm; $c = 2{,}8$ cm; $\alpha = 55°$.

Konstruiere das Dreieck. Untersuche, ob alle Lösungsdreiecke kongruent zueinander sind.

Planfigur zu a.

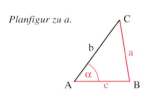

Lösung

a. *Konstruktionsbeschreibung (mit Begründung)*
  (1) Zeichne eine Strecke $\overline{AB}$ der Länge c.
  (2) Trage in A den Winkel α an.
      (Es gibt zwei Möglichkeiten.)
  (3) Zeichne den Kreis um B mit dem Radius a
      (denn alle Punkte auf diesem Kreis haben von B die Entfernung a, also auch C).
  (4) Bezeichne die Schnittpunkte des Kreises mit den beiden freien Schenkeln mit C_1 bzw. C_2.
  (5) Zeichne die beiden Dreiecke ABC_1 und ABC_2.

Konstruktion

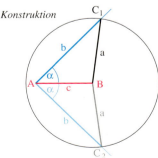

Beide Lösungsdreiecke sind zueinander kongruent, denn die Konstruktionsfigur ist achsensymmetrisch zu AB. Das Dreieck ABC_2 ist das Spiegelbild von ABC_1.
Da es auf die Lage der Strecke $\overline{AB}$ nicht ankommt, sind alle Lösungsdreiecke der Konstruktionsaufgabe kongruent zueinander.

a. *Konstruktionsbeschreibung (mit Begründung)*
  (1) Zeichne eine Strecke AB der Länge c.
  (2) Trage in A den Winkel α an.
      (Es gibt zwei Möglichkeiten.)
  (3) Zeichne den Kreis um B mit dem Radius a
      (denn alle Punkte auf diesem Kreis haben von
      B die Entfernung a, also auch C).
  (4) Bezeichne die Schnittpunkte des Kreises mit
      den beiden Schenkeln mit C_1 und C_3 bzw. C_2
      und C_4.
  (5) Zeichne die Dreiecke ABC_1, ABC_3, ABC_2 und
      ABC_4.

Der Kreis schneidet jeden der beiden freien Schenkel von α in *zwei* Punkten.

Für die vier Dreiecke gilt:
ABC_1 kongruent ABC_2 und ABC_3 kongruent ABC_4,
aber
ABC_1 *nicht* kongruent ABC_3 und ABC_2 *nicht* kongruent ABC_4.
Nicht *alle* Dreiecke mit den vorgegebenen Maßen sind zueinander kongruent.

Im Aufgabenteil a liegt der gegebene Winkel der längeren Seite gegenüber. Hier erhalten wir zueinander kongruente Dreiecke.

Dagegen liegt im Aufgabenteil b der Winkel der kürzeren Seite gegenüber. Wir erhalten auch zueinander nicht kongruente Dreiecke.

Information

Kongruenzsatz SsW
Dreiecke sind schon kongruent zueinander, wenn sie paarweise in den Längen zweier Seiten und der Größe des Winkels übereinstimmen, der der größeren Seite gegenüberliegt.

Sie stimmen dann auch in den übrigen Stücken überein.

Zum Festigen und Weiterarbeiten

2. a. Konstruiere ein Dreieck ABC mit a = 5,0 cm, b = 7,5 cm und β = 65°. Beschreibe die Konstruktion. Miss die übrigen Stücke.
  b. Bilde selber Aufgaben zum Kongruenzsatz SsW.
  Welche Seiten und welcher Winkel können gegeben sein?

3. Konstruiere ein Dreieck ABC aus a = 5 cm, b = 7 cm und β = 40°. Ändere die Länge von b so ab, dass die Aufgabe
  (1) zwei (nicht kongruente) Lösungen hat;   (2) keine Lösung hat.

Übungen

4. Konstruiere ein Dreieck ABC; bestimme die Größe der übrigen Stücke durch Messen.
  a. c = 8 cm; b = 6 cm; γ = 87°   **c.** a = 4,7 cm; c = 6,3 cm; γ = 135°
  b. a = 6,5 cm; b = 4,3 cm; α = 110°   **d.** b = 5,4 cm; c = 3,6 cm; β = 57°

5. Konstruiere ein Dreieck ABC mit c = 9 cm, a = 5 cm und α = 30° [34°; 40°].

6. Zeichne zwei nicht zueinander kongruente Dreiecke mit a = 7 cm; b = 5 cm; β = 35°.

7. Zwischen den Punkten B und C soll ein Tunnel für eine Eisenbahnstrecke gebaut werden.
Wie lang wird der Tunnel?

8. Konstruiere ein rechtwinkliges Dreieck ABC aus den angegebenen Stücken. In Klammern ist die Seite angegeben, die dem rechten Winkel gegenüberliegt.
  a. a = 4,4 cm; b = 3,2 cm (Seite $\overline{BC}$)
  b. a = 3,3 cm; b = 5,9 cm (Seite $\overline{AC}$)

Konstruktion aus einer Seite und zwei Winkeln
Kongruenzsatz wsw

1. Von einem Dreieck ABC sind eine Seitenlänge und die Größen der beiden anliegenden Winkel gegeben, z. B. c = 5,4 cm, α = 32° und β = 39°.

  a. Konstruiere das Dreieck ABC.
  b. Begründe: Alle Lösungsdreiecke sind zueinander kongruent.

Aufgabe

Planfigur

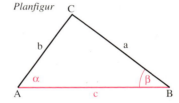

Lösung

  a. *Konstruktionsbeschreibung*
  (1) Zeichne eine Strecke $\overline{AB}$ der Länge c.
  (2) Trage im Punkt A den Winkel α an.
    (Es gibt zwei Möglichkeiten!)
  (3) Trage im Punkt B den Winkel β an.
  (4) Bezeichne die Schnittpunkte der freien Schenkel mit C_1 bzw. mit C_2.
  (5) Zeichne die beiden Dreiecke ABC_1 und ABC_2.

Konstruktion

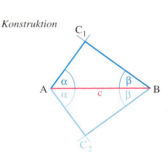

  b. Beide Lösungsdreiecke sind zueinander kongruent, denn die Konstruktionsfigur ist achsensymmetrisch zu AB. ABC_2 ist das Spiegelbild des Dreiecks ABC_1.
  Da es auf die Lage der Strecke $\overline{AB}$ nicht ankommt, sind *alle* Lösungsdreiecke der Konstruktionsaufgabe kongruent zueinander.

Information

Kongruenzsatz wsw
Dreiecke sind schon dann kongruent zueinander, wenn sie paarweise in der Länge einer Seite und der Größe der anliegenden Winkel übereinstimmen.

Sie stimmen dann auch in den übrigen Stücken überein

Zum Festigen und Weiterarbeiten

2. Konstruiere ein Dreieck ABC mit b = 4 cm; α = 40° und γ = 65°. Beschreibe die Konstruktion. Miss die übrigen Stücke.

3. Konstruiere ein Dreieck ABC mit a = 4,8 cm, α = 35° und γ = 58°. Beachte die Lage der Winkel bezüglich der Seite.

4. Ein Dreieck soll aus c, α und β konstruiert werden. Warum gibt es keine Lösung für α = 65° und β = 125°? Welche Beziehung muss zwischen α und β gelten, damit die Konstruktion durchführbar ist?

Übungen

5. Konstruiere ein Dreieck; bestimme die Größe der übrigen Stücke durch Messen.
   a. c = 8,2 cm; α = 110°; β = 30°
   b. b = 4,4 cm; α = 41°; γ = 53°
   c. a = 7,3 cm; γ = 37°; β = 87°
   d. a = 5,5 cm; α = 39°; β = 58°

6. Konstruiere ein rechtwinkliges Dreieck aus den angegebenen Stücken. In Klammern ist die Seite angegeben, die dem rechten Winkel gegenüberliegt.
   a. b = 4,7 cm; α = 43° (Seite $\overline{AB}$)
   b. b = 3,8 cm; β = 59° (Seite $\overline{AB}$)

7.

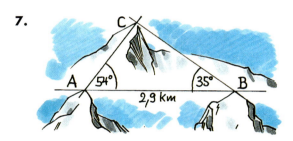

Die Entfernung zwischen zwei Berggipfeln A und B beträgt 2,9 km. Von A aus sieht man den Gipfel B und einen weiteren Gipfel C unter dem Sehwinkel von 54°, von B aus sieht man A und C unter dem Sehwinkel 35°.
Wie weit ist der Gipfel C von den Gipfeln A und B entfernt?

Zusammenfassung

Kongruenzsätze für Dreiecke

Dreiecke sind kongruent zueinander,
- wenn sie paarweise in den Längen der drei Seiten übereinstimmen
  (Kongruenzsatz **sss**),

- wenn sie paarweise in den Längen zweier Seiten und der Größe des eingeschlossenen Winkels übereinstimmen
  (Kongruenzsatz **sws**),

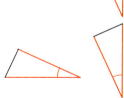

- wenn sie paarweise in den Längen zweier Seiten und der Größe des Winkels übereinstimmen, welcher der längeren Seite gegenüberliegt
  (Kongruenzsatz **SsW**),

- wenn sie paarweise in der Länge einer Seite und den Größen der zwei anliegenden Winkel übereinstimmen
  (Kongruenzsatz **wsw**).

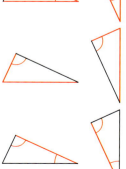

Vermischte Übungen zu den Kongruenzsätzen

1. Versuche ein Dreieck aus drei Winkeln zu konstruieren.
Wähle dazu drei geeignete Winkel. Was stellst du fest?

2. Konstruiere, falls möglich, ein Dreieck ABC aus den gegebenen Stücken.
Aus welchem der Kongruenzsätze folgt, dass es nur ein Lösungsdreieck gibt?

a.	$a = 5$ cm $b = 4$ cm $\gamma = 67°$	**d.**	$a = 4{,}5$ cm $\beta = 57°$ $\gamma = 43°$	**g.**	$b = 8{,}0$ cm $c = 5{,}3$ cm $\alpha = 36°$	**j.**	$c = 6{,}4$ cm $a = 4{,}2$ cm $\alpha = 50°$	**m.**	$b = 6{,}1$ cm $\beta = 24°$ $\gamma = 63°$
b.	$c = 9$ cm $a = 6$ cm $\gamma = 53°$	**e.**	$c = 5{,}3$ cm $\alpha = 44°$ $\beta = 61°$	**h.**	$a = 6{,}0$ cm $b = 4{,}5$ cm $c = 7{,}5$ cm	**k.**	$a = 6{,}7$ cm $b = 5{,}5$ cm $c = 3{,}8$ cm	**n.**	$a = 5{,}1$ cm $\alpha = 53°$ $\beta = 37°$
c.	$a = 7{,}0$ cm $b = 2{,}4$ cm $c = 3{,}8$ cm	**f.**	$b = 5{,}6$ cm $\alpha = 92°$ $\gamma = 106°$	**i.**	$a = 3$ cm $b = 5$ cm $\beta = 47°$	**l.**	$c = 6{,}2$ cm $a = 5{,}4$ cm $\gamma = 129°$	**o.**	$b = 4{,}4$ cm $\alpha = 100°$ $\gamma = 25°$

3. Konstruiere ein rechtwinkliges Dreieck ABC aus den gegebenen Stücken. In Klammern ist die Seite angegeben, die dem rechten Winkel gegenüberliegt.

a. $c = 4{,}3$ cm; $\gamma = 27°$ (Seite $\overline{BC}$)   **c.** $c = 3{,}8$ cm; $\alpha = 34°$ (Seite $\overline{AC}$)
b. $b = 3{,}0$ cm; $c = 4{,}7$ cm (Seite $\overline{AB}$)   **d.** $a = 5{,}3$ cm; $c = 3{,}7$ cm (Seite $\overline{BC}$)

4. a. Zwischen den Orten A und B liegt ein Berg. Um die Entfernung der Orte zu bestimmen, wird ein Punkt C im Gelände gewählt und die angegebenen Größen gemessen.
Ermittle zeichnerisch die Entfernung der Orte A und B (wähle 1 cm für 1 km).

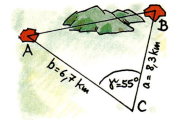

b. Bestimme die drei Sehwinkel α, β und γ, unter denen man von jedem der drei Kirchtürme die beiden anderen Kirchtürme sieht.

5. Konstruiere das rote Dreieck ABC in natürlicher Größe. Gib die Längen und die Winkelgrößen des Dreiecks an.

a. 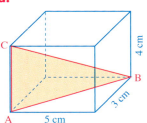   **b.** 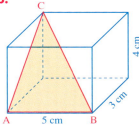   **c.**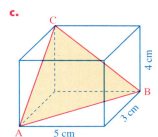

Konstruktion von Dreiecken aus Teildreiecken

Information

Bezeichnung von Längen besonderer Linien im Dreieck

(1) h_a, h_b und h_c für die Längen der drei *Höhen*.

(2) w_α, w_β und w_γ für die Längen der Abschnitte auf den *Winkelhalbierenden*.

(3) s_a, s_b und s_c für die Längen der drei *Seitenhalbierenden*.

w_α ist hier kein Strahl, sondern eine Strecke

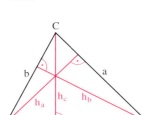

Aufgabe

1. Konstruiere ein Dreieck ABC und beschreibe die Konstruktion.

a. $a = 5{,}5$ cm; $w_\beta = 6{,}0$ cm; $\gamma = 100°$
c. $a = 7$ cm; $b = 6$ cm; $s_b = 6$ cm
b. $a = 6{,}0$ cm; $c = 5{,}5$ cm; $h_c = 5{,}0$ cm

Lösung

a. *Vorüberlegung*

Man kann zunächst das Teildreieck DBC mit $w_\beta = 6{,}0$ cm, $a = 5{,}5$ cm und $\gamma = 100°$ konstruieren (Kongruenzsatz SsW).

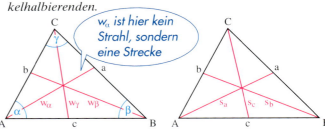

Planfigur

Konstruktion (Längen hier auf die Hälfte verkleinert)

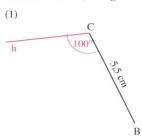

Zeichne die Seite $\overline{BC}$ mit $a = 5{,}5$ cm; trage in C den Winkel γ mit $\gamma = 100°$ an.

Zeichne um B den Kreis mit dem Radius 6 cm. Markiere den Schnittpunkt des Kreises mit h; nenne ihn D.

Spiegele den Punkt C an der Geraden BD. Zeichne die Gerade BC'; ihr Schnittpunkt mit h ist der Punkt A.

b. *Vorüberlegung*

Man kann zunächst das bei D rechtwinklige Teildreieck DBC mit $h_c = 5$ cm und $a = 6$ cm konstruieren (Kongruenzsatz SsW).

Planfigur

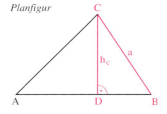

Konstruktion (Längen hier auf die Hälfte verkleinert)

(1)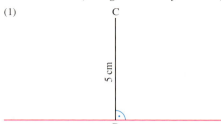

Zeichne die Strecke $\overline{DC}$ mit $h_c = 5$ cm; zeichne durch D die zu DC senkrechte Gerade g.

(2)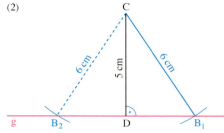

Zeichne um C den Kreis mit dem Radius 6 cm. Der Kreis schneidet die Gerade g in den beiden Punkten B_1 und B_2. Man erhält also zwei Dreiecke, bei denen die Höhe h_c einmal innerhalb und einmal außerhalb des Dreiecks liegt.

1. Fall:
Die Höhe liegt innerhalb des Dreiecks.

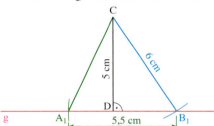

Verlängere die Strecke $\overline{B_1D}$ über D hinaus und trage auf ihr von B_1 aus die Strecke $\overline{A_1B_1}$ mit $c = 5{,}5$ cm ab.

2. Fall:
Die Höhe liegt außerhalb des Dreiecks.

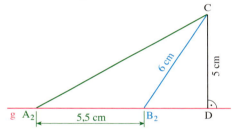

Verlängere die Strecke $\overline{DB_2}$ über B_2 hinaus und trage auf ihr von B_2 aus die Strecke $\overline{A_2B_2}$ mit $c = 5{,}5$ cm ab.

c. *Vorüberlegung*

Da mit b auch $\frac{b}{2}$ gegeben ist, kann man zunächst das Teildreieck BCD mit $a = 7$ cm, $\frac{b}{2} = 3$ cm und $s_b = 6$ cm nach dem Kongruenzsatz sss konstruieren.

Planfigur

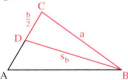

Konstruktion (Längen hier auf die Hälfte verkleinert)

(1)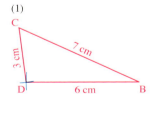

Zeichne das Dreieck BCD aus $a = 7$ cm, $\frac{b}{2} = 3$ cm und $s_b = 6$ cm.

(2)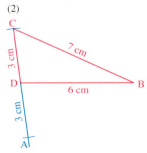

Verlängere die Strecke $\overline{CD}$ über D hinaus. Zeichne den Punkt A, sodass $\overline{DA}$ 3 cm lang ist.

(3)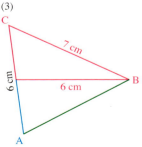

Zeichne die Seite $\overline{AB}$.

Information

In Aufgabe 1 haben wir ein Dreieck aus zwei Hauptstücken (Seitenlängen; Größe von Innenwinkeln) und einem Nebenstück (Höhe; Länge einer Seitenhalbierenden; Länge der Strecke auf einer Winkelhalbierenden im Dreieck) konstruiert.
Bei der Lösung haben wir folgende Strategie verwandt:
(1) Markiere in einem Dreieck ABC als Planfigur die gegebenen Größen farbig.
(2) Suche ein Teildreieck, welches du aus den gegebenen Größen nach einem Kongruenzsatz konstruieren kannst.
(3) Ergänze dieses Teildreieck zu dem gesuchten Dreieck.

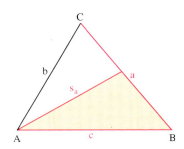

Zum Festigen und Weiterarbeiten

2. Zeichne ein gleichschenkliges Dreieck ABC ($\overline{AB}$ Basis) aus $h_c = 6$ cm und $\beta = 47°$.

3. Konstruiere ein Dreieck ABC aus:
  a. $a = 5{,}0$ cm; $c = 4{,}5$ cm; $h_c = 4{,}0$ cm
  b. $c = 4{,}5$ cm; $\alpha = 40°$; $h_c = 2{,}5$ cm

4. Konstruiere ein Dreieck ABC aus:
  a. $a = 9$ cm; $\gamma = 50°$; $w_\gamma = 7$ cm
  b. $\alpha = 27°$; $\gamma = 56°$; $w_\gamma = 4$ cm
  c. $\varrho = 2{,}3$ cm; $\beta = 103°$; $\gamma = 47°$

5. Konstruiere ein Dreieck ABC aus:
  a. $c = 4{,}3$ cm; $b = 4{,}6$ cm; $s_c = 3{,}9$ cm
  b. $b = 5{,}2$ cm; $\gamma = 73°$; $s_b = 6{,}4$ cm
  c. $b = 4{,}3$ cm; $\gamma = 52°$; $s_b = 5{,}2$ cm

Übungen

6. Konstruiere ein Dreieck ABC aus:
  a. $b = 9$ cm; $a = 5$ cm; $h_b = 4$ cm
  b. $a = 4$ cm; $b = 5$ cm; $h_c = 3$ cm
  c. $a = 5{,}4$ cm; $\gamma = 54°$; $h_a = 3{,}7$ cm
  d. $b = 8{,}1$ cm; $\beta = 100°$; $h_c = 2{,}2$ cm
  e. $\alpha = 54°$; $\gamma = 68°$; $h_b = 3{,}4$ cm
  f. $b = 6{,}3$ cm; $h_a = 4{,}1$ cm; $\beta = 82°$

7. Konstruiere ein Dreieck ABC aus:
  a. $a = 6{,}2$ cm; $\gamma = 125°$; $w_\gamma = 2{,}4$ cm
  b. $b = 3{,}1$ cm; $\alpha = 80°$; $w_\alpha = 3{,}4$ cm
  c. $a = 4{,}6$ cm; $\beta = 76°$; $w_\gamma = 4{,}9$ cm
  d. $b = 6{,}5$ cm; $\gamma = 49°$; $w_\alpha = 5{,}1$ cm
  e. $\alpha = 35°$; $\beta = 75°$; $w_\alpha = 6{,}1$ cm
  f. $\beta = 120°$; $\gamma = 25°$; $w_\beta = 3$ cm

8. Konstruiere ein Dreieck ABC aus:
  a. $a = 6$ cm; $c = 7$ cm; $s_a = 5$ cm
  b. $a = 4{,}8$ cm; $b = 3{,}0$ cm; $s_a = 3{,}2$ cm
  c. $c = 7{,}0$ cm; $\alpha = 114°$; $s_c = 4{,}1$ cm
  d. $c = 6{,}3$ cm; $\alpha = 33°$; $s_b = 4$ cm

9. Konstruiere ein gleichschenkliges Dreieck ABC mit $\overline{AC}$ als Basis aus:
  a. $c = 5{,}8$ cm; $h_c = 3{,}9$ cm
  b. $\gamma = 48°$; $h_c = 3{,}7$ cm
  c. $w_c = 4{,}7$ cm; $\gamma = 52°$

10. a. Konstruiere ein rechtwinkliges Dreieck ABC mit $\alpha = 90°$ aus $c = 4{,}6$ cm und $h_a = 3{,}1$ cm.
  b. Konstruiere ein gleichseitiges Dreieck ABC aus $h_a = 3{,}7$ cm.

Anwenden der Kongruenzsätze beim Begründen

Auf Seite 219 haben wir gezeigt, dass die Dreiecke ABD und BCD zueinander kongruent sind. Dazu zeigten wir, dass die beiden Dreiecke in den 3 Längen einander entsprechender Seiten und den 3 Größen einander entsprechender Winkel, also insgesamt in 6 Stücken übereinstimmen.

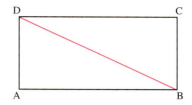

Nach den Kongruenzsätzen für Dreiecke brauchen wir das aber nur für 3 statt 6 Stücke nachzuweisen, z. B.

(1) $\overline{AB} = \overline{CD}$ ⎫ da im Rechteck gegenüberliegende Sei-
(2) $\overline{AD} = \overline{BC}$ ⎭ ten gleich lang sind.

(3) ∢ BAD = ∢ DCB = 90°, da alle Innenwinkel im Rechteck 90° betragen.

Nach dem Kongruenzsatz sws stimmen die beiden Dreiecke dann auch in den übrigen Stücken überein.

1. Aus der Achsensymmetrie des gleichschenkligen Dreiecks haben wir gefolgert, dass die Basiswinkel gleich groß sind (Basiswinkelsatz). Begründe diesen Satz nun mithilfe eines Kongruenzsatzes. Zerlege dazu das gleichschenklige Dreieck durch eine geeignete Linie in zwei Teildreiecke.

Aufgabe

Lösung

ABC sei ein gleichschenkliges Dreieck mit a = b (*Voraussetzung*).
Wir müssen α = β beweisen (*Behauptung*).

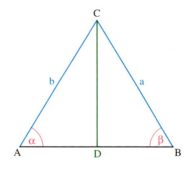

Begründung: Um einen Kongruenzsatz anwenden zu können, zerlegen wir das Dreieck ABC (durch eine Hilfslinie) in zwei Teildreiecke, in denen die Seiten a und b sowie die Winkel α und β vorkommen. Dazu markieren wir den Mittelpunkt D der Seite $\overline{AB}$ und zeichnen die Verbindungsstrecke $\overline{CD}$. Wir begründen nun die Kongruenz der Dreiecke ADC und DBC.

Für die Dreiecke ADC und DBC gilt:

(1) $\overline{AC} = \overline{BC}$ (nach Voraussetzung)
(2) $\overline{AD} = \overline{BD}$ (da D Mittelpunkt von $\overline{AB}$ ist)
(3) $\overline{DC} = \overline{DC}$ (gemeinsame Seite)

Wegen (1), (2) und (3) stimmen die beiden Dreiecke ADC und DBC paarweise in den Längen der drei Seiten überein. Nach dem Kongruenzsatz sss sind somit die beiden Dreiecke zueinander kongruent. Aus der Kongruenz der beiden Dreiecke folgern wir nun: α = β.

2. Begründe den Basiswinkelsatz (Seite 201), indem du als Hilfslinie
   a. die Winkelhalbierende w_γ **b.** die Höhe h_c wählst.

Zum Festigen und Weiterarbeiten

3. Wir kehren den Basiswinkelsatz um:
Wenn in einem Dreieck zwei Winkel gleich groß sind, dann sind die gegenüberliegenden Seiten gleich lang, d. h. dass das Dreieck dann gleichschenklig ist.
Begründe diesen Satz.

Übungen

4. Welche Dreiecke in der Figur sind kongruent zueinander? Begründe das. Beachte die angegebenen Voraussetzungen.

a. $a = d$; $b = c$ **b.** $\overline{CA} = \overline{CB}$; $CD \perp AB$ **c.** $AD \parallel BC$; $\overline{AD} = \overline{BC}$

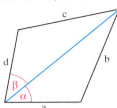 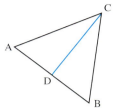 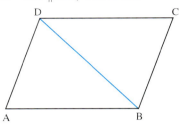

5. Die Dreiecke ADC und DBC stimmen jeweils in drei Größen überein. Welche sind das?
Begründe, warum die beiden Dreiecke nicht kongruent zueinander sind.

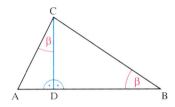

6. Welche Dreiecke in der Figur sind kongruent zueinander? Begründe das. Beachte die angegebenen Voraussetzungen.

a. w ist Winkelhalbierende **b.** $\overline{BD} = \overline{DC}$; $\beta = \gamma$ **c.** $\overline{AB} = \overline{DC}$; $\overline{AD} = \overline{BC}$

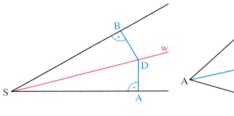 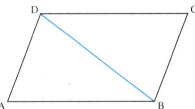

7. Gegeben sind eine Strecke $\overline{AB}$ mit dem Mittelpunkt M und ein Punkt P.

  a. Wir setzen voraus: PM ist Mittelsenkrechte von $\overline{AB}$.
  Begründe: $\overline{PA} = \overline{PB}$.

  b. Wir setzen voraus: $\overline{PA} = \overline{PB}$.
  Begründe: PM ist Mittelsenkrechte von $\overline{AB}$.

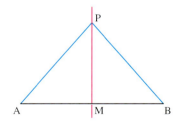

8. Gegeben sind ein Winkel α ($\alpha < 180°$) mit dem Scheitel S und ein Punkt P im Innern des Winkels.

  a. Wir setzen voraus: w_α ist die Winkelhalbierende des Winkels α.
  Begründe: Der Punkt P hat von den beiden Schenkeln des Winkels α denselben Abstand.
  Anleitung: Begründe: $\overline{PA} = \overline{PB}$.

  b. Wir setzen voraus: P hat von den beiden Schenkeln des Winkels α denselben Abstand.
  Begründe: w_α ist Winkelhalbierende des Winkels α.

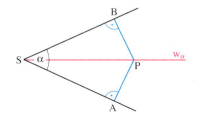

Vermischte Übungen

1. ABC sei ein Dreieck. Fülle die Tabelle aus.

α	β	γ	a ⋛ b	a ⋛ c	b ⋛ c	Dreiecksart nach Winkeln	Dreiecksart nach Seiten
73°	64°						
	35°	55°					
27°		42°					
		110°					gleichschenklig
	44°		a > b	a > c		rechtwinklig	
57°				a = c			
							gleichseitig
60°					b = c		

2. Konstruiere, falls möglich, das Dreieck ABC.
Gib den Kongruenzsatz an, falls es bis auf Kongruenz *nur* ein Lösungsdreieck gibt.
Begründe, falls die Konstruktion nicht möglich ist.

(1) b = 8,4 cm; c = 5,9 cm; γ = 28°
(2) c = 7,0 cm; a = 2,9 cm; b = 3,9 cm
(3) α = 38°; β = 67°; γ = 75°
(4) b = 6,8 cm; c = 5,2 cm; β = 137°
(5) a = 4 cm; β = 92°; γ = 107°
(6) a = 5,8 cm; b = 4,3 cm; β = 78°
(7) α = 37°; β = 79°; γ = 88°
(8) c = 4,5 cm; α = 36°; β = 81°
(9) a = 4,9 cm; c = 6,5 cm; α = 44°
(10) a = 3,8 cm; α = 17°; β = 56°

3. Konstruiere das Bild
  a. eines gleichschenkligen Dreiecks ABC mit der Basislänge c = 4,2 cm und β = 70°
    (1) bei Spiegelung am Mittelpunkt der Seite $\overline{AB}$ [der Seite $\overline{AC}$];
    (2) bei Spiegelung an der Geraden AB [der Geraden AC];
  b. eines gleichschenklig-rechtwinkligen Dreiecks ABC mit a = b = 4,5 cm und γ = 90°
    (1) bei Spiegelung am Mittelpunkt der Seite $\overline{BC}$ [der Seite $\overline{AB}$];
    (2) bei Spiegelung an der Geraden BC [der Geraden AB];
  c. eines gleichseitigen Dreiecks ABC mit c = 3,8 cm
    (1) bei Spiegelung am Mittelpunkt der Seite $\overline{AB}$;
    (2) bei Spiegelung an der Geraden AB.

Betrachte die aus Dreieck und Bilddreieck bestehende Gesamtfigur. Wie heißt sie? Begründe deine Antwort. Falls die Figur punktsymmetrisch ist, konstruiere den Symmetriepunkt.

4. Die beiden Dreiecke sind kongruent zueinander. Wie groß ist der Winkel δ?

a. **b.**

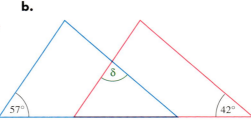

5. Berechne den Winkel β. w bedeutet Winkelhalbierende.

a. 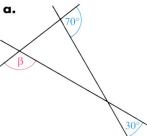   b. 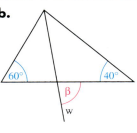   c.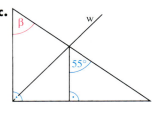

6. Berechne den rot markierten Winkel. Begründe jeden Schritt.

a. 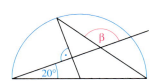   b. 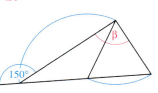   c.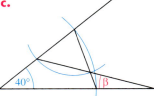

7. Berechne die rot gekennzeichneten Winkel.

a. 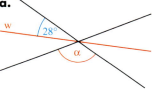   b. 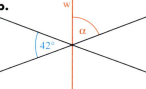   c.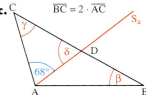

8. Ein Schornstein wirft einen 64 m langen Schatten. Die Sonnenstrahlen treffen unter einem Winkel von 39° auf.
Wie hoch ist der Schornstein?

9. Unter welchem Höhenwinkel α sieht man aus einer Entfernung von 1 km die Spitze des Turmes vom Kölner Dom (Höhe 156 m)?

10. In einem Fluss liegt eine Insel. Michael möchte wissen, wie weit die Insel vom Ufer entfernt ist.
Dazu steckt er am Ufer eine 40 m lange Strecke $\overline{AB}$ ab. Mit einem Theodoliten (Foto links) peilt er dann den Punkt C auf der Insel an und misst die Winkel α und β.
α = 62°; β = 51°
Bestimme zeichnerisch die Entfernung der Insel vom Ufer.

Bist du fit?

1. Berechne die fehlenden Innenwinkel der Figur.
   a. Dreieck ABC mit $\alpha = 34°$ und $\gamma = 78°$
   b. Gleichschenkliges Dreieck ABC (Basis $\overline{AB}$) mit $\gamma = 54°$
   c. Gleichschenkliges Dreieck ABC (Basis $\overline{AC}$) mit $\alpha = 63°$

2. Berechne den Winkel α. Begründe jeden Schritt. w bedeutet Winkelhalbierende.
   a.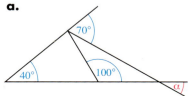
   b.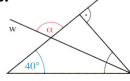
   c.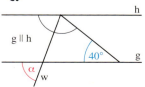

3. Konstruiere
   a. ein gleichschenkliges Dreieck ABC (Basis $\overline{AB}$) mit $c = 5{,}4$ cm und $\beta = 42°$;
   b. ein gleichschenkliges Dreieck (Basis $\overline{AB}$) mit $c = 4{,}9$ cm und $\gamma = 90°$;
   c. ein gleichseitiges Dreieck ABC mit $a = 4{,}5$ cm.

4. Kannst du in der Figur Teilfiguren entdecken, die zueinander kongruent sind?
   Übertrage die Figur auf Karopapier, färbe zueinander kongruente Teilfiguren jeweils mit derselben Farbe.

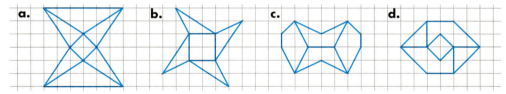

5. Zeichne ein Dreieck ABC aus den gegebenen Größen. Bestimme durch Messen die übrigen Größen. Aus welchem der Kongruenzsätze folgt, dass alle Lösungsdreiecke mit den gegebenen Größen kongruent zueinander sind?
   a. $a = 5$ cm; $b = 4$ cm; $\gamma = 67°$
   b. $c = 9$ cm; $a = 6$ cm; $\gamma = 53°$
   c. $a = 4{,}5$ cm; $\beta = 57°$; $\gamma = 43°$
   d. $a = 7$ cm; $b = 5$ cm; $c = 4$ cm
   e. $c = 5{,}3$ cm; $\alpha = 44°$; $\beta = 61°$
   f. $b = 8{,}0$ cm; $c = 5{,}3$ cm; $\alpha = 36°$
   g. $a = 6{,}0$ cm; $b = 4{,}5$ cm; $c = 7{,}5$ cm
   h. $a = 3$ cm; $b = 5$ cm; $\beta = 47°$
   i. $a = 6{,}7$ cm; $b = 5{,}5$ cm; $c = 3{,}8$ cm
   j. $c = 6{,}2$ cm; $a = 5{,}4$ cm; $\gamma = 129°$
   k. $b = 6{,}1$ cm; $\beta = 24°$; $\gamma = 63°$
   l. $a = 4{,}4$ cm; $b = 3{,}1$ cm; $\gamma = 78°$

6. Ein Theodolit wird 21 m von der lotrechten Kante des Schulgebäudes entfernt aufgestellt. Dann wird der Höhenwinkel α gemessen: $\alpha = 29°$.
   Die Instrumentenhöhe beträgt 1,75 m.
   Wie hoch ist das Schulgebäude ohne Dach?

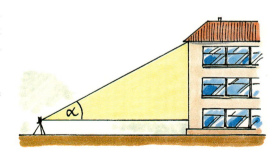

Körper

Im Supermarkt findest du Artikel, deren Verpackungen ganz unterschiedliche Formen haben können. Der Mathematiker hat für die hier abgebildeten Verpackungsformen besondere Namen: Quader, Kegel, Zylinder,...
Kannst du den Verpackungen die richtigen mathematischen Namen zuordnen?

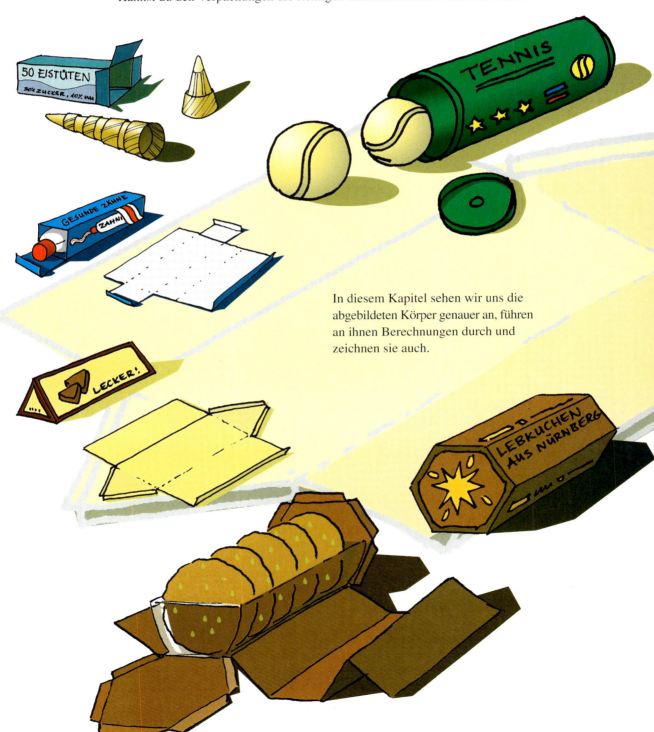

In diesem Kapitel sehen wir uns die abgebildeten Körper genauer an, führen an ihnen Berechnungen durch und zeichnen sie auch.

Flächen, Kanten, Ecken, Schrägbilder

1.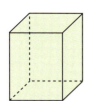

Aufgabe

a. Wie heißen die abgebildeten Körper?
b. Wie viele Flächen, Kanten und Ecken hat jeder der dargestellten Körper?

Lösung
a. Die Körper heißen Kugel, Quader, Pyramide, Zylinder und Kegel.
b. Die Kugel hat eine Fläche, keine Kanten, keine Ecken.
Der Quader hat 6 Flächen, 12 Kanten, 8 Ecken.
Die (dreiseitige) Pyramide hat 4 Flächen, 6 Kanten, 4 Ecken.
Der Zylinder hat 3 Flächen (davon eine gekrümmt), 2 Kanten, keine Ecke.
Der Kegel hat 2 Flächen (davon eine gekrümmt), 1 Kante, 1 Ecke.

2. Wie viele Flächen, Kanten und Ecken hat der abgebildete Körper?
Aus welchen Körpern setzt sich der abgebildete Körper zusammen?

a. 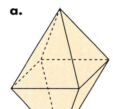 b. 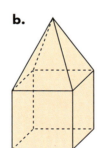 c.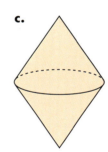

Zum Festigen und Weiterarbeiten

3. *Wiederholung*
So wird das Schrägbild eines Quaders mit den Kantenlängen a = 3,0 cm, b = 2,0 cm und c = 1,5 cm gezeichnet:

 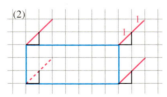 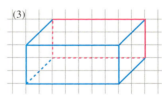

1. Schritt:
Zeichne die Vorderfläche mit den richtigen Maßen.

2. Schritt:
Zeichne die nach hinten verlaufenden Seitenkanten des Quaders schräg und verkürzt (für 1 cm jeweils 1 Kästchendiagonale).

3. Schritt:
Zeichne die Rückfläche.

Nicht sichtbare Kanten werden gestrichelt gezeichnet.

a. Zeichne das Schrägbild des Quaders ab. Welche Kantenlängen hat der Quader?
b. Zeichne das Schrägbild eines Würfels mit der Kantenlänge 4 cm.

4. Vervollständige das folgende Schrägbild eines Quaders.

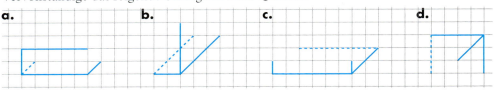

Gib jeweils die Kantenlängen des Quaders an.

5. Skizziere das Schrägbild eines beliebigen Quaders. Beginne mit der Vorderfläche.

Übungen

6. Welche Gestalt haben ein Schuhkarton, ein Tischtennisball, eine Schultüte (zum Schulanfang), eine Litfaßsäule, ein Stück Kreide, ein Tafelschwamm, dein Mathematikbuch, ein Wasserglas, ein Besenstiel?

7. a. Aus welchen Körpern setzt sich der abgebildete Körper zusammen?
b. Wie viele Flächen, Kanten und Ecken hat er?

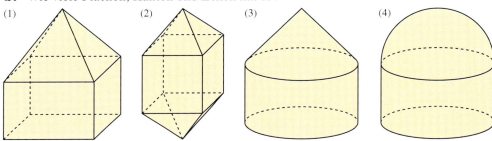

8. Vervollständige das Schrägbild eines Quaders.

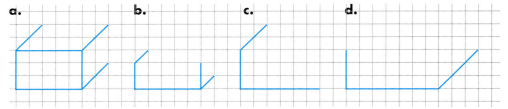

9. Skizziere das Schrägbild eines beliebigen Würfels. Beginne mit dem vorderen Quadrat.

10. Zeichne die abgebildeten Körper in dein Heft.

a.

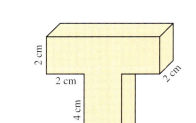

b.

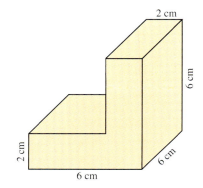

Berechnungen an Quadern

1. Ein Karton hat die im Bild rechts angegebenen Maße (in cm).

a. Wie groß ist das Volumen des Kartons?

b. Der Karton soll außen mit Alufolie beklebt werden.
Wie viel Folie braucht man?

Aufgabe

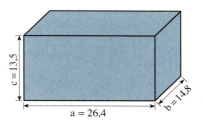

Lösung

a. Für das Volumen V eines Quaders kennen wir die Formel:

V = a · b · c
V = 26,4 cm · 14,8 cm · 13,5 cm
V = (26,4 · 14,8 · 13,5) cm³
V = 5274,72 cm³
V = 52,7472 dm³

Ergebnis: Das Volumen beträgt ungefähr 53 dm³.

b. Du musst die Größe A_O der Oberfläche des Quaders berechnen. Dafür gilt:

A_O = 2 · (26,4 · 14,8) cm² + 2 · (14,8 · 13,5) cm² + 2 · (26,4 · 13,5) cm²
A_O = 2 ·   390,72 cm²   + 2 ·   199,8 cm²   + 2 ·   356,4 cm²   = 1 893,84 cm²

Ergebnis: Man braucht ungefähr 1 894 cm² Alufolie, das sind fast 20 dm².

Information

Die Formel für das **Volumen V eines Quaders** mit den Kantenlängen a, b und c lautet:

V = a · b · c

Die Formel für den **Oberflächeninhalt A_O eines Quaders** mit den Kantenlängen a, b und c lautet:

A_O = 2 · a · b + 2 · b · c + 2 · a · c

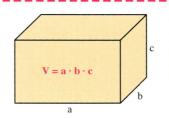

---

2. Berechne das Volumen und die Größe der Oberfläche des Quaders.

a. a = 12 cm; b = 17 cm; c = 8 cm
b. a = 9 cm; b = 9 cm; c = 8 cm
c. a = $\frac{3}{4}$ m; b = $\frac{7}{15}$ m; c = $\frac{8}{9}$ m;
d. a = $\frac{2}{7}$ cm; b = $\frac{3}{8}$ cm; c = $\frac{7}{11}$ cm
e. a = 45,7 cm; b = 24,6 dm; c = 13,3 cm
f. a = 4230 mm; b = 3,45 m; c = 150 cm

Zum Festigen und Weiterarbeiten

3. a. Begründe:
Für das Volumen V eines Würfels mit der Kantenlänge a gilt die Formel:
$$V = a \cdot a \cdot a = a^3$$

b. Begründe:
Für die Größe A_O der Oberfläche eines Würfels gilt:
$$A_O = 6 \cdot a \cdot a = 6 \cdot a^2$$

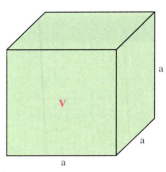

c. Ein Würfel hat die Kantenlänge
(1) 6 dm;   (2) $\frac{7}{8}$ m;   (3) 9,3 cm.
Berechne das Volumen und die Oberfläche des Würfels.

Übungen

4. Berechne das Volumen und die Oberfläche des Quaders.
a. a = 6,5 cm; b = 4,5 cm; c = 2,5 cm   **c.** a = 34,7 cm; b = 28,8 cm; c = 15,5 cm
b. a = 17,3 dm; b = 16,4 dm; c = 8,9 dm   **d.** a = 12,00 m; b = $3\frac{1}{2}$ m; c = 4,25 m

5. Ein (quaderförmiges) Wasserbecken ist 12,50 m lang, 6,50 m breit und 1,80 m tief. Wie viel m³ Wasser fasst das Becken? Wie viel Liter sind das?

1 dm³ = 1 l
1 m³ = 1000 l

6. Auf dem Flachdach eines Ferienhauses liegt eine 25 cm hohe Schneeschicht. Durch Abwiegen stellt Marcus fest:
1 dm³ Schnee wiegt 67,5 g.
Wie schwer ist der Schnee auf dem Haus?

7. Tanjas Familie besitzt einen quaderförmigen Heizöltank (a = 1,90 m; b = 1,80 m; c = 2,10 m). Tanjas Familie verbraucht pro Jahr durchschnittlich 6500 l Heizöl.
a. Überschlage: Reicht eine Tankfüllung für 1 Jahr?
b. Ein Liter Heizöl kostet 0,26 €. Wie viel Euro kostet eine Tankfüllung?

8. Berechne das Volumen und die Oberfläche des Körpers (Maße in cm). Denke dir den Körper in Quader zerlegt oder zu einem Quader ergänzt.

a. 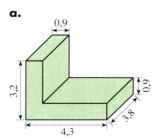   **b.** 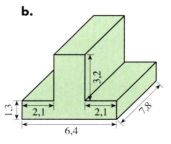   **c.**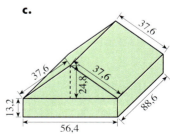

9. Wie hoch ist der Quader?
a. Länge: $\frac{3}{5}$ m;   Breite: $\frac{7}{8}$ m;   Volumen: $\frac{14}{15}$ m³
b. Volumen: 119,7 m³;   Grundfläche: 28,5 m²

Prismen und Pyramiden
Herstellen von Prismen durch Zerschneiden von Quadern

1. **Aufgabe**

a. Wähle einen der obigen Körper aus. Stelle aus geeignetem Material (Plastilin, Blumensteckmasse, Styropor[1]) den Würfel bzw. Quader her. Zerschneide ihn wie im Bild.

b. Zeichne ein Schrägbild des Würfels bzw. Quaders. Zeichne die Schnittfläche(n) in das Schrägbild ein. Färbe den entstandenen Teilkörper wie im Bild.

c. Zeichne ein Netz des gefärbten Teilkörpers.

Lösung

a. (1) 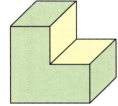 (2)  (3)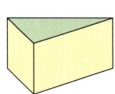

b.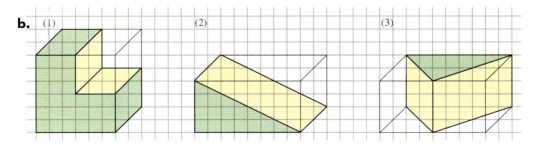

c. Verkleinerte Darstellungen

(1) 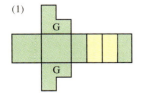 (2) (3)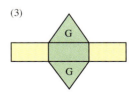

Beachte: Die im Netz mit G gekennzeichneten Flächen (Grundflächen) sind in jedem Körper parallel zueinander. Alle anderen Flächen der Körper (Seitenflächen) sind Rechtecke.

---

[1] Styropor kann man leicht schneiden, wenn man das Sägeblatt einer Laubsäge über einer Kerze erhitzt.

Information

Die Körper, die wir in Aufgabe 1 hergestellt haben, heißen *Prismen*.

> Ein **Prisma** ist ein Körper, dessen **Grundflächen** zueinander parallele und kongruente (deckungsgleiche) Vielecke sind.
>
> Die **Seitenflächen** des (geraden) Prismas sind Rechtecke.
>
> Man unterscheidet *Grundkanten* und *Seitenkanten* des Prismas. Die Länge der Seitenkanten ist die **Höhe** des Prismas. Die Höhe gibt den Abstand zwischen den beiden parallelen Grundflächen an.
>
> Ist die Grundfläche ein Dreieck (Viereck, ...), so heißt das Prisma dreiseitiges (vierseitiges, ...) Prisma.
>
> *Beachte:*
> – Jeder Quader ist auch ein Prisma.
> – Ein Prisma kann auf einer Grundfläche „stehen" oder auf einer Seitenfläche „liegen".
>
>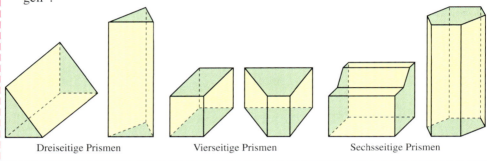
>
> Dreiseitige Prismen   Vierseitige Prismen   Sechsseitige Prismen

Zum Festigen und Weiterarbeiten

2. Entscheide, ob der Körper ein Prisma ist. Begründe deine Antwort.

(1)   (2)   (3)   (4)   (5)

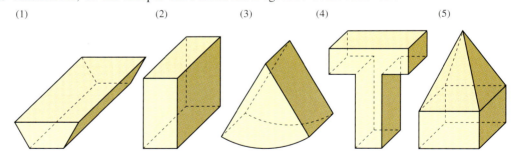

3. a. *Gehe auf Entdeckungsreise*: Nenne Gegenstände aus dem Alltag, die die Form eines Prismas haben.

    b. Wie viele Ecken, Kanten, Flächen hat ein dreiseitiges [vierseitiges] Prisma?

4. Das Bild rechts zeigt, wie das Prisma (1) in Aufgabe 1 aussieht, wenn man es senkrecht von oben betrachtet. Deshalb nennt man die Zeichnung *Draufsicht* oder **Grundriss** des Prismas. Wenn ein Prisma auf einer seiner Grundflächen steht, so entspricht die Grundfläche dem Grundriss.

Zeichne den Grundriss von Prisma (2) und von Prisma (3) in Aufgabe 1.

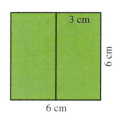

5. a. Gib die Höhe des Prismas an.
   b. Zeichne den Grundriss des Prismas.

a.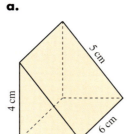
b.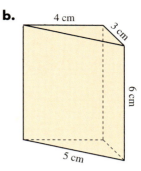

6. Entscheide, ob der Körper ein Prisma ist.

Übungen

a.   b. 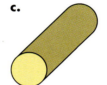 c.   d.

7. Der Quader wird entlang der roten Fläche zerschnitten. Es entstehen zwei Prismen. Wähle eines aus und zeichne

   a. ein Netz des Prismas,
   b. ein Schrägbild des Prismas,
   c. einen Grundriss des Prismas.
   d. Wie hoch ist das Prisma?

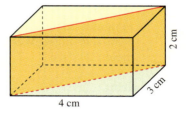

8. a. Zeichne das Schrägbild des Prismas ab und ergänze es zu einem Quader. Zeichne auch die unsichtbaren Kanten des Quaders ein.
   b. Zeichne den Grundriss des Prismas.
   c. Gib die Höhe des Prismas an.

9. Welches der abgebildeten Prismen gehört zum Grundriss 1, welches zum Grundriss 2?

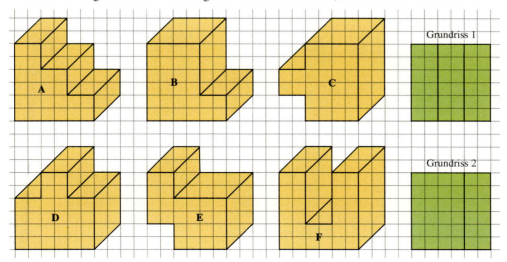

Erzeugen von Pyramiden aus Quadern

Aufgabe

1. a. Gegeben ist ein Würfel (a = 6 cm). Verbinde den Mittelpunkt M der oberen Fläche mit den Ecken der unteren Fläche. Im Bild sind die Verbindungsstrecken am Kantenmodell durch Fäden veranschaulicht. Trage die Verbindungsstrecken in ein Schrägbild des Würfels ein.
Der Würfel wird längs dieser Verbindungsstrecken so zerschnitten, dass eine Pyramide entsteht. Färbe im Schrägbild die (sichtbaren) Begrenzungsflächen der Pyramide.

b. Zeichne das Netz der Pyramide ab und stelle ein Papiermodell her.
Miss dann die Höhe der Pyramide wie im Bild. Daniel behauptet, dass die Höhe der Pyramide kleiner als 5 cm sein muss. Was meinst du dazu?

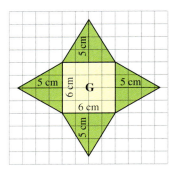
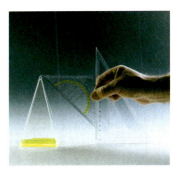

Lösung

a.

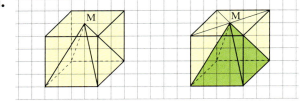

b. Die Pyramide ist 4 cm hoch. Die Höhe muss kleiner sein als 5 cm, weil von der Spitze senkrecht zur unteren Fläche (Grundfläche) gemessen wird.

Information

Diese Körper sind **Pyramiden.**

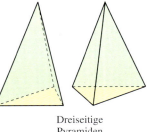
Dreiseitige Pyramiden

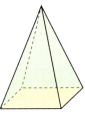
Vierseitige Pyramide

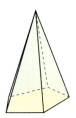
Fünfseitige Pyramide

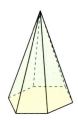
Sechsseitige Pyramide

Jede **Seitenfläche** einer Pyramide ist ein Dreieck.
Ist die **Grundfläche** ein Dreieck (Viereck, …), so heißt die Pyramide dreiseitige (vierseitige, …) Pyramide.
Die **Höhe** der Pyramide gibt den Abstand der Spitze von der Grundfläche an.

2. Entscheide, ob der Körper eine Pyramide ist. Begründe.

Zum Festigen und Weiterarbeiten

a.   b.   c.   d.

3. a. *Gehe auf Entdeckungsreise:* Nenne Gegenstände aus dem Alltag, die die Form einer Pyramide haben.
  b. Wie viele Ecken, Kanten, Flächen hat eine dreiseitige [vierseitige] Pyramide?

4. a. Zeichne ein Netz der Pyramide. Entnimm die Maße der Zeichnung.
  b. Rechts siehst du auch den **Grundriss** der Pyramide aus Teilaufgabe a. Es ist ein Quadrat mit den beiden Diagonalen.
  Zeichne den Grundriss einer Pyramide
  (1) mit quadratischer Grundfläche (a = 5 cm);
  (2) mit rechteckiger Grundfläche (a = 4,5 cm; b = 3 cm).

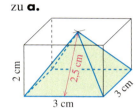

5. a. Zeichne das Schrägbild einer Pyramide mit quadratischer Grundfläche (a = 4 cm; h = 5 cm). Verfahre wie im Bild rechts.
▲ **b.** Skizziere eine beliebige Pyramide. Verfahre wie in Teilaufgabe a.

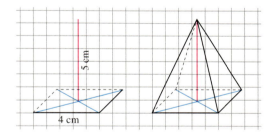

6. Übertrage das Netz der Pyramide auf Karopapier, schneide es aus und bestimme dann die Höhe der Pyramide wie in Aufgabe 1 beschrieben.

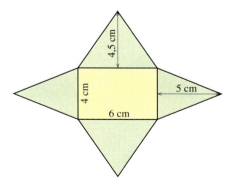

7. Entscheide, ob der Körper eine Pyramide ist. Begründe.

Übungen

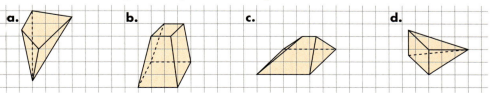

a.   b.   c.   d.

8. a. Zeichne ein Netz der Pyramide.

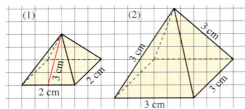

b. Entscheide, ob die Figur ein Netz einer Pyramide ist. Begründe. Finde weitere Netze.

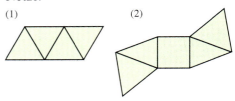

9. Gegeben ist eine Pyramide
(1) mit quadratischer Grundfläche (a = 6 cm; h = 8 cm);
(2) mit rechteckiger Grundfläche (a = 6 cm; b = 4 cm; h = 6 cm).

a. Zeichne ein Schrägbild der Pyramide.

b. Zeichne den Grundriss der Pyramide.

10. a. Rechts ist schrittweise eine Pyramide mit rechteckiger Grundfläche gezeichnet worden. Erkläre.

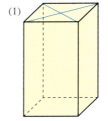 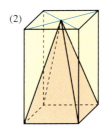 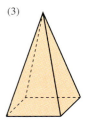

b. Verfahre ebenso mit einer Pyramide mit rechteckiger Grundfläche mit den Seitenlängen a = 5 cm, b = 4 cm und der Höhe h = 3 cm.

11. Zeichne das Schrägbild von drei verschiedenen Pyramiden, die

a. jeweils eine quadratische Grundfläche mit der Kantenlänge a = 5 cm haben;

b. jeweils die Höhe h = 6 cm haben.

c. Zeichne den Grundriss der Pyramiden aus Teilaufgabe a.

12. Welcher der abgebildeten Körper gehört zum Grundriss 1, welcher zum Grundriss 2? Es sind auch mehrere Lösungen möglich.

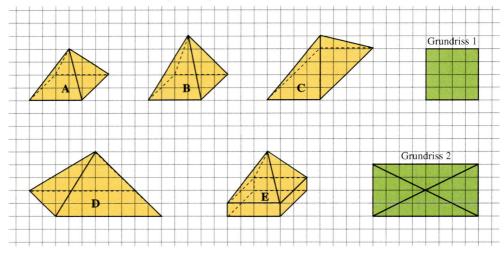

Zylinder, Kegel und Kugel

1. a. Dosen für Paprika-Chips oder Plätzchen haben die Form eines **Zylinders**.
Baue aus Pappkarton einen solchen Körper nach. Beschreibe, wie du vorgehst, um zunächst ein Netz zu zeichnen.

b. Eine Eistüte hat die Form eines **Kegels**. Baue ihn aus Pappkarton nach.

Aufgabe

Lösung

a. Ein Teil des Netzes sind die beiden gleich großen Grundflächen; dies sind Kreisflächen.
Um den anderen Teil des Netzes zu erhalten, schneiden wir die Seitenflächen auf und breiten sie aus wie im Bild. Wir erhalten ein Rechteck.
Für das Netz ergeben sich die Maße, die in der Zeichnung eingetragen sind.
Zeichne das Netz auf Zeichenkarton und baue den Körper.

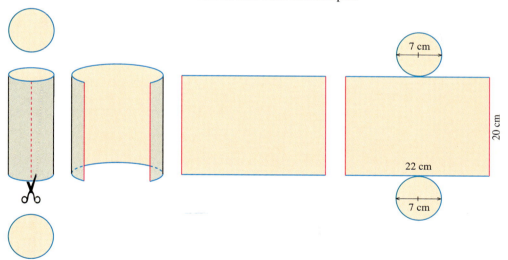

b. Wir schneiden die gekrümmte Fläche des Kegels wie im Bild auf und breiten sie aus. Wir erhalten den Teil einer Kreisfläche.

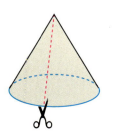

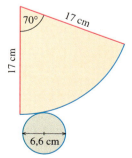

Für das Netz ergeben sich die Maße, die in der Zeichnung eingetragen sind.

Zum Festigen und Weiterarbeiten

2. a. *Gehe auf Entdeckungsreise:* Nenne Gegenstände aus dem Alltag, die die Form eines Zylinders, eines Kegels oder einer Kugel haben.
  b. Wie viele Kanten und Flächen hat ein Zylinder [ein Kegel; eine Kugel]?

3. Wie muss man einen Zylinder [einen Kegel; eine Kugel] auf einen Tisch legen, damit dieser Körper
  a. feststeht;   **b.** rollen kann?

▲ **4.** Das Schrägbild einer Kreisfläche kannst du zeichnen, indem du wie auf dem Bild alle eingezeichneten Strecken halbierst. Zeichne mithilfe dieses Schrägbildes das Schrägbild eines Zylinders, der 5 cm hoch ist.

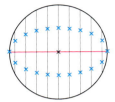 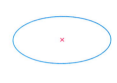

5. Versuche, die Schale einer halben Apfelsine ohne Gewalt in die Ebene auszubreiten. Kann man ein Netz einer Kugel zeichnen?

Information

 Zylinder   Kegel   Kugel

Einen Zylinder und einen Kegel kann man in die Ebene ausbreiten; eine Kugel kann man *nicht* in die Ebene ausbreiten.
Das Netz eines Zylinders besteht aus zwei gleich großen Kreisflächen und einem Rechteck.
Das Netz eines Kegels besteht aus einer Kreisfläche und einem Kreisausschnitt.

6. a. Die Höhe eines Zylinders gibt den Abstand der beiden parallelen Kreisflächen an. Wie groß ist die Zylinderhöhe in Aufgabe 1 a?
  b. Die Höhe eines Kegels gibt den Abstand der Spitze von der Kreisfläche an. Wie groß ist die Kegelhöhe in Aufgabe 1 b?

Übungen

7. Stelle aus Plastilin einen Zylinder, einen Kegel und eine Kugel her.
  a. Zerschneide den Zylinder parallel zu einer Grundfläche. Welche Form hat die Schnittfläche?
  Wie muss man schneiden, damit als Schnittfläche ein Rechteck entsteht?
  b. Zerschneide den Kegel parallel zur Grundfläche. Welche Form hat die Schnittfläche?
  Wie muss man schneiden, damit als Schnittfläche ein Dreieck entsteht?
  c. Zerschneide die Kugel. Welche Form hat die Schnittfläche?
  Kannst du hier unterschiedliche Schnittflächen erzeugen?

8. Zeichne auf Zeichenkarton das Netz des
   a. Zylinders,
   b. Kegels.

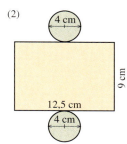
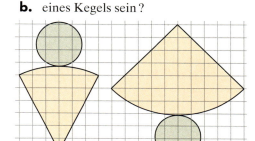

Stelle den Körper her.

9. Welche der Figuren kann kein Netz
   a. eines Zylinders sein?
   b. eines Kegels sein?

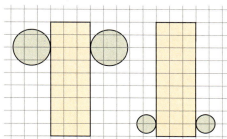
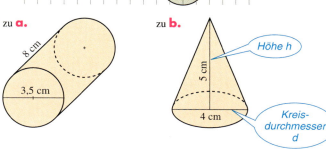

10. a. Einen „liegenden" Zylinder nennt man auch Walze. Das Schrägbild lässt sich dann einfach zeichnen.
   (1) Zeichne das Schrägbild dieser Walze.
   (2) Denke dir den Zylinder aufgestellt. Zeichne das Schrägbild.
   b. Skizziere das Schrägbild eines Kegels mit d = 4 cm; h = 5 cm.

11. Welches Netz (verkleinert abgebildet) kann zum dargestellten Körper gehören? Begründe deine Antwort.

(1)   (2)   (3)

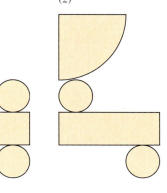
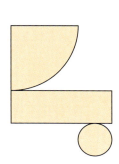
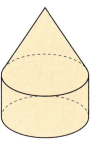

Bist du fit?

1. **a.** Ein Quader hat die Kantenlängen a = 5 cm, b = 4 cm, c = 4 cm.
   Zeichne das Netz und das Schrägbild.
   b. Eine vierseitige Pyramide hat eine quadratische Grundfläche (Kantenlänge a = 6 cm) und eine Höhe h = 7 cm.
   Zeichne das Schrägbild der Pyramide.

2. Zeichne das Netz des Prismas. Färbe die Grundflächen in einer Farbe, die Seitenflächen in einer anderen Farbe. Kennzeichne die Höhe des Prismas.

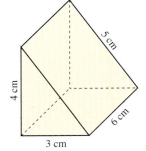

3. Nenne einen Körper, der
   a. nur zwei Flächen hat;
   b. nur eine Ecke hat;
   c. 9 Kanten besitzt.

4. Zu welchem Körper gehört das Netz? Zeichne das Schrägbild hierzu.

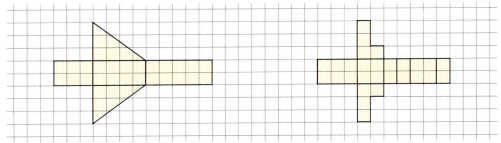

5. Zeichne den Grundriss
   a. des rechts abgebildeten Körpers.
   b. einer Pyramide mit rechteckiger Grundfläche (a = 6 cm, b = 4 cm) und der Höhe h = 7 cm.

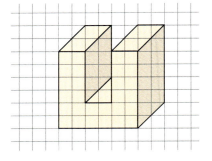

6. Welche der Figuren kann das Netz eines Zylinders [eines Kegels] darstellen?

   a. 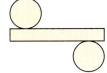   **b.** 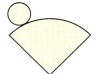   **c.**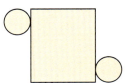

7. Berechne das Volumen und die Größe der Oberfläche des Quaders.
   a. a = 7 cm; b = 4 cm; c = 6 cm
   b. a = 4,1 cm; b = 3,5 cm; c = 6,2 cm
   c. a = 3,5 dm; b = 1,7 dm; c = 2,5 dm
   d. l = 12 m; b = 4,6 m; h = 1,2 m

Bist du fit?

1. a. 7 | 28, 6 | 42, 7∤40 **c.** 8 | 96, 7 | 105, 12∤112 **e.** 45 | 990, 13 | 182, 17 | 153 **Seite 31**
b. 9 | 45, 8∤36, 9 | 54 **d.** 11∤111, 13 | 143, 9 | 144

2. a. $T_{56} = \{1, 2, 4, 7, 8, 14, 28, 56\}$ **d.** $T_{104} = \{1, 2, 4, 8, 13, 26, 52, 104\}$
b. $T_{68} = \{1, 2, 4, 17, 34, 68\}$ **e.** $T_{264} = \{1, 2, 3, 4, 6, 8, 11, 12, 22, 24, 33, 44, 66, 88, 132, 264\}$
c. $T_{55} = \{1, 5, 11, 55\}$ **f.** $T_{380} = \{1, 2, 4, 5, 10, 19, 20, 38, 76, 95, 190, 380\}$

3. a. $V_7 = \{7, 14, 21, 28, 35, 42, 49, 56, 63, 70, 77, 84, \ldots\}$
b. $V_8 = \{8, 16, 24, 32, 40, 48, 56, 64, 72, 80, 88, 96, \ldots\}$
c. $V_{12} = \{12, 24, 36, 48, 60, 72, 84, 96, 108, 120, 132, 144, \ldots\}$
d. $V_{14} = \{14, 28, 42, 56, 70, 84, 98, 112, 126, 140, 154, 168, \ldots\}$
e. $V_{21} = \{21, 42, 63, 84, 105, 126, 147, 168, 189, 210, 231, 252, \ldots\}$
f. $V_{17} = \{17, 34, 51, 68, 85, 102, 119, 136, 153, 170, 187, 204, \ldots\}$
g. $V_{102} = \{102, 204, 306, 408, 510, 612, 714, 816, 918, 1020, 1122, 1224, \ldots\}$
h. $V_{125} = \{125, 250, 375, 500, 625, 750, 875, 1000, 1125, 1250, 1375, 1500, \ldots\}$

4. (1) 36, 64, 72, 310, 400, 5 316, 6 172, 7 620, 9 186, 9 700, 37 850, 60 002, 87 904, 185 558, 72 856 392
(2) 36, 45, 72, 927, 1 017, 5 316, 7 620, 9 186, 5 687 469, 8 041 563, 72 856 392
(3) 36, 72, 5 316, 7 620, 9 186, 72 856 392
(4) 36, 45, 72, 927, 1 017, 5 687 469, 8 041 563
(5) 35, 45, 125, 310, 400, 2 225, 7 620, 9 700, 37 850
(6) 310, 400, 7 620, 9 700, 37 850
(7) 36, 64, 72, 400, 5 316, 6 172, 7 620, 9 700, 87 904, 72 856 392
(8) 125, 400, 2 225, 9 700, 37 850

5. a. 7, 11, 13, 17 **b.** 19, 23, 29, 31 **c.** 37, 41, 43, 47 **d.** 67, 71, 73, 83

6. a. $24 = 2 \cdot 2 \cdot 2 \cdot 3;$ $\quad 30 = 2 \cdot 3 \cdot 5;$ $\quad 26 = 2 \cdot 13$
b. $32 = 2 \cdot 2 \cdot 2 \cdot 2 \cdot 2;$ $\quad 54 = 2 \cdot 3 \cdot 3 \cdot 3;$ $\quad 84 = 2 \cdot 2 \cdot 3 \cdot 7$
c. $120 = 2 \cdot 2 \cdot 2 \cdot 3 \cdot 5;$ $\quad 130 = 2 \cdot 5 \cdot 13;$ $\quad 112 = 2 \cdot 2 \cdot 2 \cdot 2 \cdot 7$
d. $816 = 2 \cdot 2 \cdot 2 \cdot 2 \cdot 3 \cdot 17;$ $\quad 253 = 11 \cdot 23;$ $\quad 360 = 2 \cdot 2 \cdot 2 \cdot 3 \cdot 3 \cdot 5$
e. $1100 = 2 \cdot 2 \cdot 5 \cdot 5 \cdot 11;$ $\quad 1408 = 2 \cdot 2 \cdot 2 \cdot 2 \cdot 2 \cdot 2 \cdot 2 \cdot 11;$ $\quad 1575 = 3 \cdot 3 \cdot 5 \cdot 5 \cdot 7$

7. a. 4; 10; 1 **b.** 7; 15; 13 **c.** 35; 6; 12 **d.** 4; 20; 1 **e.** 125; 40; 120

8. a. 30; 30; 36 **b.** 104; 75; 120 **c.** 120; 130; 400 **d.** 140; 225; 84 **e.** 360; 864; 480

9. 2 m **10.** Bei jedem 15-ten Fahrrad.

1. a. $\frac{7}{8}$; $1\frac{1}{7}$; $\frac{1}{2}$; 2; $2\frac{2}{5}$ **b.** $4\frac{2}{7}$; 7; $15\frac{2}{5}$; $11\frac{10}{19}$; **2.** $\frac{5}{8}$; $\frac{3}{11}$; $\frac{3}{5}$; $\frac{5}{12}$; $2\frac{2}{3}$; $\frac{4}{11}$; $\frac{3}{5}$; $2\frac{1}{4}$ **Seite 57**

3. a. $\frac{150}{100}$; $\frac{175}{100}$; $\frac{120}{100}$; $\frac{70}{100}$; $\frac{55}{100}$; $\frac{72}{100}$; $\frac{46}{100}$ **b.** $\frac{1250}{1000}$; $\frac{440}{1000}$; $\frac{1125}{1000}$; $\frac{88}{1000}$; $\frac{205}{1000}$; $\frac{180}{1000}$; $\frac{52}{1000}$

4. a. <; > **b.** =; < **c.** >; = **d.** <; < **e.** =; < **f.** <; <

5. a. $2\frac{5}{6} < 3\frac{1}{6} < 4\frac{7}{12} < 4\frac{5}{8} < 5\frac{7}{9}$ **b.** $2\frac{7}{18} < 2\frac{5}{12} < 3\frac{7}{25} < 3\frac{7}{15} < 4\frac{5}{12} < 5\frac{6}{11} < 5\frac{3}{5} < 6\frac{3}{25} < 6\frac{3}{4}$

6. A: $\frac{2}{24} = \frac{1}{12}$; B: $\frac{4}{24} = \frac{1}{6}$; C: $\frac{8}{24} = \frac{1}{3}$; D: $\frac{10}{24} = \frac{5}{12}$; E: $\frac{16}{24} = \frac{2}{3}$; F: $\frac{18}{24} = \frac{3}{4}$; G: $\frac{20}{24} = \frac{5}{6}$; H: $\frac{27}{24} = 1\frac{3}{24} = 1\frac{1}{8}$

7. a. $0,06 = \frac{6}{100} = \frac{3}{50}$; $\quad 0,008 = \frac{8}{1000} = \frac{1}{125}$; $\quad 0,475 = \frac{475}{1000} = \frac{19}{40}$; $\quad 0,053 = \frac{53}{1000}$; $\quad 0,48 = \frac{48}{100} = \frac{12}{25}$;
$0,206 = \frac{206}{1000} = \frac{103}{500}$; $\quad 0,075 = \frac{75}{1000} = \frac{3}{40}$; $\quad 0,900 = \frac{900}{1000} = \frac{9}{10}$; $\quad 0,340 = \frac{340}{1000} = \frac{34}{100} = \frac{17}{50}$; $\quad 0,020 = \frac{20}{1000} = \frac{2}{100} = \frac{1}{50}$
b. $0,0009 = \frac{9}{10000}$; $\quad 0,00008 = \frac{8}{100000} = \frac{1}{12500}$; $\quad 0,0038 = \frac{38}{10000} = \frac{19}{5000}$; $\quad 0,4055 = \frac{4055}{10000} = \frac{811}{2000}$;
$0,0485 = \frac{485}{10000} = \frac{97}{2000}$; $\quad 0,00369 = \frac{369}{100000}$; $\quad 0,003505 = \frac{3505}{1000000} = \frac{701}{200000}$
c. $1,36 = \frac{136}{100} = 1\frac{36}{100} = 1\frac{9}{25}$; $\quad 2,145 = \frac{2145}{1000} = 2\frac{145}{1000} = 2\frac{29}{200}$; $\quad 5,095 = \frac{5095}{1000} = 5\frac{95}{1000} = 5\frac{19}{200}$;
$9,603 = \frac{9603}{1000} = 9\frac{603}{1000}$; $\quad 1,0007 = \frac{10007}{10000} = 1\frac{7}{10000}$; $\quad 2,00005 = \frac{200005}{100000} = 2\frac{5}{100000} = 2\frac{1}{20000}$;
$1,00082 = \frac{100082}{100000} = 1\frac{82}{100000} = 1\frac{51}{50000}$; $\quad 3,03506 = \frac{303506}{100000} = 3\frac{3506}{100000} = 3\frac{1753}{50000}$

8. a. $\frac{8}{1000} = 0,008$; $\quad \frac{90}{1000} = 0,090 = 0,09$; $\quad \frac{230}{1000} = 0,230 = 0,23$; $\quad \frac{70}{100} = 0,70 = 0,7$;
$\frac{7}{10000} = 0,0007$; $\quad \frac{18}{10000} = 0,0018$; $\quad \frac{1524}{10000} = 0,1524$; $\quad \frac{255}{100000} = 0,00255$
b. $10\frac{9}{10} = 10,9$; $\quad 7\frac{20}{100} = 7,20 = 7,2$; $\quad 20\frac{6}{1000} = 20,006$; $\quad 2\frac{65}{1000} = 2,065$; $\quad 9\frac{115}{1000} = 9,115$; $\quad 13\frac{87}{1000} = 13,087$; $\quad 30\frac{6}{1000} = 30,006$
c. $\frac{14}{10} = 1,4$; $\quad \frac{125}{10} = 12,5$; $\quad \frac{352}{100} = 3,52$; $\quad \frac{1455}{1000} = 1,455$; $\quad \frac{2043}{100} = 20,43$; $\quad \frac{2356}{100} = 23,56$; $\quad \frac{543}{10} = 54,3$; $\quad \frac{560}{100} = 5,60 = 5,6$; $\quad \frac{1205}{100} = 12,05$

Lösungen

Seite 57

9. a. $2\frac{1}{2} = 2{,}5$; $5\frac{1}{4} = 5{,}25$; $6\frac{1}{5} = 6{,}2$; $2\frac{1}{8} = 2{,}125$; $10\frac{1}{10} = 10{,}1$; $3\frac{2}{5} = 3{,}4$

b. $3\frac{1}{20} = 3{,}05$; $4\frac{1}{25} = 4{,}04$; $1\frac{1}{50} = 1{,}02$; $20\frac{3}{4} = 20{,}75$; $4\frac{4}{5} = 4{,}8$; $1\frac{3}{8} = 1{,}375$

c. $5\frac{7}{8} = 5{,}875$; $7\frac{7}{10} = 7{,}7$; $12\frac{7}{20} = 12{,}35$; $8\frac{6}{25} = 8{,}24$; $5\frac{11}{50} = 5{,}22$

d. $\frac{48}{300} = 0{,}16$; $\frac{46}{200} = 0{,}23$; $\frac{75}{500} = 0{,}15$; $\frac{42}{600} = 0{,}07$; $\frac{45}{900} = 0{,}05$; $\frac{72}{800} = 0{,}09$

10. a. 5,267; 2,481   **b.** 0,6075; 3,2509   **c.** 10,1608; 9,27004

11. a. $0{,}4 < 0{,}45 < 0{,}504 < 0{,}544$ **b.** $0{,}702 < 0{,}72 < 0{,}7202 < 0{,}722$ **c.** $3{,}0055 < 3{,}05 < 3{,}5 < 3{,}55$

Seite 132

1. a. $\frac{11}{16}$; $\frac{22}{27}$ **b.** $\frac{37}{60}$; $\frac{10}{39}$ **c.** $\frac{23}{48}$; $\frac{4}{51}$ **d.** $\frac{64}{15}$; $\frac{39}{12}$ **e.** $\frac{209}{24}$; $\frac{161}{60}$

2. a. 1,5; 0,8   **b.** 0,22; 0,7   **c.** 0,73; 0,86   **d.** 2,18; 0,855   **e.** 10,17; 4,57

3. a. 1,25; 0,6   **b.** $0{,}6\overline{3}$; $0{,}3\overline{7}$ **c.** 1,23; 1,875   **d.** $2{,}\overline{3}$; $4{,}\overline{4}$ **e.** 2,3; 2,5

4. a. $\frac{7}{9}$ **b.** $\frac{17}{6}$ **c.** 4,5   **d.** 3,14   **e.** 1,75   **f.** 2,25   **g.** 59,75   **h.** 21,25

5. $6\frac{3}{20}$ kg   **6.** $17\frac{1}{2}$ kg   **7. a** <   **b.** =   **c.** <   **d.** >   **e.** =

8. a. 28,523; 1313,724   **b.** 14,746; 77,862   **c.** 0,7405; 30,703   **d.** 7,833; 39,825

9. a. 91,215   **b.** 281,0228   **c.** 13,911   **d.** 28,978   **e.** 6,677   **f.** 48,124

10. a. 3,965 t   **b.** nein; 0,06 t   **11.** 58,73 €

Seite 133

12. a. $1\frac{7}{8}$; $\frac{3}{10}$; $1\frac{1}{2}$; $9\frac{3}{8}$ **c.** $\frac{32}{45}$; $1\frac{31}{45}$; $1\frac{1}{9}$; $\frac{4}{45}$ **e.** $7\frac{7}{10}$; $4\frac{1}{10}$; $3\frac{13}{14}$; $6\frac{9}{10}$

b. $\frac{35}{36}$; 2 ; $1\frac{2}{5}$; $\frac{1}{3}$ **d.** $\frac{25}{42}$; $1\frac{13}{10}$; $\frac{6}{7}$; $1\frac{23}{42}$ **f.** $\frac{14}{15}$; $1\frac{7}{18}$; 8 ; $5\frac{11}{15}$

13. a. 0,96; 0,24   **b.** 0,104; 6   **c.** 49; 0,071   **d.** 0,156; 80   **e.** 6,8; 2,5   **f.** 45; 2000

14. a. 1,9; 1,53   **b.** $0{,}5\overline{6}$; $3{,}\overline{3}$ **c.** 0,32; 1,25   **d.** 0,22; 1,75   **e.** 0,05; 1,5   **f.** 0,7; 0,065

15. a. 92,738   **b.** 39,825   **c.** 5,25   **d.** 15,68   **e.** 532

16. a. 21,56 €   **b.** 45,34 €   **c.** 11,54 €   **d.** 74,58 €
31,00 €   104,50 €   143,52 €   11,15 €

17. a. $2{,}5 \xrightarrow{-0{,}5} 1{,}25 \xrightarrow{+0{,}5} 1{,}75 \xrightarrow{-0{,}5} 3{,}5 \xrightarrow{-0{,}5} 3$ **b.** $2{,}5 \xrightarrow{-0{,}1} 0{,}25 \xrightarrow{+0{,}1} 0{,}35 \xrightarrow{-0{,}1} 3{,}5 \xrightarrow{-0{,}1} 3{,}4$

$2{,}5 \xrightarrow{+0{,}5} 3 \xrightarrow{-0{,}5} 6 \xrightarrow{-0{,}5} 5{,}5 \xrightarrow{-0{,}5} 2{,}75$ $2{,}5 \xrightarrow{+0{,}1} 2{,}6 \xrightarrow{-0{,}1} 26 \xrightarrow{-0{,}1} 25{,}9 \xrightarrow{-0{,}1} 2{,}59$

$2{,}5 \xrightarrow{-0{,}5} 5 \xrightarrow{+0{,}5} 5{,}5 \xrightarrow{-0{,}5} 2{,}75 \xrightarrow{-0{,}5} 2{,}25$ $2{,}5 \xrightarrow{-0{,}1} 25 \xrightarrow{+0{,}1} 25{,}1 \xrightarrow{-0{,}1} 2{,}51 \xrightarrow{-0{,}1} 2{,}41$

18. a. 30 cm   **b.** 30 cm   **c.** $3\frac{1}{3}$ **d.** $\frac{1}{3}$ **e.** $\frac{2}{21}$

19. a. 1,95 €   **b.** 8,75 €   **c.** 0,15 l   **d.** 0,7 l

20. a. In den Kartoffeln sind 2 kg Wasser enthalten.   **c.** In der Butter sind 0,25 kg Wasser enthalten.
b. Im Rindfleisch sind 0,5 kg Wasser enthalten.

21. a. $\frac{1}{18}$ **b.** $2\frac{1}{2}$ **c.** $2\frac{1}{8}$ **d.** $1\frac{2}{45}$

22. a. 1,4   **b.** 0,35   **c.** 1,77   **d.** 4,8   **e.** 1,36   **f.** 5   **g.** 1,95   **h.** 4,34   **i.** 0

23. a. 47,4 l Milch und 53 l Kakao.   **b.** 59,25 € für Milch und 92,75 € für Kakao, insgesamt: 152,00 €

Seite 165

1. a. 29,25 €;   **b.** 2,43 €;   **b.** 574 g

2. a. Lohne: 4,90 € pro m² > 4,80 € pro m²: Franke
b. Wochenmarkt: 13 Cent < 13,5 Cent: Lebensmittelhändler

3. a. Energiewerte sind jeweils in Kilojoule angegeben.

	100 g	200 g	300 g	400 g	500 g	600 g	700 g	800 g	900 g	1000 g
Butter	3 250	6 500	9 750	13 000	16 250	19 500	22 750	26 000	29 250	32 500
Sahne	1 260	2 520	3 780	5 040	6 300	7 560	8 820	10 080	11 340	12 600
Joghurt	290	580	870	1 160	1 450	1 740	2 030	2 320	2 610	2 900
Pommes	1 780	3 560	5 340	7 120	8 900	10 680	12 460	14 240	16 020	17 800

b. –

4. 20; 30; 40; 45; 15 Tage   **5. a.** 3 Personen;   **b.** 39 Tage;   **c.** indirekt proportional Personen · Tage = 864   **Seite 165**

6. a.

Länge (in cm)	Breite (in cm)
72	36
96	27
84	30,9
54	48
172,8	15
105,8	24,5

b.

Zahl der Pferde	Anzahl der Tage
15	36
18	30
12	45
9	60
20	27
12	45

c.

Personen-zahl	Kosten (in €)
12	120
15	96
32	45
18	80
22	65,45
29	40,66

1. Symmetrie unter Beachtung von Figur und Farbe.   **Seite 193**
    Kanada: symmetrisch zu einer Mittellinie
    Israel: symmetrisch zu zwei Mittellinien, punktsymmetrisch zum Schnittpunkt der Mittellinie
    Südafrika: keine Symmetrie
    Europarat: wie Israel

2. a. ja: 120°   **b.** nein   **c.** ja: 90°   **3. a.** A'(2,3|0,8); B'(2,5|5,3); C'(6,4|1,9)
   b. A'(3|2); B'(7|0); C'(6|5)   **c.** A'(4|2); B'(6|6); C'(1|5);   A'(2|6); B'(0|2); C'(5|3)

4. –   **5.** –   **6.** –

7. a. 146°, 34°, 146°, 34°, 146°, 34, 146°, 34°
   b. 60°, 120°, 60°, 120°; 85° 95°, 85°, 95°; 60°, 120°, 60°, 120°; 85°, 95°, 85°, 95°
   c. 130°, 50°, 130°, 50°; 130°, 50°, 130°, 50°; 70°, 110°, 70°, 110°; 70°, 110°, 70°, 110°

1. a. β = 68°   **b.** α = β = 63°   **c.** γ = 63°; β = 54°   **2. a.** 30°   **b.** 115°   **c.** 70°   **Seite 237**

3. a. Zeichne $\overline{AB}$. Trage in B an $\overline{AB}$ den Winkel β = 42° und in A den Winkel α = β an. Der Schnittpunkt der freien Winkelschenkel ist C.
   b. Zeichne $\overline{AB}$. Zeichne den Thaleskreis zu dieser Strecke. Zeichne die Mittelsenkrechte zu $\overline{AB}$. Der Schnittpunkt der Mittelsenkrechten mit dem Thaleskreis ist C.
   c. Zeichne $\overline{BC}$. Zeichne um B einen Kreis mit dem Radius a = 4,5 cm und um C ebenfalls einen Kreis mit dem Radius a = 4,5 cm. Der Schnittpunkt dieser Kreise ist A.

4. a.   **b.**   **c.**   **d.**

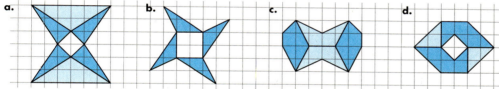

5. a. c = 5,0 cm; α = 66°; β = 47° (sws)   **g.** α = 53,1°; β = 36,9°; γ = 90° (sss)
   b. α = 32°; β = 95°; b = 11,2 cm (SsW)   **h.** α = 26°; γ = 107°; c = 6,5 cm (SsW)
   c. α = 80°; b = 3,8 cm; c = 3,1 cm (wsw)   **i.** α = 90,3°; β = 55,1°; γ = 34,6° (sss)
   d. α = 101,5°; β = 44,5°; γ = 34,0° (sss)   **j.** α = 42,6°; β = 8,4°; b = 1,2 cm (SsW)
   e. γ = 75°; a = 3,8 cm; b = 4,8 cm (wsw)   **k.** α = 93°; a = 15,0 cm; c = 13,4 cm (SsW)
   f. a = 4,8 cm; β = 104°; γ = 40° (sws)   **l.** c = 4,8 cm; α = 63,1°; β = 38,9° (sws)

6. etwa 13,4 m

1. –   **2.** –   **3. a.** Kegel   **b.** Kegel   **c.** dreiseitiges Prisma   **Seite 253**

4. a. dreiseitiges Prisma   **b.** sechsseitiges Prisma   **5.** –

6. Zylinder: a, c   Kegel: b

7. a. V = 168 cm³ A_O = 188 cm²   **c.** V = 88,97 cm³ A_O = 122,94 cm²
   b. V = 14,875 dm³ A_O = 37,9 dm²   **d.** V = 66,24 m³ A_O = 150,24 m²

Stichwortverzeichnis

Achsenspiegelung 168
– Eigenschaften der 169
Achsensymmetrie 169
Addieren
– von Dezimalbrüchen 66 f.
– von gleichnamigen Brüchen 59
– von ungleichnamigen Brüchen 60
Anteil 74 f., 118 f.
Assoziativgesetze 127
arithmetisches Mittel 108
Außenwinkel 198
Außenwinkelsatz für Dreiecke 199

Basis 200
Basiswinkel 200
Basiswinkelsatz 201
Bildfigur 169
Bruch 35 f.
–, echter 35
–, gemeiner 35
–, gleichnamiger 50
–, unechter 35
– -es, Kehrwert eines 96
– -es, Kürzen eines 39
– -es, Erweitern eines 39
Brüche
– -n, Addieren von 59 f.
– -n, Dividieren von 96
– -n, Multiplizieren von 85
– -n, Subtrahieren von 59 f.
– -n, Vergleichen von 50

Dezimalbrüche 43
–, endliche 114
–, periodische 114
– -n, Addieren von 66
– -n, Dividieren von 102, 106
– -n, Multiplizieren von 91 f.
– -n, Subtrahieren von 66
– -n, Vergleichen von 54
deckungsgleich 169, 217
Distributivgesetze 127
Dividieren
– durch einen Bruch 96
– von Dezimalbrüchen 102, 106
Doppelbruch 125
Drehsymmetrie 180
Drehung 179
– Eigenschaften der 179
Drehwinkel 179
Drehzentrum 179
Dreieck 195
–, gleichschenkliges 200
–, gleichseitiges 202

–, rechtwinkliges 196
–, Seiten-Winkel-Beziehung im 205
–, spitzwinkliges 196
–, stumpfwinkliges 196
Dreiecksungleichung 222
Dreisatzaufgaben 150, 160
Durchschnitt 108

echter Bruch 35
Erweitern eines Bruches 39

Flächeninhalt eines Rechtecks 111

gebrochene Zahlen 48
gemeiner Bruch 35
gemischte Schreibweise 43
gleichnamiger Bruch 50
gleichschenkliges Dreieck 200
gleichseitiges Dreieck 202
Graph der Zuordnung 141
größter gemeinsamer Teiler 21
Grundriss 244

Hauptnenner 51, 60
Höhe(n)
– des Dreiecks 214, 216
– des Prismas 244
– der Pyramide 246

indirekt proportional 156
Inkreis 213
Innenwinkel 195
Innenwinkelsatz für Dreiecke 196

Kehrwert eines Bruches 96
Kegel 250
kleinstes gemeinsames Vielfaches 25
Kommutativgesetze 127
kongruent 218, 219
Kongruenzsätze
– sss 222, 228
– sws 224, 228
– SsW 226, 228
– wsw 227, 228
Kugel 250
Kürzen eines Bruches 39, 86

Mittelsenkrechte
– einer Strecke 206
– -n, Eigenschaften der 207
– im Dreieck 211, 216
Mittelwert 108
Multiplizieren
– von Brüchen 85
– von Dezimalbrüchen 91 f.

Nebenwinkel 186
Nebenwinkelsatz 186
Nenner 35

Oberflächeninhalt
– eines Quaders 241
Originalfigur 169

periodischer Dezimalbruch 114
Primfaktoren 19
Primfaktorzerlegung 18
Primzahlen 18
Prisma 244
proportional 144
Proportionalitätsfaktor 153
Punktsymmetrie 182
Pyramide 246

Quader
– -s, Oberflächeninhalt eines 241
– -s, Volumen eines 241
Quersummenregel 16
Quotientengleichheit 153

Rechteck
– -s, Flächeninhalt eines 111
rechtwinkliges Dreieck 196
Reziproke eines Bruches 96

Scheitelwinkel 186
Scheitelwinkelsatz 186
Schenkel 200
Seitenhalbierende 216
– -n, Eigenschaften der 216
– im Dreieck 216
Senkrechte zu einer Geraden 207
Spiegelgerade 168
spitzwinkliges Dreieck 196
Strahl 146
Stufenwinkel 188
Stufenwinkelsatz 188
stumpfwinkliges Dreieck 196
Subtrahieren
– von Dezimalbrüchen 66
– von gleichnamigen Brüchen 59
– von ungleichnamigen Brüchen 60

Teilbarkeit 12
– durch 10, 2, 5 13
– durch 3, 9 6, 16
– durch 4, 25 14
Teilen von gebrochenen Zahlen 80
Teiler 7
–, größter gemeinsamer 21
– menge 7
teilerfremd 22

Terme
– mit Klammern 120
–, Vorrangregeln 122

Umformen
– von gemeinen Brüchen in Dezimalbrüche 46, 113 f.
Umkreis 212
unechter Bruch 35

Verbindungsgesetze 127
Vergleichen
– von Brüchen 50
– von Dezimalbrüchen 54
Verschiebung 174 f.
– Eigenschaften der 176
– Richtung der 174
– Weite der 174
Verschiebungspfeil 174
Vertauschungsgesetze 127
Verteilungsgesetze 127
Vervielfachen von gebrochenen Zahlen 77
Vieleck
– -en, Kongruenz bei 219
Vielfache 9
– -s, kleinstes gemeinsames 25
Vielfachenmenge 10
Volumen
– eines Quaders 242
Vorrangregeln 122

Wechselwinkel 189
Wechselwinkelsatz 189
Winkelhalbierende 209
– n, Eigenschaften der 210
– im Dreieck 212, 216

x-Achse 141

y-Achse 141

Zahlen
–, gebrochene 48
Zahlenstrahl 48, 171
Zähler 35
Zuordnung 138
–, Graph der 141
–, Graph einer indirekt proportionalen 158
–, Graph einer proportionalen 146
–, indirekt proportionale 156
–, proportionale 144
Zuordnungstabelle 138
Zylinder 250

Bildquellenverzeichnis

Seite 6 Astrofoto/NASA, Leichlingen; Seite 7, 9, 83, 110, 139, 150, 160, 161, 202 (Schild), 223, 246 (Würfel), 247, 249 Thorsten Warmuth, Kassel; Seite 27 Hoffmann-Mauritius, Mittenwald; Seite 28, 68, 76, 176 Michael Frühsorge, Wunstorf; Seite 30 van Eupen, Hambühren; Seite 43 (Spinnennetz) Lenz-Zefa; Seite 43 (Ölfleck) Hackenberg-Zefa; Seite 43 (Mädchen), 74 Tooren-Wolff, M., Hannover; Seite 43 (Bakterien) Boehringer, Mannheim; Seite 44, dpa, Frankfurt/Main; Seite 58 aus Georges Ifrah: Eine Universalgeschichte der Zahlen, Campus Verlag, Frankfurt/Main; Seite 61 Kohlhas-Zefa, Düsseldorf; Seite 62 Rawi-Mauritius, Mittenwald; Seite 65 Deutsche Bahn AG, Berlin; Seite 67 Sven Simon, Essen; Seite 87 Klaus Thiele-Bavaria, Gauting; Seite 94 Carsten Bodenburg, Habsin; Seite 107 (Biene) Toni Angermayer, Holzkirchen; Seite 109 Dr. Muel-Zefa, Düsseldorf; Seite 131 (Ähre) Rose-Zefa; (Körner) Hardy-Zefa, Düsseldorf; Seite 139 (Telefon) Zefa-Index Stock, Hamburg; Seite 140 M. Fabian, Edemissen; Seite 142 Maik Märtin, Erfurt; Seite 143 Rosenfeld-Mauritius, Mittenwald; Seite 147 Scheidemann-dpa, Frankfurt/Main; Seite 149 »Für Sie«; Seite 156 Mauritius, Mittenwald; Seite 157 Schott Glaswerke, Mainz; Seite 158 Benelux Press-Bavaria, Gauting; Seite 159 Becker's Bester, Nörten-Hardenberg; Seite 162 (Testfahrzeug) Continental, Hannover; Seite 162 (Nassbaggerarbeiten) Reinhold Meister GmbH, Hengersberg; Seite 163 Claas, Harse-winkel; Seite 165, 194 (Schild) Schmidtke, Melsdorf; Seite 171 (Schmetterling) Brockhaus-Zefa, Düsseldorf; Seite 171 (Ahornblatt) Silvestris, Kastl/Obb.; Seite 171 (Veilchenblüte) Greiner & Meyer, Braunschweig; Seite 178 (Christchurch, Neuseeland) Rose-Zefa; Seite 178 (Windkraftanlage) Keute-Bavaria, Gauting; Seite 186, 203 J. Justen, Walsrode; Seite 191 (Apfelblüte) Hans Reinhard-Bavaria, Gauting; Seite 191 (Autobahnkreuz) Leidorf-Zefa, Düsseldorf; Seite 191 (Seestern) Dr. Sauer-Bavaria, Gauting; Seite 194 (Segelboote, Kirchturm) Bütow, Kemnitz; Seite 194 (Fachwerkhaus) Callwey, München; Seite 194 (Pyramiden) Archiv für Kunst und Geschichte, Berlin; Seite 206 Deutsches Museum, München; Seite 236 Palais-Mauritius, Mittenwald; Seite 246 (Pyramide) Hans Tegen, Hambühren.

Trotz entsprechender Bemühungen ist es nicht in allen Fällen gelungen, den Rechtsinhaber ausfindig zu machen. Gegen Nachweis der Rechte zahlt der Verlag für die Abdruckerlaubnis die gesetzlich geschuldete Vergütung.